Stability and Passivity Analysis of Recurrent Neural Networks

递归神经网络的稳定性和无源性分析

朱　进◎著

中国科学技术大学出版社

内 容 简 介

本书主要对递归神经网络的稳定性和无源性问题进行论述.首先,研究了中立型Hopfield神经网络和中立型双向联想记忆神经网络的稳定性问题.其次,论述了递归神经网络的无源性问题,给出了满足给定的无源性定义条件下的无源性准则.再次,讨论了离散型标准神经网络模型的无源性分析以及基于标准神经网络模型的非线性系统鲁棒无源控制问题.最后,讨论了标准神经网络模型的状态估计问题.

本书适合高等院校理工专业的学生阅读,也适合从事神经网络、控制工程等专业的研究工作者参考使用.

图书在版编目(CIP)数据

递归神经网络的稳定性和无源性分析/朱进著.—合肥:中国科学技术大学出版社,2022.8

ISBN 978-7-312-05489-1

Ⅰ.递… Ⅱ.朱… Ⅲ.人工神经网络—研究 Ⅳ.TP183

中国版本图书馆 CIP 数据核字(2022)第 123333 号

递归神经网络的稳定性和无源性分析

DIGUI SHENJING WANGLUO DE WENDINGXING HE WUYUANXING FENXI

出版 中国科学技术大学出版社
安徽省合肥市金寨路 96 号,230026
http://www.press.ustc.edu.cn
https://zgkxjsdxcbs.tmall.com

印刷 安徽国文彩印有限公司

发行 中国科学技术大学出版社

开本 710 mm×1000 mm 1/16

印张 11.25

字数 223 千

版次 2022 年 8 月第 1 版

印次 2022 年 8 月第 1 次印刷

定价 60.00 元

前　言

递归神经网络是从 1982 年 Hopfield 提出了神经网络模型、能量函数及网络稳定性等概念之后才真正发展起来的.递归神经网络构成了一个动力系统,其动力行为可以广泛应用于联想记忆、优化计算、模式识别等领域.而作为一个动力系统所表现出来的各种稳态模式是其动力行为的基础.因此,递归神经网络的稳定性分析具有重要的现实意义.

无源性是分析和设计非线性系统的重要工具.无源性理论运用是基于能量的输入、输出描述对系统进行的分析和设计,它为 Lyapunov 函数的构造提供了新方法.在现代控制理论中,经常要用到 Lyapunov 函数,然而其实际可行的构造方法并不多.事实上,无源系统的存储函数在一定条件下可以作为 Lyapunov 函数.因而,无源性理论和 Lyapunov 稳定性理论一样可以用来研究系统的稳定性.所以,无源性理论也是研究系统稳定性的有效工具.

本书研究了递归神经网络的稳定性和无源性问题.主要结构安排如下:

第 1 章介绍研究工作的背景.首先,介绍了神经网络的发展历史及其主要功能;其次,对递归神经网络进行了概述,并列举出了几种典型的递归神经网络模型;再次,分别论述了递归神经网络稳定性及无源性的研究背景和意义;另外,还给出了书中将要用到的符号、记法以及一些基本引理;最后,对本书的主要工作进行了说明.

第 2 章研究中立型 Hopfield 神经网络的时滞相关稳定性问题.不同于相关文献所研究的 Hopfield 神经网络,该章所考虑的 Hopfield 神经网络具有不同的时变离散时滞和中立项时滞.通过把广义模型变换方法与一类新的 Lyapunov-Krasovskii 泛函相结合,来确保能够得到时滞的较大上界.给出了具有线性矩阵不等式形式的时滞相关稳定性准则,该准则中去掉了对离散时变时滞导数小于 1 的限制.由于所得到的准则与离散时滞和中立项时滞都相关,因此,与已有的只与相同的离散时滞和中立项时滞相关的文献相比,我们的结论更具有普遍性.数值例子论证了所提出方法的有效性.

第 3 章研究中立型双向联想记忆神经网络的时滞相关稳定性问题.书中所考虑的双向联想记忆神经网络具有时变时滞和参数不确定性.通过使用广义模

型变换的方法,并且构造适当的 Lyapunov-Krasovskii 泛函,得到了具有较小保守性的稳定性准则.自由权矩阵方法的使用规避了时变时滞导数小于 1 的限制条件.给出的时滞相关稳定性判据具有线性矩阵不等式形式,可以通过使用 MATLAB 中的线性矩阵不等式控制工具箱进行求解.数值例子说明了所给出的准则具有较小的保守性.

第 4 章研究具有时变时滞和参数不确定性递归神经网络的无源性问题.书中考虑的递归神经网络是当时滞出现时,神经元的激活函数不同的一类广义递归神经网络,它是 Hopfield 神经网络的一种推广.通过对原系统进行等价的广义模型变换,来保证所获得的无源性准则具有相对较小的保守性.给出了在满足给定的无源性定义条件下的无源性准则.基于所得到的递归神经网络的无源性准则,将结论应用到了 Hopfield 神经网络.所得到的准则具有线性矩阵不等式的形式,并且去掉了时变时滞导数小于 1 的限制.给出两个数值算例来表明结论的可行性.

第 5 章研究具有时变时滞和参数不确定性离散标准神经网络模型的无源性问题.标准神经网络模型是由一个动力学系统和有界激活函数构成的静态非线性算子连接而成的.大多数递归神经网络的性能分析以及神经网络模拟的非线性系统的性能分析和综合等问题,都能统一转化成标准神经网络模型来进行研究.通过构造适当的 Lyapunov-Krasovskii 泛函,得到了具有线性矩阵不等式形式的时滞相关无源性准则.数值例子验证了所提出的方法的有效性.

第 6 章研究基于标准神经网络模型的非线性系统的鲁棒无源控制问题.首先,对没有外界输入的标准神经网络模型的无源性进行分析.使用 Lyapunov-Krasovskii 泛函和自由权矩阵的方法,给出了具有耗散率 η 的时滞相关无源性准则.其次,基于给出的时滞相关无源性准则,提出了保证闭环系统鲁棒无源的状态反馈控制器的存在条件和设计方法.耗散率 η 的最大值可以使用 MATLAB 线性矩阵不等式控制工具箱中的 gevp 求解器而得到.最后,数值例子及其仿真结果验证了结论的有效性.

第 7 章研究离散时滞标准神经网络模型的状态估计问题.为系统设计一全阶状态观测器,通过构造适当的 Lyapunov-Krasovskii 泛函,给出了能够保证误差系统渐近稳定的状态反馈控制器存在的充分条件,所给出的准则具有线性矩阵不等式形式,易于求解,同时获得了控制器增益的求解方法,数值例子验证了结论的有效性.

第 8 章研究时滞标准神经网络模型的状态估计问题.通过构造一类新的 Lyapunov-Krasovskii 泛函,获得能够保证误差系统渐近稳定的准则.同时,观测器增益和控制器增益可以通过求解 LMI 获得.自由矩阵积分不等式的使用和零方程的引入,使得所获得的准则具有较小的保守性.两个数值例子验证了结论的可行性和有效性.

本书得到国家自然科学基金面上项目(No:61873041)的资助.在此,我要向那些在本书的成书过程中帮助和支持过我的人表示感谢.首先,我要感谢学院的领导王焕清教授、郭艳东教授和王长忠教授,感谢他们对本书出版所给予的大力支持和鼓励.其次,我要感谢我的同事李太芳和杨漫,感谢她们在本书编写过程中提出的宝贵意见和建议.在此,我也必须向本书中所引用的参考文献的作者们表示感谢,正是基于这些学者的研究成果,本书才得以顺利完成.同时,还要感谢中国科学技术大学出版社的支持,使得本书能够顺利出版.

由于编者水平有限,书中难免会存在错误和疏漏之处,还望各领域的专家和广大读者多多批评指正,笔者将不胜感激.

朱　进

2022 年 2 月

目　录

第 1 章　绪　　论

1.1　神经网络的发展历史及基本功能

1.1.1　神经网络的发展历史

神经网络是受人脑功能的启发而发展起来的，并试图去模拟某些生物系统.神经网络的研究可追溯到 19 世纪末期，它源于物理学、心理学和神经生理学的跨学科研究.1890 年，美国心理学家 William James 出版了第一部详细论述人脑结构及功能的专著《心理学原理》，对与学习、联想记忆相关的基本原理做了开创性研究.他曾预言神经细胞被激活是细胞所有输入叠加的结果.他认为在大脑皮层上任意点的刺激量是其他所有发射点进入该点刺激的总和.早期的研究主要着重于有关学习、视觉和条件反射等理论，并没有包含有关神经元工作的数学模型.

现代神经网络的研究可以追溯到 20 世纪 40 年代.1943 年，心理学家 W. S. McCullon 和数学家 W. A. Pitts[1] 在已知神经细胞生物学的基础上，从信息处理的角度出发，提出形式神经元的数学模型，称为 M-P 模型.McCullon 和 Pitts 证明了任何有限逻辑表达式都能由 M-P 模型组成的人工神经网络来实现，他们是自 William James 以来，最早采用大规模并行计算结构描述神经元和网络的学者，他们的工作奠定了网络模拟和以后开发神经网络步骤的基础.因此，M-P 模型被认为开创了神经网络科学理论研究的新时代.为了模拟起连接作用的突触的可塑性，神经生物学家 D. O. Hebb[2] 于 1949 年提出了连接权值强化的 Hebb 法则.这一法则告诉人们，神经元之间的突触的联系强度是可变的，这种可变性是学习和记忆的基础.Hebb 法则为构造有学习功能的神经网络模型奠定了基础.

神经网络第一个工程应用出现在 20 世纪 50 年代后期，计算机学家 F. Rosenblatt[3] 提出了一种具有三层网络特性的神经网络结构，称之为“感知机”.Rosenblatt 用感知机来模拟一个生物视觉模型，输入节点群由视网膜上某一范围内细胞的随机集合组成. 每个细胞连到下一层内的联合单元(association unit, AU). AU 双向连接到第三层(最高层)中的响应单元(response unit, RU). 感知机的目的是根据每一个实际的输入去激活正确的 RU. Rosenblatt 所提出的神经网络模型包含了一些现代神经计算机的基本原理,从而形成了神经网络方法和技术的重大突破. 这些早期的成果引起了许多学者对神经网络研究的兴趣.

1960 年,电机工程师 B. Widrow 和 M. Hoff[4] 提出了一种称为"Adaline"的模型,即自适应线性单元(adaptive linear). 它精巧的地方是 Widrow-Hoff 的学习训练算法,它是根据加法器输出端误差大小来调整增益的,使得训练期内所有样本模式的平方和最小,因而速度较快且具有较高的精度. Widrow 和 Hoff 不仅设计了在计算机上仿真的人工神经网络,而且还用硬件电路实现了他们的设计,这一点为今天用超大规模集成电路实现神经网络计算机奠定了基础[5].

1969 年,Minsky 和 Papert[6] 对以感知器为代表的网络系统的功能及其局限性从数学上做了深入研究. 他们指出,简单的神经网络只能用于线性问题的求解,能够求解非线性问题的网络应具有隐层,而从理论上还不能证明将感知器模型扩展到多层网络是有意义的. Rosenblatt 和 Widrow 也十分清楚这些局限性,并提出了一些新的网络来克服这些局限性. 但是他们未能成功找到训练更加复杂的网络的学习算法.

许多人受到 Minsky 和 Papert 的影响,相信神经网络的研究进入了死胡同. 而且由于当时没有功能强大的数字计算机来支持各种实验,许多研究者纷纷离开这一研究领域. 即使如此,仍有为数不多的学者在困难时期致力于神经网络的研究,为神经网络研究的复兴与发展奠定了理论基础.

1969 年,S. Grossberg 教授和他的夫人 G. A. Carpenter 提出了著名的自适应共振理论(adaptive resonance theory)模型. 在其后若干年里,Grossberg 和 Carpenter 进一步发展了自适应共振理论[7].

1972 年,两位研究者分别提出了能够完成记忆的新型神经网络:一位是芬兰的教授 T. Kohonen[8],他提出了自组织映射(SOM)理论,并称其神经网络结构为"联想存储器"(associative memory);另一位是美国的神经生理学家和心理学家 J. Anderson[9],他提出了一个类似的神经网络,称为"交互存储器"(interactive memory). 后来的神经网络主要是根据 Kohonen 的工作来实现的. SOM 网络是一类无导师学习网络,主要用于模式识别、语音识别及分类问题. Kohonen 提出的神经网络类型与先前提出的感知器有很大的不同,它的学习训练方式是无指导训练,是一种自组织网络. 这种学习训练方式往往是在不知道有哪些分类类型存在时,用作提取分类信息的一种训练.

进入了 20 世纪 80 年代后,随着个人计算机和工作站计算能力的急剧增强和广泛应用以及不断引入新的概念，克服了摆在神经网络研究面前的种种障碍，人们对神经网络的研究热情空前高涨[10]，神经网络的研究开始进入了复兴时期.

1982年，美国加州理工学院的物理学家J. J. Hopfield[11]提出了Hopfield神经网络. Hopfield没有提出太多的新原理，但他创造性地把前人的观点概括综合在了一起. 其中，最具有创新意义的是他对网络引用了物理力学的分析方法，把网络作为一种动态系统并研究其稳定性. 他把Lypunov能量函数引入网络训练这一动态系统中. 他指出：对已知的网络状态存在一个正比于每个神经元的活动值和神经元之间的连接权的能量函数，活动值的改变向能量函数减小的方向进行，直至达到一个极小值. 也就是说，他证明了在一定条件下网络可以到达稳定状态. Hopfield网络与电子电路存在明显的对应关系，使得它易于理解且便于用集成电路来实现. Hopfield神经网络的提出，引起了众多学者研究的热潮.

1986年，D. E. Rumelart和J. L. McCelland[12]建立了并行分布处理理论，主要致力于认知的微观研究，同时对具有非线性连续转移函数的多层前馈网络的误差反向传播算法，即BP算法进行了详尽的分析，解决了长期以来没有权值调整有效算法的难题. 他们所提出的BP算法可以求解感知机所不能解决的问题，从实践上证实了人工神经网络有很强的运算能力.

20世纪80年代，随着神经网络在世界范围的复苏，我国学术界大约在80年代中期也逐步掀起了研究热潮. 我国最早涉及人工神经网络的著作是涂序彦先生的《生物控制论》[13]. 该书系统地介绍了神经元和神经网络的结构、功能和模型. 1990年，中国神经网络首届学术大会在北京召开，此次会议开创了我国人工神经网络及神经计算机方面科学研究的新纪元. 国内外许多相关的学术会议都设有人工神经网络专题，如国内的WCICA、CIAC、CDC、CCC、CAA及国外的ACC、CCA、IDEAC等. 经过几十年的发展，我国学术界和工程界在神经网络的理论研究和应用方面都取得了丰硕成果.

1.1.2 神经网络的基本功能

神经网络是借鉴于生物网络而发展起来的新型智能信息处理系统，由于其结构上“仿造”了人脑的生物神经系统，因而其功能上也具有了某种智能特点. 神经网络具有的主要基本功能为：

(1) 大规模的并行计算与分布式存储能力

传统计算机的计算和存储是互相独立的，而在人工神经网络中，无论是单个神经元还是整个神经网络都兼有信息处理和存储的双重功能，这两种功能自然融合在同一网络中，人工神经网络计算过程的并行性决定了其对信息的高速处理能力.

(2) 非线性映射能力

在客观世界中,许多系统的输入与输出之间存在复杂的非线性关系,对于这类系统,往往很难用传统的数理方法建立其数学模型.设计合理的神经网络,通过对输入、输出样本对进行自动学习,能够以任意精度逼近任意复杂的非线性映射.神经网络的这一优良性能使其可以作为多维非线性函数的通用数学模型.该模型的表达是非解析的,输入、输出数据之间的映射规则由神经网络在学习阶段自动抽取并分布式存储在网络的所有连接中.因此,人工神经网络是一个大规模的非线性动力系统,具有很强的非线性处理能力,具有非线性映射能力的神经网络应用十分广阔,几乎涉及所有领域.

(3) 自适应、自组织和自学习的能力

人工神经网络最突出的特点是具有自适应、自组织和自学习的能力,它可以处理各种变化的信息,而且在处理信息的同时,非线性动力系统本身也在不断变化,可以通过对信息的有监督和无监督学习,实现对任意复杂函数的映射,从而适应环境的变化.

(4) 非凸性

一个系统的演化方向在一定条件下取决于某个特定的状态函数.例如能量函数,它的极值对应于系统某个稳定的状态.非凸性是指某系统的能量函数有多个极值,故系统具有多个较稳定的平衡状态,这将导致系统演化的多样性.

(5) 联想记忆

由于神经网络具有分布存储信息和并行处理信息的特点,因此,它具有对外界刺激信息和输入模式进行联想记忆的能力.这种能力是通过神经元之间的协同结构以及信息处理的集体行为而实现的.神经网络是通过其突触权值和连接结构来表达信息的记忆,这种分布式存储使得神经网络能存储较多的复杂模式和恢复记忆的信息.神经网络通过预先存储信息和学习机制进行自适应训练,可以从不完整的信息和噪声干扰中恢复原始的完整信息,这一能力使其在图像复原、图像和语音处理、模式识别、分类等方面具有巨大的潜在应用价值.

(6) 优化计算能力

优化计算是指在已知的约束条件下,寻找一组参数组合,使由该组合确定的目标函数达到最小值.某些类型的神经网络可以把待求解问题的可变参数设计为网络的状态,将目标函数设计为网络的能量函数.神经网络经过动态演变过程达到稳定状态时对应的能量函数最小,从而其稳定状态就是问题的最优解.这种优化计算不需要对目标函数求导,其结果是网络自动给出的.

(7) 鲁棒性和容错性

人工神经网络的结构特点和信息存储的分布式特点,使得它相对于其他的判断识别系统(如专家系统)具有一个显著的优点:鲁棒性.由于信息的分布式存储和集体协作计算,每个信息处理单元既包含对集体的贡献又无法决定网络的整体状态,因此,神经网络的局部故障并不影响整体神经网络输出的正确性.

由于人工神经网络所具有的这些特性,它已经逐步渗入到其他研究领域,如计算机科学、控制论、信息科学、微电子学、心理学、认知科学、物理学、数学、力学等学科[14-29].神经网络被广泛应用到模式识别、图像处理、非线性优化、语音处理、自然语言理解、自动目标识别、机器人、专家系统等各个领域,并取得了令人瞩目的成果[30-43].

1.2　递归神经网络的概述

人工神经网络的模型有很多,可以按照不同的方法进行分类,但是基本的分类方式是按拓扑结构和学习规则进行的.

(1) 前馈网络

前馈神经网络是多层网,是一种有师指导型的神经网络,这种网络的信息处理原理是基于从输入到输出的变换机理,神经网络的实现是从一个输入向量空间 X 到输出向量空间 Y 的非线性变换 $T_{\boldsymbol{\omega}}: X \to Y$,$\boldsymbol{\omega}$ 是连接权值矩阵.如何实现非线性变换 $T_{\boldsymbol{\omega}}$ 是这类网络研究的核心问题.前馈神经网络没有反馈,输出不能返回调节输入而建立动态关系,一般采用的前向网络所建立的输入/输出之间的关系式往往是静态的,而实际应用中的被控对象通常都是时变的.因此,采用静态神经网络建模就不能准确地描述系统的动态性能.

(2) 反馈网络

反馈神经网络中神经元之间互相连接,一个神经元既接收其他神经元的输入,同时也输出给其他神经元信号.反馈网络是反馈系统,输出返回调节输入而建立动态关系.反馈网络构成了一个动力系统.因此,动力行为的研究是反馈神经网络的核心.反馈网络通常称为递归神经网络[44].

接下来,我们介绍几种典型的递归神经网络模型:

(1) Hopfield 神经网络

1982 年,加州理工学院 Hopfield 教授提出了一种单层反馈神经网络,后来人们将这种反馈网络称作 Hopfield 网.按网络输入和输出的数字形式的不同,Hopfield 神经网络可以分为离散型 Hopfield 神经网络(discrete Hopfield neural network,DHNN)和连续型 Hopfield 神经网络(continues Hopfield neural network,CHNN).前馈网络中,不论是离散型的还是连续型的,一般均不考虑输出与输入之间在时间上的滞后性,而只是表达两者间的映射关系.但在 Hopfield 神经网络中,考虑了输出与输入之间的延迟因素.因此,需要用微分方程或差分方程来描述网络的动态数学模型.著名的离散 Hopfield 神经网络模型为

$$\begin{cases} u_i(k) = \sum_{i=1}^{n} T_{ij} v_j(k) + I_i \\ v_i(k+1) = \mathrm{sgn}(u_i(k)) \end{cases} \quad (i = 1,2,\cdots,n) \tag{1.1}$$

其中,$T_{ij} \in \mathbf{R}$ 表示第 j 个神经元和第 i 个神经元之间互连强度,I_i 表示第 i 个神经元的外部输入.神经元改变状态的顺序完全是随机的和异步的.(1.1)式中的函数 sgn 是一个 sign 函数,定义如下:

$$\mathrm{sgn}(\sigma) = \begin{cases} 1 & (\sigma > 0) \\ -1 & (\sigma < 0) \end{cases} \tag{1.2}$$

当 $\sigma = 0$ 时,$v_i(k+1)$仍取它的前一项值 $u_i(k)$.

1984 年,Hopfield[45] 把离散型 Hopfield 神经网络进一步发展成连续型 Hopfield 网络,它们的基本结构相似,但连续型 Hopfield 网络中所有神经元都同步工作,各输入、输出量均是随时间连续变化的模拟量,这就使得连续型 Hopfield 神经网络比离散型 Hopfield 神经网络在信息处理的并行性、联想性、实时性、分布存储和协同性等方面更接近于实际生物神经网络的工作原理.Hopfield 利用电子线路实现,建立了连续型 Hopfield 神经网络模型:

$$C_i\left(\frac{\mathrm{d}u_i}{\mathrm{d}t}\right) = -\frac{u_i}{R_i} + \sum_{j=1}^{n} t_{ij} g_j(u_j(t)) + I_i \quad (i = 1,2,\cdots,n) \tag{1.3}$$

其中,u_i 是第 i 个神经元的输入电压,t_{ij} 是第 i 个神经元和第 j 个神经元之间的连接权值,激活函数 $g_j(\cdot)$是 S 型函数,C_i 是输入电容,R_i 是传输电阻,I_i 是外加电流.

Hopfield 神经网络在实现过程中,由于放大器转换速度的限制,时滞会不可避免地存在.不含时滞的 Hopfield 神经网络模型(1.3)是一种理想模型.1989 年,Marcus 和 Westervelet[45] 建立了时滞 Hopfield 神经网络模型:

$$C_i\left(\frac{\mathrm{d}u_i}{\mathrm{d}t}\right) = -\frac{u_i}{R_i} + \sum_{j=1}^{n} t_{ij} g_j(u_j(t-\tau)) + I_i \quad (i = 1,2,\cdots,n) \tag{1.4}$$

Hopfield 神经网络在图像、语音和信号处理、模式分类与识别、知识处理、自动控制、容错计算和数据查询等领域已经有许多成功的应用.Hopfield 神经网络的应用主要有联想记忆[46-51] 和优化计算[52-54] 两类,其中 DHNN 主要用于联想记忆,CHNN 可主要用于优化计算[55].Hopfield 把能量函数的概念引入到神经网络中去,从而把网络的拓扑结构与所要解决的问题联系起来,把待优化的目标函数与网

络的能量函数联系起来，通过网络运行时能量函数自动最小化而得到问题的最优解，开辟了求解优化问题的新途径. 此外，他将神经网络与具体的模拟电子线路对应起来，做到了理论与实践的结合. Hopfield 神经网络的研究受到了广泛关注[56-64].

(2) 双向联想记忆神经网络

联想记忆网络的研究是神经网络的重要分支，在各种联想记忆网络模型中，Kosko[65-66]所提出的双向联想记忆(bidirectional associative memory，BAM)的应用最为广泛. 神经网络的联想记忆功能可以分为两种，一种是自联想记忆，另一种是异联想记忆. Hopfield 神经网络就属于自联想记忆，而 BAM 神经网络属于异联想记忆. 也就是说，Kosko 将单层单向联想记忆模型推广到双层双向结构——双向联想记忆模型，接下来给出连续 BAM 神经网络的模型：

$$\begin{cases} \dfrac{\mathrm{d}x_i}{\mathrm{d}t} = -a_i x_i(t) + \sum\limits_{j=1}^{m} w_{ji} f_j(y_j(t)) + I_i \\ \dfrac{\mathrm{d}y_j}{\mathrm{d}t} = -c_j y_j(t) + \sum\limits_{i=1}^{n} v_{ij} g_i(x_i(t)) + I_j \end{cases} \quad (i = 1,2,\cdots,n;j = 1,2,\cdots,m) \tag{1.5}$$

这种网络由 I 和 J 两层构成，这两层分别由 n 个和 m 个神经元组成，$x_i(y_j)$表示当外部输入为 $I_i(J_j)$时，第 $I(J)$层的神经元的记忆潜能. 该模型描述了神经网络在进行联想时，网络状态可以在两层神经元之间来回传递，模仿人脑异联想的思维方式.

1994 年，Gopalsamy 和 He[67]给出了时滞双向联想记忆神经网络模型：

$$\begin{cases} \dfrac{\mathrm{d}x_i}{\mathrm{d}t} = -a_i x_i(t) + \sum\limits_{j=1}^{m} w_{ji} f_j(y_j(t-\tau_{ji})) + I_i \\ \dfrac{\mathrm{d}y_i}{\mathrm{d}t} = -c_j y_j(t) + \sum\limits_{i=1}^{n} v_{ij} g_i(x_i(t-\tau_{ij})) + I_j \end{cases} \quad (i = 1,2,\cdots,n;j = 1,2,\cdots,m) \tag{1.6}$$

BAM 神经网络是一类具有双向稳定性的反馈神经网络系统，具有简单并可用大规模集成电路实现的特点. 连续 BAM 网络能够从一个不完整的或模糊的模式上联想出存储在记忆中的某个完整的清晰的模式，从而在模式分类和模式识别等中具有广泛的应用前景. 因此，连续 BAM 网络的研究引起了国内外学者的广泛关注[68-82].

(3) 细胞神经网络

1988 年，美国电子学家 Chua 和 Yang[83]受到 Hopfield 神经网络的影响和细胞自动机的启发，提出了一种细胞神经网络(cellular neural network，CNN)，其模型为

$$\frac{dx_i}{dt} = -d_i x_i(t) + \sum_{j=1}^{n} a_{ij} f_j(x_j(t)) + \sum_{j=1}^{n} b_{ij} g_j(x_j(t)) + I_i \quad (i = 1,2,\cdots,n) \tag{1.7}$$

其中，$x_i(t)$表示第 i 个神经元的状态，a_{ij}表示第i 个神经元和第j 个神经元之间的连接权重，$f_j(\cdot)$和 $g_j(\cdot)$表示神经元的激活函数，I_i 表示神经元的偏流.

1992 年，Roska 和 Chua[84]将时滞引入到(1.7)式，得到了时滞 CNN 模型：

$$\begin{aligned}\frac{dx_i}{dt} = &-d_i x_i(t) + \sum_{j=1}^{n} a_{ij} f_j(x_j(t)) \\ &+ \sum_{j=1}^{n} b_{ij} g_j(x_j(t-\tau_{ij})) + I_i \quad (i = 1,2,\cdots,n)\end{aligned} \tag{1.8}$$

CNN 是由很多被称为“细胞”的基本单元组成的，一个“细胞”是一个非线性电路单元，通常包含线性电容、线性电阻、线性和非线性压控电流源.它的结构与细胞自动机相似，即每个“细胞”只与它的邻近“细胞”有连接，也称为局部连接性，正是由于这一特点，其硬件实现比一般的神经网络容易得多.细胞神经网络已经在图像处理和模式识别领域获得许多成功的应用[85-89].CNN 的主要功能是将一个输入图像转换成一个相应的输出图像，为完成此功能，必须要求网络是稳定的，即所有的输出轨迹必须收敛到一个稳定的平衡点.因此，稳定性是细胞神经网络可靠工作的前提.已有许多学者对细胞神经网络的稳定性进行了研究，并取得了丰富的成果[90-102].

(4) Cohen-Grossberg 神经网络

1983 年，Cohen 和 Grossberg[103]提出了一种广义神经网络模型，即 Cohen-Grossberg 神经网络模型：

$$\frac{dx_i}{dt} = -a_i(x_i(t))\left[b_i(x_i(t)) - \sum_{j=1}^{n} t_{ij} s_j(x_j(t))\right] \quad (i = 1,2,\cdots,n) \tag{1.9}$$

其中，$x_i(t)$表示和第 i 个神经元有关的状态变量，$a_i(\cdot)$表示一个“放大函数”，$b_i(\cdot)$表示行为函数，t_{ij}表示神经元之间的互连，Sigmoid 函数 $s_j(\cdot)$表示第 j 个神经元，函数 $b_i(\cdot)$是连续的，$\boldsymbol{T}=[t_{ij}]$是一个对称矩阵.

1995 年，Ye 和 Michel[104]将时滞引入到(1.9)式，得到了时滞 Cohen-Grossberg 神经网络模型：

$$\begin{aligned}\frac{dx_i}{dt} = &-a_i(x_i(t)) \\ &\cdot\left[b_i(x_i(t)) - \sum_{k=1}^{K}\sum_{j=1}^{n} t_{ij}(k) s_j(x_j(t-\tau_k))\right] \quad (i = 1,2,\cdots,n)\end{aligned} \tag{1.10}$$

如果在(1.9)式中，令

$$a_i(x_i(t)) = \frac{1}{C_i}, \quad b_i(x_i(t)) = \frac{u_i}{R_i} - I_i, \quad s_j(x_j(t)) = g_j(u_j(t))$$

则(1.9)式变为(1.3)式，即 Hopfield 神经网络在上述假设下是 Cohen-Grossberg 神经网络模型的一种特殊情况. 此外，若适当选取各变量，还可以得到更一般的神经网络模型及多种生态系统. 因此，Cohen-Grossberg 神经网络也被称为广义神经网络模型[105,106]. Cohen-Grossberg 神经网络在分类处理、并行计算、联想记忆及最优化计算等方面有着广泛应用[107-109]. 与此同时，Cohen-Grossberg 神经网络的稳定性研究也受到越来越多的关注[110-117].

1.3　递归神经网络稳定性的研究背景和意义

递归神经网络是从 1982 年加州理工学院 Hopfield 教授提出了 Hopfield 神经网络模型、能量函数及网络稳定性等概念之后才真正发展起来的. 递归神经网络构成了一个动力系统，其动力行为可被广泛应用于联想记忆、优化计算、鲁棒控制、模式识别等领域. 因此，动力行为的研究是递归神经网络的核心. 体现递归神经网络的信息处理能力的动力特征包括平衡态、周期过程、振动性、吸引性和混沌等. 递归神经网络存储信息的特征来源于网络信号的反馈，信号反馈使得网络在 k 时刻的输出状态不仅与 k 时刻的输入状态有关，而且还与 k 时刻以前的信号有关，从而表现出网络系统的动态特性. 由于网络中存在递归信号，递归神经网络的状态是随时间的变化而变化的，其运动轨迹必然存在着稳定性的问题. 这是递归神经网络与前向网络在网络性能分析上的较大区别. 递归神经网络的许多工程应用都同网络的稳定性密切相关. 递归神经网络的稳定性分析所关心的问题类型依赖于其具体应用. 例如，Hopfield 神经网络用于联想记忆时，网络应具有多个分别对应于要存储的记忆模式的平衡点. 因此，主要是研究在何种条件下这些平衡点是局部稳定的. 但是当 Hopfield 神经网络用于优化计算时，要求网络具有唯一的一个对应于待求解目标的平衡点. 而且随着时间的增长，要求网络的所有状态都趋近于这个平衡点. 从数学的角度来讲，就是要求网络必须是全局稳定(渐近稳定或指数稳定)的. 细胞神经网络用于图像处理时，希望网络的平衡点尽可能多，这样就可以将处理后的结果存储于这些平衡点上，并且网络的状态在一段时间后也要趋近于某个平衡点，这对应于网络是完全稳定的. 因此，递归神经网络的稳定性研究具有十分重要的理论和现实意义.

Hopfield 教授把“能量函数”的概念引入到了递归神经网络中，这一概念的提出对神经网络的研究具有重大意义，它使神经网络运行稳定性的判断有了可靠依据.构造合适的能量函数并利用相应的 Lyapunov 判定定理来给出网络稳定性的充分条件,成为最重要也是最基本的工具.但遗憾的是,至今人们没有找到一种普遍适用的构造方法,因而,实践中只能依赖个人的经验去选取合适的 Lyapunov 泛函.目前,关于递归神经网络各种稳定性结果的表示方法多种多样,如 $\boldsymbol{M}$($\boldsymbol{P}$ 或 $\boldsymbol{H}$)矩阵[118]、矩阵测度[119]、矩阵范数[120-121]、线性矩阵不等式[122-123]和代数不等式[124]等方式.各种不等式表现形式种类繁多,如包含了可调参数的不等式判据和不包含可调参数的不等式表示.其中,不包含可调参数的不等式判据易于验证,但过于保守;包含可调参数的不等式判据,因有很大的自由度,降低了保守性,但由于没有系统的方法来调节这些参数,因此,不易验证这些判据是否成立.用线性矩阵不等式表示的结果可以包含很多未知参数,具有很大的自由度,与无参数可调的不等式表示结果、$\boldsymbol{M}$ 矩阵表示结果比较,保守性不是很高,在 MATLAB 软件包中有现成的 LMI 工具箱,易于验证线性矩阵不等式形式的结果.总之,线性矩阵不等式表示的结果具有既能考虑神经元激励和抑制的作用[125],又具有大量的可调参数来降低保守性和易于求解等优点.所以,基于线性矩阵不等式技术的递归神经网络稳定性分析目前已成为主流.

动力系统总是存在滞后现象.从工程技术、物理、力学、控制论、化学反应、生物医学等中提出的数学模型带有明显的滞后量,特别是在自动控制的装置中,任何一个含有反馈的系统,从输入信号到接收反馈信号,其间必然有一个时间差.时滞在系统中是普遍存在的,例如,在化工、液压、轧钢等系统中都具有时滞,而且时滞是系统不稳定的一个重要因素,因而引起了国内外学者对时滞的广泛重视.递归神经网络在实现过程中不可避免地产生时滞现象.这是因为在用递归神经网络解决实际问题时,模拟电路中电子器件的信号传输、开关控制及人工操作过程等都会出现时滞现象,甚至有时候时滞对网络的影响非常大,是不能忽略的.若时滞充分小,递归神经网络与无时滞网络具有相同的全局稳定性[126];当时滞增加时,即使时滞不改变平衡点的稳定性,也会影响稳定平衡点的吸引域[127].在某些没有时滞且全局渐近稳定的递归神经网络中引入时滞后,网络将会产生振荡现象[128-130].因此,研究时滞递归神经网络的稳定性更具有实际意义.时滞递归神经网络的稳定性分析,如绝对稳定性[111,131-134]、完全稳定性[88,135-138]、指数稳定[80-81,96-99,110,112-113,139-147]都取得了丰富的研究成果.

实际上,时滞通常是随时间的变化而变化,时变时滞的存在更为普遍.在网络的运行过程中,常时滞往往是变时滞的一种理想化的近似.因此,研究变时滞递归神经网络的稳定性比常时滞递归神经网络的稳定性更有实际意义.在一个由大量神经元构成的递归神经网络中,许多神经元聚成球形或层状结构并相互作用,且通过轴突又连接成各种复杂神经通路,从而信号的传输中存在分布时滞现象.文献

[71]首次研究了S分布时滞双向联想记忆递归神经网络的稳定性,并给出了网络具有全局渐近稳定的平衡点的若干判据.时滞系统稳定性判据有两种表示形式:时滞无关稳定性判据和时滞相关稳定性判据.当时滞较小时,时滞无关稳定性判据相对保守.因此,递归神经网络的时滞相关稳定性得到了广泛研究.

递归神经网络稳定性的研究方法会根据网络模型的不同而有所变化,由于目前尚未出现关于时滞递归神经网络的统一模型,也没有统一的方法来研究递归神经网络的稳定性,所以在所得到的稳定性结论中通常又具有交叉和重复的内容.Syukkens[148]把神经元状态空间模型转换成了众所周知的线性分式变换的标准模型.类似于线性分式变换[149-151],刘妹琴[152-154]提出了一种新的递归神经网络模型,称之为标准神经网络模型(standard neural network model,SNNM).标准神经网络模型由一个线性动力学系统和有界激励函数构成的静态非线性算子连接而成.许多典型的递归神经网络,如Hopfield神经网络、细胞神经网络、双向联想记忆神经网络等都可以统一表示成标准神经网络模型的形式.这为不同的递归神经网络提供了一个统一的分析框架.SNNM的提出为递归神经网络的稳定性研究提供了一个新途径.

1.4　无源性的研究背景和意义

无源性概念最早来源于网络,用于处理相对阶不超过1的由电阻、电容、电感组成的有理传递函数.无源性概念最早由Lurie和Popov引入控制中,经过了Yakubovitch,Kalman,Zames,Desoer,Willems以及Hill和Moylan等人的发展,形成了现有的无源性概念[155].现在常讨论的无源性定义有两类:一类是在研究非线性系统的输入输出特性时,根据正实网络的耗能特性而给出的基于输入输出的无源性.1973年,Popov[156]引入无源性概念作为反馈的基本特性.1975年,Desoer[157]研究了无源性与系统稳定性之间的关系,得出了著名的无源性定理,并论证了无源性定理同小增益定理在一定条件下是等价的.这一结论为基于输入输出的无源性设计打下了基础;另一类是在研究非线性系统的状态方程描述时,基于耗散性概念提出的.耗散性概念最早源于一些物理系统中的工程问题,如热动力系统、电力系统以及一些弹性系统等.1972年,Willems[158-159]建立了基于状态空间描述包括存储函数和供给率的耗散性概念.他把由系统状态构成的半正定函数作为存储函数,由输入、输出构成的函数作为供给率.当供给率由输入、输出的乘积来描述时,便引出了无源性概念,即无源性是耗散性的特例.在这种定义下,人们可以通过存储函数来建立同 Lyapunov 稳定性之间的关系. 正实引理(Kalman-Yakubovitch-Popov,KYP)使线性系统无源性同二次型 Lyapunov 函数的存在性联系起来. 1974 年,Moylan[160]把这一结论推广到了仿射非线性系统. Moylan 也证明了在满足局部能控性的条件下,以上的两种定义对于仿射非线性系统来说是等价的. 基于输入、输出的无源性设计和基于状态方程的无源性设计得以统一. Hill[161]研究了无源性和稳定性之间的关系,揭示出零状态可观测系统的存储函数是正定的,从而断定这样的无源系统是稳定的,并进一步指出此时系统可通过无记忆输出状态反馈渐近镇定. 这些结论也为判断一个仿射非线性系统是否无源提供了依据.

耗散性和无源性的概念广泛存在于物理学、应用数学以及力学等领域. 耗散性理论,尤其是作为其特例的无源性理论的出现对控制理论产生了极大影响. Popov[162]和 Zames[163]分别提出了无源性理论中具有深远意义的定理,即两个无源系统的并行内联或负反馈内联仍然是无源的. 在一定的可观测条件下[164-166],无源系统是稳定的. 这为基于无源的稳定性分析和鲁棒控制系统设计打下了基础. 1973 年,Popov[156]提出了超稳定概念,并且通过研究超稳定性和无源性之间的关系,指出了对线性系统而言,超稳定性与正实性相当. 超稳定设计已成为模型参考自适应系统稳定性设计中的一种设计原则. 无源性理论在自适应控制方面也有着广泛的应用,并且获得了一些研究成果[167-170]. 无源性理论的应用还表现在最优控制和机器人设计上. 在最优控制方面,Kalman[173]最早研究了线性系统最优性和无源性的关系,指出在可观测条件下,最优性和无源性是等价的. 最优控制可以给系统带来鲁棒性. 通常最优控制问题归结为 HJB 方程,而对此方程的求解相对比较困难. Freeman 和 Kokotovic[172]提出了逆最优控制方法来避免 HJB 方程的求解. 1997 年,Sepulchre[165]及其合作者在总结前人工作的基础上,揭示了无源性、Lyapunov稳定性和逆最优控制间的关系,并在可测条件下建立了仿射非线性系统输出反馈无源性和最优镇定间的等价性. Chellaboina 和 Haddad[173]在指数耗散性框架下,基于静态和动态输出反馈分别研究了系统无源性与最优性间的关系. 无源性理论主要用来构造控制 Lyapunov 函数. 保证系统稳定的控制 Lyapunov 函数正是 HJB 方程的解,即保证了系统性能指标的最优性.

无源性理论不仅在控制理论方面有着重要的作用,而且在许多实际系统,如机器人系统、电力系统、化工过程等研究中也扮演着重要的角色. 因此,无源性理论的研究不仅具有重要的理论价值,而且具有一定的实践意义. 无源性分析和基于无源系统理论的控制设计正逐步发展起来,成为分析和设计非线性系统的强有力的工具,并引起了越来越多学者的关注[174-178]. 然而,不管是无源系统理论本身还是基于这一理论的控制设计,它们都远非完善,进一步研究无源性问题和基于无源性分析的系统设计有着现实意义.

1.5　与书相关的预备知识

本节主要介绍书中所用到的符号、记法及一些基本引理.

1.5.1　符号及记法

$\mathbf{R}^n$ 表示 n 维欧几里得空间；$\rho(\cdot)$表示矩阵的谱半径；diag(⋯)代表块对角矩阵；$\boldsymbol{P}>0$ 表示 $\boldsymbol{P}$ 是一个正定矩阵；$*$ 代表对称矩阵的对角线以下的元素；$C(\mathbf{R}^L;\mathbf{R}^L)$表示从 $\mathbf{R}^L$ 到 $\mathbf{R}^L$ 的所有连续函数的集合；$\mathbf{N}$ 是非负整数集合.

1.5.2　基本引理

引理 1.1[179]　对于任意向量 $\boldsymbol{a},\boldsymbol{b}\in\mathbf{R}^n$，不等式

$$\pm 2\boldsymbol{a}^{\mathrm{T}}\boldsymbol{b}\leqslant \boldsymbol{a}^{\mathrm{T}}\boldsymbol{X}\boldsymbol{a}+\boldsymbol{b}^{\mathrm{T}}\boldsymbol{X}^{-1}\boldsymbol{b}$$

成立，其中，$\boldsymbol{X}$ 是满足 $\boldsymbol{X}>0$ 的任意矩阵.

引理 1.2[180]　对于任意正定矩阵 $\boldsymbol{M}\in\mathbf{R}^{n\times n}$ 和数 $\gamma>0$，$\boldsymbol{\omega}:[0,\gamma]\rightarrow\mathbf{R}^n$ 是使得相关的积分有定义的向量函数，则以下不等式成立：

$$\left(\int_0^\gamma \boldsymbol{\omega}(s)\mathrm{d}s\right)^{\mathrm{T}}\boldsymbol{M}\left(\int_0^\gamma \boldsymbol{\omega}(s)\mathrm{d}s\right)\leqslant \gamma\int_0^\gamma \boldsymbol{\omega}^{\mathrm{T}}(s)\boldsymbol{M}\boldsymbol{\omega}(s)\mathrm{d}s$$

引理 1.3[56]　(Schur 补)给定矩阵 $\boldsymbol{\Omega}_1,\boldsymbol{\Omega}_2$ 和 $\boldsymbol{\Omega}_3$，其中，$\boldsymbol{\Omega}_1=\boldsymbol{\Omega}_1^{\mathrm{T}}$，$\boldsymbol{\Omega}_2>0$，则 $\boldsymbol{\Omega}_1+\boldsymbol{\Omega}_3^{\mathrm{T}}\boldsymbol{\Omega}_2^{-1}\boldsymbol{\Omega}_3<0$ 成立，当且仅当下式成立：

$$\begin{bmatrix}\boldsymbol{\Omega}_1 & \boldsymbol{\Omega}_3^{\mathrm{T}}\\ \boldsymbol{\Omega}_3 & -\boldsymbol{\Omega}_2\end{bmatrix}<0\quad 或\quad \begin{bmatrix}-\boldsymbol{\Omega}_2 & \boldsymbol{\Omega}_3\\ \boldsymbol{\Omega}_3^{\mathrm{T}} & \boldsymbol{\Omega}_1\end{bmatrix}<0$$

引理 1.4[100]　设 $\boldsymbol{U},\boldsymbol{V},\boldsymbol{W}$ 和 $\boldsymbol{M}=\boldsymbol{M}^{\mathrm{T}}$ 是具有适当维数的矩阵，则

$$\boldsymbol{M}+\boldsymbol{U}\boldsymbol{V}\boldsymbol{W}+\boldsymbol{W}^{\mathrm{T}}\boldsymbol{V}^{\mathrm{T}}\boldsymbol{U}^{\mathrm{T}}<0$$

对于所有 $\boldsymbol{V}^{\mathrm{T}}\boldsymbol{V}\leqslant\boldsymbol{I}$ 成立，当且仅当存在 $\varepsilon>0$，使得以下不等式成立：

$$\boldsymbol{M}+\varepsilon^{-1}\boldsymbol{U}\boldsymbol{U}^{\mathrm{T}}+\varepsilon\boldsymbol{W}^{\mathrm{T}}\boldsymbol{W}<0$$

引理 1.5　设 $\boldsymbol{x}(k)\in\mathbf{R}^n$，$\boldsymbol{f}(\boldsymbol{\xi}(k))\in\mathbf{R}^L$，对于正定矩阵 $\boldsymbol{S}\in\mathbf{R}^{n\times n}$ 以及具有适当维数的任意矩阵 $\boldsymbol{Y}_i\in\mathbf{R}^{n\times n}(i=1,2,5,6,7)$，$\boldsymbol{Y}_3\in\mathbf{R}^{n\times L}$，$\boldsymbol{Y}_4\in\mathbf{R}^{n\times L}$ 和 $\boldsymbol{Y}_8\in\mathbf{R}^{n\times r}$，以下不等式成立：

$$-\sum_{i=k-\tau_M}^{k-1}\boldsymbol{\eta}^{\mathrm{T}}(i)\boldsymbol{S}\boldsymbol{\eta}(i)\leqslant\boldsymbol{\zeta}^{\mathrm{T}}(k)(\boldsymbol{I}_1\boldsymbol{Y}+\boldsymbol{Y}^{\mathrm{T}}\boldsymbol{I}_1^{\mathrm{T}})\boldsymbol{\zeta}(k)+\tau_M\boldsymbol{\zeta}^{\mathrm{T}}(k)\boldsymbol{Y}^{\mathrm{T}}\boldsymbol{S}^{-1}\boldsymbol{Y}\boldsymbol{\zeta}(k)$$

其中

$$\boldsymbol{\zeta}(k)=\begin{bmatrix}\boldsymbol{x}(k)\\ \boldsymbol{x}(k+1)\\ \boldsymbol{f}(\boldsymbol{\xi}(k))\\ \boldsymbol{f}(\boldsymbol{\xi}(k-\tau(k)))\\ \boldsymbol{x}(k-\tau(k))\\ \boldsymbol{x}(k-\tau_M)\\ \sum_{i=k-\tau(k)}^{k-1}\boldsymbol{\eta}(i)\\ \boldsymbol{\omega}(k)\end{bmatrix},\quad \boldsymbol{I}_1=\begin{bmatrix}\boldsymbol{I}_{n\times n}\\ \boldsymbol{0}_{n\times n}\\ \boldsymbol{0}_{L\times n}\\ \boldsymbol{0}_{L\times n}\\ \boldsymbol{0}_{n\times n}\\ -\boldsymbol{I}_{n\times n}\\ \boldsymbol{0}_{n\times n}\\ \boldsymbol{0}_{r\times n}\end{bmatrix}$$

$$\boldsymbol{Y}^{\mathrm{T}}=\begin{bmatrix}\boldsymbol{Y}_1^{\mathrm{T}}\\ \boldsymbol{Y}_2^{\mathrm{T}}\\ \boldsymbol{Y}_3^{\mathrm{T}}\\ \boldsymbol{Y}_4^{\mathrm{T}}\\ \boldsymbol{Y}_5^{\mathrm{T}}\\ \boldsymbol{Y}_6^{\mathrm{T}}\\ \boldsymbol{Y}_7^{\mathrm{T}}\\ \boldsymbol{Y}_8^{\mathrm{T}}\end{bmatrix},\quad \boldsymbol{\eta}(i)=\boldsymbol{x}(i+1)-\boldsymbol{x}(i)$$

证明　根据不等式 $\pm 2\boldsymbol{a}^{\mathrm{T}}\boldsymbol{b}\leqslant \boldsymbol{a}^{\mathrm{T}}\boldsymbol{S}\boldsymbol{a}+\boldsymbol{b}^{\mathrm{T}}\boldsymbol{S}^{-1}\boldsymbol{b}$，可以得到

$$\begin{aligned}-\sum_{i=k-\tau_M}^{k-1}\boldsymbol{\eta}^{\mathrm{T}}(i)\boldsymbol{S}\boldsymbol{\eta}(i)&\leqslant \sum_{i=k-\tau_M}^{k-1}\left[2\boldsymbol{\eta}^{\mathrm{T}}(i)\boldsymbol{Y}\boldsymbol{\zeta}(k)+\boldsymbol{\zeta}^{\mathrm{T}}(k)\boldsymbol{Y}^{\mathrm{T}}\boldsymbol{S}^{-1}\boldsymbol{Y}\boldsymbol{\zeta}(k)\right]\\ &=2\left[\boldsymbol{x}^{\mathrm{T}}(k)-\boldsymbol{x}^{\mathrm{T}}(k-\tau_M)\right]\boldsymbol{Y}\boldsymbol{\zeta}(k)+\tau_M\boldsymbol{\zeta}^{\mathrm{T}}(k)\boldsymbol{Y}^{\mathrm{T}}\boldsymbol{S}^{-1}\boldsymbol{Y}\boldsymbol{\zeta}(k)\\ &=2\boldsymbol{\zeta}^{\mathrm{T}}(k)\boldsymbol{I}_1\boldsymbol{Y}\boldsymbol{\zeta}(k)+\tau_M\boldsymbol{\zeta}^{\mathrm{T}}(k)\boldsymbol{Y}^{\mathrm{T}}\boldsymbol{S}^{-1}\boldsymbol{Y}\boldsymbol{\zeta}(k)\\ &=\boldsymbol{\zeta}^{\mathrm{T}}(k)(\boldsymbol{I}_1\boldsymbol{Y}+\boldsymbol{Y}^{\mathrm{T}}\boldsymbol{I}_1^{\mathrm{T}})\boldsymbol{\zeta}(k)+\tau_M\boldsymbol{\zeta}^{\mathrm{T}}(k)\boldsymbol{Y}^{\mathrm{T}}\boldsymbol{S}^{-1}\boldsymbol{Y}\boldsymbol{\zeta}(k)\end{aligned}$$

证毕.

引理 1.6　设 $\boldsymbol{e}(k)\in\mathbf{R}^{2n}$，$\boldsymbol{g}(\boldsymbol{\zeta}(k)k)\in\mathbf{R}^{2L}$，$\boldsymbol{f}(\boldsymbol{\zeta}(k))\in\mathbf{R}^{L}$，任意正定矩阵 $\boldsymbol{S}\in\mathbf{R}^{n\times n}$ 和具有适当维数的任意矩阵 $\boldsymbol{Y}_i\in\boldsymbol{R}^{n\times n}(i=1,2,5,6,7)$，$\boldsymbol{Y}_3\in\mathbf{R}^{n\times L}$，$\boldsymbol{Y}_4\in\mathbf{R}^{n\times L}$，$\boldsymbol{Y}_8\in\mathbf{R}^{n\times r}$，以下不等式成立：

$$\begin{aligned}-\sum_{i=k-\tau_M}^{k-1}\widetilde{\boldsymbol{\eta}}^{\mathrm{T}}(i)\widetilde{\boldsymbol{S}}\widetilde{\boldsymbol{\eta}}(i)\leqslant{}&\widetilde{\boldsymbol{P}}^{P}(k)(\boldsymbol{I}_1\boldsymbol{V}+\boldsymbol{Y}^{\mathrm{T}}\boldsymbol{I}_1^{\mathrm{T}})\widetilde{\boldsymbol{P}}(k)\\ &+\tau_M\widetilde{\boldsymbol{P}}^{\mathrm{T}}(k)\boldsymbol{Y}^{\mathrm{T}}\boldsymbol{S}_1^{-1}\boldsymbol{Y}\widetilde{\boldsymbol{P}}(k)+\tau_M\widetilde{\boldsymbol{P}}^{\mathrm{T}}(k)\boldsymbol{X}^{\mathrm{T}}\boldsymbol{S}_2^{-1}\boldsymbol{X}\widetilde{\boldsymbol{P}}(k)\\ &+\widetilde{\boldsymbol{P}}^{\mathrm{T}}(k)(\boldsymbol{I}_2\boldsymbol{X}+\boldsymbol{X}^{\mathrm{T}}\boldsymbol{I}_2^{\mathrm{T}})\widetilde{\boldsymbol{P}}(k)\end{aligned}$$

其中，$\boldsymbol{Y}$，$\boldsymbol{X}$ 是块矩阵，$\boldsymbol{Y}=(\boldsymbol{Y}_i)_{1\times 14}$，$\boldsymbol{X}=(\boldsymbol{X}_i)_{1\times 14}$.

$$
\widetilde{P}(k)=\begin{pmatrix}\tilde{e}(k)\\ \tilde{e}(k+1)\\ \tilde{g}(\zeta(k))\\ \tilde{g}(\zeta(k-\tau(k)))\\ \tilde{e}(k-\tau(k))\\ \tilde{e}(k-\tau_M)\\ \sum\limits_{i=k-\tau(k)}^{k-1}\widetilde{\eta}(i)\end{pmatrix},\quad \widetilde{\eta}(k)=\begin{pmatrix}\eta_1(k)\\ \eta_2(k)\end{pmatrix}
$$

$$
\eta_1(i)=x(i+1)-x(i),\quad \eta_2(i)=e(i+1)-e(i)
$$

$$
I_1=(I\quad 0\quad 0\quad 0\quad 0\quad 0\quad 0\quad 0\quad 0\quad 0\quad -I\quad 0\quad 0\quad 0)
$$

引理 1.7[56]　设 $\omega(s)$是可微函数,$\omega:[a,b]\to\mathbf{R}^n$,对于矩阵 $R\in S_n^+$,$M_i\in\mathbf{R}^{k\times n}(i=1,2,3)$和任意向量 $\xi\in\mathbf{R}^k$,以下不等式成立:

$$
\int_\alpha^\beta\dot{\omega}^{\mathrm{T}}(s)R\dot{\omega}(s)\mathrm{d}s\leqslant\xi^{\mathrm{T}}\left[\sum_{i=1}^3\mathrm{sym}\{M_iE_i\}+\sum_{i=1}^3\frac{\beta-\alpha}{2i-1}M_iR^{-1}M_i^{\mathrm{T}}\right]\xi
$$

其中

$$
E_1\xi=\omega(\beta)-\omega(\alpha),\quad E_2\xi=\omega(\beta)+\omega(\alpha)-\frac{2}{\beta-\alpha}\int_\alpha^\beta\omega(s)\mathrm{d}s
$$

$$
E_3\xi=\omega(\beta)-\omega(\alpha)+\frac{6}{\beta-\alpha}\int_\alpha^\beta\omega(s)\mathrm{d}s-\frac{12}{(\beta-\alpha)^2}\int_\alpha^\beta\int_s^\beta\omega(u)\mathrm{d}u\mathrm{d}s
$$

第 2 章 中立型 Hopfield 神经网络的时滞相关鲁棒稳定性

近年来,关于神经网络的理论和应用的研究取得了丰富的成果.Hopfield 神经网络是一类典型的递归神经网络,在模式识别、联想记忆、并行计算和解决困难的最优化问题上都具有极其优越的潜能.因此,其模型的动态特性的研究受到了广泛关注.一方面,由于受有限的运算放大器切换速度和信号传输的影响,网络模型中会不可避免地出现时滞,时滞的存在会产生振荡和不稳定特征,从而影响网络的稳定性.因此,具有时滞的神经网络的稳定性分析引起了特别关注[56-63,100-102,179-204].稳定性准则可以分为两类:时滞无关稳定性准则[100,181-184]和时滞相关稳定性准则[56,58-63,101-102,180,185-200,202-204].众所周知,当时滞较小时,时滞无关准则要比时滞相关准则相对保守.另一方面,由于实际中神经细胞的复杂动态性质,目前所存在的许多神经网络模型不能准确地表征神经元反应过程的特性,所以神经网络会包含一些状态导数的信息来模拟复杂的神经元反应的动态[196-200].文献[196]中,作者一方面使用了参数模型变换的方法得到了时滞相关全局稳定准则,参数模型变换要比广义模型变换保守.再一方面,作者只考虑了常数时滞的情况,有一定的局限性.文献[197-198]的作者研究了中立型神经网络的全局指数稳定性.文献[199]中作者研究了间歇中立型神经网络的全局鲁棒稳定问题.文献[200]中作者研究了中立型双向联想记忆神经网络的全局渐近稳定问题.

实际中,神经元之间的权相关矩阵是依赖于满足不确定性的电阻和电容值的.因此,神经网络的鲁棒稳定性研究是极其重要的.据资料所知,鲁棒稳定性准则还没有触及具有时变时滞的中立型 Hopfield 神经网络,因此存在进一步改进的空间.

本章研究了中立型 Hopfield 神经网络的时滞相关鲁棒稳定问题.所考虑的神经网络的离散时滞和中立项时滞都是时变的.首先,对原系统使用了广义模型变换方法,广义模型变换可以将原系统转换成等价的广义形式,并且根据文献[201]的观点知道,广义模型变换也不会引入附加的动态.其次,构造了一个新的 Lyapunov-Krasovskii 泛函,通过考虑一些有用的不等式,获得了一个新的鲁棒稳定性准则,该准则具有线性矩阵不等式的形式,并且与离散时滞和中立项时滞都相关.最后,给出的三个数值例子表明了提出的方法有效.

2.1　系统描述与预备知识

考虑下面由非线性中立时滞微分方程所描述的不确定 Hopfield 神经网络:

$$\begin{aligned}\dot{u}_i(t) = &-(c_i + \Delta c_i(t))u_i(t) + \sum_{j=1}^{n}(a_{ij} + \Delta a_{ij}(t))f_j(u_j(t)) \\ &+ \sum_{j=1}^{n}(d_{ij} + \Delta d_{ij}(t))\dot{u}_j(t - h(t)) \\ &+ \sum_{j=1}^{n}(b_{ij} + \Delta b_{ij}(t))f_j(u_j(t - \tau(t))) + J_i \quad (i = 1,2,\cdots,n)\end{aligned} \tag{2.1}$$

或等价于

$$\begin{aligned}\dot{\boldsymbol{u}}(t) = &-(\boldsymbol{C} + \Delta\boldsymbol{C}(t))\boldsymbol{u}(t) + (\boldsymbol{A} + \Delta\boldsymbol{A}(t))\boldsymbol{f}(\boldsymbol{u}(t)) \\ &+ (\boldsymbol{B} + \Delta\boldsymbol{B}(t))\boldsymbol{f}(\boldsymbol{u}(t - \tau(t))) \\ &+ (\boldsymbol{D} + \Delta\boldsymbol{D}(t))\dot{\boldsymbol{u}}(t - h(t)) + \boldsymbol{J}\end{aligned} \tag{2.2}$$

其中,n 是神经网络中神经元的个数,$\boldsymbol{u}(t) = \begin{pmatrix} u_1(t) \\ u_2(t) \\ \vdots \\ u_n(t) \end{pmatrix} \in \mathbf{R}^n$ 是神经元状态向量,

$\boldsymbol{J} = \begin{pmatrix} J_1 \\ J_2 \\ \vdots \\ J_n \end{pmatrix} \in \mathbf{R}^n$ 是外部输入,$\boldsymbol{f}(\boldsymbol{u}(t)) = \begin{pmatrix} f_1(u_1(t)) \\ f_2(u_2(t)) \\ \vdots \\ f_n(u_n(t)) \end{pmatrix} \in \mathbf{R}^n$ 是激活函数向量,时滞 $\tau(t)$ 和 $h(t)$ 是满足以下条件的时变连续函数:

$$0 \leqslant \tau(t) \leqslant \tau, \quad \dot{\tau}(t) \leqslant \mu_1, \quad 0 \leqslant h(t) \leqslant h, \quad \dot{h}(t) \leqslant \mu_2 < 1 \tag{2.3}$$

其中,τ,μ_1,h 和 μ_2 是常数,$\boldsymbol{C} = \mathrm{diag}(c_1, c_2, \cdots, c_n)$ 是正定对角矩阵,$\boldsymbol{A} = (a_{ij})_{n\times n}$,$\boldsymbol{B} = (b_{ij})_{n\times n}$ 和 $\boldsymbol{D} = (d_{ij})_{n\times n}$ 是神经元之间的权相关矩阵,$\Delta\boldsymbol{C}(t)$,$\Delta\boldsymbol{A}(t)$,$\Delta\boldsymbol{B}(t)$ 和 $\Delta\boldsymbol{D}(t)$ 是定义成以下形式的不确定参数:

$$\Delta\boldsymbol{C}(t) = \boldsymbol{H}_1\boldsymbol{F}_1(t)\boldsymbol{E}_1, \quad \Delta\boldsymbol{A}(t) = \boldsymbol{H}_2\boldsymbol{F}_2(t)\boldsymbol{E}_2 \tag{2.4a}$$

$$\Delta\boldsymbol{B}(t) = \boldsymbol{H}_3\boldsymbol{F}_3(t)\boldsymbol{E}_3, \quad \Delta\boldsymbol{D}(t) = \boldsymbol{H}_4\boldsymbol{F}_4(t)\boldsymbol{E}_4 \tag{2.4b}$$

其中,$\boldsymbol{H}_i$ 和 $\boldsymbol{E}_i$($i = 1,2,3,4$)是具有适当维数的已知常实矩阵,$\boldsymbol{F}_i(t)$是满足下面条件的时变矩阵:

$$\boldsymbol{F}_i^{\mathrm{T}}(t)\boldsymbol{F}_i(t) \leqslant \boldsymbol{I} \quad (i = 1,2,3,4) \tag{2.5}$$

假设激活函数满足以下条件：

(H2.1)对于每一个 i 值，f_i 在实数 $\mathbf{R}$ 上均是有界的；

(H2.2)存在常数 $L_i>0$，使得对于任意 $\xi_1,\xi_2\in\mathbf{R}$，下列不等式成立：

$$|f_i(\xi_1) - f_i(\xi_2)| \leqslant L_i|\xi_1 - \xi_2| \quad (i = 1,2,\cdots,n)$$

这类激活函数比 S 形激活函数和细胞神经网络中经常使用的分段线性函数 $f_i(x)=\frac{1}{2}(|x+1|-|x-1|)$ 更普遍.

假设 $\boldsymbol{u}^* = \begin{pmatrix} u_1^* \\ u_2^* \\ \vdots \\ u_n^* \end{pmatrix} \in \mathbf{R}^n$ 是系统(2.2)的平衡点. 令 $\boldsymbol{x}(t)=\boldsymbol{u}(t)-\boldsymbol{u}^*$，则系统(2.2)可以写成

$$\begin{aligned} \dot{\boldsymbol{x}}(t) =& -(\boldsymbol{C} + \Delta\boldsymbol{C}(t))\boldsymbol{x}(t) + (\boldsymbol{A} + \Delta\boldsymbol{A}(t))\boldsymbol{g}(\boldsymbol{x}(t)) \\ &+ (\boldsymbol{B} + \Delta\boldsymbol{B}(t))\boldsymbol{g}(\boldsymbol{x}(t - \tau(t))) \\ &+ (\boldsymbol{D} + \Delta\boldsymbol{D}(t))\dot{\boldsymbol{x}}(t - h(t)) \end{aligned} \tag{2.6}$$

其中，$\boldsymbol{x}(t)=\begin{pmatrix} x_1(t) \\ x_2(t) \\ \vdots \\ x_n(t) \end{pmatrix}$ 是变换后系统的状态向量，并且 $\boldsymbol{g}(\boldsymbol{x}(t))=\begin{pmatrix} g_1(x_1(t)) \\ g_2(x_2(t)) \\ \vdots \\ g_n(x_n(t)) \end{pmatrix}$，$g_i(x_i(t))=f_i(x_i(t)+u_i^*)-f_i(u_i^*)(i=1,2,\cdots,n)$.

显然系统(2.2)的平衡点是渐近稳定的，当且仅当系统(2.6)的原点是渐近稳定的. 接下来，只需考虑系统(2.6)的平凡解的渐近稳定性.

令 $\dot{\boldsymbol{x}}(t)=\boldsymbol{y}(t)$，则系统(2.6)可以转化成等价的广义形式

$$\begin{aligned} &\dot{\boldsymbol{x}}(t) = \boldsymbol{y}(t) \\ &\boldsymbol{0} = -\boldsymbol{y}(t) - (\boldsymbol{C} + \Delta\boldsymbol{C}(t))\boldsymbol{x}(t) + (\boldsymbol{A} + \Delta\boldsymbol{A}(t))\boldsymbol{g}(\boldsymbol{x}(t)) \\ &\quad + (\boldsymbol{B} + \Delta\boldsymbol{B}(t))\boldsymbol{g}(\boldsymbol{x}(t - \tau(t))) + (\boldsymbol{D} + \Delta\boldsymbol{D}(t))\boldsymbol{y}(t - h(t)) \end{aligned}$$

或等价于

$$\begin{aligned} \boldsymbol{E}\dot{\bar{\boldsymbol{x}}}(t) =& \begin{pmatrix} \boldsymbol{0} & \boldsymbol{I} \\ -\boldsymbol{C} - \Delta\boldsymbol{C}(t) & -\boldsymbol{I} \end{pmatrix}\bar{\boldsymbol{x}}(t) + \begin{pmatrix} \boldsymbol{0} \\ \boldsymbol{A} + \Delta\boldsymbol{A}(t) \end{pmatrix}\boldsymbol{g}(\boldsymbol{x}(t)) \\ &+ \begin{pmatrix} \boldsymbol{0} \\ \boldsymbol{B} + \Delta\boldsymbol{B}(t) \end{pmatrix}\boldsymbol{g}(\boldsymbol{x}(t - \tau(t))) \\ &+ \begin{pmatrix} \boldsymbol{0} \\ \boldsymbol{D} + \Delta\boldsymbol{D}(t) \end{pmatrix}\boldsymbol{y}(t - h(t)) \end{aligned} \tag{2.7}$$

其中，$\bar{x}(t)=\begin{pmatrix} x(t) \\ y(t) \end{pmatrix}$，$E=\begin{pmatrix} I & 0 \\ 0 & 0 \end{pmatrix}$.

2.2 主要结果

为了获得时滞 Hopfield 神经网络(2.6)的鲁棒渐近稳定性准则，首先，我们来研究系统(2.6)的标称系统的渐近稳定性. 如果 $\Delta C(t)=0$，$\Delta A(t)=0$，$\Delta B(t)=0$，$\Delta D(t)=0$，系统(2.7)可以写成

$$
\begin{aligned}
E\dot{\bar{x}}(t) &= \begin{pmatrix} 0 & I \\ -C & -I \end{pmatrix}\bar{x}(t) + \begin{pmatrix} 0 \\ A \end{pmatrix} g(x(t)) \\
&\quad + \begin{pmatrix} 0 \\ B \end{pmatrix} g(x(t-\tau(t))) + \begin{pmatrix} 0 \\ D \end{pmatrix} y(t-h(t))
\end{aligned} \tag{2.8}
$$

定理 2.1　假设(H2.1)和(H2.2)成立，对于满足(2.3)式的任意时滞 $\tau(t)$ 和 $h(t)$，系统(2.6)的标称系统是渐近稳定的. 如果 $\rho(D)<1$，并且存在正定矩阵 $P_1,R_1,R_2,R_3,R_4,S_i(i=1,2,\cdots,6)$，对角正定矩阵 Q_1,Q_2，对称矩阵 $Z_{11},Z_{22},P_{11},P_{22},P_{33}$ 以及任意矩阵 $P_2,P_3,Z_{12},P_{12},P_{13},P_{23},Y_j(j=1,2,\cdots,7)$，使得以下的线性矩阵不等式成立：

$$
\begin{bmatrix} Z_{11} & Z_{12} \\ Z_{12}^{\mathrm{T}} & Z_{22} \end{bmatrix} > 0,\quad \begin{bmatrix} P_{11} & P_{12} & P_{13} \\ * & P_{22} & P_{23} \\ * & * & P_{33} \end{bmatrix} > 0 \tag{2.9a}
$$

$$
\begin{bmatrix}
\Lambda_{11} & \Lambda_{12} & \Lambda_{13} & \Lambda_{14} & P_{22}^{\mathrm{T}}+Y_5^{\mathrm{T}} & Y_6^{\mathrm{T}}-Y_1 & P_{23}+Y_7^{\mathrm{T}} & \Pi_1 \\
* & \Lambda_{21} & -Y_2 & P_3^{\mathrm{T}}D & P_{12}+P_{23}^{\mathrm{T}} & -Y_2 & P_{13}+P_{33}^{\mathrm{T}} & \Pi_2 \\
* & * & \Lambda_{31} & -Y_4^{\mathrm{T}} & \Lambda_{32} & -Y_3-Y_6^{\mathrm{T}} & \Lambda_{33} & \Pi_3 \\
* & * & * & \Lambda_{41} & -P_{23}^{\mathrm{T}} & -Y_4 & -P_{33}^{\mathrm{T}} & \Pi_4 \\
* & * & * & * & \Lambda_{51} & -Y_5-Z_{12} & 0 & 0 \\
* & * & * & * & * & \Lambda_{61} & -Y_7^{\mathrm{T}} & 0 \\
* & * & * & * & * & * & \Lambda_{71} & 0 \\
* & * & * & * & * & * & * & \Pi_5
\end{bmatrix} < 0 \tag{2.9b}
$$

其中

$$
\begin{aligned}
\Lambda_{11} &= -P_2^{\mathrm{T}}C - CP_2 + LQ_1L + \tau^2 Z_{11} + R_1 + P_{12} + P_{12}^{\mathrm{T}} + Y_1 + Y_1^{\mathrm{T}} \\
\Lambda_{32} &= -P_{22}^{\mathrm{T}} - Y_5^{\mathrm{T}} \\
\Lambda_{12} &= P_1 - P_2^{\mathrm{T}} - CP_3 + \tau^2 Z_{12} + P_{11} + P_{13} + Y_2^{\mathrm{T}}
\end{aligned}
$$

$\boldsymbol{\Lambda}_{13}=-\boldsymbol{P}_{12}-\boldsymbol{Y}_1+\boldsymbol{Y}_3^{\mathrm{T}}$

$\boldsymbol{\Lambda}_{21}=-\boldsymbol{P}_3-\boldsymbol{P}_3^{\mathrm{T}}+\tau^2\boldsymbol{R}_3+\boldsymbol{R}_2+h^2\boldsymbol{R}_4+\tau^2\boldsymbol{Z}_{22}$，$\boldsymbol{\Lambda}_{14}=-\boldsymbol{P}_{13}+\boldsymbol{Y}_4^{\mathrm{T}}+\boldsymbol{P}_2^{\mathrm{T}}\boldsymbol{D}$

$\boldsymbol{\Lambda}_{31}=-(1-\mu_1)\boldsymbol{R}_1-\boldsymbol{Y}_3-\boldsymbol{Y}_3^{\mathrm{T}}+\boldsymbol{L}\boldsymbol{Q}_2\boldsymbol{L}+\mu_1\boldsymbol{S}_1$，$\boldsymbol{\Lambda}_{32}=-\boldsymbol{P}_{22}^{\mathrm{T}}-\boldsymbol{Y}_5^{\mathrm{T}}$

$\boldsymbol{\Pi}_1=(\boldsymbol{P}_2^{\mathrm{T}}\boldsymbol{A}\quad \boldsymbol{P}_2^{\mathrm{T}}\boldsymbol{B}\quad \mu_1\boldsymbol{P}_{12}\quad \mu_2\boldsymbol{P}_{13}\quad 0\quad 0\quad 0\quad 0)$，$\boldsymbol{\Lambda}_{41}=-(1-\mu_2)\boldsymbol{R}_2+\mu_2\boldsymbol{S}_4$

$\boldsymbol{\Pi}_2=(\boldsymbol{P}_3^{\mathrm{T}}\boldsymbol{A}\quad \boldsymbol{P}_3^{\mathrm{T}}\boldsymbol{B}\quad 0\quad 0\quad 0\quad 0\quad 0\quad 0)$，$\boldsymbol{\Lambda}_{51}=-\boldsymbol{Z}_{11}+\mu_1\boldsymbol{S}_2+\mu_2\boldsymbol{S}_5$

$\boldsymbol{\Pi}_3=(0\quad 0\quad 0\quad 0\quad \mu_1\boldsymbol{P}_{22}^{\mathrm{T}}\quad \mu_1\boldsymbol{P}_{23}\quad 0\quad 0)$，$\boldsymbol{\Lambda}_{61}=-\boldsymbol{R}_3-\boldsymbol{Z}_{22}-\boldsymbol{Y}_6^{\mathrm{T}}-\boldsymbol{Y}_6$

$\boldsymbol{\Pi}_4=(0\quad 0\quad 0\quad 0\quad 0\quad 0\quad \mu_2\boldsymbol{P}_{23}^{\mathrm{T}}\quad \mu_2\boldsymbol{P}_{33}^{\mathrm{T}})$，$\boldsymbol{\Lambda}_{71}=-\boldsymbol{R}_4+\mu_1\boldsymbol{S}_3+\mu_2\boldsymbol{S}_6$

$\boldsymbol{\Pi}_5=-\mathrm{diag}(\boldsymbol{Q}_1,\boldsymbol{Q}_2,\mu_1\boldsymbol{S}_1,\mu_2\boldsymbol{S}_4,\mu_1\boldsymbol{S}_2,\mu_1\boldsymbol{S}_3,\mu_2\boldsymbol{S}_5,\mu_2\boldsymbol{S}_6)$

$\boldsymbol{L}=\mathrm{diag}(\boldsymbol{L}_1,\boldsymbol{L}_2,\cdots,\boldsymbol{L}_n)$

证明　对于系统(2.8)，考虑以下的 Lyapunov-Krasovskii 泛函：

$$V(t)=V_1(t)+V_2(t)+V_3(t)+V_4(t)+V_5(t)+V_6(t)+V_7(t)$$

其中

$$V_1(t)=\bar{\boldsymbol{x}}^{\mathrm{T}}(t)\boldsymbol{E}\boldsymbol{P}\bar{\boldsymbol{x}}(t),\quad V_6(t)=\tau\int_{-\tau}^{0}\int_{t+\theta}^{t}\begin{pmatrix}\boldsymbol{x}(s)\\ \boldsymbol{y}(s)\end{pmatrix}^{\mathrm{T}}\bar{\boldsymbol{Z}}\begin{pmatrix}\boldsymbol{x}(s)\\ \boldsymbol{y}(s)\end{pmatrix}\mathrm{d}s\mathrm{d}\theta$$

$$V_2(t)=\int_{t-\tau(t)}^{t}\boldsymbol{x}^{\mathrm{T}}(s)\boldsymbol{R}_1\boldsymbol{x}(s)\mathrm{d}s,\quad V_4(t)=\tau\int_{-\tau}^{0}\int_{t+\theta}^{t}\boldsymbol{y}^{\mathrm{T}}(s)\boldsymbol{R}_3\boldsymbol{y}(s)\mathrm{d}s\mathrm{d}\theta$$

$$V_3(t)=\int_{t-h(t)}^{t}\boldsymbol{y}^{\mathrm{T}}(s)\boldsymbol{R}_2\boldsymbol{y}(s)\mathrm{d}s,\quad V_5(t)=h\int_{-h}^{0}\int_{t+\theta}^{t}\boldsymbol{y}^{\mathrm{T}}(s)\boldsymbol{R}_4\boldsymbol{y}(s)\mathrm{d}s\mathrm{d}\theta$$

$$V_7(t)=\begin{pmatrix}\boldsymbol{x}(t)\\ \int_{t-\tau(t)}^{t}\boldsymbol{x}(s)\mathrm{d}s\\ \int_{t-h(t)}^{t}\boldsymbol{y}(s)\mathrm{d}s\end{pmatrix}^{\mathrm{T}}\begin{pmatrix}\boldsymbol{P}_{11}&\boldsymbol{P}_{12}&\boldsymbol{P}_{13}\\ \boldsymbol{P}_{12}^{\mathrm{T}}&\boldsymbol{P}_{22}&\boldsymbol{P}_{23}\\ \boldsymbol{P}_{13}^{\mathrm{T}}&\boldsymbol{P}_{23}^{\mathrm{T}}&\boldsymbol{P}_{33}\end{pmatrix}\begin{pmatrix}\boldsymbol{x}(t)\\ \int_{t-\tau(t)}^{t}\boldsymbol{x}(s)\mathrm{d}s\\ \int_{t-h(t)}^{t}\boldsymbol{y}(s)\mathrm{d}s\end{pmatrix}$$

$$\boldsymbol{P}=\begin{pmatrix}\boldsymbol{P}_1&\boldsymbol{0}\\ \boldsymbol{P}_2&\boldsymbol{P}_3\end{pmatrix},\quad \boldsymbol{P}_1=\boldsymbol{P}_1^{\mathrm{T}},\quad \bar{\boldsymbol{Z}}=\begin{pmatrix}\boldsymbol{Z}_{11}&\boldsymbol{Z}_{12}\\ \boldsymbol{Z}_{12}^{\mathrm{T}}&\boldsymbol{Z}_{22}\end{pmatrix}>0,\quad \begin{pmatrix}\boldsymbol{P}_{11}&\boldsymbol{P}_{12}&\boldsymbol{P}_{13}\\ \boldsymbol{P}_{12}^{\mathrm{T}}&\boldsymbol{P}_{22}&\boldsymbol{P}_{23}\\ \boldsymbol{P}_{13}^{\mathrm{T}}&\boldsymbol{P}_{23}^{\mathrm{T}}&\boldsymbol{P}_{33}\end{pmatrix}>0$$

Lyapunov-Krasovskii 泛函 $V(t)$沿着系统(2.8)轨迹的导数为

$$\begin{aligned}\dot{V}_1(t)&=2\bar{\boldsymbol{x}}^{\mathrm{T}}(t)\boldsymbol{P}^{\mathrm{T}}\boldsymbol{E}\dot{\bar{\boldsymbol{x}}}(t)\\ &=2\bar{\boldsymbol{x}}^{\mathrm{T}}(t)\boldsymbol{P}^{\mathrm{T}}\begin{pmatrix}\boldsymbol{0}&\boldsymbol{I}\\ -\boldsymbol{C}&-\boldsymbol{I}\end{pmatrix}\bar{\boldsymbol{x}}(t)+2\bar{\boldsymbol{x}}^{\mathrm{T}}(t)\boldsymbol{P}^{\mathrm{T}}\begin{pmatrix}\boldsymbol{0}\\ \boldsymbol{A}\end{pmatrix}\boldsymbol{g}(\boldsymbol{x}(t))\\ &\quad+2\bar{\boldsymbol{x}}^{\mathrm{T}}(t)\boldsymbol{P}^{\mathrm{T}}\begin{pmatrix}\boldsymbol{0}\\ \boldsymbol{B}\end{pmatrix}\boldsymbol{g}(\boldsymbol{x}(t-\tau(t)))+2\bar{\boldsymbol{x}}^{\mathrm{T}}(t)\boldsymbol{P}^{\mathrm{T}}\begin{pmatrix}\boldsymbol{0}\\ \boldsymbol{D}\end{pmatrix}\boldsymbol{y}(t-h(t))\end{aligned}$$

根据引理 1.1，可以得到以下不等式：

$$
\begin{aligned}
&2\bar{\boldsymbol{x}}^{\mathrm{T}}(t)\boldsymbol{P}^{\mathrm{T}}\begin{pmatrix}\boldsymbol{0}\\ \boldsymbol{A}\end{pmatrix}\boldsymbol{g}(\boldsymbol{x}(t))\\
&\quad\leqslant\bar{\boldsymbol{x}}^{\mathrm{T}}(t)\boldsymbol{P}^{\mathrm{T}}\begin{pmatrix}\boldsymbol{0}\\ \boldsymbol{A}\end{pmatrix}\boldsymbol{Q}_1^{-1}(\boldsymbol{0}\quad \boldsymbol{A}^{\mathrm{T}})\boldsymbol{P}\bar{\boldsymbol{x}}(t)+\boldsymbol{g}^{\mathrm{T}}(\boldsymbol{x}(t))\boldsymbol{Q}_1\boldsymbol{g}(\boldsymbol{x}(t))\\
&\quad\leqslant\bar{\boldsymbol{x}}^{\mathrm{T}}(t)\boldsymbol{P}^{\mathrm{T}}\begin{pmatrix}\boldsymbol{0}\\ \boldsymbol{A}\end{pmatrix}\boldsymbol{Q}_1^{-1}(\boldsymbol{0}\quad \boldsymbol{A}^{\mathrm{T}})\boldsymbol{P}\bar{\boldsymbol{x}}(t)+\boldsymbol{x}^{\mathrm{T}}(t)\boldsymbol{L}\boldsymbol{Q}_1\boldsymbol{L}\boldsymbol{x}(t)
\end{aligned}\tag{2.10}
$$

$$
\begin{aligned}
&2\bar{\boldsymbol{x}}^{\mathrm{T}}(t)\boldsymbol{P}^{\mathrm{T}}\begin{pmatrix}\boldsymbol{0}\\ \boldsymbol{B}\end{pmatrix}\boldsymbol{g}(\boldsymbol{x}(t-\tau(t)))\\
&\quad\leqslant\bar{\boldsymbol{x}}^{\mathrm{T}}(t)\boldsymbol{P}^{\mathrm{T}}\begin{pmatrix}\boldsymbol{0}\\ \boldsymbol{B}\end{pmatrix}\boldsymbol{Q}_2^{-1}(\boldsymbol{0}\quad \boldsymbol{B}^{\mathrm{T}})\boldsymbol{P}\bar{\boldsymbol{x}}(t)+\boldsymbol{g}^{\mathrm{T}}(\boldsymbol{x}(t-\tau(t)))\boldsymbol{Q}_2\boldsymbol{g}(\boldsymbol{x}(t-\tau(t)))\\
&\quad\leqslant\bar{\boldsymbol{x}}^{\mathrm{T}}(t)\boldsymbol{P}^{\mathrm{T}}\begin{pmatrix}\boldsymbol{0}\\ \boldsymbol{B}\end{pmatrix}\boldsymbol{Q}_2^{-1}(\boldsymbol{0}\quad \boldsymbol{B}^{\mathrm{T}})\boldsymbol{P}\bar{\boldsymbol{x}}(t)+\boldsymbol{x}^{\mathrm{T}}(t-\tau(t))\boldsymbol{L}\boldsymbol{Q}_2\boldsymbol{L}\boldsymbol{x}(t-\tau(t))
\end{aligned}\tag{2.11}
$$

$$
\begin{aligned}
\dot{V}_2(t)&=\boldsymbol{x}^{\mathrm{T}}(t)\boldsymbol{R}_1\boldsymbol{x}(t)-(1-\dot{\tau}(t))\boldsymbol{x}^{\mathrm{T}}(t-\tau(t))\boldsymbol{R}_1\boldsymbol{x}(t-\tau(t))\\
&\leqslant\boldsymbol{x}^{\mathrm{T}}(t)\boldsymbol{R}_1\boldsymbol{x}(t)-(1-\mu_1)\boldsymbol{x}^{\mathrm{T}}(t-\tau(t))\boldsymbol{R}_1\boldsymbol{x}(t-\tau(t))
\end{aligned}\tag{2.12}
$$

$$
\begin{aligned}
\dot{V}_3(t)&=\boldsymbol{y}^{\mathrm{T}}(t)\boldsymbol{R}_2\boldsymbol{y}(t)-(1-\dot{h}(t))\boldsymbol{y}^{\mathrm{T}}(t-h(t))\boldsymbol{R}_2\boldsymbol{y}(t-h(t))\\
&\leqslant\boldsymbol{y}^{\mathrm{T}}(t)\boldsymbol{R}_2\boldsymbol{y}(t)-(1-\mu_2)\boldsymbol{y}^{\mathrm{T}}(t-h(t))\boldsymbol{R}_2\boldsymbol{y}(t-h(t))
\end{aligned}\tag{2.13}
$$

根据引理 1.2,有以下不等式成立:

$$
\begin{aligned}
\dot{V}_4(t)&=\tau^2\boldsymbol{y}^{\mathrm{T}}(t)\boldsymbol{R}_3\boldsymbol{y}(t)-\tau\int_{t-\tau}^{t}\boldsymbol{y}^{\mathrm{T}}(s)\boldsymbol{R}_3\boldsymbol{y}(s)\mathrm{d}s\\
&\leqslant\tau^2\boldsymbol{y}^{\mathrm{T}}(t)\boldsymbol{R}_3\boldsymbol{y}(t)-\tau\int_{t-\tau(t)}^{t}\boldsymbol{y}^{\mathrm{T}}(s)\boldsymbol{R}_3\boldsymbol{y}(s)\mathrm{d}s\\
&\leqslant\tau^2\boldsymbol{y}^{\mathrm{T}}(t)\boldsymbol{R}_3\boldsymbol{y}(t)-\left(\int_{t-\tau(t)}^{t}\boldsymbol{y}(s)\mathrm{d}s\right)^{\mathrm{T}}\boldsymbol{R}_3\left(\int_{t-\tau(t)}^{t}\boldsymbol{y}(s)\mathrm{d}s\right)
\end{aligned}\tag{2.14}
$$

$$
\begin{aligned}
\dot{V}_5(t)&=h^2\boldsymbol{y}^{\mathrm{T}}(t)\boldsymbol{R}_4\boldsymbol{y}(t)-h\int_{t-h}^{t}\boldsymbol{y}^{\mathrm{T}}(s)\boldsymbol{R}_4\boldsymbol{y}(s)\mathrm{d}s\\
&\leqslant h^2\boldsymbol{y}^{\mathrm{T}}(t)\boldsymbol{R}_4\boldsymbol{y}(t)-h\int_{t-h(t)}^{t}\boldsymbol{y}^{\mathrm{T}}(s)\boldsymbol{R}_4\boldsymbol{y}(s)\mathrm{d}s\\
&\leqslant h^2\boldsymbol{y}^{\mathrm{T}}(t)\boldsymbol{R}_4\boldsymbol{y}(t)-\left(\int_{t-h(t)}^{t}\boldsymbol{y}(s)\mathrm{d}s\right)^{\mathrm{T}}\boldsymbol{R}_4\left(\int_{t-h(t)}^{t}\boldsymbol{y}(s)\mathrm{d}s\right)
\end{aligned}\tag{2.15}
$$

$$
\begin{aligned}
\dot{V}_6(t)&\leqslant\tau^2\begin{pmatrix}\boldsymbol{x}(t)\\ \boldsymbol{y}(t)\end{pmatrix}^{\mathrm{T}}\begin{bmatrix}\boldsymbol{Z}_{11}&\boldsymbol{Z}_{12}\\ \boldsymbol{Z}_{12}^{\mathrm{T}}&\boldsymbol{Z}_{22}\end{bmatrix}\begin{pmatrix}\boldsymbol{x}(t)\\ \boldsymbol{y}(t)\end{pmatrix}\\
&\quad-\tau\int_{t-\tau(t)}^{t}\begin{pmatrix}\boldsymbol{x}(s)\\ \boldsymbol{y}(s)\end{pmatrix}^{\mathrm{T}}\begin{bmatrix}\boldsymbol{Z}_{11}&\boldsymbol{Z}_{12}\\ \boldsymbol{Z}_{12}^{\mathrm{T}}&\boldsymbol{Z}_{22}\end{bmatrix}\begin{pmatrix}\boldsymbol{x}(s)\\ \boldsymbol{y}(s)\end{pmatrix}\mathrm{d}s\\
&\leqslant\tau^2\begin{pmatrix}\boldsymbol{x}(t)\\ \boldsymbol{y}(t)\end{pmatrix}^{\mathrm{T}}\begin{bmatrix}\boldsymbol{Z}_{11}&\boldsymbol{Z}_{12}\\ \boldsymbol{Z}_{12}^{\mathrm{T}}&\boldsymbol{Z}_{22}\end{bmatrix}\begin{pmatrix}\boldsymbol{x}(t)\\ \boldsymbol{y}(t)\end{pmatrix}
\end{aligned}
$$

$$-\begin{bmatrix}\int_{t-\tau(t)}^{t}\boldsymbol{x}(s)\mathrm{d}s\\ \int_{t-\tau(t)}^{t}\boldsymbol{y}(s)\mathrm{d}s\end{bmatrix}^{\mathrm{T}}\begin{bmatrix}\boldsymbol{Z}_{11} & \boldsymbol{Z}_{12}\\ \boldsymbol{Z}_{12}^{\mathrm{T}} & \boldsymbol{Z}_{22}\end{bmatrix}\begin{bmatrix}\int_{t-\tau(t)}^{t}\boldsymbol{x}(s)\mathrm{d}s\\ \int_{t-\tau(t)}^{t}\boldsymbol{y}(s)\mathrm{d}s\end{bmatrix} \tag{2.16}$$

$$\begin{aligned}\dot{V}_7(t) &= 2\begin{bmatrix}\boldsymbol{x}(t)\\ \int_{t-\tau(t)}^{t}\boldsymbol{x}(s)\mathrm{d}s\\ \int_{t-h(t)}^{t}\boldsymbol{y}(s)\mathrm{d}s\end{bmatrix}^{\mathrm{T}}\begin{bmatrix}\boldsymbol{P}_{11} & \boldsymbol{P}_{12} & \boldsymbol{P}_{13}\\ \boldsymbol{P}_{12}^{\mathrm{T}} & \boldsymbol{P}_{22} & \boldsymbol{P}_{23}\\ \boldsymbol{P}_{13}^{\mathrm{T}} & \boldsymbol{P}_{23}^{\mathrm{T}} & \boldsymbol{P}_{33}\end{bmatrix}\begin{bmatrix}\boldsymbol{y}(t)\\ \boldsymbol{x}(t)-(1-\dot{\tau}(t))\boldsymbol{x}(t-\tau(t))\\ \boldsymbol{y}(t)-(1-\dot{h}(t))\boldsymbol{y}(t-h(t))\end{bmatrix}\\
&\leqslant 2\bar{\boldsymbol{\xi}}^{\mathrm{T}}(t)\begin{bmatrix}\boldsymbol{P}_{11} & \boldsymbol{P}_{12} & \boldsymbol{P}_{13}\\ \boldsymbol{P}_{12}^{\mathrm{T}} & \boldsymbol{P}_{22} & \boldsymbol{P}_{23}\\ \boldsymbol{P}_{13}^{\mathrm{T}} & \boldsymbol{P}_{23}^{\mathrm{T}} & \boldsymbol{P}_{33}\end{bmatrix}\hat{\boldsymbol{\xi}}(t)\\
&\quad+\left(\int_{t-\tau(t)}^{t}\boldsymbol{x}(s)\mathrm{d}s\right)^{\mathrm{T}}(\mu_1\boldsymbol{S}_2+\mu_2\boldsymbol{S}_5)\left(\int_{t-\tau(t)}^{t}\boldsymbol{x}(s)\mathrm{d}s\right)\\
&\quad+\mu_1\boldsymbol{x}^{\mathrm{T}}(t-\tau(t))(\boldsymbol{S}_1+\boldsymbol{P}_{22}^{\mathrm{T}}\boldsymbol{S}_2^{-1}\boldsymbol{P}_{22}+\boldsymbol{P}_{23}\boldsymbol{S}_3^{-1}\boldsymbol{P}_{23}^{\mathrm{T}})\boldsymbol{x}(t-\tau(t))\\
&\quad+\mu_2\boldsymbol{y}^{\mathrm{T}}(t-h(t))(\boldsymbol{S}_4+\boldsymbol{P}_{23}^{\mathrm{T}}\boldsymbol{S}_5-1\boldsymbol{P}_{23}+\boldsymbol{P}_{33}^{\mathrm{T}}\boldsymbol{S}_6-1\boldsymbol{P}_{33})\boldsymbol{y}(t-h(t))\\
&\quad+\boldsymbol{x}^{\mathrm{T}}(t)(\mu_1\boldsymbol{P}_{12}\boldsymbol{S}_1^{-1}\boldsymbol{P}_{12}^{\mathrm{T}}+\mu_2\boldsymbol{P}_{13}\boldsymbol{S}_4^{-1}\boldsymbol{P}_{13}^{\mathrm{T}})\boldsymbol{x}(t)\\
&\quad+\left(\int_{t-h(t)}^{t}\boldsymbol{y}(s)\mathrm{d}s\right)^{\mathrm{T}}(\mu_1\boldsymbol{S}_3+\mu_2\boldsymbol{S}_6)\left(\int_{t-h(t)}^{t}\boldsymbol{y}(s)\mathrm{d}s\right)\\
&=\boldsymbol{\xi}^{\mathrm{T}}(t)\boldsymbol{\Lambda}\boldsymbol{\xi}(t)\end{aligned} \tag{2.17}$$

其中

$$\boldsymbol{\xi}(t)=\begin{bmatrix}\bar{\boldsymbol{x}}(t)\\ \boldsymbol{x}(t-\tau(t))\\ \boldsymbol{y}(t-h(t))\\ \int_{t-\tau(t)}^{t}\boldsymbol{x}(s)\mathrm{d}s\\ \int_{t-\tau(t)}^{t}\boldsymbol{y}(s)\mathrm{d}s\\ \int_{t-h(t)}^{t}\boldsymbol{y}(s)\mathrm{d}s\end{bmatrix}$$

$$\boldsymbol{\Lambda}=\begin{bmatrix}\boldsymbol{\Sigma}_{11} & \boldsymbol{P}_{11}+\boldsymbol{P}_{13} & -\boldsymbol{P}_{12} & -\boldsymbol{P}_{13} & \boldsymbol{P}_{22}^{\mathrm{T}} & \boldsymbol{0} & \boldsymbol{P}_{23}\\ * & \boldsymbol{0} & \boldsymbol{0} & \boldsymbol{0} & \boldsymbol{P}_{12}+\boldsymbol{P}_{23}^{\mathrm{T}} & \boldsymbol{0} & \boldsymbol{P}_{13}+\boldsymbol{P}_{33}^{\mathrm{T}}\\ * & * & \boldsymbol{\Sigma}_{12} & \boldsymbol{0} & -\boldsymbol{P}_{22}^{\mathrm{T}} & \boldsymbol{0} & -\boldsymbol{P}_{23}\\ * & * & * & \boldsymbol{\Sigma}_{13} & -\boldsymbol{P}_{23}^{\mathrm{T}} & \boldsymbol{0} & -\boldsymbol{P}_{33}^{\mathrm{T}}\\ * & * & * & * & \boldsymbol{\Sigma}_{14} & \boldsymbol{0} & \boldsymbol{0}\\ * & * & * & * & * & \boldsymbol{0} & \boldsymbol{0}\\ * & * & * & * & * & * & \boldsymbol{\Sigma}_{15}\end{bmatrix}$$

$$\bar{\boldsymbol{\xi}}(t) = \begin{bmatrix} \boldsymbol{x}(t) \\ \int_{t-\tau(t)}^{t} \boldsymbol{x}(s)\mathrm{d}s \\ \int_{t-h(t)}^{t} \boldsymbol{y}(s)\mathrm{d}s \end{bmatrix}, \quad \hat{\boldsymbol{\xi}}(t) = \begin{bmatrix} \boldsymbol{y}(t) \\ \boldsymbol{x}(t) - \boldsymbol{x}(t-\tau(t)) \\ \boldsymbol{y}(t) - \boldsymbol{y}(t-h(t)) \end{bmatrix}$$

$$\boldsymbol{\Sigma}_{11} = \boldsymbol{P}_{12} + \boldsymbol{P}_{12}^{\mathrm{T}} + \mu_1 \boldsymbol{P}_{12}\boldsymbol{S}_1^{-1}\boldsymbol{P}_{12}^{\mathrm{T}} + \mu_2 \boldsymbol{P}_{13}\boldsymbol{S}_4^{-1}\boldsymbol{P}_{13}^{\mathrm{T}}$$

$$\boldsymbol{\Sigma}_{12} = \mu_1 \boldsymbol{S}_1 + \mu_1 \boldsymbol{P}_{22}^{\mathrm{T}}\boldsymbol{S}_2^{-1}\boldsymbol{P}_{22} + \mu_1 \boldsymbol{P}_{23}\boldsymbol{S}_3^{-1}\boldsymbol{P}_{23}^{\mathrm{T}}, \quad \boldsymbol{\Sigma}_{14} = \mu_1 \boldsymbol{S}_2 + \mu_2 \boldsymbol{S}_5$$

$$\boldsymbol{\Sigma}_{13} = \mu_2 \boldsymbol{S}_4 + \mu_2 \boldsymbol{P}_{23}^{\mathrm{T}}\boldsymbol{S}_5 - 1\boldsymbol{P}_{23} + \mu_2 \boldsymbol{P}_{33}^{\mathrm{T}}\boldsymbol{S}_6 - 1\boldsymbol{P}_{33}, \quad \boldsymbol{\Sigma}_{15} = \mu_1 \boldsymbol{S}_3 + \mu_2 \boldsymbol{S}_6$$

引入自由权矩阵 $\boldsymbol{Y}_i(i=1,2,\cdots,7)$，并且把以下的方程代入 $\dot{V}(t)$中：

$$2\boldsymbol{\xi}^{\mathrm{T}}(t)\boldsymbol{Y}\left[\boldsymbol{x}(t) - \boldsymbol{x}(t-\tau(t)) - \int_{t-\tau(t)}^{t} \boldsymbol{y}(s)\mathrm{d}s\right] = 0 \tag{2.18}$$

其中，$\boldsymbol{Y} = (\boldsymbol{Y}_1^{\mathrm{T}} \quad \boldsymbol{Y}_2^{\mathrm{T}} \quad \boldsymbol{Y}_3^{\mathrm{T}} \quad \boldsymbol{Y}_4^{\mathrm{T}} \quad \boldsymbol{Y}_5^{\mathrm{T}} \quad \boldsymbol{Y}_6^{\mathrm{T}} \quad \boldsymbol{Y}_7^{\mathrm{T}})^{\mathrm{T}}$.

把(2.10)式～(2.18)式代入 $\dot{V}(t)$中，整理可得

$$\begin{aligned}
\dot{V}(t) \leqslant\ & \bar{\boldsymbol{x}}^{\mathrm{T}}(t)\Bigg[\boldsymbol{P}^{\mathrm{T}}\begin{pmatrix} \boldsymbol{0} & \boldsymbol{I} \\ -\boldsymbol{C} & -\boldsymbol{I} \end{pmatrix} + \boldsymbol{P}^{\mathrm{T}}\begin{pmatrix} \boldsymbol{0} \\ \boldsymbol{A} \end{pmatrix}\boldsymbol{Q}_1^{-1}(\boldsymbol{0} \quad \boldsymbol{A}^{\mathrm{T}})\boldsymbol{P} \\
& + \boldsymbol{P}^{\mathrm{T}}\begin{pmatrix} \boldsymbol{0} \\ \boldsymbol{B} \end{pmatrix}\boldsymbol{Q}_2^{-1}(\boldsymbol{0} \quad \boldsymbol{B}^{\mathrm{T}})\boldsymbol{P} + \begin{pmatrix} \boldsymbol{0} & -\boldsymbol{C} \\ \boldsymbol{I} & -\boldsymbol{I} \end{pmatrix}\boldsymbol{P} \\
& + \begin{pmatrix} \tau^2\boldsymbol{Z}_{11} + \boldsymbol{R}_1 + \boldsymbol{L}\boldsymbol{Q}_1\boldsymbol{L} & \tau^2\boldsymbol{Z}_{12} \\ \tau^2\boldsymbol{Z}_{12}^{\mathrm{T}} & \tau^2\boldsymbol{R}_3 + h^2\boldsymbol{R}_4 + \boldsymbol{R}_2 + \tau^2\boldsymbol{Z}_{22} \end{pmatrix}\Bigg]\bar{\boldsymbol{x}}(t) \\
& + 2\bar{\boldsymbol{x}}^{\mathrm{T}}(t)\boldsymbol{P}^{\mathrm{T}}\begin{pmatrix} \boldsymbol{0} \\ \boldsymbol{D} \end{pmatrix}\boldsymbol{y}(t-h(t)) \\
& + \boldsymbol{x}^{\mathrm{T}}(t-\tau(t))[-(1-\mu_1)\boldsymbol{R}_1 + \boldsymbol{L}\boldsymbol{Q}_2\boldsymbol{L}]\boldsymbol{x}(t-\tau(t)) \\
& - \left(\int_{t-h(t)}^{t} \boldsymbol{y}(s)\mathrm{d}s\right)^{\mathrm{T}}\boldsymbol{R}_4\left(\int_{t-h(t)}^{t} \boldsymbol{y}(s)\mathrm{d}s\right) \\
& - \left(\int_{t-\tau(t)}^{t} \boldsymbol{y}(s)\mathrm{d}s\right)^{\mathrm{T}}\boldsymbol{R}_3\left(\int_{t-\tau(t)}^{t} \boldsymbol{y}(s)\mathrm{d}s\right) \\
& - (1-\mu_2)\boldsymbol{y}^{\mathrm{T}}(t-h(t))\boldsymbol{R}_2\boldsymbol{y}(t-h(t)) \\
& - \begin{bmatrix} \int_{t-\tau(t)}^{t} \boldsymbol{x}(s)\mathrm{d}s \\ \int_{t-\tau(t)}^{t} \boldsymbol{y}(s)\mathrm{d}s \end{bmatrix}^{\mathrm{T}}\begin{bmatrix} \boldsymbol{Z}_{11} & \boldsymbol{Z}_{12} \\ \boldsymbol{Z}_{12}^{\mathrm{T}} & \boldsymbol{Z}_{22} \end{bmatrix}\begin{bmatrix} \int_{t-\tau(t)}^{t} \boldsymbol{x}(s)\mathrm{d}s \\ \int_{t-\tau(t)}^{t} \boldsymbol{y}(s)\mathrm{d}s \end{bmatrix} + \boldsymbol{\xi}^{\mathrm{T}}(t)\boldsymbol{\Lambda}\boldsymbol{\xi}(t) \\
& + 2\boldsymbol{\xi}^{\mathrm{T}}(t)\boldsymbol{Y}\left[\boldsymbol{x}(t) - \boldsymbol{x}(t-\tau(t)) - \int_{t-\tau(t)}^{t} \boldsymbol{y}(s)\mathrm{d}s\right] = \boldsymbol{\xi}^{\mathrm{T}}(t)\boldsymbol{\Omega}\boldsymbol{\xi}(t)
\end{aligned}$$

其中

$$\boldsymbol{\Omega}=\begin{pmatrix}\boldsymbol{\Pi}_{11} & \boldsymbol{\Pi}_{12} & \boldsymbol{\Pi}_{13} & \boldsymbol{\Pi}_{14} & \boldsymbol{\Pi}_{15} & \boldsymbol{\Pi}_{16}\\ * & \bar{\boldsymbol{\Lambda}}_{31} & -\boldsymbol{Y}_4^{\mathrm{T}} & \boldsymbol{\Lambda}_{32} & -\boldsymbol{Y}_6^{\mathrm{T}}-\boldsymbol{Y}_3 & \boldsymbol{\Lambda}_{33}\\ * & * & \bar{\boldsymbol{\Lambda}}_{41} & -\boldsymbol{P}_{23}^{\mathrm{T}} & -\boldsymbol{Y}_4 & -\boldsymbol{P}_{33}^{\mathrm{T}}\\ * & * & * & \boldsymbol{\Lambda}_{51} & -\boldsymbol{Y}_5-\boldsymbol{Z}_{12} & \boldsymbol{0}\\ * & * & * & * & \boldsymbol{\Lambda}_{61} & -\boldsymbol{Y}_7^{\mathrm{T}}\\ * & * & * & * & * & \boldsymbol{\Lambda}_{71}\end{pmatrix}$$

$$\boldsymbol{\Pi}_{11}=\begin{pmatrix}\bar{\boldsymbol{\Lambda}}_{11} & \boldsymbol{\Lambda}_{12}\\ \boldsymbol{\Lambda}_{12}^{\mathrm{T}} & \boldsymbol{\Lambda}_{21}\end{pmatrix}+\boldsymbol{P}^{\mathrm{T}}\begin{pmatrix}\boldsymbol{0}\\ \boldsymbol{A}\end{pmatrix}\boldsymbol{Q}_1^{-1}(\boldsymbol{0}\quad \boldsymbol{A}^{\mathrm{T}})\boldsymbol{P}+\boldsymbol{P}^{\mathrm{T}}\begin{pmatrix}\boldsymbol{0}\\ \boldsymbol{B}\end{pmatrix}\boldsymbol{Q}_2^{-1}(\boldsymbol{0}\quad \boldsymbol{B}^{\mathrm{T}})\boldsymbol{P}$$

$$\boldsymbol{\Pi}_{12}=\begin{pmatrix}-\boldsymbol{P}_{12}-\boldsymbol{Y}_1+\boldsymbol{Y}_3^{\mathrm{T}}\\ -\boldsymbol{Y}_2\end{pmatrix}$$

$$\boldsymbol{\Pi}_{13}=\begin{pmatrix}\boldsymbol{Y}_4^{\mathrm{T}}+\boldsymbol{P}_2^{\mathrm{T}}\boldsymbol{D}-\boldsymbol{P}_{12}\\ \boldsymbol{P}_3^{\mathrm{T}}\boldsymbol{D}\end{pmatrix},\quad \boldsymbol{\Pi}_{14}=\begin{pmatrix}\boldsymbol{Y}_5^{\mathrm{T}}+\boldsymbol{P}_{22}^{\mathrm{T}}\\ \boldsymbol{P}_{12}+\boldsymbol{P}_{23}^{\mathrm{T}}\end{pmatrix}$$

$$\boldsymbol{\Pi}_{15}=\begin{pmatrix}-\boldsymbol{Y}_1+\boldsymbol{Y}_6^{\mathrm{T}}\\ -\boldsymbol{Y}_2\end{pmatrix},\quad \boldsymbol{\Pi}_{16}=\begin{pmatrix}\boldsymbol{Y}_7^{\mathrm{T}}+\boldsymbol{P}_{23}\\ \boldsymbol{P}_{13}+\boldsymbol{P}_{33}^{\mathrm{T}}\end{pmatrix}$$

$$\begin{aligned}\bar{\boldsymbol{\Lambda}}_{11}=&-\boldsymbol{P}_2^{\mathrm{T}}\boldsymbol{C}-\boldsymbol{C}\boldsymbol{P}_2+\boldsymbol{L}\boldsymbol{Q}_1\boldsymbol{L}+\tau^2\boldsymbol{Z}_{11}+\boldsymbol{R}_1+\boldsymbol{P}_{12}+\boldsymbol{P}_{12}^{\mathrm{T}}+\boldsymbol{Y}_1\\&+\boldsymbol{Y}_1^{\mathrm{T}}+\mu_1\boldsymbol{P}_{12}\boldsymbol{S}_1^{-1}\boldsymbol{P}_{12}^{\mathrm{T}}+\mu_2\boldsymbol{P}_{13}\boldsymbol{S}_4^{-1}\boldsymbol{P}_{13}^{\mathrm{T}}\end{aligned}$$

$$\begin{aligned}\bar{\boldsymbol{\Lambda}}_{31}=&-(1-\mu_1)\boldsymbol{R}_1-\boldsymbol{Y}_3-\boldsymbol{Y}_3^{\mathrm{T}}+\boldsymbol{L}\boldsymbol{Q}_2\boldsymbol{L}+\mu_1\boldsymbol{S}_1+\mu_1\boldsymbol{P}_{22}^{\mathrm{T}}\boldsymbol{S}_2^{-1}\boldsymbol{P}_{22}\\&+\mu_1\boldsymbol{P}_{23}\boldsymbol{S}_3^{-1}\boldsymbol{P}_{23}^{\mathrm{T}}\end{aligned}$$

$$\bar{\boldsymbol{\Lambda}}_{41}=-(1-\mu_2)\boldsymbol{R}_2+\mu_2\boldsymbol{S}_4+\mu_2\boldsymbol{P}_{23}^{\mathrm{T}}\boldsymbol{S}_5-1\boldsymbol{P}_{23}+\mu_2\boldsymbol{P}_{33}^{\mathrm{T}}\boldsymbol{S}_6-1\boldsymbol{P}_{33}$$

而 $\boldsymbol{\Lambda}_{12},\boldsymbol{\Lambda}_{21},\boldsymbol{\Lambda}_{32},\boldsymbol{\Lambda}_{33},\boldsymbol{\Lambda}_{51},\boldsymbol{\Lambda}_{61}$ 和 $\boldsymbol{\Lambda}_{71}$ 是定理 2.1 中定义的形式.

当 $\boldsymbol{\Omega}<0$ 时,$\dot{V}(t)<0$ 成立.根据 Schur 补引理,$\boldsymbol{\Omega}<0$ 成立,当且仅当(2.9)式成立,基于 Lyapunov 稳定性理论,系统(2.6)的标称系统是渐近稳定的.证毕.

如果系统(2.6)的标称系统中 $\tau(t)=\tau$ 并且 $\boldsymbol{D}=0$,可以得到以下推论.

推论 2.1　假设(H2.1)和(H2.2)成立,对于给定的 τ 值,当 $\tau(t)=\tau,\boldsymbol{D}=\boldsymbol{0}$ 时,系统(2.6)的标称系统是渐近稳定的.如果存在正定矩阵 $\boldsymbol{P}_1,\boldsymbol{R}_1,\boldsymbol{R}_2$,对角正定矩阵 $\boldsymbol{Q}_1,\boldsymbol{Q}_2$,对称矩阵 $\boldsymbol{Z}_{11},\boldsymbol{Z}_{22}$ 以及任意矩阵 $\boldsymbol{P}_2,\boldsymbol{P}_3,\boldsymbol{Z}_{12},\boldsymbol{Y}_i\,(i=1,2,\cdots,5)$,使得以下线性矩阵不等式成立:

$$\begin{pmatrix}\boldsymbol{Z}_{11} & \boldsymbol{Z}_{12}\\ \boldsymbol{Z}_{12}^{\mathrm{T}} & \boldsymbol{Z}_{22}\end{pmatrix}>0 \tag{2.19a}$$

$$\begin{pmatrix} \boldsymbol{\Delta}_{11} & \boldsymbol{\Delta}_{12} & -\boldsymbol{Y}_1+\boldsymbol{Y}_3^{\mathrm{T}} & \boldsymbol{Y}_4^{\mathrm{T}} & -\boldsymbol{Y}_1+\boldsymbol{Y}_5^{\mathrm{T}} & \overline{\boldsymbol{\Pi}}_1 \\ * & \boldsymbol{\Delta}_{21} & -\boldsymbol{Y}_2 & \boldsymbol{0} & -\boldsymbol{Y}_2 & \overline{\boldsymbol{\Pi}}_2 \\ * & * & \boldsymbol{\Delta}_{31} & -\boldsymbol{Y}_4^{\mathrm{T}} & -\boldsymbol{Y}_3-\boldsymbol{Y}_5^{\mathrm{T}} & \boldsymbol{0} \\ * & * & * & -\boldsymbol{Z}_{11} & -\boldsymbol{Y}_4-\boldsymbol{Z}_{12} & \boldsymbol{0} \\ * & * & * & * & -\boldsymbol{R}_2-\boldsymbol{Z}_{22}-\boldsymbol{Y}_5-\boldsymbol{Y}_5^{\mathrm{T}} & \boldsymbol{0} \\ * & * & * & * & * & \overline{\boldsymbol{\Pi}}_5 \end{pmatrix}<0 \tag{2.19b}$$

其中

$$\boldsymbol{\Delta}_{11}=-\boldsymbol{P}_2^{\mathrm{T}}\boldsymbol{C}-\boldsymbol{C}\boldsymbol{P}_2+\boldsymbol{L}\boldsymbol{Q}_1\boldsymbol{L}+\tau^2\boldsymbol{Z}_{11}+\boldsymbol{R}_1+\boldsymbol{Y}_1+\boldsymbol{Y}_1^{\mathrm{T}}$$

$$\boldsymbol{\Delta}_{31}=-\boldsymbol{R}_1-\boldsymbol{Y}_3-\boldsymbol{Y}_3^{\mathrm{T}}+\boldsymbol{L}\boldsymbol{Q}_2\boldsymbol{L}$$

$$\boldsymbol{\Delta}_{12}=\boldsymbol{P}_1-\boldsymbol{P}_2^{\mathrm{T}}-\boldsymbol{C}\boldsymbol{P}_3+\tau^2\boldsymbol{Z}_{12}+\boldsymbol{Y}_2^{\mathrm{T}},\quad \boldsymbol{\Delta}_{21}=-\boldsymbol{P}_3-\boldsymbol{P}_3^{\mathrm{T}}+\tau^2\boldsymbol{R}_2+\tau^2\boldsymbol{Z}_{22}$$

$$\overline{\boldsymbol{\Pi}}_1=(\boldsymbol{P}_2^{\mathrm{T}}\boldsymbol{A}\quad \boldsymbol{P}_2^{\mathrm{T}}\boldsymbol{B}),\quad \overline{\boldsymbol{\Pi}}_2=(\boldsymbol{P}_3^{\mathrm{T}}\boldsymbol{A}\quad \boldsymbol{P}_3^{\mathrm{T}}\boldsymbol{B}),\quad \overline{\boldsymbol{\Pi}}_5=\mathrm{diag}(-\boldsymbol{Q}_1,-\boldsymbol{Q}_2)$$

注 2.1　当 $\tau(t)=\tau$ 且 $\boldsymbol{D}=\boldsymbol{0}$时，文献[56,58-63,100-101,180,185-195]获得了这种情况下神经网络的时滞相关稳定性准则. 文献[58]中的定理需要进行参数调整，这在验证方面会产生一些困难. 文献[60]的结果要比文献[56]有较小的保守性. 在文献[62-63,101-102,185-189,191-193,195]中，假设激活函数是有界、全局 Lipschitz 且单调非减的. 然而，只要求激活函数满足条件(2.1)式和(2.2)式，这种假设要比有界、全局 Lipschitz 且单调非减的函数假设更普遍. 例 2.3.1 表明：推论 2.1 相比文献[59-60]有较小的保守性.

如果 $\tau(t)=h(t)=\tau$，在定理 2.1 中，令 Lyapunov-Krasovskii 泛函中的 $\boldsymbol{R}_4=\boldsymbol{0}$，类似于定理 2.1 的证明，很容易得到以下的推论.

推论 2.2　假设(H2.1)和(H2.2)成立，对于给定的 τ 值，当 $\tau(t)=h(t)=\tau$ 时，系统(2.6)的标称系统是渐近稳定的. 如果 $\rho(\boldsymbol{D})<1$，并且存在正定矩阵 $\boldsymbol{P}_1,\boldsymbol{R}_1,\boldsymbol{R}_2,\boldsymbol{R}_3$，对角正定矩阵 $\boldsymbol{Q}_1,\boldsymbol{Q}_2$，对称矩阵 $\boldsymbol{Z}_{11},\boldsymbol{Z}_{22},\boldsymbol{P}_{11},\boldsymbol{P}_{22},\boldsymbol{P}_{33}$ 以及任意矩阵 $\boldsymbol{P}_2,\boldsymbol{P}_3,\boldsymbol{Z}_{12},\boldsymbol{P}_{12},\boldsymbol{P}_{13},\boldsymbol{P}_{23},\boldsymbol{Y}_j\,(j=1,2,\cdots,6)$，使得以下线性矩阵不等式成立：

$$\begin{pmatrix} \boldsymbol{Z}_{11} & \boldsymbol{Z}_{12} \\ \boldsymbol{Z}_{12}^{\mathrm{T}} & \boldsymbol{Z}_{22} \end{pmatrix}>0,\quad \begin{pmatrix} \boldsymbol{P}_{11} & \boldsymbol{P}_{12} & \boldsymbol{P}_{13} \\ * & \boldsymbol{P}_{22} & \boldsymbol{P}_{23} \\ * & * & \boldsymbol{P}_{33} \end{pmatrix}>0$$

$$\begin{bmatrix} \boldsymbol{\Lambda}_{11} & \boldsymbol{\Lambda}_{12} & \boldsymbol{\Lambda}_{13} & \boldsymbol{\Lambda}_{14} & \boldsymbol{P}_{22}^{\mathrm{T}} + \boldsymbol{Y}_5^{\mathrm{T}} & \boldsymbol{Y}_6^{\mathrm{T}} - \boldsymbol{Y}_1 + \boldsymbol{P}_{23} & \overline{\boldsymbol{\Pi}}_1 \\ * & \overline{\boldsymbol{\Lambda}}_{21} & -\boldsymbol{Y}_2 & \boldsymbol{P}_3^{\mathrm{T}}\boldsymbol{D} & \boldsymbol{P}_{12} + \boldsymbol{P}_{23}^{\mathrm{T}} & -\boldsymbol{Y}_2 + \boldsymbol{P}_{13} + \boldsymbol{P}_{33}^{\mathrm{T}} & \overline{\boldsymbol{\Pi}}_2 \\ * & * & \boldsymbol{\Lambda}_{31} & -\boldsymbol{Y}_4^{\mathrm{T}} & \boldsymbol{\Lambda}_{32} & -\boldsymbol{Y}_3 - \boldsymbol{Y}_6^{\mathrm{T}} - \boldsymbol{P}_{23} & \boldsymbol{0} \\ * & * & * & -\boldsymbol{R}_2 & -\boldsymbol{P}_{23}^{\mathrm{T}} & -\boldsymbol{Y}_4 - \boldsymbol{P}_{33}^{\mathrm{T}} & \boldsymbol{0} \\ * & * & * & * & -\boldsymbol{Z}_{11} & -\boldsymbol{Y}_5 - \boldsymbol{Z}_{12} & \boldsymbol{0} \\ * & * & * & * & * & -\boldsymbol{R}_3 - \boldsymbol{Z}_{22} - \boldsymbol{Y}_6^{\mathrm{T}} - \boldsymbol{Y}_6 & \boldsymbol{0} \\ * & * & * & * & * & * & \overline{\boldsymbol{\Pi}}_5 \end{bmatrix} < 0$$

其中

$$\overline{\boldsymbol{\Lambda}}_{21} = -\boldsymbol{P}_3 - \boldsymbol{P}_3^{\mathrm{T}} + \tau^2 \boldsymbol{R}_3 + \boldsymbol{R}_2 + \tau^2 \boldsymbol{Z}_{22}$$

而 $\boldsymbol{\Lambda}_{11}$,$\boldsymbol{\Lambda}_{12}$,$\boldsymbol{\Lambda}_{13}$和 $\boldsymbol{\Lambda}_{14}$是定理 2.1 中定义的形式,$\boldsymbol{\Lambda}_{31}$,$\overline{\boldsymbol{\Pi}}_1$,$\overline{\boldsymbol{\Pi}}_2$ 和 $\overline{\boldsymbol{\Pi}}_3$ 是推论 2.1 中定义的形式.

注 2.2 当 $\tau(t)=h(t)=\tau$ 时,文献[196]研究了这种情况下中立型 Hopfield 神经网络的时滞相关稳定性,本章中的例 2.3.2 表明:文献[196]相比推论 2.2 保守.

基于定理 2.1,可以获得满足不确定性(2.4)式和(2.5)式的系统(2.6)的鲁棒渐近稳定性准则.

定理 2.2 假设(H2.1)和(H2.2)成立,对于满足(2.3)式的任意时滞$\tau(t)$和 $h(t)$,系统(2.6)是鲁棒渐近稳定的.如果存在正定矩阵 $\boldsymbol{P}_1$,$\boldsymbol{R}_1$,$\boldsymbol{R}_2$,$\boldsymbol{R}_3$,$\boldsymbol{R}_4$,$\boldsymbol{S}_i$($i=1,2,\cdots,6$),对角正定矩阵 $\boldsymbol{Q}_1$,$\boldsymbol{Q}_2$,$\boldsymbol{Q}_3$,$\boldsymbol{Q}_4$,对称矩阵 $\boldsymbol{Z}_{11}$,$\boldsymbol{Z}_{22}$,$\boldsymbol{P}_{11}$,$\boldsymbol{P}_{22}$,$\boldsymbol{P}_{33}$ 任意矩阵 $\boldsymbol{P}_2$,$\boldsymbol{P}_3$,$\boldsymbol{Z}_{12}$,$\boldsymbol{P}_{12}$,$\boldsymbol{P}_{13}$,$\boldsymbol{P}_{23}$,$\boldsymbol{Y}_j$($j=1,2,\cdots,7$)以及正数 ε_k($k=1,2,\cdots,6$),使得以下线性矩阵不等式成立:

$$\begin{bmatrix} \boldsymbol{Z}_{11} & \boldsymbol{Z}_{12} \\ \boldsymbol{Z}_{12}^{\mathrm{T}} & \boldsymbol{Z}_{22} \end{bmatrix} > 0, \quad \begin{bmatrix} \boldsymbol{P}_{11} & \boldsymbol{P}_{12} & \boldsymbol{P}_{13} \\ * & \boldsymbol{P}_{22} & \boldsymbol{P}_{23} \\ * & * & \boldsymbol{P}_{33} \end{bmatrix} > 0 \tag{2.20a}$$

$$\begin{bmatrix} \boldsymbol{\Phi}_1 & \boldsymbol{\Lambda}_{12} & \boldsymbol{\Lambda}_{13} & \boldsymbol{\Lambda}_{14} & \boldsymbol{P}_{22}^{\mathrm{T}} + \boldsymbol{Y}_5^{\mathrm{T}} & \boldsymbol{Y}_6^{\mathrm{T}} - \boldsymbol{Y}_1 & \boldsymbol{P}_{23} + \boldsymbol{Y}_7^{\mathrm{T}} & \boldsymbol{\Psi}_1 \\ * & \boldsymbol{\Lambda}_{21} & -\boldsymbol{Y}_2 & \boldsymbol{P}_3^{\mathrm{T}}\boldsymbol{D} & \boldsymbol{P}_{12} + \boldsymbol{P}_{23}^{\mathrm{T}} & -\boldsymbol{Y}_2 & \boldsymbol{P}_{13} + \boldsymbol{P}_{33}^{\mathrm{T}} & \boldsymbol{\Psi}_2 \\ * & * & \boldsymbol{\Phi}_2 & -\boldsymbol{Y}_4^{\mathrm{T}} & \boldsymbol{\Lambda}_{32} & -\boldsymbol{Y}_3 - \boldsymbol{Y}_6^{\mathrm{T}} & \boldsymbol{\Lambda}_{33} & \boldsymbol{0} \\ * & * & * & \boldsymbol{\Phi}_3 & \boldsymbol{\Lambda}_{42} & -\boldsymbol{Y}_4 & \boldsymbol{\Lambda}_{43} & \boldsymbol{0} \\ * & * & * & * & -\boldsymbol{Z}_{11} & -\boldsymbol{Y}_5 - \boldsymbol{Z}_{12} & \boldsymbol{0} & \boldsymbol{0} \\ * & * & * & * & * & \boldsymbol{\Lambda}_{51} & -\boldsymbol{Y}_7^{\mathrm{T}} & \boldsymbol{0} \\ * & * & * & * & * & * & -\boldsymbol{R}_4 & \boldsymbol{0} \\ * & * & * & * & * & * & * & \boldsymbol{\Psi}_3 \end{bmatrix} < 0 \tag{2.20b}$$

$$\begin{pmatrix} -Q_3+\varepsilon_5 E_2^{\mathrm{T}} E_2 & 0 \\ 0 & -Q_4+\varepsilon_6 E_3^{\mathrm{T}} E_3 \end{pmatrix} < 0 \tag{2.20c}$$

其中

$$\begin{aligned}
\boldsymbol{\Phi}_1 &= -P_2^{\mathrm{T}} C - C P_2 + L Q_1 L + \tau^2 Z_{11} + R_1 + P_{12} + P_{12}^{\mathrm{T}} + Y_1 \\
&\quad + Y_1^{\mathrm{T}} + L Q_3 L + \varepsilon_1 E_1^{\mathrm{T}} E_1 + \varepsilon_2 E_1^{\mathrm{T}} E_1 \\
\boldsymbol{\Phi}_2 &= -(1-\mu_1) R_1 - Y_3 - Y_3^{\mathrm{T}} + L Q_2 L + L Q_4 L + \mu_1 S_1 \\
\boldsymbol{\Phi}_3 &= -(1-\mu_2) R_2 + \mu_2 S_4 + \varepsilon_3 E_4^{\mathrm{T}} E_4 + \varepsilon_4 E_4^{\mathrm{T}} E_4 \\
\boldsymbol{\Psi}_1 &= (P_2^{\mathrm{T}} H_1 \quad 0 \quad P_2^{\mathrm{T}} H_4 \quad 0 \quad P_2^{\mathrm{T}} H_2 \quad P_2^{\mathrm{T}} H_3) \\
\boldsymbol{\Psi}_2 &= (0 \quad P_3^{\mathrm{T}} H_1 \quad 0 \quad P_3^{\mathrm{T}} H_4 \quad P_3^{\mathrm{T}} H_2 \quad P_3^{\mathrm{T}} H_3) \\
\boldsymbol{\Psi}_3 &= \operatorname{diag}(-\varepsilon_i I) \quad (i=1,2,\cdots,6) \\
L &= \operatorname{diag}(L_1, L_2, \cdots, L_n)
\end{aligned}$$

而 $\boldsymbol{\Lambda}_{12},\boldsymbol{\Lambda}_{13},\boldsymbol{\Lambda}_{14},\boldsymbol{\Lambda}_{21},\boldsymbol{\Lambda}_{32},\boldsymbol{\Lambda}_{33},\boldsymbol{\Lambda}_{51},\boldsymbol{\Lambda}_{61},\boldsymbol{\Lambda}_{71},\boldsymbol{\Pi}_1,\boldsymbol{\Pi}_2$ 和 $\boldsymbol{\Pi}_3$ 是定理 2.1 中定义的形式.

证明　使用定理 2.1 中的 Lyapunov-Krasovskii 泛函，C,A,B 和 D 分别用 $C+H_1F_1(t)E_1, A+H_2F_2(t)E_2, B+H_3F_3(t)E_3$ 和 $D+H_4F_4(t)E_4$ 来代替，则 Lyapunov-Krasovskii 泛函 $V(t)$ 沿着系统(2.7)轨迹的导数为

$$\begin{aligned}
\dot V(t) \leqslant{}& \boldsymbol{\xi}^{\mathrm{T}}(t)\boldsymbol{\Omega}\boldsymbol{\xi}(t) - 2\bar{\boldsymbol{x}}^{\mathrm{T}}(t)\boldsymbol{P}^{\mathrm{T}}\begin{pmatrix} 0 \\ H_1F_1(t)E_1 \end{pmatrix}\boldsymbol{x}(t) \\
&+ 2\bar{\boldsymbol{x}}^{\mathrm{T}}(t)\boldsymbol{P}^{\mathrm{T}}\begin{pmatrix} 0 \\ H_2F_2(t)E_2 \end{pmatrix}\boldsymbol{g}(\boldsymbol{x}(t)) \\
&+ 2\bar{\boldsymbol{x}}^{\mathrm{T}}(t)\boldsymbol{P}^{\mathrm{T}}\begin{pmatrix} 0 \\ H_3F_3(t)E_3 \end{pmatrix}\boldsymbol{g}(\boldsymbol{x}(t-\tau(t))) \\
&+ 2\bar{\boldsymbol{x}}^{\mathrm{T}}(t)\boldsymbol{P}^{\mathrm{T}}\begin{pmatrix} 0 \\ H_4F_4(t)E_4 \end{pmatrix}\boldsymbol{y}(t-h(t))
\end{aligned} \tag{2.21}$$

而 $\boldsymbol{\xi}^{\mathrm{T}}(t)$ 和 $\boldsymbol{\Omega}$ 是定理 2.1 中定义的形式. 根据引理 1.1，可以得到以下不等式：

$$\begin{aligned}
&-2\bar{\boldsymbol{x}}^{\mathrm{T}}(t)\boldsymbol{P}^{\mathrm{T}}\begin{pmatrix} 0 \\ H_1F_1(t)E_1 \end{pmatrix}\boldsymbol{x}(t) \\
&\leqslant \bar{\boldsymbol{x}}^{\mathrm{T}}(t)\begin{pmatrix} \varepsilon_1 E_1^{\mathrm{T}}E_1 + \varepsilon_2 E_1^{\mathrm{T}}E_1 + \varepsilon_1^{-1}P_2^{\mathrm{T}}H_1H_1^{\mathrm{T}}P_2 & 0 \\ 0 & \varepsilon_2^{-1}P_3^{\mathrm{T}}H_1H_1^{\mathrm{T}}P_3 \end{pmatrix}\bar{\boldsymbol{x}}(t)
\end{aligned} \tag{2.22}$$

$$2\bar{\boldsymbol{x}}^{\mathrm{T}}(t)\boldsymbol{P}^{\mathrm{T}}\begin{pmatrix} 0 \\ H_2F_2(t)E_2 \end{pmatrix}\boldsymbol{g}(\boldsymbol{x}(t))$$

$$
\begin{aligned}
&\leqslant \bar{\boldsymbol{x}}^{\mathrm{T}}(t)\boldsymbol{P}^{\mathrm{T}}\begin{pmatrix}\boldsymbol{0}\\ \boldsymbol{H}_2\boldsymbol{F}_2(t)\boldsymbol{E}_2\end{pmatrix}\boldsymbol{Q}_3^{-1}(\boldsymbol{0}\quad(\boldsymbol{H}_2\boldsymbol{F}_2(t)\boldsymbol{E}_2)^{\mathrm{T}})\boldsymbol{P}\bar{\boldsymbol{x}}(t)\\
&\quad+\boldsymbol{x}^{\mathrm{T}}(t)\boldsymbol{L}\boldsymbol{Q}_3\boldsymbol{L}\boldsymbol{x}(t)
\end{aligned}\tag{2.23}
$$

$$
\begin{aligned}
&2\bar{\boldsymbol{x}}^{\mathrm{T}}(t)\boldsymbol{P}^{\mathrm{T}}\begin{pmatrix}\boldsymbol{0}\\ \boldsymbol{H}_3\boldsymbol{F}_3(t)\boldsymbol{E}_3\end{pmatrix}\boldsymbol{g}(\boldsymbol{x}(t-\tau(t)))\\
&\leqslant \bar{\boldsymbol{x}}^{\mathrm{T}}(t)\boldsymbol{P}^{\mathrm{T}}\begin{pmatrix}\boldsymbol{0}\\ \boldsymbol{H}_3\boldsymbol{F}_3(t)\boldsymbol{E}_3\end{pmatrix}\boldsymbol{Q}_4^{-1}(\boldsymbol{0}\quad(\boldsymbol{H}_3\boldsymbol{F}_3(t)\boldsymbol{E}_3)^{\mathrm{T}})\boldsymbol{P}\bar{\boldsymbol{x}}(t)\\
&\quad+\boldsymbol{x}^{\mathrm{T}}(t-\tau(t))\boldsymbol{L}\boldsymbol{Q}_4\boldsymbol{L}\boldsymbol{x}(t-\tau(t))
\end{aligned}\tag{2.24}
$$

$$
\begin{aligned}
&2\bar{\boldsymbol{x}}^{\mathrm{T}}(t)\boldsymbol{P}^{\mathrm{T}}\begin{pmatrix}\boldsymbol{0}\\ \boldsymbol{H}_4\boldsymbol{F}_4(t)\boldsymbol{E}_4\end{pmatrix}\boldsymbol{y}(t-h(t))\\
&\leqslant \bar{\boldsymbol{x}}^{\mathrm{T}}(t)\begin{bmatrix}\varepsilon_3^{-1}\boldsymbol{P}_2^{\mathrm{T}}\boldsymbol{H}_4\boldsymbol{H}_4^{\mathrm{T}}\boldsymbol{P}_2 & \boldsymbol{0}\\ \boldsymbol{0} & \varepsilon_4^{-1}\boldsymbol{P}_3^{\mathrm{T}}\boldsymbol{H}_4\boldsymbol{H}_4^{\mathrm{T}}\boldsymbol{P}_3\end{bmatrix}\bar{\boldsymbol{x}}(t)\\
&\quad+\boldsymbol{y}^{\mathrm{T}}(t-h(t))(\varepsilon_3\boldsymbol{E}_4^{\mathrm{T}}\boldsymbol{E}_4+\varepsilon_4\boldsymbol{E}_4^{\mathrm{T}}\boldsymbol{E}_4)\boldsymbol{y}(t-h(t))
\end{aligned}\tag{2.25}
$$

把(2.22)式～(2.25)式代入(2.21)式中，根据 Schur 补引理，$\dot{V}(t)<0$ 成立，当且仅当以下不等式成立：

$$
\begin{pmatrix}
\boldsymbol{\Phi}_1 & \boldsymbol{\Lambda}_{12} & \boldsymbol{\Lambda}_{13} & \boldsymbol{\Lambda}_{14} & \boldsymbol{P}_{22}^{\mathrm{T}}+\boldsymbol{Y}_5^{\mathrm{T}} & \boldsymbol{Y}_6^{\mathrm{T}}-\boldsymbol{Y}_1 & \boldsymbol{P}_{23}+\boldsymbol{Y}_7^{\mathrm{T}} & \boldsymbol{\Pi}_1 & \boldsymbol{\Xi}_1\\
* & \boldsymbol{\Lambda}_{21} & -\boldsymbol{Y}_2 & \boldsymbol{P}_3^{\mathrm{T}}\boldsymbol{D} & \boldsymbol{P}_{12}+\boldsymbol{P}_{23}^{\mathrm{T}} & -\boldsymbol{Y}_2 & \boldsymbol{P}_{13}+\boldsymbol{P}_{33}^{\mathrm{T}} & \boldsymbol{\Pi}_2 & \boldsymbol{\Xi}_2\\
* & * & \boldsymbol{\Phi}_2 & -\boldsymbol{Y}_4^{\mathrm{T}} & \boldsymbol{\Lambda}_{32} & -\boldsymbol{Y}_3-\boldsymbol{Y}_6^{\mathrm{T}} & \boldsymbol{\Lambda}_{33} & \boldsymbol{\Pi}_3 & \boldsymbol{0}\\
* & * & * & \boldsymbol{\Phi}_3 & -\boldsymbol{P}_{23}^{\mathrm{T}} & -\boldsymbol{Y}_4 & -\boldsymbol{P}_{33}^{\mathrm{T}} & \boldsymbol{\Pi}_4 & \boldsymbol{0}\\
* & * & * & * & \boldsymbol{\Lambda}_{51} & -\boldsymbol{Y}_5-\boldsymbol{Z}_{12} & \boldsymbol{0} & \boldsymbol{0} & \boldsymbol{0}\\
* & * & * & * & * & \boldsymbol{\Lambda}_{61} & -\boldsymbol{Y}_7^{\mathrm{T}} & \boldsymbol{0} & \boldsymbol{0}\\
* & * & * & * & * & * & \boldsymbol{\Lambda}_{71} & \boldsymbol{0} & \boldsymbol{0}\\
* & * & * & * & * & * & * & \boldsymbol{\Pi}_5 & \boldsymbol{0}\\
* & * & * & * & * & * & * & * & \boldsymbol{\Xi}_3
\end{pmatrix}
$$

$$
+\boldsymbol{\Sigma}_1^{\mathrm{T}}\boldsymbol{F}_2(t)\boldsymbol{\Sigma}_2+\boldsymbol{\Sigma}_2^{\mathrm{T}}\boldsymbol{F}_2^{\mathrm{T}}(t)\boldsymbol{\Sigma}_1+\boldsymbol{\Sigma}_3^{\mathrm{T}}\boldsymbol{F}_3(t)\boldsymbol{\Sigma}_4+\boldsymbol{\Sigma}_4^{\mathrm{T}}\boldsymbol{F}_3^{\mathrm{T}}(t)\boldsymbol{\Sigma}_3<0 \tag{2.26}
$$

其中

$$\boldsymbol{\Sigma}_1=(\boldsymbol{H}_2^{\mathrm{T}}\boldsymbol{P}_2\quad \boldsymbol{H}_2^{\mathrm{T}}\boldsymbol{P}_3\quad 0\quad 0\quad 0\quad 0\quad 0\quad 0\quad 0\quad 0\quad 0\quad 0\quad 0\quad 0\quad 0\quad 0\quad 0\quad 0\quad 0\quad 0\quad 0)$$

$$\boldsymbol{\Sigma}_2=(0\quad 0\quad 0\quad 0\quad 0\quad 0\quad 0\quad 0\quad 0\quad 0\quad 0\quad 0\quad 0\quad 0\quad 0\quad 0\quad 0\quad 0\quad 0\quad \boldsymbol{E}_2\quad 0)$$

$$\boldsymbol{\Sigma}_3=(\boldsymbol{H}_3^{\mathrm{T}}\boldsymbol{P}_2\quad \boldsymbol{H}_3^{\mathrm{T}}\boldsymbol{P}_3\quad 0\quad 0\quad 0\quad 0\quad 0\quad 0\quad 0\quad 0\quad 0\quad 0\quad 0\quad 0\quad 0\quad 0\quad 0\quad 0\quad 0\quad 0\quad 0)$$

$$\boldsymbol{\Sigma}_4=(0\quad \boldsymbol{E}_3)$$

$$\boldsymbol{\Xi}_1=(\boldsymbol{P}_2^{\mathrm{T}}\boldsymbol{H}_1\quad 0\quad \boldsymbol{P}_2^{\mathrm{T}}\boldsymbol{H}_4\quad 0\quad 0\quad 0),\quad \boldsymbol{\Xi}_2=(0\quad \boldsymbol{P}_3^{\mathrm{T}}\boldsymbol{H}_1\quad 0\quad \boldsymbol{P}_3^{\mathrm{T}}\boldsymbol{H}_4\quad 0\quad 0)$$

$$\boldsymbol{\Xi}_3=\mathrm{diag}(-\varepsilon_1\boldsymbol{I},-\varepsilon_2\boldsymbol{I},-\varepsilon_3\boldsymbol{I},-\varepsilon_4\boldsymbol{I},-\boldsymbol{Q}_3,-\boldsymbol{Q}_4)$$

根据引理 1.4，(2.26)式成立，当且仅当(2.20)式成立. 证毕.

如果 $\tau(t)=h(t)=\tau$，类似于推论 2.2，可以很容易获得以下的鲁棒稳定性判据.

推论 2.3　假设(H2.1)和(H2.2)成立，对于给定的 τ 值，并且 $\tau(t)=h(t)=\tau$，系统(2.6)是鲁棒渐近稳定的. 如果存在正定矩阵 $\boldsymbol{P}_1,\boldsymbol{R}_1,\boldsymbol{R}_2,\boldsymbol{R}_3$，对角正定矩阵 $\boldsymbol{Q}_i(i=1,2,3,4)$，任意矩阵 $\boldsymbol{P}_2,\boldsymbol{P}_3,\boldsymbol{Z}_{11},\boldsymbol{Z}_{12},\boldsymbol{Z}_{22},\boldsymbol{P}_{11},\boldsymbol{P}_{12},\boldsymbol{P}_{13},\boldsymbol{P}_{22},\boldsymbol{P}_{23},\boldsymbol{P}_{33}$，$\boldsymbol{Y}_i(i=1,2,\cdots,6)$以及正数 $\varepsilon_k(k=1,2,\cdots,6)$，使得以下的线性矩阵不等式成立：

$$\begin{bmatrix} \boldsymbol{Z}_{11} & \boldsymbol{Z}_{12} \\ \boldsymbol{Z}_{12}^{\mathrm{T}} & \boldsymbol{Z}_{22} \end{bmatrix} > 0, \quad \begin{bmatrix} \boldsymbol{P}_{11} & \boldsymbol{P}_{12} & \boldsymbol{P}_{13} \\ * & \boldsymbol{P}_{22} & \boldsymbol{P}_{23} \\ * & * & \boldsymbol{P}_{33} \end{bmatrix} > 0$$

$$\begin{bmatrix} \boldsymbol{\Phi}_1 & \boldsymbol{\Lambda}_{12} & \boldsymbol{\Lambda}_{13} & \boldsymbol{\Lambda}_{14} & \boldsymbol{P}_{22}^{\mathrm{T}}+\boldsymbol{Y}_5^{\mathrm{T}} & \boldsymbol{Y}_6^{\mathrm{T}}-\boldsymbol{Y}_1+\boldsymbol{P}_{23} & \overline{\boldsymbol{\Psi}}_1 \\ * & \overline{\boldsymbol{\Lambda}}_{21} & -\boldsymbol{Y}_2 & \boldsymbol{P}_3^{\mathrm{T}}\boldsymbol{D} & \boldsymbol{P}_{12}+\boldsymbol{P}_{23}^{\mathrm{T}} & -\boldsymbol{Y}_2+\boldsymbol{P}_{13}+\boldsymbol{P}_{33}^{\mathrm{T}} & \overline{\boldsymbol{\Psi}}_2 \\ * & * & \boldsymbol{\Theta}_1 & -\boldsymbol{Y}_4^{\mathrm{T}} & \boldsymbol{\Lambda}_{32} & -\boldsymbol{Y}_3-\boldsymbol{Y}_6^{\mathrm{T}}-\boldsymbol{P}_{23} & \boldsymbol{0} \\ * & * & * & \boldsymbol{\Theta}_2 & -\boldsymbol{P}_{23}^{\mathrm{T}} & -\boldsymbol{Y}_4-\boldsymbol{P}_{33}^{\mathrm{T}} & \boldsymbol{0} \\ * & * & * & * & -\boldsymbol{Z}_{11} & -\boldsymbol{Y}_5-\boldsymbol{Z}_{12} & \boldsymbol{0} \\ * & * & * & * & * & -\boldsymbol{R}_3-\boldsymbol{Z}_{22}-\boldsymbol{Y}_6^{\mathrm{T}}-\boldsymbol{Y}_6 & \boldsymbol{0} \\ * & * & * & * & * & * & \overline{\boldsymbol{\Psi}}_3 \end{bmatrix} < 0$$

$$\begin{bmatrix} -\boldsymbol{Q}_3+\varepsilon_5\boldsymbol{E}_2^{\mathrm{T}}\boldsymbol{E}_2 & \boldsymbol{0} \\ \boldsymbol{0} & -\boldsymbol{Q}_4+\varepsilon_6\boldsymbol{E}_3^{\mathrm{T}}\boldsymbol{E}_3 \end{bmatrix} < 0$$

其中

$$\boldsymbol{\Theta}_1=-\boldsymbol{R}_1-\boldsymbol{Y}_3-\boldsymbol{Y}_3^{\mathrm{T}}+\boldsymbol{L}\boldsymbol{Q}_2\boldsymbol{L}+\boldsymbol{L}\boldsymbol{Q}_4\boldsymbol{L}, \quad \boldsymbol{\Theta}_2=-\boldsymbol{R}_2+\varepsilon_3\boldsymbol{E}_4^{\mathrm{T}}\boldsymbol{E}_4+\varepsilon_4\boldsymbol{E}_4^{\mathrm{T}}\boldsymbol{E}_4$$

$$\overline{\boldsymbol{\Psi}}_1=(\boldsymbol{P}_2^{\mathrm{T}}\boldsymbol{A} \quad \boldsymbol{P}_2^{\mathrm{T}}\boldsymbol{B} \quad \boldsymbol{P}_2^{\mathrm{T}}\boldsymbol{H}_1 \quad \boldsymbol{0} \quad \boldsymbol{P}_2^{\mathrm{T}}\boldsymbol{H}_4 \quad \boldsymbol{0} \quad \boldsymbol{P}_2^{\mathrm{T}}\boldsymbol{H}_2 \quad \boldsymbol{P}_2^{\mathrm{T}}\boldsymbol{H}_3)$$

$$\overline{\boldsymbol{\Psi}}_2=(\boldsymbol{P}_3^{\mathrm{T}}\boldsymbol{A} \quad \boldsymbol{P}_3^{\mathrm{T}}\boldsymbol{B} \quad \boldsymbol{0} \quad \boldsymbol{P}_3^{\mathrm{T}}\boldsymbol{H}_1 \quad \boldsymbol{0} \quad \boldsymbol{P}_3^{\mathrm{T}}\boldsymbol{H}_4 \quad \boldsymbol{P}_3^{\mathrm{T}}\boldsymbol{H}_2 \quad \boldsymbol{P}_3^{\mathrm{T}}\boldsymbol{H}_3)$$

$$\overline{\boldsymbol{\Psi}}_3=\mathrm{diag}(-\boldsymbol{Q}_1,-\boldsymbol{Q}_2,-\varepsilon_i\boldsymbol{I}) \quad (i=1,2,\cdots,6)$$

而 $\boldsymbol{\Lambda}_{12}$，$\boldsymbol{\Lambda}_{13}$和 $\boldsymbol{\Lambda}_{14}$是定理 2.1 中定义的形式，$\overline{\boldsymbol{\Lambda}}_{21}$是推论 2.2 中定义的形式.

注 2.3　定理 2.1 和定理 2.2 与离散时滞和中立项时滞都相关，并且这些准则没有限制离散时变时滞的导数小于 1. 也就是说，我们的准则对于任意 μ_1 和 $\mu_2<1$ 的情况都是适用的.

注 2.4　利用推论 2.1 和推论 2.2 的方法来得到保证系统(2.6)的标称系统是渐近稳定的时滞 τ 的最大值问题，可以很容易解决. 例如，在推论 2.1 中，τ 的最大值可以通过解关于 $\boldsymbol{P}_1,\boldsymbol{R}_1,\boldsymbol{R}_2,\boldsymbol{Q}_1,\boldsymbol{Q}_2,\boldsymbol{P}_2,\boldsymbol{P}_3,\boldsymbol{Z}_{11},\boldsymbol{Z}_{12},\boldsymbol{Z}_{22}$和 $\boldsymbol{Y}_i(i=1,2,\cdots,5)$的以下二次凸优化问题而得到：

maximizeτ

subject to $\boldsymbol{P}_1>0,\boldsymbol{Q}_1>0,\boldsymbol{Q}_2>0,\boldsymbol{R}_1>0,\boldsymbol{R}_2>0,\tau>0$ 以及(2.19)式.

可以注意到以上问题具有广义特征值形式,因此可以通过使用 MATLAB 中的线性矩阵不等式控制工具箱来求解.

2.3 数值例子

在这一小节中,给出三个例子来说明本章给出的准则有效.

例 2.3.1 考虑具有以下参数矩阵的时滞 Hopfield 神经网络(2.2):

$$\boldsymbol{C}=\begin{pmatrix}2.6 & 0\\ 0 & 1.8\end{pmatrix},\quad \boldsymbol{A}=\begin{pmatrix}-0.2 & 0.2\\ 0.26 & 0.1\end{pmatrix},\quad \boldsymbol{B}=\begin{pmatrix}-0.1 & -0.2\\ 0.2 & 0.1\end{pmatrix}$$

$$\boldsymbol{L}=\begin{pmatrix}3.5 & 0\\ 0 & 0.6\end{pmatrix},\quad \boldsymbol{D}=\boldsymbol{0}_{2\times 2}$$

当 $\tau(t)=\tau$ 时,利用文献[59-60]中的定理,可以获得保证上面所给出的神经网络是渐近稳定的时滞 τ 的最大值分别为 0.2006 和 1.0345. 然而,通过使用本章的推论 2.1 和注 2.4,可以得到该神经网络对于任意的 $\tau>0$ 都是可行的,这说明此神经网络是时滞无关稳定的,同时也表明我们的准则比文献[59-60]的保守性小.

例 2.3.2 文献[196]考虑了具有以下参数矩阵的时滞 Hopfield 神经网络:

$$\boldsymbol{C}=\begin{pmatrix}1.5 & 0\\ 0 & 1.5\end{pmatrix},\quad \boldsymbol{A}=\begin{pmatrix}\alpha & 0.1\\ 0.1 & \alpha\end{pmatrix},\quad \boldsymbol{B}=\begin{pmatrix}0.1 & 0.16\\ 0.05 & 0.1\end{pmatrix}$$

$$\boldsymbol{D}=\begin{pmatrix}0.2 & 0\\ 0 & 0.2\end{pmatrix},\quad \boldsymbol{L}=\boldsymbol{I}_{2\times 2},\quad \tau(t)=h(t)=1 \tag{2.27}$$

通过使用文献[196]中的定理,可以得到保证系统(2.27)是渐近稳定的 α 的最大值是 1.198. 然而,利用本章的推论 2.2,我们可以得到 α 的最大值是 1.202,这表明我们的准则相比文献[196]有较小的保守性.

例 2.3.3 考虑具有以下参数矩阵的中立型时滞 Hopfield 神经网络(2.2):

$$\boldsymbol{C}=\begin{pmatrix}1.2 & 0\\ 0 & 1.8\end{pmatrix},\quad \boldsymbol{A}=\begin{pmatrix}-0.2 & 0.2\\ 0.26 & 0.1\end{pmatrix},\quad \boldsymbol{B}=\begin{pmatrix}-0.1 & -0.2\\ 0.2 & 0.1\end{pmatrix}$$

$$\boldsymbol{D}=\begin{pmatrix}-0.2 & 0\\ 0.2 & -0.1\end{pmatrix},\quad \boldsymbol{L}=\begin{pmatrix}0.5 & 0\\ 0 & 0.8\end{pmatrix},\quad \boldsymbol{H}_1=\begin{pmatrix}0.5 & 0\\ 0 & 0.5\end{pmatrix}$$

$$\boldsymbol{H}_2=\begin{pmatrix}0.2 & 0.1\\ 0 & 0.1\end{pmatrix},\quad \boldsymbol{H}_3=\begin{pmatrix}0.1 & 0\\ 0 & 0.1\end{pmatrix},\quad \boldsymbol{H}_4=\begin{pmatrix}0.2 & 0.1\\ 0.3 & 0\end{pmatrix}$$

$$E_1 = \begin{pmatrix} 0.2 & 0.1 \\ 0.2 & 0.1 \end{pmatrix},\quad E_2 = \begin{pmatrix} 0.3 & 0.1 \\ 0.5 & 0.4 \end{pmatrix},\quad E_3 = \begin{pmatrix} 0.3 & 0.2 \\ 0.1 & 0.3 \end{pmatrix}$$

$$E_4 = \begin{pmatrix} 0.1 & 0.2 \\ 0.3 & 0.3 \end{pmatrix} \tag{2.28}$$

令 $\tau=1, h=2, \mu_1=1.2, \mu_2=0.5$，利用定理 2.2，可以得到保证系统(2.28)是鲁棒渐近稳定的以下可行解：

$$P_1 = \begin{pmatrix} 24.9042 & 7.4382 \\ 7.4382 & 33.8099 \end{pmatrix},\quad P_2 = \begin{pmatrix} 28.2014 & -1.4398 \\ 1.4008 & 26.8637 \end{pmatrix}$$

$$P_3 = \begin{pmatrix} 33.2126 & 7.3084 \\ 5.0373 & 31.4855 \end{pmatrix},\quad Q_1 = \begin{pmatrix} 22.1328 & 0 \\ 0 & 20.2157 \end{pmatrix}$$

$$Q_2 = \begin{pmatrix} 9.4915 & 0 \\ 0 & 7.3849 \end{pmatrix},\quad Q_3 = \begin{pmatrix} 14.3943 & 0 \\ 0 & 11.7011 \end{pmatrix}$$

$$Q_4 = \begin{pmatrix} 4.0312 & 0 \\ 0 & 2.9016 \end{pmatrix},\quad R_1 = \begin{pmatrix} 1.3084 & 0.2745 \\ 0.2745 & 1.9455 \end{pmatrix}$$

$$R_2 = \begin{pmatrix} 20.3445 & 5.6621 \\ 5.6621 & 14.4997 \end{pmatrix}\quad R_3 = \begin{pmatrix} 4.1671 & 0.5871 \\ 0.5871 & 6.3828 \end{pmatrix}$$

$$R_4 = \begin{pmatrix} 1.7996 & 0.4902 \\ 0.4902 & 1.9213 \end{pmatrix},\quad S_1 = \begin{pmatrix} 0.8553 & 0.2124 \\ 17.3926 & 1.0633 \end{pmatrix}$$

$$S_2 = \begin{pmatrix} 4.4739 & 0.3269 \\ 0.3269 & 6.6290 \end{pmatrix},\quad S_3 = \begin{pmatrix} 0.5465 & 0.1531 \\ 0.1531 & 0.5966 \end{pmatrix}$$

$$S_4 = \begin{pmatrix} 2.0511 & 0.4746 \\ 0.4746 & 2.2086 \end{pmatrix}\quad S_5 = \begin{pmatrix} 7.1264 & 0.3893 \\ 0.3893 & 9.6813 \end{pmatrix}$$

$$S_6 = \begin{pmatrix} 1.3543 & 0.3514 \\ 0.3514 & 1.4384 \end{pmatrix},\quad Z_{11} = \begin{pmatrix} 11.7414 & 0.7872 \\ 0.7872 & 17.5062 \end{pmatrix}$$

$$Z_{12} = \begin{pmatrix} 1.0237 & 0.0875 \\ 0.3169 & 1.4747 \end{pmatrix},\quad Z_{22} = \begin{pmatrix} 4.2583 & 0.6166 \\ 0.6166 & 6.5065 \end{pmatrix}$$

$$P_{11} = \begin{pmatrix} 27.6362 & 7.3274 \\ 7.3274 & 36.3571 \end{pmatrix}\quad P_{12} = \begin{pmatrix} 0.5296 & 0.0753 \\ 0.0516 & 0.7947 \end{pmatrix}$$

$$P_{13} = \begin{pmatrix} -1.1536 & -0.3716 \\ 0.2647 & -0.9270 \end{pmatrix},\quad P_{22} = \begin{pmatrix} 0.9353 & 0.1537 \\ 0.1537 & 1.2745 \end{pmatrix}$$

$$P_{23} = \begin{pmatrix} 0.0033 & -0.0074 \\ -0.0401 & -0.0209 \end{pmatrix},\quad P_{33} = \begin{pmatrix} 0.5740 & 0.0782 \\ 0.0782 & 0.4725 \end{pmatrix}$$

$$Y_1 = 10^4 \begin{pmatrix} 0.0002 & 7.4732 \\ -7.4732 & 0.0007 \end{pmatrix}\quad Y_2 = \begin{pmatrix} 1.2172 & -1.2572 \\ -1.0238 & 1.9625 \end{pmatrix}$$

$$\boldsymbol{Y}_3 = 10^4\begin{pmatrix} 0.0005 & -7.4733 \\ -7.4733 & 0.0007 \end{pmatrix}, \quad \boldsymbol{Y}_4 = \begin{pmatrix} 1.4625 & -1.8055 \\ -0.0884 & 0.5916 \end{pmatrix}$$

$$\boldsymbol{Y}_5 = \begin{pmatrix} -0.9753 & -0.1285 \\ -0.2036 & -1.3435 \end{pmatrix}, \quad \boldsymbol{Y}_6 = 10^4\begin{pmatrix} 0.00001 & -7.4733 \\ 7.4732 & -0.00004 \end{pmatrix}$$

$$\boldsymbol{Y}_7 = \begin{pmatrix} 0.0014 & 0.0263 \\ 0.0045 & 0.0144 \end{pmatrix}, \quad \varepsilon_1 = 25.4614, \quad \varepsilon_2 = 46.5224, \quad \varepsilon_3 = 9.9814$$

$$\varepsilon_4 = 18.5754, \quad \varepsilon_5 = 19.2361, \quad \varepsilon_6 = 10.9009$$

2.4 小　结

本章研究了中立型 Hopfield 神经网络的鲁棒稳定性问题.不同于其他的文章,我们所考虑的离散时滞和中立项时滞是不同的时变时滞的情况.通过使用广义模型变换的方法,并且引入一类新的 Lyapunov-Krasovskii 泛函,提出了与离散时滞和中立项时滞都相关的稳定性判据,改进了以往的只与相同的离散时滞和中立项时滞相关的稳定性判据.给出的数值例子表明了提出的方法有效.

第 3 章　中立型双向联想记忆神经网络的时滞相关鲁棒稳定性

Hopfield 提出的单层单向联想记忆神经网络所具有的功能引起了众多学者的研究. Kosko[65-66]将 Hopfield 的单层单向联想记忆模型推广到双层双向结构，即双向联想记忆(BAM)神经网络. 双向联想记忆神经网络作为一类特殊的递归神经网络广泛应用于许多领域，如模式识别、自动控制和人工智能等. 因此，BAM 神经网络的研究受到了国内外学者的广泛关注[71-80,200,207-208].

由于生物神经元之间及电路实现本身存在时滞，即轴突信号传输过程中存在延迟. 因此，研究具有时滞的双向联想记忆神经网络的稳定性更具有实际意义，如文献[73-82]. 文献[73-76]研究了具有常时滞的双向联想记忆神经网络的全局渐近稳定性. 在文献[77-78]中，作者提出了具有时变时滞的双向联想记忆神经网络的渐近稳定性准则，其中时变时滞的导数被限制小于 1，因此具有一定的局限性. 此外，由于实际中神经细胞的复杂动态性质，目前所存在的许多神经网络模型并不能准确地表征神经元反应过程的特性. 所以，神经网络会包含过去时刻状态导数的一些信息来模拟如此复杂神经元反应的动态. 目前，只有少数作者对中立型递归神经网络的稳定性进行了研究，如文献[196,198-199,205-208]. 据资料所知，鲁棒稳定性准则还未涉及具有时变时滞的中立型双向联想记忆神经网络领域，因此存在着进一步改进的空间.

本章研究了具有时变时滞和参数不确定性的中立型双向联想记忆神经网络的时滞相关鲁棒稳定性. 首先，我们利用广义模型变换的方法，将双向联想记忆神经网络转化成等价的广义模型形式. 其次，通过构造适当的 Lyapunov-Krasovskii 泛函，给出了具有线性矩阵不等式形式的时滞相关稳定性准则，该准则对于离散时变时滞导数的任何值都是适用的，因此，在应用方面更具有普遍性. 最后，给出两个数值例子来表明给出的方法有效.

3.1　系统描述与预备知识

考虑以下由非线性中立时滞微分方程所描述的双向联想记忆神经网络：

$$\dot{u}_i(t)=-(c_i+\Delta c_i(t))u_i(t)+\sum_{j=1}^{m}(a_{ji}+\Delta a_{ji}(t))\bar{f}_j(v_j(t-d(t)))$$
$$+\sum_{j=1}^{n}(b_{ij}+\Delta b_{ij}(t))\dot{u}_j(t-h)+I_i\quad(i=1,2,\cdots,n)\tag{3.1a}$$
$$\dot{v}_j(t)=-(d_j+\Delta d_j(t))v_j(t)+\sum_{i=1}^{n}(m_{ij}+\Delta m_{ij}(t))\bar{g}_i(u_i(t-h(t)))$$
$$+\sum_{i=1}^{m}(n_{ji}+\Delta n_{ji}(t))\dot{v}_i(t-d)+J_j\quad(j=1,2,\cdots,m)\tag{3.1b}$$

或等价于

$$\dot{\boldsymbol{u}}(t)=-(\boldsymbol{C}+\Delta\boldsymbol{C}(t))\boldsymbol{u}(t)+(\boldsymbol{A}+\Delta\boldsymbol{A}(t))^{\mathrm{T}}\bar{\boldsymbol{f}}(\boldsymbol{v}(t-d(t)))$$
$$+(\boldsymbol{B}+\Delta\boldsymbol{B}(t))\dot{\boldsymbol{u}}(t-h)+\boldsymbol{I}\tag{3.2a}$$
$$\dot{\boldsymbol{v}}(t)=-(\boldsymbol{D}+\Delta\boldsymbol{D}(t))\boldsymbol{v}(t)+(\boldsymbol{M}+\Delta\boldsymbol{M}(t))^{\mathrm{T}}\bar{\boldsymbol{g}}(\boldsymbol{u}(t-h(t)))$$
$$+(\boldsymbol{N}+\Delta\boldsymbol{N}(t))\dot{\boldsymbol{v}}(t-d)+\boldsymbol{J}\tag{3.2b}$$

其中，$\boldsymbol{u}(t)=\begin{bmatrix}u_1(t)\\u_2(t)\\\vdots\\u_n(t)\end{bmatrix}\in\mathbf{R}^n$ 和 $\boldsymbol{v}(t)=\begin{bmatrix}v_1(t)\\v_2(t)\\\vdots\\v_m(t)\end{bmatrix}\in\mathbf{R}^m$ 是神经元状态向量，$\boldsymbol{I}=\begin{bmatrix}I_1\\I_2\\\vdots\\I_n\end{bmatrix}\in\mathbf{R}^n$ 和 $\boldsymbol{J}=\begin{bmatrix}J_1\\J_2\\\vdots\\J_m\end{bmatrix}\in\mathbf{R}^m$ 是外部输入，$\bar{\boldsymbol{g}}(\boldsymbol{u}(t))=\begin{bmatrix}\bar{g}_1(u_1(t))\\\bar{g}_2(u_2(t))\\\vdots\\\bar{g}_n(u_n(t))\end{bmatrix}\in\mathbf{R}^n$ 和 $\bar{\boldsymbol{f}}(\boldsymbol{v}(t))=\begin{bmatrix}\bar{f}_1(v_1(t))\\\bar{f}_2(v_2(t))\\\vdots\\\bar{f}_m(v_m(t))\end{bmatrix}\in\mathbf{R}^m$ 是激活函数向量，时滞 $d(t)$ 和 $h(t)$ 是满足以下条件的时变连续函数：

$$0 \leqslant d(t) \leqslant \bar{d}, \quad \dot{d}(t) \leqslant \mu_1, \quad 0 \leqslant h(t) \leqslant \bar{h}, \quad \dot{h}(t) \leqslant \mu_2 \tag{3.3}$$

其中，$\bar{d}$，μ_1，$\bar{h}$ 和 μ_2 是常数，$\boldsymbol{C}=\mathrm{diag}(c_1,c_2,\cdots,c_n)$ 和 $\boldsymbol{D}=\mathrm{diag}(d_1,d_2,\cdots,d_m)$ 是正定对角矩阵，$\boldsymbol{A}=(a_{ji})_{m\times n}$，$\boldsymbol{B}=(b_{ij})_{n\times n}$，$\boldsymbol{M}=(m_{ij})_{n\times m}$ 和 $\boldsymbol{N}=(n_{ji})_{m\times m}$ 是代表神经元之间的权相关矩阵，$\Delta\boldsymbol{C}(t)$，$\Delta\boldsymbol{A}(t)$，$\Delta\boldsymbol{B}(t)$，$\Delta\boldsymbol{D}(t)$，$\Delta\boldsymbol{M}(t)$ 和 $\Delta\boldsymbol{N}(t)$ 是定义成以下形式的参数不确定性：

$$\Delta\boldsymbol{C}(t)=\boldsymbol{H}_1\boldsymbol{F}_1(t)\boldsymbol{E}_1, \quad \Delta\boldsymbol{A}(t)=\boldsymbol{H}_2\boldsymbol{F}_2(t)\boldsymbol{E}_2, \quad \Delta\boldsymbol{B}(t)=\boldsymbol{H}_3\boldsymbol{F}_3(t)\boldsymbol{E}_3 \tag{3.4a}$$

$$\Delta\boldsymbol{D}(t)=\boldsymbol{H}_4\boldsymbol{F}_4(t)\boldsymbol{E}_4, \quad \Delta\boldsymbol{M}(t)=\boldsymbol{H}_5\boldsymbol{F}_5(t)\boldsymbol{E}_5, \quad \Delta\boldsymbol{N}(t)=\boldsymbol{H}_6\boldsymbol{F}_6(t)\boldsymbol{E}_6 \tag{3.4b}$$

其中，$\boldsymbol{H}_i$ 和 $\boldsymbol{E}_i(i=1,2,\cdots,6)$ 是已知的实常数矩阵，$\boldsymbol{F}_i(t)$ 是满足下面条件的未知的时变矩阵：

$$\boldsymbol{F}_i^{\mathrm{T}}(t)\boldsymbol{F}_i(t) \leqslant \boldsymbol{I} \quad (i=1,2,\cdots,6) \tag{3.5}$$

其中，$\boldsymbol{I}$ 是具有适当维数的单位矩阵.

本章中，假设激活函数满足以下条件：

(H3.1)对于每一个 i 和 j，$\bar{g}_i$ 和 $\bar{f}_j$ 在实数 $\mathbf{R}$ 上都是有界的；

(H3.2)对于任意 $\xi_1,\xi_2\in\mathbf{R}$，存在常数 $L_i>0$ 和 $T_j>0$，使得下式成立：

$$|\bar{g}_i(\xi_1)-\bar{g}_i(\xi_2)| \leqslant L_i|\xi_1-\xi_2| \quad (i=1,2,\cdots,n),$$

$$|\bar{f}_j(\xi_1)-\bar{f}_j(\xi_2)| \leqslant T_j|\xi_1-\xi_2| \quad (j=1,2,\cdots,m).$$

这类激活函数要比 S 形函数和经常使用在细胞神经网络中的分段线性函数 $f_i(x)=\frac{1}{2}(|x+1|-|x-1|)$ 更普遍.

假设 $\boldsymbol{u}^*=\begin{pmatrix}u_1^*\\u_2^*\\\vdots\\u_n^*\end{pmatrix}\in\mathbf{R}^n$ 和 $\boldsymbol{v}^*=\begin{pmatrix}v_1^*\\v_2^*\\\vdots\\v_m^*\end{pmatrix}\in\mathbf{R}^m$ 是系统(3.2)的平衡点，令 $\boldsymbol{x}(t)=\boldsymbol{u}(t)-\boldsymbol{u}^*$，$\boldsymbol{y}(t)=\boldsymbol{v}(t)-\boldsymbol{v}^*$，则系统(3.2)可以写成

$$\begin{aligned}\dot{\boldsymbol{x}}(t)=&-(\boldsymbol{C}+\Delta\boldsymbol{C}(t))\boldsymbol{x}(t)+(\boldsymbol{A}+\Delta\boldsymbol{A}(t))^{\mathrm{T}}\boldsymbol{f}(\boldsymbol{y}(t-d(t)))\\&+(\boldsymbol{B}+\Delta\boldsymbol{B}(t))\dot{\boldsymbol{x}}(t-h)\end{aligned} \tag{3.6a}$$

$$\begin{aligned}\dot{\boldsymbol{y}}(t)=&-(\boldsymbol{D}+\Delta\boldsymbol{D}(t))\boldsymbol{y}(t)+(\boldsymbol{M}+\Delta\boldsymbol{M}(t))^{\mathrm{T}}\boldsymbol{g}(\boldsymbol{x}(t-h(t)))\\&+(\boldsymbol{N}+\Delta\boldsymbol{N}(t))\dot{\boldsymbol{y}}(t-d)\end{aligned} \tag{3.6b}$$

其中，$\boldsymbol{x}(t)=\begin{pmatrix}x_1(t)\\x_2(t)\\\vdots\\x_n(t)\end{pmatrix}$ 和 $\boldsymbol{y}(t)=\begin{pmatrix}y_1(t)\\y_2(t)\\\vdots\\y_m(t)\end{pmatrix}$ 是系统(3.6)的状态向量，$\boldsymbol{g}(\boldsymbol{x}(t))=$

$$\begin{bmatrix} g_1(x_1(t)) \\ g_2(x_2(t)) \\ \vdots \\ g_n(x_n(t)) \end{bmatrix}, \boldsymbol{f}(\boldsymbol{y}(t)) = \begin{bmatrix} f_1(y_1(t)) \\ f_2(y_2(t)) \\ \vdots \\ f_m(y_m(t)) \end{bmatrix}$$,函数

$$g_i(x_i(t)) = \bar{g}_i(x_i(t) + u_i^*) - \bar{g}_i(u_i^*) \quad (i = 1,2,\cdots,n)$$

$$f_j(y_j(t)) = \bar{f}_j(y_j(t) + v_j^*) - \bar{f}_j(v_j^*) \quad (j = 1,2,\cdots,m)$$

显然,系统(3.2)的平衡点是渐近稳定的,当且仅当系统(3.6)的原点是渐近稳定的.接下来,只需考虑系统(3.6)的平凡解的渐近稳定性问题.

令 $\dot{\boldsymbol{x}}(t) = \boldsymbol{z}_1(t)$, $\dot{\boldsymbol{y}}(t) = \boldsymbol{z}_2(t)$,则时滞系统(3.6)能转化成以下等价的广义形式:

$$\begin{aligned} &\dot{\boldsymbol{x}}(t) = \boldsymbol{z}_1(t) \\ &\boldsymbol{0} = -\boldsymbol{z}_1(t) - (\boldsymbol{C} + \Delta\boldsymbol{C}(t))\boldsymbol{x}(t) + (\boldsymbol{A} + \Delta\boldsymbol{A}(t))^{\mathrm{T}}\boldsymbol{f}(\boldsymbol{y}(t - d(t))) \\ &\qquad + (\boldsymbol{B} + \Delta\boldsymbol{B}(t))\boldsymbol{z}_1(t - h) \\ &\dot{\boldsymbol{y}}(t) = \boldsymbol{z}_2(t) \\ &\boldsymbol{0} = -\boldsymbol{z}_2(t) - (\boldsymbol{D} + \Delta\boldsymbol{D}(t))\boldsymbol{y}(t) + (\boldsymbol{M} + \Delta\boldsymbol{M}(t))^{\mathrm{T}}\boldsymbol{g}(\boldsymbol{x}(t - h(t))) \\ &\qquad + (\boldsymbol{N} + \Delta\boldsymbol{N}(t))\boldsymbol{z}_2(t - d) \end{aligned}$$

或等价于

$$\begin{aligned} \boldsymbol{E}_1\dot{\bar{\boldsymbol{x}}}(t) = &\begin{bmatrix} \boldsymbol{0}_{n\times n} & \boldsymbol{I}_{n\times n} \\ -\boldsymbol{C} - \Delta\boldsymbol{C}(t) & -\boldsymbol{I}_{n\times n} \end{bmatrix}\bar{\boldsymbol{x}}(t) \\ &+ \begin{bmatrix} \boldsymbol{0}_{n\times m} \\ \boldsymbol{\Sigma}_1 \end{bmatrix}\boldsymbol{f}(\boldsymbol{y}(t - d(t))) + \begin{bmatrix} \boldsymbol{0}_{n\times n} \\ \boldsymbol{\Sigma}_2 \end{bmatrix}\boldsymbol{z}_1(t - h) \end{aligned} \tag{3.7a}$$

$$\begin{aligned} \boldsymbol{E}_2\dot{\bar{\boldsymbol{y}}}(t) = &\begin{bmatrix} \boldsymbol{0}_{m\times m} & \boldsymbol{I}_{m\times m} \\ -\boldsymbol{D} - \Delta\boldsymbol{D}(t) & -\boldsymbol{I}_{m\times m} \end{bmatrix}\bar{\boldsymbol{y}}(t) \\ &+ \begin{bmatrix} \boldsymbol{0}_{m\times n} \\ \boldsymbol{\Sigma}_3 \end{bmatrix}\boldsymbol{g}(\boldsymbol{x}(t - h(t))) + \begin{bmatrix} \boldsymbol{0}_{m\times m} \\ \boldsymbol{\Sigma}_4 \end{bmatrix}\boldsymbol{z}_2(t - d) \end{aligned} \tag{3.7b}$$

其中

$$\bar{\boldsymbol{x}}(t) = \begin{pmatrix} \boldsymbol{x}(t) \\ \boldsymbol{z}_1(t) \end{pmatrix}, \quad \bar{\boldsymbol{y}}(t) = \begin{pmatrix} \boldsymbol{y}(t) \\ \boldsymbol{z}_2(t) \end{pmatrix}$$

$$\boldsymbol{E}_1 = \begin{bmatrix} \boldsymbol{I}_{n\times n} & \boldsymbol{0}_{n\times n} \\ \boldsymbol{0}_{n\times n} & \boldsymbol{0}_{n\times n} \end{bmatrix}, \quad \boldsymbol{E}_2 = \begin{bmatrix} \boldsymbol{I}_{m\times m} & \boldsymbol{0}_{m\times m} \\ \boldsymbol{0}_{m\times m} & \boldsymbol{0}_{m\times m} \end{bmatrix}$$

$$\boldsymbol{\Sigma}_1 = (\boldsymbol{A} + \Delta\boldsymbol{A}(t))^{\mathrm{T}}, \quad \boldsymbol{\Sigma}_2 = \boldsymbol{B} + \Delta\boldsymbol{B}(t)$$

$$\boldsymbol{\Sigma}_3 = (\boldsymbol{M} + \Delta\boldsymbol{M}(t))^{\mathrm{T}}, \quad \boldsymbol{\Sigma}_4 = \boldsymbol{N} + \Delta\boldsymbol{N}(t)$$

3.2 主要结果

为了能够得到时滞双向联想记忆神经网络(3.6)的鲁棒渐近稳定性准则，首先，来解决系统(3.6)的标称系统的渐近稳定性.系统(3.7)的标称系统可以写成以下形式：

$$\boldsymbol{E}_1\dot{\bar{\boldsymbol{x}}}(t)=\begin{pmatrix}\boldsymbol{0}_{n\times n} & \boldsymbol{I}_{n\times n}\\ -\boldsymbol{C} & -\boldsymbol{I}_{n\times n}\end{pmatrix}\bar{\boldsymbol{x}}(t)+\begin{pmatrix}\boldsymbol{0}_{n\times m}\\ \boldsymbol{A}^{\mathrm{T}}\end{pmatrix}f(\boldsymbol{y}(t-d(t)))+\begin{pmatrix}\boldsymbol{0}_{n\times n}\\ \boldsymbol{B}\end{pmatrix}z_1(t-h) \tag{3.8a}$$

$$\boldsymbol{E}_2\dot{\bar{\boldsymbol{y}}}(t)=\begin{pmatrix}\boldsymbol{0}_{m\times m} & \boldsymbol{I}_{m\times m}\\ -\boldsymbol{D} & -\boldsymbol{I}_{m\times m}\end{pmatrix}\bar{\boldsymbol{y}}(t)+\begin{pmatrix}\boldsymbol{0}_{m\times n}\\ \boldsymbol{M}^{\mathrm{T}}\end{pmatrix}\boldsymbol{g}(\boldsymbol{x}(t-h(t)))+\begin{pmatrix}\boldsymbol{0}_{m\times m}\\ \boldsymbol{N}\end{pmatrix}z_2(t-d) \tag{3.8b}$$

定理 3.1　假设(H3.1)和(H3.2)成立，$d(t)$和 $h(t)$是满足(3.3)式的任意时滞，系统(3.6)的标称系统是渐近稳定的.如果 $\rho(B)<1$，$\rho(N)<1$，并且存在正定矩阵 $\boldsymbol{P}_1,\boldsymbol{U},\boldsymbol{V},\boldsymbol{S}_1,\boldsymbol{S}_2,\boldsymbol{S}_3,\boldsymbol{S}_4,\boldsymbol{Q}_i\ (i=1,4,\cdots,7),\boldsymbol{R}_j\ (j=1,2,\cdots,8)$，对称矩阵 $\boldsymbol{Z}_{11},\boldsymbol{Z}_{22},\boldsymbol{P}_{11},\boldsymbol{P}_{22},\boldsymbol{Q}_{11},\boldsymbol{Q}_{22},\boldsymbol{Q}_{33},\boldsymbol{R}_{11},\boldsymbol{R}_{22},\boldsymbol{R}_{33}$以及任意矩阵 $\boldsymbol{P}_2,\boldsymbol{P}_3,\boldsymbol{Q}_2,\boldsymbol{Q}_3,\boldsymbol{Z}_{12},\boldsymbol{P}_{12},\boldsymbol{Q}_{12},\boldsymbol{Q}_{13},\boldsymbol{Q}_{23},\boldsymbol{R}_{12},\boldsymbol{R}_{13},\boldsymbol{R}_{23},\boldsymbol{X}_k,\boldsymbol{Y}_k\ (k=1,2,\cdots,9)$，使得以下的线性矩阵不等式成立：

$$\begin{pmatrix}\boldsymbol{Z}_{11} & \boldsymbol{Z}_{12}\\ \boldsymbol{Z}_{12}^{\mathrm{T}} & \boldsymbol{Z}_{22}\end{pmatrix}>0,\quad \begin{pmatrix}\boldsymbol{P}_{11} & \boldsymbol{P}_{12}\\ \boldsymbol{P}_{12}^{\mathrm{T}} & \boldsymbol{P}_{22}\end{pmatrix}>0 \tag{3.9a}$$

$$\begin{pmatrix}\boldsymbol{Q}_{11} & \boldsymbol{Q}_{12} & \boldsymbol{Q}_{13}\\ \boldsymbol{Q}_{12}^{\mathrm{T}} & \boldsymbol{Q}_{22} & \boldsymbol{Q}_{23}\\ \boldsymbol{Q}_{13}^{\mathrm{T}} & \boldsymbol{Q}_{23}^{\mathrm{T}} & \boldsymbol{Q}_{33}\end{pmatrix}>0,\quad \begin{pmatrix}\boldsymbol{R}_{11} & \boldsymbol{R}_{12} & \boldsymbol{R}_{13}\\ \boldsymbol{R}_{12}^{\mathrm{T}} & \boldsymbol{R}_{22} & \boldsymbol{R}_{23}\\ \boldsymbol{R}_{13}^{\mathrm{T}} & \boldsymbol{R}_{23}^{\mathrm{T}} & \boldsymbol{R}_{33}\end{pmatrix}>0 \tag{3.9b}$$

$$\begin{pmatrix}\boldsymbol{\Pi}_{11} & \boldsymbol{\Pi}_{12} & \boldsymbol{\Pi}_{13}\\ \boldsymbol{\Pi}_{12}^{\mathrm{T}} & \boldsymbol{\Pi}_{22} & \boldsymbol{\Pi}_{23}\\ \boldsymbol{\Pi}_{13}^{\mathrm{T}} & \boldsymbol{\Pi}_{23}^{\mathrm{T}} & \boldsymbol{\Pi}_{33}\end{pmatrix}<0 \tag{3.9c}$$

其中

$$\boldsymbol{\Pi}_{11}=\begin{pmatrix}\boldsymbol{\Lambda}_{11} & \boldsymbol{\Lambda}_{12} & -\boldsymbol{Y}_1+\boldsymbol{Y}_3^{\mathrm{T}} & \boldsymbol{\Lambda}_{13} & \boldsymbol{\Lambda}_{14} & \boldsymbol{Y}_6^{\mathrm{T}} & \boldsymbol{Y}_7^{\mathrm{T}} & \boldsymbol{Y}_8^{\mathrm{T}} & \boldsymbol{\Lambda}_{15}\\ * & \boldsymbol{\Lambda}_{21} & -\boldsymbol{Y}_2 & \boldsymbol{P}_3^{\mathrm{T}}\boldsymbol{B} & \boldsymbol{0} & \boldsymbol{0} & \boldsymbol{\Lambda}_{22} & \boldsymbol{\Lambda}_{23} & \boldsymbol{\Lambda}_{24}\\ * & * & \boldsymbol{\Lambda}_{31} & -\boldsymbol{Y}_4^{\mathrm{T}} & -\boldsymbol{Y}_5^{\mathrm{T}} & -\boldsymbol{Y}_6^{\mathrm{T}} & -\boldsymbol{Y}_7^{\mathrm{T}} & -\boldsymbol{Y}_8^{\mathrm{T}} & \boldsymbol{\Lambda}_{32}\\ * & * & * & -\boldsymbol{R}_3 & \boldsymbol{0} & \boldsymbol{0} & \boldsymbol{0} & \boldsymbol{0} & -\boldsymbol{Y}_4\\ * & * & * & * & -\boldsymbol{R}_7 & \boldsymbol{0} & -\boldsymbol{Q}_{23}^{\mathrm{T}} & -\boldsymbol{Q}_{33}^{\mathrm{T}} & \boldsymbol{\Lambda}_4\\ * & * & * & * & * & -\boldsymbol{U} & \boldsymbol{0} & \boldsymbol{0} & -\boldsymbol{Y}_6\\ * & * & * & * & * & * & -\boldsymbol{Z}_{11} & -\boldsymbol{Z}_{12} & \boldsymbol{\Lambda}_5\\ * & * & * & * & * & * & * & -\boldsymbol{R}_5-\boldsymbol{Z}_{22} & \boldsymbol{\Lambda}_6\\ * & * & * & * & * & * & * & * & \boldsymbol{\Lambda}_7\end{pmatrix}$$

$$\boldsymbol{\Pi}_{12}=\begin{pmatrix}\boldsymbol{0} & \boldsymbol{0} & \boldsymbol{0} & \boldsymbol{0} & \boldsymbol{0} & \boldsymbol{P}_2^{\mathrm{T}}\boldsymbol{A}^{\mathrm{T}} & \boldsymbol{0} & \boldsymbol{0} & \boldsymbol{0}\\ \boldsymbol{0} & \boldsymbol{0} & \boldsymbol{0} & \boldsymbol{0} & \boldsymbol{0} & \boldsymbol{P}_3^{\mathrm{T}}\boldsymbol{A}^{\mathrm{T}} & \boldsymbol{0} & \boldsymbol{0} & \boldsymbol{0}\\ \boldsymbol{0} & \boldsymbol{0} & \boldsymbol{0} & \boldsymbol{0} & \boldsymbol{0} & \boldsymbol{0} & \boldsymbol{0} & \boldsymbol{0} & \boldsymbol{0}\\ \boldsymbol{0} & \boldsymbol{0} & \boldsymbol{0} & \boldsymbol{0} & \boldsymbol{0} & \boldsymbol{0} & \boldsymbol{0} & \boldsymbol{0} & \boldsymbol{0}\\ \boldsymbol{0} & \boldsymbol{0} & \boldsymbol{0} & \boldsymbol{0} & \boldsymbol{0} & \boldsymbol{0} & \boldsymbol{0} & \boldsymbol{0} & \boldsymbol{0}\\ \boldsymbol{M}\boldsymbol{Q}_2 & \boldsymbol{M}\boldsymbol{Q}_3 & \boldsymbol{0} & \boldsymbol{0} & \boldsymbol{0} & \boldsymbol{0} & \boldsymbol{0} & \boldsymbol{0} & \boldsymbol{0}\\ \boldsymbol{0} & \boldsymbol{0} & \boldsymbol{0} & \boldsymbol{0} & \boldsymbol{0} & \boldsymbol{0} & \boldsymbol{0} & \boldsymbol{0} & \boldsymbol{0}\\ \boldsymbol{0} & \boldsymbol{0} & \boldsymbol{0} & \boldsymbol{0} & \boldsymbol{0} & \boldsymbol{0} & \boldsymbol{0} & \boldsymbol{0} & \boldsymbol{0}\\ \boldsymbol{0} & \boldsymbol{0} & \boldsymbol{0} & \boldsymbol{0} & \boldsymbol{0} & \boldsymbol{0} & \boldsymbol{0} & \boldsymbol{0} & \boldsymbol{0}\end{pmatrix}$$

$$\boldsymbol{\Pi}_{13}=\begin{pmatrix}\mu_2\boldsymbol{Q}_{12} & \boldsymbol{0} & \boldsymbol{0} & \boldsymbol{0} & \boldsymbol{0} & \boldsymbol{0} & \boldsymbol{0} & \boldsymbol{0}\\ \boldsymbol{0} & \boldsymbol{0} & \boldsymbol{0} & \boldsymbol{0} & \boldsymbol{0} & \boldsymbol{0} & \boldsymbol{0} & \boldsymbol{0}\\ \boldsymbol{0} & \boldsymbol{0} & \boldsymbol{0} & \boldsymbol{0} & \boldsymbol{0} & \boldsymbol{0} & \boldsymbol{0} & \boldsymbol{0}\\ \boldsymbol{0} & \boldsymbol{0} & \boldsymbol{0} & \boldsymbol{0} & \boldsymbol{0} & \boldsymbol{0} & \boldsymbol{0} & \boldsymbol{0}\\ \boldsymbol{0} & \boldsymbol{0} & \boldsymbol{0} & \boldsymbol{0} & \boldsymbol{0} & \boldsymbol{0} & \boldsymbol{0} & \boldsymbol{0}\\ \boldsymbol{0} & \boldsymbol{0} & \boldsymbol{0} & \boldsymbol{0} & \boldsymbol{0} & \boldsymbol{0} & \boldsymbol{0} & \boldsymbol{0}\\ \boldsymbol{0} & \mu_2\boldsymbol{Q}_{22} & \boldsymbol{0} & \boldsymbol{0} & \boldsymbol{0} & \boldsymbol{0} & \boldsymbol{0} & \boldsymbol{0}\\ \boldsymbol{0} & \boldsymbol{0} & \mu_2\boldsymbol{Q}_{23}^{\mathrm{T}} & \boldsymbol{0} & \boldsymbol{0} & \boldsymbol{0} & \boldsymbol{0} & \boldsymbol{0}\\ \boldsymbol{0} & \boldsymbol{0} & \boldsymbol{0} & \mu_2\boldsymbol{Q}_{23}^{\mathrm{T}} & \boldsymbol{0} & \boldsymbol{0} & \boldsymbol{0} & \boldsymbol{0}\end{pmatrix}$$

$$\boldsymbol{\Pi}_{23}=\begin{bmatrix} 0 & 0 & 0 & 0 & \mu_1\boldsymbol{R}_{12} & 0 & 0 & 0 \\ 0 & 0 & 0 & 0 & 0 & 0 & 0 & 0 \\ 0 & 0 & 0 & 0 & 0 & 0 & 0 & 0 \\ 0 & 0 & 0 & 0 & 0 & 0 & 0 & 0 \\ 0 & 0 & 0 & 0 & 0 & 0 & 0 & 0 \\ 0 & 0 & 0 & 0 & 0 & 0 & 0 & 0 \\ 0 & 0 & 0 & 0 & 0 & \mu_1\boldsymbol{R}_{22} & 0 & 0 \\ 0 & 0 & 0 & 0 & 0 & 0 & \mu_1\boldsymbol{R}_{23}^{\mathrm{T}} & 0 \\ 0 & 0 & 0 & 0 & 0 & 0 & 0 & \mu_1\boldsymbol{R}_{23}^{\mathrm{T}} \end{bmatrix}$$

$$\boldsymbol{\Pi}_{22}=\begin{bmatrix} \boldsymbol{\Phi}_{11} & \boldsymbol{\Phi}_{12} & \boldsymbol{\Phi}_{13} & \boldsymbol{\Phi}_{14} & \boldsymbol{\Phi}_{15} & \boldsymbol{X}_6^{\mathrm{T}} & \boldsymbol{X}_7^{\mathrm{T}} & \boldsymbol{X}_8^{\mathrm{T}} & \boldsymbol{\Phi}_{16} \\ * & \boldsymbol{\Phi}_{21} & -\boldsymbol{X}_2 & \boldsymbol{Q}_3^{\mathrm{T}}\boldsymbol{N} & 0 & 0 & \boldsymbol{\Phi}_{22} & \boldsymbol{\Phi}_{23} & \boldsymbol{\Phi}_{24} \\ * & * & \boldsymbol{\Phi}_{31} & -\boldsymbol{X}_4^{\mathrm{T}} & -\boldsymbol{X}_5^{\mathrm{T}} & -\boldsymbol{X}_6^{\mathrm{T}} & -\boldsymbol{X}_7^{\mathrm{T}} & -\boldsymbol{X}_8^{\mathrm{T}} & \boldsymbol{\Phi}_{32} \\ * & * & * & -\boldsymbol{R}_4 & 0 & 0 & 0 & 0 & -\boldsymbol{X}_4 \\ * & * & * & * & -\boldsymbol{R}_8 & 0 & -\boldsymbol{R}_{23}^{\mathrm{T}} & -\boldsymbol{R}_{33}^{\mathrm{T}} & \boldsymbol{\Phi}_4 \\ * & * & * & * & * & -\boldsymbol{V} & 0 & 0 & -\boldsymbol{X}_6 \\ * & * & * & * & * & * & -\boldsymbol{P}_{11} & -\boldsymbol{P}_{12} & \boldsymbol{\Phi}_5 \\ * & * & * & * & * & * & * & -\boldsymbol{R}_6-\boldsymbol{P}_{22} & \boldsymbol{\Phi}_6 \\ * & * & * & * & * & * & * & * & \boldsymbol{\Phi}_7 \end{bmatrix}$$

$$\boldsymbol{\Pi}_{33}=\mathrm{diag}(-\mu_2\boldsymbol{Q}_4,-\mu_2\boldsymbol{Q}_5,-\mu_2\boldsymbol{Q}_6,-\mu_2\boldsymbol{Q}_7,-\mu_1\boldsymbol{S}_1,-\mu_1\boldsymbol{S}_2,$$
$$-\mu_1\boldsymbol{S}_3,-\mu_1\boldsymbol{S}_4)$$

$\boldsymbol{\Lambda}_{11}=-\boldsymbol{P}_2^{\mathrm{T}}\boldsymbol{C}-\boldsymbol{C}\boldsymbol{P}_2+\bar{h}^2\boldsymbol{Z}_{11}+\boldsymbol{R}_1+\boldsymbol{Y}_1+\boldsymbol{Y}_1^{\mathrm{T}}$，　$\boldsymbol{\Lambda}_{13}=\boldsymbol{Y}_4^{\mathrm{T}}+\boldsymbol{P}_2^{\mathrm{T}}\boldsymbol{B}$

$\boldsymbol{\Lambda}_{12}=\boldsymbol{P}_1-\boldsymbol{P}_2^{\mathrm{T}}-\boldsymbol{C}\boldsymbol{P}_3+\bar{h}^2\boldsymbol{Z}_{12}+\boldsymbol{Q}_{11}+\boldsymbol{Q}_{13}+\boldsymbol{Y}_2^{\mathrm{T}}$，　$\boldsymbol{\Lambda}_{14}=-\boldsymbol{Q}_{13}+\boldsymbol{Y}_5^{\mathrm{T}}$

$\boldsymbol{\Lambda}_{21}=-\boldsymbol{P}_3-\boldsymbol{P}_3^{\mathrm{T}}+\bar{h}^2\boldsymbol{R}_5+\boldsymbol{R}_3+\bar{h}^2\boldsymbol{Z}_{22}+\boldsymbol{R}_7$，　$\boldsymbol{\Lambda}_{15}=\boldsymbol{Q}_{12}-\boldsymbol{Y}_1+\boldsymbol{Y}_9^{\mathrm{T}}$

$\boldsymbol{\Lambda}_{22}=\boldsymbol{Q}_{12}+\boldsymbol{Q}_{23}^{\mathrm{T}}$，　$\boldsymbol{\Lambda}_{23}=\boldsymbol{Q}_{13}+\boldsymbol{Q}_{33}^{\mathrm{T}}$，　$\boldsymbol{\Lambda}_{24}=\boldsymbol{Q}_{13}+\boldsymbol{Q}_{33}^{\mathrm{T}}-\boldsymbol{Y}_2$

$\boldsymbol{\Lambda}_4=-\boldsymbol{Y}_5-\boldsymbol{Q}_{33}^{\mathrm{T}}$，　$\boldsymbol{\Lambda}_5=-\boldsymbol{Z}_{12}+\boldsymbol{Q}_{22}-\boldsymbol{Y}_7$，　$\boldsymbol{\Lambda}_6=-\boldsymbol{Z}_{22}+\boldsymbol{Q}_{23}^{\mathrm{T}}-\boldsymbol{Y}_8$

$\boldsymbol{\Lambda}_{31}=-(1-\mu_2)\boldsymbol{R}_1-\boldsymbol{Y}_3-\boldsymbol{Y}_3^{\mathrm{T}}+\boldsymbol{LUL}+\mu_2(\boldsymbol{Q}_4+\boldsymbol{Q}_5+\boldsymbol{Q}_6+\boldsymbol{Q}_7)$

$\boldsymbol{\Lambda}_{32}=-\boldsymbol{Y}_3-\boldsymbol{Y}_9^{\mathrm{T}}$

$\boldsymbol{\Lambda}_7=-\boldsymbol{R}_5-\boldsymbol{Z}_{22}-\boldsymbol{Y}_9^{\mathrm{T}}-\boldsymbol{Y}_9+\boldsymbol{Q}_{23}+\boldsymbol{Q}_{23}^{\mathrm{T}}$，　$\boldsymbol{\Phi}_4=-\boldsymbol{X}_5-\boldsymbol{R}_{33}^{\mathrm{T}}$

$\boldsymbol{\Phi}_{11}=-\boldsymbol{Q}_2^{\mathrm{T}}\boldsymbol{D}-\boldsymbol{D}\boldsymbol{Q}_2+\bar{d}^2\boldsymbol{P}_{11}+\boldsymbol{R}_2+\boldsymbol{X}_1+\boldsymbol{X}_1^{\mathrm{T}}$，　$\boldsymbol{\Phi}_5=-\boldsymbol{P}_{12}+\boldsymbol{R}_{22}-\boldsymbol{X}_7$

$\boldsymbol{\Phi}_{12}=\boldsymbol{Q}_1-\boldsymbol{Q}_2^{\mathrm{T}}-\boldsymbol{D}\boldsymbol{Q}_3+\bar{d}^2\boldsymbol{P}_{12}+\boldsymbol{R}_{11}+\boldsymbol{R}_{13}+\boldsymbol{X}_2^{\mathrm{T}}$，　$\boldsymbol{\Phi}_{13}=-\boldsymbol{X}_1+\boldsymbol{X}_3^{\mathrm{T}}$

$\boldsymbol{\Phi}_{14}=\boldsymbol{X}_4^{\mathrm{T}}+\boldsymbol{Q}_2^{\mathrm{T}}\boldsymbol{N}$，　$\boldsymbol{\Phi}_{15}=-\boldsymbol{R}_{13}+\boldsymbol{X}_5^{\mathrm{T}}$，　$\boldsymbol{\Phi}_{16}=\boldsymbol{R}_{12}-\boldsymbol{X}_1+\boldsymbol{X}_9^{\mathrm{T}}$

$$\boldsymbol{\Phi}_{21}=-\boldsymbol{Q}_3-\boldsymbol{Q}_3^{\mathrm{T}}+\bar{d}^2\boldsymbol{R}_6+\boldsymbol{R}_4+\bar{d}^2\boldsymbol{P}_{22}+\boldsymbol{R}_8,\quad \boldsymbol{\Phi}_{22}=\boldsymbol{R}_{12}+\boldsymbol{R}_{23}^{\mathrm{T}}$$

$$\boldsymbol{\Phi}_{23}=\boldsymbol{R}_{13}+\boldsymbol{R}_{33}^{\mathrm{T}},\quad \boldsymbol{\Phi}_{24}=\boldsymbol{R}_{13}+\boldsymbol{R}_{33}^{\mathrm{T}}-\boldsymbol{X}_2$$

$$\boldsymbol{\Phi}_{31}=-(1-\mu_1)\boldsymbol{R}_2-\boldsymbol{X}_3-\boldsymbol{X}_3^{\mathrm{T}}+\boldsymbol{TVT}+\mu_1(\boldsymbol{S}_1+\boldsymbol{S}_2+\boldsymbol{S}_3+\boldsymbol{S}_4)$$

$$\boldsymbol{\Phi}_{32}=-\boldsymbol{X}_3-\boldsymbol{X}_9^{\mathrm{T}}$$

$$\boldsymbol{\Phi}_6=-\boldsymbol{P}_{22}+\boldsymbol{R}_{23}^{\mathrm{T}}-\boldsymbol{X}_8,\quad \boldsymbol{L}=\mathrm{diag}(\boldsymbol{L}_1,\boldsymbol{L}_2,\cdots,\boldsymbol{L}_n)$$

$$\boldsymbol{\Phi}_7=-\boldsymbol{R}_6-\boldsymbol{P}_{22}-\boldsymbol{X}_9^{\mathrm{T}}-\boldsymbol{X}_9+\boldsymbol{R}_{23}+\boldsymbol{R}_{23}^{\mathrm{T}},\quad \boldsymbol{T}=\mathrm{diag}(\boldsymbol{T}_1,\boldsymbol{T}_2,\cdots,\boldsymbol{T}_m)$$

证明 为系统(3.8)构造以下的 Lyapunov-Krasovskii 泛函：

$$V(t)=V_1(t)+V_2(t)+V_3(t)+V_4(t)+V_5(t)+V_6(t)+V_7(t)$$

其中

$$V_1(t)=\bar{\boldsymbol{x}}^{\mathrm{T}}(t)\boldsymbol{E}_1\boldsymbol{P}\bar{\boldsymbol{x}}(t)+\bar{\boldsymbol{y}}^{\mathrm{T}}(t)\boldsymbol{E}_2\boldsymbol{Q}\bar{\boldsymbol{y}}(t)$$

$$V_2(t)=\int_{t-h(t)}^{t}\boldsymbol{x}^{\mathrm{T}}(s)\boldsymbol{R}_1\boldsymbol{x}(s)\mathrm{d}s+\int_{t-d(t)}^{t}\boldsymbol{y}^{\mathrm{T}}(s)\boldsymbol{R}_2\boldsymbol{y}(s)\mathrm{d}s$$

$$V_3(t)=\int_{t-h}^{t}\boldsymbol{z}_1^{\mathrm{T}}(s)\boldsymbol{R}_3\boldsymbol{z}_1(s)\mathrm{d}s+\int_{t-d}^{t}\boldsymbol{z}_2^{\mathrm{T}}(s)\boldsymbol{R}_4\boldsymbol{z}_2(s)\mathrm{d}s$$

$$V_4(t)=\bar{h}\int_{-h}^{0}\int_{t+\theta}^{t}\boldsymbol{z}_1^{\mathrm{T}}(s)\boldsymbol{R}_5\boldsymbol{z}_1(s)\mathrm{d}s\mathrm{d}\theta+\bar{d}\int_{-d}^{0}\int_{t+\theta}^{t}\boldsymbol{z}_2^{\mathrm{T}}(s)\boldsymbol{R}_6\boldsymbol{z}_2(s)\mathrm{d}s\mathrm{d}\theta$$

$$\begin{aligned}V_5(t)=&\ \bar{h}\int_{-\bar{h}}^{0}\int_{t+\theta}^{t}\begin{pmatrix}\boldsymbol{x}(s)\\ \boldsymbol{z}_1(s)\end{pmatrix}^{\mathrm{T}}\begin{bmatrix}\boldsymbol{Z}_{11} & \boldsymbol{Z}_{12}\\ \boldsymbol{Z}_{12}^{\mathrm{T}} & \boldsymbol{Z}_{22}\end{bmatrix}\begin{pmatrix}\boldsymbol{x}(s)\\ \boldsymbol{z}_1(s)\end{pmatrix}\mathrm{d}s\mathrm{d}\theta\\ &+\bar{d}\int_{-\bar{d}}^{0}\int_{t+\theta}^{t}\begin{pmatrix}\boldsymbol{y}(s)\\ \boldsymbol{z}_2(s)\end{pmatrix}^{\mathrm{T}}\begin{bmatrix}\boldsymbol{P}_{11} & \boldsymbol{P}_{12}\\ \boldsymbol{P}_{12}^{\mathrm{T}} & \boldsymbol{P}_{22}\end{bmatrix}\begin{pmatrix}\boldsymbol{y}(s)\\ \boldsymbol{z}_2(s)\end{pmatrix}\mathrm{d}s\mathrm{d}\theta\end{aligned}$$

$$\begin{aligned}V_6(t)=&\begin{bmatrix}\boldsymbol{x}(t)\\ \int_{t-h(t)}^{t}\boldsymbol{x}(s)\mathrm{d}s\\ \int_{t-\bar{h}}^{t}\boldsymbol{z}_1(s)\mathrm{d}s\end{bmatrix}^{\mathrm{T}}\begin{bmatrix}\boldsymbol{Q}_{11} & \boldsymbol{Q}_{12} & \boldsymbol{Q}_{13}\\ \boldsymbol{Q}_{12}^{\mathrm{T}} & \boldsymbol{Q}_{22} & \boldsymbol{Q}_{23}\\ \boldsymbol{Q}_{13}^{\mathrm{T}} & \boldsymbol{Q}_{23}^{\mathrm{T}} & \boldsymbol{Q}_{33}\end{bmatrix}\begin{bmatrix}\boldsymbol{x}(t)\\ \int_{t-h(t)}^{t}\boldsymbol{x}(s)\mathrm{d}s\\ \int_{t-\bar{h}}^{t}\boldsymbol{z}_1(s)\mathrm{d}s\end{bmatrix}\\ &+\begin{bmatrix}\boldsymbol{y}(t)\\ \int_{t-d(t)}^{t}\boldsymbol{y}(s)\mathrm{d}s\\ \int_{t-\bar{d}}^{t}\boldsymbol{z}_2(s)\mathrm{d}s\end{bmatrix}^{\mathrm{T}}\begin{bmatrix}\boldsymbol{R}_{11} & \boldsymbol{R}_{12} & \boldsymbol{R}_{13}\\ \boldsymbol{R}_{12}^{\mathrm{T}} & \boldsymbol{R}_{22} & \boldsymbol{R}_{23}\\ \boldsymbol{R}_{13}^{\mathrm{T}} & \boldsymbol{R}_{23}^{\mathrm{T}} & \boldsymbol{R}_{33}\end{bmatrix}\begin{bmatrix}\boldsymbol{y}(t)\\ \int_{t-d(t)}^{t}\boldsymbol{y}(s)\mathrm{d}s\\ \int_{t-\bar{d}}^{t}\boldsymbol{z}_2(s)\mathrm{d}s\end{bmatrix}\end{aligned}$$

$$V_7(t)=\int_{t-\bar{h}}^{t}\boldsymbol{z}_1^{\mathrm{T}}(s)\boldsymbol{R}_7\boldsymbol{z}_1(s)\mathrm{d}s+\int_{t-\bar{d}}^{t}\boldsymbol{z}_2^{\mathrm{T}}(s)\boldsymbol{R}_8\boldsymbol{z}_2(s)\mathrm{d}s$$

$$\boldsymbol{P}=\begin{bmatrix}\boldsymbol{P}_1 & \boldsymbol{0}_{n\times n}\\ \boldsymbol{P}_2 & \boldsymbol{P}_3\end{bmatrix},\quad \boldsymbol{P}_1>0,\quad \boldsymbol{Q}=\begin{bmatrix}\boldsymbol{Q}_1 & \boldsymbol{0}_{m\times m}\\ \boldsymbol{Q}_2 & \boldsymbol{Q}_3\end{bmatrix},\quad \boldsymbol{Q}_1>0$$

$$\begin{pmatrix} Z_{11} & Z_{12} \\ Z_{12}^{\mathrm{T}} & Z_{22} \end{pmatrix} > 0, \quad \begin{pmatrix} P_{11} & P_{12} \\ P_{12}^{\mathrm{T}} & P_{22} \end{pmatrix} > 0$$

$$\begin{pmatrix} Q_{11} & Q_{12} & Q_{13} \\ Q_{12}^{\mathrm{T}} & Q_{22} & Q_{23} \\ Q_{13}^{\mathrm{T}} & Q_{23}^{\mathrm{T}} & Q_{33} \end{pmatrix} > 0, \quad \begin{pmatrix} R_{11} & R_{12} & R_{13} \\ R_{12}^{\mathrm{T}} & R_{22} & R_{23} \\ R_{13}^{\mathrm{T}} & R_{23}^{\mathrm{T}} & R_{33} \end{pmatrix} > 0$$

Lyapunov-Krasovskii 泛函 $V(t)$沿着系统(3.8)轨迹的导数为

$$\begin{aligned} \dot{V}_1(t) &= 2\bar{x}^{\mathrm{T}}(t)P^{\mathrm{T}}E_1\dot{\bar{x}}(t) + 2\bar{y}^{\mathrm{T}}(t)Q^{\mathrm{T}}E_2\dot{\bar{y}}(t) \\ &= 2\bar{x}^{\mathrm{T}}(t)P^{\mathrm{T}}\begin{pmatrix} 0 & I \\ -C & -I \end{pmatrix}\bar{x}(t) + 2\bar{x}^{\mathrm{T}}(t)P^{\mathrm{T}}\begin{pmatrix} 0 \\ A^{\mathrm{T}} \end{pmatrix}f(y(t-d(t))) \\ &\quad + 2\bar{x}^{\mathrm{T}}(t)P^{\mathrm{T}}\begin{pmatrix} 0 \\ B \end{pmatrix}z_1(t-h) + 2\bar{y}^{\mathrm{T}}(t)Q^{\mathrm{T}}\begin{pmatrix} 0 & I \\ -D & -I \end{pmatrix}\bar{y}(t) \\ &\quad + 2\bar{y}^{\mathrm{T}}(t)Q^{\mathrm{T}}\begin{pmatrix} 0 \\ M^{\mathrm{T}} \end{pmatrix}g(x(t-h(t))) + 2\bar{y}^{\mathrm{T}}(t)Q^{\mathrm{T}}\begin{pmatrix} 0 \\ N \end{pmatrix}z_2(t-d) \end{aligned} \tag{3.10}$$

$$\begin{aligned} \dot{V}_2(t) &= x^{\mathrm{T}}(t)R_1x(t) - (1-\dot{h}(t))x^{\mathrm{T}}(t-h(t))R_1x(t-h(t)) \\ &\quad + y^{\mathrm{T}}(t)R_2y(t) - (1-\dot{d}(t))y^{\mathrm{T}}(t-d(t))R_2y(t-d(t)) \\ &\leqslant x^{\mathrm{T}}(t)R_1x(t) - (1-\mu_2)x^{\mathrm{T}}(t-h(t))R_1x(t-h(t)) \\ &\quad + y^{\mathrm{T}}(t)R_2y(t) - (1-\mu_1)y^{\mathrm{T}}(t-d(t))R_2y(t-d(t)) \end{aligned} \tag{3.11}$$

$$\begin{aligned} \dot{V}_3(t) &= z_1^{\mathrm{T}}(t)R_3z_1(t) - z_1^{\mathrm{T}}(t-h)R_3z_1(t-h) \\ &\quad + z_2^{\mathrm{T}}(t)R_4z_2(t) - z_2^{\mathrm{T}}(t-d)R_4z_2(t-d) \end{aligned} \tag{3.12}$$

根据引理 1.2,有以下不等式成立:

$$\begin{aligned} \dot{V}_4(t) &= \bar{h}^2z_1^{\mathrm{T}}(t)R_5z_1(t) - \bar{h}\int_{t-\bar{h}}^{t}z_1^{\mathrm{T}}(t-h)(s)R_5z_1(s)\mathrm{d}s \\ &\quad + \bar{d}^2z_2^{\mathrm{T}}(t)R_6z_2(t) - \bar{d}\int_{t-\bar{d}}^{t}z_2^{\mathrm{T}}(s)R_6z_2(s)\mathrm{d}s \\ &\leqslant \bar{h}^2z_1^{\mathrm{T}}(t)R_5z_1(t) + \bar{d}^2z_2^{\mathrm{T}}(t)R_6z_2(t) \\ &\quad - \left(\int_{t-h(t)}^{t}z_1(s)\mathrm{d}s\right)^{\mathrm{T}}R_5\left(\int_{t-h(t)}^{t}z_1(s)\mathrm{d}s\right) \\ &\quad - \left(\int_{t-\bar{h}}^{t-h(t)}z_1(s)\mathrm{d}s\right)^{\mathrm{T}}R_5\left(\int_{t-\bar{h}}^{t-h(t)}z_1(s)\mathrm{d}s\right) \\ &\quad - \left(\int_{t-d(t)}^{t}z_2(s)\mathrm{d}s\right)^{\mathrm{T}}R_6\left(\int_{t-d(t)}^{t}z_2(s)\mathrm{d}s\right) \\ &\quad - \left(\int_{t-\bar{d}}^{t-d(t)}z_2(s)\mathrm{d}s\right)^{\mathrm{T}}R_6\left(\int_{t-\bar{d}}^{t-d(t)}z_2(s)\mathrm{d}s\right) \end{aligned} \tag{3.13}$$

$$
\begin{aligned}
\dot{V}_5(t) = &\ \bar{h}^2 \begin{pmatrix} \boldsymbol{x}(t) \\ \boldsymbol{z}_1(t) \end{pmatrix}^{\mathrm{T}} \begin{bmatrix} \boldsymbol{Z}_{11} & \boldsymbol{Z}_{12} \\ \boldsymbol{Z}_{12}^{\mathrm{T}} & \boldsymbol{Z}_{22} \end{bmatrix} \begin{pmatrix} \boldsymbol{x}(t) \\ \boldsymbol{z}_1(t) \end{pmatrix} \\
& - \bar{h} \int_{t-\bar{h}}^{t} \begin{pmatrix} \boldsymbol{x}(s) \\ \boldsymbol{z}_1(s) \end{pmatrix}^{\mathrm{T}} \begin{bmatrix} \boldsymbol{Z}_{11} & \boldsymbol{Z}_{12} \\ \boldsymbol{Z}_{12}^{\mathrm{T}} & \boldsymbol{Z}_{22} \end{bmatrix} \begin{pmatrix} \boldsymbol{x}(s) \\ \boldsymbol{z}_1(s) \end{pmatrix} \mathrm{d}s \\
& + \bar{d}^2 \begin{pmatrix} \boldsymbol{y}(t) \\ \boldsymbol{z}_2(t) \end{pmatrix}^{\mathrm{T}} \begin{bmatrix} \boldsymbol{P}_{11} & \boldsymbol{P}_{12} \\ \boldsymbol{P}_{12}^{\mathrm{T}} & \boldsymbol{P}_{22} \end{bmatrix} \begin{pmatrix} \boldsymbol{y}(t) \\ \boldsymbol{z}_2(t) \end{pmatrix} \\
& - \bar{d} \int_{t-\bar{d}}^{t} \begin{pmatrix} \boldsymbol{y}(s) \\ \boldsymbol{z}_2(s) \end{pmatrix}^{\mathrm{T}} \begin{bmatrix} \boldsymbol{P}_{11} & \boldsymbol{P}_{12} \\ \boldsymbol{P}_{12}^{\mathrm{T}} & \boldsymbol{P}_{22} \end{bmatrix} \begin{pmatrix} \boldsymbol{y}(s) \\ \boldsymbol{z}_2(s) \end{pmatrix} \mathrm{d}s \\
\leqslant &\ \bar{h}^2 \begin{pmatrix} \boldsymbol{x}(t) \\ \boldsymbol{z}_1(t) \end{pmatrix}^{\mathrm{T}} \begin{bmatrix} \boldsymbol{Z}_{11} & \boldsymbol{Z}_{12} \\ \boldsymbol{Z}_{12}^{\mathrm{T}} & \boldsymbol{Z}_{22} \end{bmatrix} \begin{pmatrix} \boldsymbol{x}(t) \\ \boldsymbol{z}_1(t) \end{pmatrix} \\
& + \bar{d}^2 \begin{pmatrix} \boldsymbol{y}(t) \\ \boldsymbol{z}_2(t) \end{pmatrix}^{\mathrm{T}} \begin{bmatrix} \boldsymbol{P}_{11} & \boldsymbol{P}_{12} \\ \boldsymbol{P}_{12}^{\mathrm{T}} & \boldsymbol{P}_{22} \end{bmatrix} \begin{pmatrix} \boldsymbol{y}(t) \\ \boldsymbol{z}_2(t) \end{pmatrix} \\
& - \begin{bmatrix} \int_{t-h(t)}^{t} \boldsymbol{x}(s) \mathrm{d}s \\ \int_{t-\bar{h}}^{t-h(t)} \boldsymbol{z}_1(s) \mathrm{d}s + \int_{t-h(t)}^{t} \boldsymbol{z}_1(s) \mathrm{d}s \end{bmatrix}^{\mathrm{T}} \\
& \begin{bmatrix} \boldsymbol{Z}_{11} & \boldsymbol{Z}_{12} \\ \boldsymbol{Z}_{12}^{\mathrm{T}} & \boldsymbol{Z}_{22} \end{bmatrix} \begin{bmatrix} \int_{t-h(t)}^{t} \boldsymbol{x}(s) \mathrm{d}s \\ \int_{t-\bar{h}}^{t-h(t)} \boldsymbol{z}_1(s) \mathrm{d}s + \int_{t-h(t)}^{t} \boldsymbol{z}_1(s) \mathrm{d}s \end{bmatrix} \\
& - \begin{bmatrix} \int_{t-d(t)}^{t} \boldsymbol{y}(s) \mathrm{d}s \\ \int_{t-\bar{d}}^{t-d(t)} \boldsymbol{z}_2(s) \mathrm{d}s + \int_{t-d(t)}^{t} \boldsymbol{z}_2(s) \mathrm{d}s \end{bmatrix}^{\mathrm{T}} \\
& \begin{bmatrix} \boldsymbol{P}_{11} & \boldsymbol{P}_{12} \\ \boldsymbol{P}_{12}^{\mathrm{T}} & \boldsymbol{P}_{22} \end{bmatrix} \begin{bmatrix} \int_{t-d(t)}^{t} \boldsymbol{y}(s) \mathrm{d}s \\ \int_{t-\bar{d}}^{t-d(t)} \boldsymbol{z}_2(s) \mathrm{d}s + \int_{t-d(t)}^{t} \boldsymbol{z}_2(s) \mathrm{d}s \end{bmatrix} \\
= &\ \bar{h}^2 \begin{pmatrix} \boldsymbol{x}(t) \\ \boldsymbol{z}_1(t) \end{pmatrix}^{\mathrm{T}} \begin{bmatrix} \boldsymbol{Z}_{11} & \boldsymbol{Z}_{12} \\ \boldsymbol{Z}_{12}^{\mathrm{T}} & \boldsymbol{Z}_{22} \end{bmatrix} \begin{pmatrix} \boldsymbol{x}(t) \\ \boldsymbol{z}_1(t) \end{pmatrix} \\
& + \bar{d}^2 \begin{pmatrix} \boldsymbol{y}(t) \\ \boldsymbol{z}_2(t) \end{pmatrix}^{\mathrm{T}} \begin{bmatrix} \boldsymbol{P}_{11} & \boldsymbol{P}_{12} \\ \boldsymbol{P}_{12}^{\mathrm{T}} & \boldsymbol{P}_{22} \end{bmatrix} \begin{pmatrix} \boldsymbol{y}(t) \\ \boldsymbol{z}_2(t) \end{pmatrix} \\
& + \boldsymbol{\xi}_1^{\mathrm{T}}(t) \boldsymbol{\Omega}_1 \boldsymbol{\xi}_1(t) + \boldsymbol{\xi}_2^{\mathrm{T}}(t) \boldsymbol{\Omega}_2 \boldsymbol{\xi}_2(t)
\end{aligned} \tag{3.14}
$$

$$
\begin{aligned}
\dot{V}_6(t) = {} & 2\begin{pmatrix} \boldsymbol{x}(t) \\ \int_{t-h(t)}^{t}\boldsymbol{x}(s)\mathrm{d}s \\ \int_{t-\bar{h}}^{t}\boldsymbol{z}_1(s)\mathrm{d}s \end{pmatrix}^{\mathrm{T}} \begin{pmatrix} \boldsymbol{Q}_{11} & \boldsymbol{Q}_{12} & \boldsymbol{Q}_{13} \\ \boldsymbol{Q}_{12}^{\mathrm{T}} & \boldsymbol{Q}_{22} & \boldsymbol{Q}_{23} \\ \boldsymbol{Q}_{13}^{\mathrm{T}} & \boldsymbol{Q}_{23}^{\mathrm{T}} & \boldsymbol{Q}_{33} \end{pmatrix} \\
& \cdot \begin{pmatrix} \boldsymbol{z}_1(t) \\ \int_{t-h(t)}^{t}\boldsymbol{z}_1(s)\mathrm{d}s + \dot{h}(t)\boldsymbol{x}(t-h(t)) \\ \boldsymbol{z}_1(t) - \boldsymbol{z}_1(t-\bar{h}) \end{pmatrix} \\
& + 2\begin{pmatrix} \boldsymbol{y}(t) \\ \int_{t-d(t)}^{t}\boldsymbol{y}(s)\mathrm{d}s \\ \int_{t-\bar{d}}^{t}\boldsymbol{z}_2(s)\mathrm{d}s \end{pmatrix}^{\mathrm{T}} \begin{pmatrix} \boldsymbol{R}_{11} & \boldsymbol{R}_{12} & \boldsymbol{R}_{13} \\ \boldsymbol{R}_{12}^{\mathrm{T}} & \boldsymbol{R}_{22} & \boldsymbol{R}_{23} \\ \boldsymbol{R}_{13}^{\mathrm{T}} & \boldsymbol{R}_{23}^{\mathrm{T}} & \boldsymbol{R}_{33} \end{pmatrix} \\
& \cdot \begin{pmatrix} \boldsymbol{z}_2(t) \\ \int_{t-d(t)}^{t}\boldsymbol{z}_2(s)\mathrm{d}s + \dot{d}(t)\boldsymbol{y}(t-d(t)) \\ \boldsymbol{z}_2(t) - \boldsymbol{z}_2(t-\bar{d}) \end{pmatrix} \\
\leqslant {} & \boldsymbol{\xi}_1^{\mathrm{T}}(t)\boldsymbol{\Omega}_3\boldsymbol{\xi}_1(t) + \boldsymbol{\xi}_2^{\mathrm{T}}(t)\boldsymbol{\Omega}_4\boldsymbol{\xi}_2(t) \\
& + \mu_2\left(\int_{t-\bar{h}}^{t-h(t)}\boldsymbol{z}_1(s)\mathrm{d}s\right)^{\mathrm{T}}\boldsymbol{Q}_{23}^{\mathrm{T}}\boldsymbol{Q}_6^{-1}\boldsymbol{Q}_{23}\left(\int_{t-\bar{h}}^{t-h(t)}\boldsymbol{z}_1(s)\mathrm{d}s\right) \\
& + \mu_2\boldsymbol{x}^{\mathrm{T}}(t)\boldsymbol{Q}_{12}\boldsymbol{Q}_4^{-1}\boldsymbol{Q}_{12}^{\mathrm{T}}\boldsymbol{x}(t) \\
& + \mu_2\left(\int_{t-h(t)}^{t}\boldsymbol{x}(s)\mathrm{d}s\right)^{\mathrm{T}}\boldsymbol{Q}_{22}\boldsymbol{Q}_5^{-1}\boldsymbol{Q}_{22}^{\mathrm{T}}\left(\int_{t-h(t)}^{t}\boldsymbol{x}(s)\mathrm{d}s\right) \\
& + \mu_2\left(\int_{t-h(t)}^{t}\boldsymbol{z}_1(s)\mathrm{d}s\right)^{\mathrm{T}}\boldsymbol{Q}_{23}^{\mathrm{T}}\boldsymbol{Q}_7^{-1}\boldsymbol{Q}_{23}\left(\int_{t-h(t)}^{t}\boldsymbol{z}_1(s)\mathrm{d}s\right) \\
& + \mu_1\boldsymbol{y}^{\mathrm{T}}(t)\boldsymbol{R}_{12}\boldsymbol{S}_1^{-1}\boldsymbol{R}_{12}^{\mathrm{T}}\boldsymbol{y}(t) \\
& + \mu_1\left(\int_{t-\bar{d}}^{t-d(t)}\boldsymbol{z}_2(s)\mathrm{d}s\right)^{\mathrm{T}}\boldsymbol{R}_{23}^{\mathrm{T}}\boldsymbol{S}_3^{-1}\boldsymbol{R}_{23}\left(\int_{t-\bar{d}}^{t-d(t)}\boldsymbol{z}_2(s)\mathrm{d}s\right) \\
& + \mu_1\boldsymbol{y}^{\mathrm{T}}(t-d(t))\boldsymbol{S}_1\boldsymbol{y}(t-d(t)) \\
& + \mu_1\left(\int_{t-d(t)}^{t}\boldsymbol{z}_2(s)\mathrm{d}s\right)^{\mathrm{T}}\boldsymbol{R}_{23}^{\mathrm{T}}\boldsymbol{S}_4^{-1}\boldsymbol{R}_{23}\left(\int_{t-d(t)}^{t}\boldsymbol{z}_2(s)\mathrm{d}s\right) \\
& + \mu_1\boldsymbol{y}^{\mathrm{T}}(t-d(t))\boldsymbol{S}_2\boldsymbol{y}(t-d(t)) \\
& + \mu_1\left(\int_{t-d(t)}^{t}\boldsymbol{y}(s)\mathrm{d}s\right)^{\mathrm{T}}\boldsymbol{R}_{22}\boldsymbol{S}_2^{-1}\boldsymbol{R}_{22}^{\mathrm{T}}\left(\int_{t-d(t)}^{t}\boldsymbol{y}(s)\mathrm{d}s\right) \\
& + \mu_1\boldsymbol{y}^{\mathrm{T}}(t-d(t))\boldsymbol{S}_3\boldsymbol{y}(t-d(t))
\end{aligned}
$$

$$+\mu_1 \boldsymbol{y}^{\mathrm{T}}(t-d(t)\boldsymbol{S}_4\boldsymbol{y}(t-d(t))$$
$$+\mu_2 \boldsymbol{x}^{\mathrm{T}}(t-h(t))(\boldsymbol{Q}_4+\boldsymbol{Q}_5+\boldsymbol{Q}_6+\boldsymbol{Q}_7)\boldsymbol{x}(t-h(t)) \tag{3.15}$$

$$\begin{aligned}\dot{V}_7(t) = & \boldsymbol{z}_1^{\mathrm{T}}(t)\boldsymbol{R}_7\boldsymbol{z}_1(t) - \boldsymbol{z}_1^{\mathrm{T}}(t-h)(t-\bar{h})\boldsymbol{R}_7\boldsymbol{z}_1(t-\bar{h}) \\ & + \boldsymbol{z}_2^{\mathrm{T}}(t)\boldsymbol{R}_8\boldsymbol{z}_2(t) - \boldsymbol{z}_2^{\mathrm{T}}(t-\bar{d})\boldsymbol{R}_8\boldsymbol{z}_2(t-\bar{d})\end{aligned} \tag{3.16}$$

其中

$$\boldsymbol{\Omega}_1 = \begin{bmatrix} \mathbf{0} & \mathbf{0} & \mathbf{0} & \mathbf{0} & \mathbf{0} & \mathbf{0} & \mathbf{0} & \mathbf{0} & \mathbf{0} \\ \mathbf{0} & \mathbf{0} & \mathbf{0} & \mathbf{0} & \mathbf{0} & \mathbf{0} & \mathbf{0} & \mathbf{0} & \mathbf{0} \\ \mathbf{0} & \mathbf{0} & \mathbf{0} & \mathbf{0} & \mathbf{0} & \mathbf{0} & \mathbf{0} & \mathbf{0} & \mathbf{0} \\ \mathbf{0} & \mathbf{0} & \mathbf{0} & \mathbf{0} & \mathbf{0} & \mathbf{0} & \mathbf{0} & \mathbf{0} & \mathbf{0} \\ \mathbf{0} & \mathbf{0} & \mathbf{0} & \mathbf{0} & \mathbf{0} & \mathbf{0} & \mathbf{0} & \mathbf{0} & \mathbf{0} \\ \mathbf{0} & \mathbf{0} & \mathbf{0} & \mathbf{0} & \mathbf{0} & \mathbf{0} & \mathbf{0} & \mathbf{0} & \mathbf{0} \\ \mathbf{0} & \mathbf{0} & \mathbf{0} & \mathbf{0} & \mathbf{0} & \mathbf{0} & -\boldsymbol{Z}_{11} & -\boldsymbol{Z}_{12} & -\boldsymbol{Z}_{12} \\ \mathbf{0} & \mathbf{0} & \mathbf{0} & \mathbf{0} & \mathbf{0} & \mathbf{0} & -\boldsymbol{Z}_{12}^{\mathrm{T}} & -\boldsymbol{Z}_{22} & -\boldsymbol{Z}_{22} \\ \mathbf{0} & \mathbf{0} & \mathbf{0} & \mathbf{0} & \mathbf{0} & \mathbf{0} & -\boldsymbol{Z}_{12}^{\mathrm{T}} & -\boldsymbol{Z}_{22} & -\boldsymbol{Z}_{22} \end{bmatrix}$$

$$\boldsymbol{\xi}_1(t) = \begin{bmatrix} \bar{\boldsymbol{x}}(t) \\ \boldsymbol{x}(t-h(t)) \\ \boldsymbol{z}_1(t-h) \\ \boldsymbol{z}_1(t-\bar{h}) \\ \boldsymbol{g}(\boldsymbol{x}(t-h(t))) \\ \int_{t-h(t)}^{t} \boldsymbol{x}(s)\mathrm{d}s \\ \int_{t-\bar{h}}^{t-h(t)} \boldsymbol{z}_1(s)\mathrm{d}s \\ \int_{t-h(t)}^{t} \boldsymbol{z}_1(s)\mathrm{d}s \end{bmatrix}$$

$$\boldsymbol{\Omega}_2 = \begin{bmatrix} \mathbf{0} & \mathbf{0} & \mathbf{0} & \mathbf{0} & \mathbf{0} & \mathbf{0} & \mathbf{0} & \mathbf{0} & \mathbf{0} \\ \mathbf{0} & \mathbf{0} & \mathbf{0} & \mathbf{0} & \mathbf{0} & \mathbf{0} & \mathbf{0} & \mathbf{0} & \mathbf{0} \\ \mathbf{0} & \mathbf{0} & \mathbf{0} & \mathbf{0} & \mathbf{0} & \mathbf{0} & \mathbf{0} & \mathbf{0} & \mathbf{0} \\ \mathbf{0} & \mathbf{0} & \mathbf{0} & \mathbf{0} & \mathbf{0} & \mathbf{0} & \mathbf{0} & \mathbf{0} & \mathbf{0} \\ \mathbf{0} & \mathbf{0} & \mathbf{0} & \mathbf{0} & \mathbf{0} & \mathbf{0} & \mathbf{0} & \mathbf{0} & \mathbf{0} \\ \mathbf{0} & \mathbf{0} & \mathbf{0} & \mathbf{0} & \mathbf{0} & \mathbf{0} & \mathbf{0} & \mathbf{0} & \mathbf{0} \\ \mathbf{0} & \mathbf{0} & \mathbf{0} & \mathbf{0} & \mathbf{0} & \mathbf{0} & -\boldsymbol{P}_{11} & -\boldsymbol{P}_{12} & -\boldsymbol{P}_{12} \\ \mathbf{0} & \mathbf{0} & \mathbf{0} & \mathbf{0} & \mathbf{0} & \mathbf{0} & -\boldsymbol{P}_{12}^{\mathrm{T}} & -\boldsymbol{P}_{22} & -\boldsymbol{P}_{22} \\ \mathbf{0} & \mathbf{0} & \mathbf{0} & \mathbf{0} & \mathbf{0} & \mathbf{0} & -\boldsymbol{P}_{12}^{\mathrm{T}} & -\boldsymbol{P}_{22} & -\boldsymbol{P}_{22} \end{bmatrix}$$

$$\boldsymbol{\xi}_2(t) = \begin{pmatrix} \bar{\boldsymbol{y}}(t) \\ \boldsymbol{y}(t-d(t)) \\ \boldsymbol{z}_2(t-d) \\ \boldsymbol{z}_2(t-\bar{d}) \\ \boldsymbol{f}(\boldsymbol{y}(t-d(t))) \\ \int_{t-d(t)}^{t} \boldsymbol{y}(s)\mathrm{d}s \\ \int_{t-\bar{d}}^{t-d(t)} \boldsymbol{z}_2(s)\mathrm{d}s \\ \int_{t-d(t)}^{t} \boldsymbol{z}_2(s)\mathrm{d}s \end{pmatrix}$$

$$\boldsymbol{\Omega}_3 = \begin{pmatrix} \boldsymbol{0} & \boldsymbol{Q}_{11}+\boldsymbol{Q}_{13} & \boldsymbol{0} & \boldsymbol{0} & -\boldsymbol{Q}_{13} & \boldsymbol{0} & \boldsymbol{0} & \boldsymbol{0} & \boldsymbol{Q}_{12} \\ * & \boldsymbol{0} & \boldsymbol{0} & \boldsymbol{0} & \boldsymbol{0} & \boldsymbol{0} & \boldsymbol{Q}_{12}+\boldsymbol{Q}_{23}^{\mathrm{T}} & \boldsymbol{Q}_{13}+\boldsymbol{Q}_{33}^{\mathrm{T}} & \boldsymbol{Q}_{13}+\boldsymbol{Q}_{33}^{\mathrm{T}} \\ * & * & \boldsymbol{0} & \boldsymbol{0} & \boldsymbol{0} & \boldsymbol{0} & \boldsymbol{0} & \boldsymbol{0} & \boldsymbol{0} \\ * & * & * & \boldsymbol{0} & \boldsymbol{0} & \boldsymbol{0} & \boldsymbol{0} & \boldsymbol{0} & \boldsymbol{0} \\ * & * & * & * & \boldsymbol{0} & \boldsymbol{0} & -\boldsymbol{Q}_{23}^{\mathrm{T}} & -\boldsymbol{Q}_{33}^{\mathrm{T}} & -\boldsymbol{Q}_{33}^{\mathrm{T}} \\ * & * & * & * & * & \boldsymbol{0} & \boldsymbol{0} & \boldsymbol{0} & \boldsymbol{0} \\ * & * & * & * & * & * & \boldsymbol{0} & \boldsymbol{0} & \boldsymbol{Q}_{22} \\ * & * & * & * & * & * & * & \boldsymbol{0} & \boldsymbol{Q}_{23}^{\mathrm{T}} \\ * & * & * & * & * & * & * & * & \boldsymbol{Q}_{23}+\boldsymbol{Q}_{23}^{\mathrm{T}} \end{pmatrix}$$

$$\boldsymbol{\Omega}_4 = \begin{pmatrix} \boldsymbol{0} & \boldsymbol{R}_{11}+\boldsymbol{R}_{13} & \boldsymbol{0} & \boldsymbol{0} & -\boldsymbol{R}_{13} & \boldsymbol{0} & \boldsymbol{0} & \boldsymbol{0} & \boldsymbol{R}_{12} \\ * & \boldsymbol{0} & \boldsymbol{0} & \boldsymbol{0} & \boldsymbol{0} & \boldsymbol{0} & \boldsymbol{R}_{12}+\boldsymbol{R}_{23}^{\mathrm{T}} & \boldsymbol{R}_{13}+\boldsymbol{R}_{33}^{\mathrm{T}} & \boldsymbol{R}_{13}+\boldsymbol{R}_{33}^{\mathrm{T}} \\ * & * & \boldsymbol{0} & \boldsymbol{0} & \boldsymbol{0} & \boldsymbol{0} & \boldsymbol{0} & \boldsymbol{0} & \boldsymbol{0} \\ * & * & * & \boldsymbol{0} & \boldsymbol{0} & \boldsymbol{0} & \boldsymbol{0} & \boldsymbol{0} & \boldsymbol{0} \\ * & * & * & * & \boldsymbol{0} & \boldsymbol{0} & -\boldsymbol{R}_{23}^{\mathrm{T}} & -\boldsymbol{R}_{33}^{\mathrm{T}} & -\boldsymbol{R}_{33}^{\mathrm{T}} \\ * & * & * & * & * & \boldsymbol{0} & \boldsymbol{0} & \boldsymbol{0} & \boldsymbol{0} \\ * & * & * & * & * & * & \boldsymbol{0} & \boldsymbol{0} & \boldsymbol{R}_{22} \\ * & * & * & * & * & * & * & \boldsymbol{0} & \boldsymbol{R}_{23}^{\mathrm{T}} \\ * & * & * & * & * & * & * & * & \boldsymbol{R}_{23}+\boldsymbol{R}_{23}^{\mathrm{T}} \end{pmatrix}$$

根据 Leibniz-Newton 公式，可以把以下的方程加入到 $\dot{V}(t)$中：

$$2\boldsymbol{\xi}_1^{\mathrm{T}}(t)\boldsymbol{Y}\left[\boldsymbol{x}(t)-\boldsymbol{x}(t-h(t))-\int_{t-h(t)}^{t}\boldsymbol{z}_1(s)\mathrm{d}s\right]=0 \tag{3.17}$$

$$2\boldsymbol{\xi}_2^{\mathrm{T}}(t)\boldsymbol{X}\left[\boldsymbol{y}(t)-\boldsymbol{y}(t-d(t))-\int_{t-d(t)}^{t}\boldsymbol{z}_2(s)\mathrm{d}s\right]=0 \tag{3.18}$$

其中

$$\boldsymbol{Y} = (\boldsymbol{Y}_1^{\mathrm{T}} \quad \boldsymbol{Y}_2^{\mathrm{T}} \quad \boldsymbol{Y}_3^{\mathrm{T}} \quad \boldsymbol{Y}_4^{\mathrm{T}} \quad \boldsymbol{Y}_5^{\mathrm{T}} \quad \boldsymbol{Y}_6^{\mathrm{T}} \quad \boldsymbol{Y}_7^{\mathrm{T}} \quad \boldsymbol{Y}_8^{\mathrm{T}} \quad \boldsymbol{Y}_9^{\mathrm{T}})^{\mathrm{T}}$$

$$\boldsymbol{X} = (\boldsymbol{X}_1^{\mathrm{T}} \quad \boldsymbol{X}_2^{\mathrm{T}} \quad \boldsymbol{X}_3^{\mathrm{T}} \quad \boldsymbol{X}_4^{\mathrm{T}} \quad \boldsymbol{X}_5^{\mathrm{T}} \quad \boldsymbol{X}_6^{\mathrm{T}} \quad \boldsymbol{X}_7^{\mathrm{T}} \quad \boldsymbol{X}_8^{\mathrm{T}} \quad \boldsymbol{X}_9^{\mathrm{T}})^{\mathrm{T}}$$

根据(H3.1)和(H3.2),存在正定矩阵 $\boldsymbol{U}$ 和 $\boldsymbol{V}$ 使得以下不等式成立:

$$\boldsymbol{g}^{\mathrm{T}}(\boldsymbol{x}(t-h(t)))\boldsymbol{U}\boldsymbol{g}(\boldsymbol{x}(t-h(t))) - \boldsymbol{x}^{\mathrm{T}}(t-h(t))\boldsymbol{LUL}\boldsymbol{x}(t-h(t)) \leqslant 0 \tag{3.19}$$

$$\boldsymbol{f}^{\mathrm{T}}(\boldsymbol{y}(t-d(t)))\boldsymbol{V}\boldsymbol{f}(\boldsymbol{y}(t-d(t))) - \boldsymbol{y}^{\mathrm{T}}(t-d(t))\boldsymbol{TVT}\boldsymbol{y}(t-d(t)) \leqslant 0 \tag{3.20}$$

把(3.10)式～(3.20)式代入 $\dot{V}(t)$ 中,整理可得

$$\dot{V}(t) \leqslant (\boldsymbol{\xi}_1^{\mathrm{T}}(t) \quad \boldsymbol{\xi}_2^{\mathrm{T}}(t)) \begin{pmatrix} \boldsymbol{\Pi}_1 & \boldsymbol{\Pi}_{12} \\ \boldsymbol{\Pi}_{12}^{\mathrm{T}} & \boldsymbol{\Pi}_2 \end{pmatrix} \begin{pmatrix} \boldsymbol{\xi}_1(t) \\ \boldsymbol{\xi}_2(t) \end{pmatrix}$$

其中

$$\boldsymbol{\Pi}_1 = \begin{pmatrix}
\boldsymbol{\Xi}_{11} & \boldsymbol{\Lambda}_{12} & -\boldsymbol{Y}_1+\boldsymbol{Y}_3^{\mathrm{T}} & \boldsymbol{\Lambda}_{13} & \boldsymbol{\Lambda}_{14} & \boldsymbol{Y}_6^{\mathrm{T}} & \boldsymbol{Y}_7^{\mathrm{T}} & \boldsymbol{Y}_8^{\mathrm{T}} & \boldsymbol{\Lambda}_{15} \\
* & \boldsymbol{\Lambda}_{21} & -\boldsymbol{Y}_2 & \boldsymbol{P}_3^{\mathrm{T}}\boldsymbol{B} & \boldsymbol{0} & \boldsymbol{0} & \boldsymbol{\Lambda}_{22} & \boldsymbol{\Lambda}_{23} & \boldsymbol{\Lambda}_{24} \\
* & * & \boldsymbol{\Lambda}_{31} & -\boldsymbol{Y}_4^{\mathrm{T}} & -\boldsymbol{Y}_5^{\mathrm{T}} & -\boldsymbol{Y}_6^{\mathrm{T}} & -\boldsymbol{Y}_7^{\mathrm{T}} & -\boldsymbol{Y}_8^{\mathrm{T}} & \boldsymbol{\Lambda}_{32} \\
* & * & * & -\boldsymbol{R}_3 & \boldsymbol{0} & \boldsymbol{0} & \boldsymbol{0} & \boldsymbol{0} & -\boldsymbol{Y}_4 \\
* & * & * & * & -\boldsymbol{R}_7 & \boldsymbol{0} & -\boldsymbol{Q}_{23}^{\mathrm{T}} & -\boldsymbol{Q}_{33}^{\mathrm{T}} & \boldsymbol{\Lambda}_4 \\
* & * & * & * & * & -\boldsymbol{U} & \boldsymbol{0} & \boldsymbol{0} & -\boldsymbol{Y}_6 \\
* & * & * & * & * & * & \boldsymbol{\Xi}_{12} & -\boldsymbol{Z}_{12} & \boldsymbol{\Lambda}_5 \\
* & * & * & * & * & * & * & \boldsymbol{\Xi}_{13} & \boldsymbol{\Lambda}_6 \\
* & * & * & * & * & * & * & * & \boldsymbol{\Xi}_{14}
\end{pmatrix}$$

$$\boldsymbol{\Pi}_2 = \begin{pmatrix}
\boldsymbol{\Xi}_{21} & \boldsymbol{\Phi}_{12} & \boldsymbol{\Phi}_{13} & \boldsymbol{\Phi}_{14} & \boldsymbol{\Phi}_{15} & \boldsymbol{X}_6^{\mathrm{T}} & \boldsymbol{X}_7^{\mathrm{T}} & \boldsymbol{X}_8^{\mathrm{T}} & \boldsymbol{\Phi}_{16} \\
* & \boldsymbol{\Phi}_{21} & -\boldsymbol{Y}_2 & \boldsymbol{P}_3^{\mathrm{T}}\boldsymbol{B} & \boldsymbol{0} & \boldsymbol{0} & \boldsymbol{\Phi}_{22} & \boldsymbol{\Phi}_{23} & \boldsymbol{\Phi}_{24} \\
* & * & \boldsymbol{\Phi}_{31} & -\boldsymbol{X}_4^{\mathrm{T}} & -\boldsymbol{X}_5^{\mathrm{T}} & -\boldsymbol{X}_6^{\mathrm{T}} & -\boldsymbol{X}_7^{\mathrm{T}} & -\boldsymbol{X}_8^{\mathrm{T}} & \boldsymbol{\Phi}_{32} \\
* & * & * & -\boldsymbol{R}_4 & \boldsymbol{0} & \boldsymbol{0} & \boldsymbol{0} & \boldsymbol{0} & -\boldsymbol{X}_4 \\
* & * & * & * & -\boldsymbol{R}_8 & \boldsymbol{0} & -\boldsymbol{R}_{23}^{\mathrm{T}} & -\boldsymbol{R}_{33}^{\mathrm{T}} & \boldsymbol{\Phi}_4 \\
* & * & * & * & * & -\boldsymbol{V} & \boldsymbol{0} & \boldsymbol{0} & -\boldsymbol{X}_6 \\
* & * & * & * & * & * & \boldsymbol{\Xi}_{22} & -\boldsymbol{P}_{12} & \boldsymbol{\Phi}_5 \\
* & * & * & * & * & * & * & \boldsymbol{\Xi}_{23} & \boldsymbol{\Phi}_6 \\
* & * & * & * & * & * & * & * & \boldsymbol{\Xi}_{24}
\end{pmatrix}$$

$$\boldsymbol{\Xi}_{11} = -\boldsymbol{P}_2^{\mathrm{T}}\boldsymbol{C} - \boldsymbol{C}\boldsymbol{P}_2 + \bar{h}^2\boldsymbol{Z}_{11} + \boldsymbol{R}_1 + \boldsymbol{Y}_1 + \boldsymbol{Y}_1^{\mathrm{T}} + \mu_2\boldsymbol{Q}_{12}\boldsymbol{Q}_4^{-1}\boldsymbol{Q}_{12}^{\mathrm{T}}$$

$$\boldsymbol{\Xi}_{12} = -\boldsymbol{Z}_{11} + \mu_2\boldsymbol{Q}_{22}\boldsymbol{Q}_5 - 1\boldsymbol{Q}_{22}, \quad \boldsymbol{\Xi}_{13} = -\boldsymbol{R}_5 - \boldsymbol{Z}_{22} + \mu_2\boldsymbol{Q}_{23}^{\mathrm{T}}\boldsymbol{Q}_6^{-1}\boldsymbol{Q}_{23}$$

$$\boldsymbol{\Xi}_{14} = -\boldsymbol{R}_5 - \boldsymbol{Z}_{22} - \boldsymbol{Y}_9^{\mathrm{T}} - \boldsymbol{Y}_9 + \boldsymbol{Q}_{23} + \boldsymbol{Q}_{23}^{\mathrm{T}} + \mu_2\boldsymbol{Q}_{23}^{\mathrm{T}}\boldsymbol{Q}_7^{-1}\boldsymbol{Q}_{23}$$

$$\boldsymbol{\Xi}_{21} = -\boldsymbol{Q}_2^{\mathrm{T}}\boldsymbol{D} - \boldsymbol{D}\boldsymbol{Q}_2 + \bar{d}^2\boldsymbol{P}_{11} + \boldsymbol{R}_2 + \boldsymbol{X}_1 + \boldsymbol{X}_1^{\mathrm{T}} + \mu_1\boldsymbol{R}_{12}\boldsymbol{S}_1^{-1}\boldsymbol{R}_{12}^{\mathrm{T}}$$

$$\boldsymbol{\Xi}_{22} = -\boldsymbol{P}_{11} + \mu_1 \boldsymbol{R}_{22} \boldsymbol{S}_2^{-1} \boldsymbol{R}_{22}, \quad \boldsymbol{\Xi}_{23} = -\boldsymbol{R}_6 - \boldsymbol{P}_{22} + \mu_1 \boldsymbol{R}_{23}^{\mathrm{T}} \boldsymbol{S}_3^{-1} \boldsymbol{R}_{23}$$

$$\boldsymbol{\Xi}_{24} = -\boldsymbol{R}_6 - \boldsymbol{P}_{22} - \boldsymbol{X}_9^{\mathrm{T}} - \boldsymbol{X}_9 + \boldsymbol{R}_{23} + \boldsymbol{R}_{23}^{\mathrm{T}} + \mu_1 \boldsymbol{R}_{23}^{\mathrm{T}} \boldsymbol{S}_4^{-1} \boldsymbol{R}_{23}$$

而 $\boldsymbol{\Lambda}_{12}, \boldsymbol{\Lambda}_{13}, \boldsymbol{\Lambda}_{14}, \boldsymbol{\Lambda}_{15}, \boldsymbol{\Lambda}_{21}, \boldsymbol{\Lambda}_{22}, \boldsymbol{\Lambda}_{23}, \boldsymbol{\Lambda}_{24}, \boldsymbol{\Lambda}_{31}, \boldsymbol{\Lambda}_{32}, \boldsymbol{\Lambda}_4, \boldsymbol{\Lambda}_5, \boldsymbol{\Lambda}_6, \boldsymbol{\Phi}_{12}, \boldsymbol{\Phi}_{13}, \boldsymbol{\Phi}_{14}, \boldsymbol{\Phi}_{15}, \boldsymbol{\Phi}_{16}, \boldsymbol{\Phi}_{21}, \boldsymbol{\Phi}_{22}, \boldsymbol{\Phi}_{23}, \boldsymbol{\Phi}_{24}, \boldsymbol{\Phi}_{31}, \boldsymbol{\Phi}_{32}, \boldsymbol{\Phi}_4, \boldsymbol{\Phi}_5$ 和 $\boldsymbol{\Phi}_6$ 是定理 3.1 中定义的形式. 如果 $\begin{bmatrix} \boldsymbol{\Pi}_1 & \boldsymbol{\Pi}_{12} \\ \boldsymbol{\Pi}_{12}^{\mathrm{T}} & \boldsymbol{\Pi}_2 \end{bmatrix} < 0$，则 $\dot{V}(t) < 0$. 根据 Schur 补引理，$\begin{bmatrix} \boldsymbol{\Pi}_1 & \boldsymbol{\Pi}_{12} \\ \boldsymbol{\Pi}_{12}^{\mathrm{T}} & \boldsymbol{\Pi}_2 \end{bmatrix} < 0$ 成立，当且仅当(3.9)式成立，基于 Lyapunov 稳定性理论，系统(3.6)的标称系统是渐近稳定的. 证毕.

如果在系统(3.6)的标称系统中，$d(t) = \bar{d}$，$h(t) = \bar{h}$，可以很容易得到以下推论：

推论 3.1　假设(H3.1)和(H3.2)成立，当 $d(t) = \bar{d}$，$h(t) = \bar{h}$ 时，系统(3.6)的标称系统是渐近稳定的. 如果 $\rho(B) < 1$，$\rho(N) < 1$，并且存在正定矩阵 $\boldsymbol{P}_1, \boldsymbol{U}, \boldsymbol{V}, \boldsymbol{Q}_1, \boldsymbol{R}_i (i = 1, 2, \cdots, 8)$，对称矩阵 $\boldsymbol{Z}_{11}, \boldsymbol{Z}_{22}, \boldsymbol{P}_{11}, \boldsymbol{P}_{22}, \boldsymbol{Q}_{11}, \boldsymbol{Q}_{22}, \boldsymbol{Q}_{33}, \boldsymbol{R}_{11}, \boldsymbol{R}_{22}, \boldsymbol{R}_{33}$ 以及任意矩阵 $\boldsymbol{P}_2, \boldsymbol{P}_3, \boldsymbol{Q}_2, \boldsymbol{Q}_3, \boldsymbol{Z}_{12}, \boldsymbol{P}_{12}, \boldsymbol{Q}_{12}, \boldsymbol{Q}_{13}, \boldsymbol{Q}_{23}, \boldsymbol{R}_{12}, \boldsymbol{R}_{13}, \boldsymbol{R}_{23}, \boldsymbol{X}_j, \boldsymbol{Y}_j (j = 1, 2, \cdots, 8)$，使得以下的线性矩阵不等式成立：

$$\begin{bmatrix} \boldsymbol{Z}_{11} & \boldsymbol{Z}_{12} \\ \boldsymbol{Z}_{12}^{\mathrm{T}} & \boldsymbol{Z}_{22} \end{bmatrix} > 0, \quad \begin{bmatrix} \boldsymbol{P}_{11} & \boldsymbol{P}_{12} \\ \boldsymbol{P}_{12}^{\mathrm{T}} & \boldsymbol{P}_{22} \end{bmatrix} > 0, \quad \begin{bmatrix} \boldsymbol{\Theta}_{11} & \boldsymbol{\Theta}_{12} \\ \boldsymbol{\Theta}_{12}^{\mathrm{T}} & \boldsymbol{\Theta}_{22} \end{bmatrix} < 0 \tag{3.21a}$$

$$\begin{bmatrix} \boldsymbol{Q}_{11} & \boldsymbol{Q}_{12} & \boldsymbol{Q}_{13} \\ \boldsymbol{Q}_{12}^{\mathrm{T}} & \boldsymbol{Q}_{22} & \boldsymbol{Q}_{23} \\ \boldsymbol{Q}_{13}^{\mathrm{T}} & \boldsymbol{Q}_{23}^{\mathrm{T}} & \boldsymbol{Q}_{33} \end{bmatrix} > 0, \quad \begin{bmatrix} \boldsymbol{R}_{11} & \boldsymbol{R}_{12} & \boldsymbol{R}_{13} \\ \boldsymbol{R}_{12}^{\mathrm{T}} & \boldsymbol{R}_{22} & \boldsymbol{R}_{23} \\ \boldsymbol{R}_{13}^{\mathrm{T}} & \boldsymbol{R}_{23}^{\mathrm{T}} & \boldsymbol{R}_{33} \end{bmatrix} > 0 \tag{3.21b}$$

其中

$$\boldsymbol{\Theta}_{11} = \begin{bmatrix} \boldsymbol{\Lambda}_{11} & \boldsymbol{\Lambda}_{12} & -\boldsymbol{Y}_1 + \boldsymbol{Y}_3^{\mathrm{T}} & \boldsymbol{\Lambda}_{13} & \boldsymbol{\Lambda}_{14} & \boldsymbol{Y}_6^{\mathrm{T}} & \boldsymbol{Y}_7^{\mathrm{T}} & -\boldsymbol{Y}_1 + \boldsymbol{Y}_8^{\mathrm{T}} + \boldsymbol{Q}_{12} \\ * & \boldsymbol{\Lambda}_{21} & -\boldsymbol{Y}_2 & \boldsymbol{P}_3^{\mathrm{T}} B & \boldsymbol{0} & \boldsymbol{0} & \boldsymbol{\Lambda}_{22} & \boldsymbol{\Lambda}_{24} \\ * & * & \boldsymbol{\Lambda}_{33} & -\boldsymbol{Y}_4^{\mathrm{T}} & -\boldsymbol{Y}_5^{\mathrm{T}} & -\boldsymbol{Y}_6^{\mathrm{T}} & -\boldsymbol{Y}_7^{\mathrm{T}} & -\boldsymbol{Y}_3 - \boldsymbol{Y}_8^{\mathrm{T}} \\ * & * & * & -\boldsymbol{R}_3 & \boldsymbol{0} & \boldsymbol{0} & \boldsymbol{0} & -\boldsymbol{Y}_4 \\ * & * & * & * & -\boldsymbol{R}_7 & \boldsymbol{0} & -\boldsymbol{Q}_{23}^{\mathrm{T}} & -\boldsymbol{Y}_5 - \boldsymbol{Q}_{33}^{\mathrm{T}} \\ * & * & * & * & * & -\boldsymbol{U} & \boldsymbol{0} & -\boldsymbol{Y}_6 \\ * & * & * & * & * & * & -\boldsymbol{Z}_{11} & -\boldsymbol{Z}_{12} + \boldsymbol{Q}_{22} - \boldsymbol{Y}_7 \\ * & * & * & * & * & * & * & \boldsymbol{\Lambda}_8 \end{bmatrix}$$

$$\boldsymbol{\Theta}_{12}=\begin{pmatrix} 0 & 0 & 0 & 0 & 0 & \boldsymbol{P}_2^{\mathrm{T}}\boldsymbol{A}^{\mathrm{T}} & 0 & 0 \\ 0 & 0 & 0 & 0 & 0 & \boldsymbol{P}_3^{\mathrm{T}}\boldsymbol{A}^{\mathrm{T}} & 0 & 0 \\ 0 & 0 & 0 & 0 & 0 & 0 & 0 & 0 \\ 0 & 0 & 0 & 0 & 0 & 0 & 0 & 0 \\ 0 & 0 & 0 & 0 & 0 & 0 & 0 & 0 \\ \boldsymbol{MQ}_2 & \boldsymbol{MQ}_3 & 0 & 0 & 0 & 0 & 0 & 0 \\ 0 & 0 & 0 & 0 & 0 & 0 & 0 & 0 \\ 0 & 0 & 0 & 0 & 0 & 0 & 0 & 0 \end{pmatrix}$$

$$\boldsymbol{\Pi}_{22}=\begin{pmatrix} \boldsymbol{\Phi}_{11} & \boldsymbol{\Phi}_{12} & -\boldsymbol{X}_1+\boldsymbol{X}_3^{\mathrm{T}} & \boldsymbol{\Phi}_{14} & \boldsymbol{\Phi}_{15} & \boldsymbol{X}_6^{\mathrm{T}} & \boldsymbol{X}_7^{\mathrm{T}} & \boldsymbol{\Phi}_{17} \\ * & \boldsymbol{\Phi}_{21} & -\boldsymbol{X}_2 & \boldsymbol{Q}_3^{\mathrm{T}}\boldsymbol{N} & 0 & 0 & \boldsymbol{\Phi}_{22} & \boldsymbol{\Phi}_{24} \\ * & * & \boldsymbol{\Phi}_{33} & -\boldsymbol{X}_4^{\mathrm{T}} & -\boldsymbol{X}_5^{\mathrm{T}} & -\boldsymbol{X}_6^{\mathrm{T}} & -\boldsymbol{X}_7^{\mathrm{T}} & \boldsymbol{\Phi}_{34} \\ * & * & * & -\boldsymbol{R}_4 & 0 & 0 & 0 & -\boldsymbol{X}_4 \\ * & * & * & * & -\boldsymbol{R}_8 & 0 & -\boldsymbol{R}_{23}^{\mathrm{T}} & \boldsymbol{\Phi}_4 \\ * & * & * & * & * & -\boldsymbol{V} & 0 & -\boldsymbol{X}_6 \\ * & * & * & * & * & * & -\boldsymbol{P}_{11} & \boldsymbol{\Phi}_5 \\ * & * & * & * & * & * & * & \boldsymbol{\Phi}_8 \end{pmatrix}$$

$$\boldsymbol{\Lambda}_{33}=-\boldsymbol{R}_1-\boldsymbol{Y}_3-\boldsymbol{Y}_3^{\mathrm{T}}+\boldsymbol{LUL},\quad \boldsymbol{\Lambda}_8=-\boldsymbol{R}_5-\boldsymbol{Z}_{22}-\boldsymbol{Y}_8^{\mathrm{T}}-\boldsymbol{Y}_8+\boldsymbol{Q}_{23}+\boldsymbol{Q}_{23}^{\mathrm{T}}$$

$$\boldsymbol{\Phi}_{17}=-\boldsymbol{X}_1+\boldsymbol{X}_8^{\mathrm{T}}+\boldsymbol{R}_{12},\quad \boldsymbol{\Phi}_{33}=-\boldsymbol{R}_2-\boldsymbol{X}_3-\boldsymbol{X}_3^{\mathrm{T}}+\boldsymbol{TVT}$$

$$\boldsymbol{\Phi}_{34}=-\boldsymbol{X}_3-\boldsymbol{X}_8^{\mathrm{T}},\quad \boldsymbol{\Phi}_8=-\boldsymbol{R}_6-\boldsymbol{P}_{22}-\boldsymbol{X}_8^{\mathrm{T}}-\boldsymbol{X}_8+\boldsymbol{R}_{23}+\boldsymbol{R}_{23}^{\mathrm{T}}$$

而 $\boldsymbol{\Lambda}_{11},\boldsymbol{\Lambda}_{12},\boldsymbol{\Lambda}_{13},\boldsymbol{\Lambda}_{14},\boldsymbol{\Lambda}_{21},\boldsymbol{\Lambda}_{22},\boldsymbol{\Lambda}_{24},\boldsymbol{\Phi}_{11},\boldsymbol{\Phi}_{12},\boldsymbol{\Phi}_{14},\boldsymbol{\Phi}_{15},\boldsymbol{\Phi}_{21},\boldsymbol{\Phi}_{22},\boldsymbol{\Phi}_{24},\boldsymbol{\Phi}_4$ 和 $\boldsymbol{\Phi}_5$ 是定理 3.1 中定义的形式.

注 3.1　对于系统(3.6)的标称系统的时滞满足 $d(t)=\bar{d}=h(t)=\bar{h}$ 和 $d(t)=\bar{d}\neq h(t)=\bar{h}$ 的情况,文献[207-208]分别对这两种情况的时滞相关稳定性问题进行了研究.本章数值例子中的例 3.3.1 表明:推论 3.1 要比文献[207-208]的保守性小.

基于定理 3.1,可以得到具有不确定性(3.4)式和(3.5)式的系统(3.6)的鲁棒稳定性准则.

定理 3.2　假设(H3.1)和(H3.2)成立,$d(t)$和 $h(t)$是满足(3.3)式的任意时滞.系统(3.6)是鲁棒渐近稳定的.如果存在正定矩阵 $\boldsymbol{P}_1,\boldsymbol{U},\boldsymbol{V},\boldsymbol{Q}_1,\boldsymbol{R}_i\,(i=1,2,\cdots,8)$,对称矩阵 $\boldsymbol{Z}_{11},\boldsymbol{Z}_{22},\boldsymbol{P}_{11},\boldsymbol{P}_{22},\boldsymbol{Q}_{11},\boldsymbol{Q}_{22},\boldsymbol{Q}_{33},\boldsymbol{R}_{11},\boldsymbol{R}_{22},\boldsymbol{R}_{33}$,任意矩阵 $\boldsymbol{P}_2,\boldsymbol{P}_3,\boldsymbol{Q}_2,\boldsymbol{Q}_3,\boldsymbol{Z}_{12},\boldsymbol{P}_{12},\boldsymbol{Q}_{12},\boldsymbol{Q}_{13},\boldsymbol{Q}_{23},\boldsymbol{R}_{12},\boldsymbol{R}_{13},\boldsymbol{R}_{23},\boldsymbol{X}_j,\boldsymbol{Y}_j\,(j=1,2,\cdots,9)$以及正数 $\varepsilon_k\,(k=1,2,\cdots,6)$,使得以下的线性矩阵不等式成立:

$$\begin{pmatrix} \boldsymbol{Z}_{11} & \boldsymbol{Z}_{12} \\ \boldsymbol{Z}_{12}^{\mathrm{T}} & \boldsymbol{Z}_{22} \end{pmatrix}>0,\quad \begin{pmatrix} \boldsymbol{P}_{11} & \boldsymbol{P}_{12} \\ \boldsymbol{P}_{12}^{\mathrm{T}} & \boldsymbol{P}_{22} \end{pmatrix}>0 \tag{3.22a}$$

$$\begin{pmatrix} \boldsymbol{Q}_{11} & \boldsymbol{Q}_{12} & \boldsymbol{Q}_{13} \\ \boldsymbol{Q}_{12}^{\mathrm{T}} & \boldsymbol{Q}_{22} & \boldsymbol{Q}_{23} \\ \boldsymbol{Q}_{13}^{\mathrm{T}} & \boldsymbol{Q}_{23}^{\mathrm{T}} & \boldsymbol{Q}_{33} \end{pmatrix} > 0, \quad \begin{pmatrix} \boldsymbol{R}_{11} & \boldsymbol{R}_{12} & \boldsymbol{R}_{13} \\ \boldsymbol{R}_{12}^{\mathrm{T}} & \boldsymbol{R}_{22} & \boldsymbol{R}_{23} \\ \boldsymbol{R}_{13}^{\mathrm{T}} & \boldsymbol{R}_{23}^{\mathrm{T}} & \boldsymbol{R}_{33} \end{pmatrix} > 0 \tag{3.22b}$$

$$\begin{pmatrix} \boldsymbol{\Gamma}_{11} & \boldsymbol{\Pi}_{12} & \boldsymbol{\Pi}_{13} & \boldsymbol{\Gamma}_{12} \\ \boldsymbol{\Pi}_{12}^{\mathrm{T}} & \boldsymbol{\Gamma}_{22} & \boldsymbol{\Pi}_{23} & \boldsymbol{\Gamma}_{23} \\ \boldsymbol{\Pi}_{13}^{\mathrm{T}} & \boldsymbol{\Pi}_{23}^{\mathrm{T}} & \boldsymbol{\Pi}_{33} & \boldsymbol{0}_{8\times 8} \\ \boldsymbol{\Gamma}_{12}^{\mathrm{T}} & \boldsymbol{\Gamma}_{23}^{\mathrm{T}} & \boldsymbol{0}_{8\times 8} & \boldsymbol{\Gamma}_{44} \end{pmatrix} < 0 \tag{3.22c}$$

其中

$$\boldsymbol{\Delta}_{11} = -\boldsymbol{P}_2^{\mathrm{T}}\boldsymbol{C} - \boldsymbol{C}\boldsymbol{P}_2 + \bar{h}^2\boldsymbol{Z}_{11} + \boldsymbol{R}_1 + \boldsymbol{Y}_1 + \boldsymbol{Y}_1^{\mathrm{T}} + \varepsilon_1\boldsymbol{E}_1^{\mathrm{T}}\boldsymbol{E}_1$$

$$\boldsymbol{\Delta}_{12} = -\boldsymbol{R}_3 + \varepsilon_3\boldsymbol{E}_3^{\mathrm{T}}\boldsymbol{E}_3, \quad \boldsymbol{\Delta}_{13} = -\boldsymbol{U} + \varepsilon_5\boldsymbol{H}_5\boldsymbol{H}_5^{\mathrm{T}}$$

$$\boldsymbol{\Gamma}_{11} = \begin{pmatrix} \boldsymbol{\Delta}_{11} & \boldsymbol{\Lambda}_{12} & -\boldsymbol{Y}_1 + \boldsymbol{Y}_3^{\mathrm{T}} & \boldsymbol{\Lambda}_{13} & \boldsymbol{\Lambda}_{14} & \boldsymbol{Y}_6^{\mathrm{T}} & \boldsymbol{Y}_7^{\mathrm{T}} & \boldsymbol{Y}_8^{\mathrm{T}} & \boldsymbol{\Lambda}_{15} \\ * & \boldsymbol{\Lambda}_{21} & -\boldsymbol{Y}_2 & \boldsymbol{P}_3^{\mathrm{T}}B & \boldsymbol{0} & \boldsymbol{0} & \boldsymbol{\Lambda}_{22} & \boldsymbol{\Lambda}_{23} & \boldsymbol{\Lambda}_{24} \\ * & * & \boldsymbol{\Lambda}_{31} & -\boldsymbol{Y}_4^{\mathrm{T}} & -\boldsymbol{Y}_5^{\mathrm{T}} & -\boldsymbol{Y}_6^{\mathrm{T}} & -\boldsymbol{Y}_7^{\mathrm{T}} & -\boldsymbol{Y}_8^{\mathrm{T}} & \boldsymbol{\Lambda}_{32} \\ * & * & * & \boldsymbol{\Delta}_{12} & \boldsymbol{0} & \boldsymbol{0} & \boldsymbol{0} & \boldsymbol{0} & -\boldsymbol{Y}_4 \\ * & * & * & * & -\boldsymbol{R}_7 & \boldsymbol{0} & -\boldsymbol{Q}_{23}^{\mathrm{T}} & -\boldsymbol{Q}_{33}^{\mathrm{T}} & \boldsymbol{\Lambda}_4 \\ * & * & * & * & * & \boldsymbol{\Delta}_{13} & \boldsymbol{0} & \boldsymbol{0} & -\boldsymbol{Y}_6 \\ * & * & * & * & * & * & -\boldsymbol{Z}_{11} & -\boldsymbol{Z}_{12} & \boldsymbol{\Lambda}_5 \\ * & * & * & * & * & * & * & -\boldsymbol{R}_5 - \boldsymbol{Z}_{22} & \boldsymbol{\Lambda}_6 \\ * & * & * & * & * & * & * & * & \boldsymbol{\Lambda}_7 \end{pmatrix}$$

而 $\boldsymbol{\Pi}_{12}, \boldsymbol{\Pi}_{13}, \boldsymbol{\Pi}_{23}, \boldsymbol{\Lambda}_{12}, \boldsymbol{\Lambda}_{13}, \boldsymbol{\Lambda}_{14}, \boldsymbol{\Lambda}_{15}, \boldsymbol{\Lambda}_{21}, \boldsymbol{\Lambda}_{22}, \boldsymbol{\Lambda}_{23}, \boldsymbol{\Lambda}_{24}, \boldsymbol{\Lambda}_{31}, \boldsymbol{\Lambda}_{32}, \boldsymbol{\Lambda}_4, \boldsymbol{\Lambda}_5, \boldsymbol{\Lambda}_6$ 和 $\boldsymbol{\Lambda}_7$ 是定理 3.1 中定义的形式，

$$\boldsymbol{\Gamma}_{12} = \begin{pmatrix} \boldsymbol{P}_2^{\mathrm{T}}\boldsymbol{H}_1 & \boldsymbol{P}_2^{\mathrm{T}}\boldsymbol{E}_2^{\mathrm{T}} & \boldsymbol{P}_2^{\mathrm{T}}\boldsymbol{H}_3 & \boldsymbol{0} & \boldsymbol{0} & \boldsymbol{0} \\ \boldsymbol{P}_3^{\mathrm{T}}\boldsymbol{H}_1 & \boldsymbol{P}_3^{\mathrm{T}}\boldsymbol{E}_2^{\mathrm{T}} & \boldsymbol{P}_3^{\mathrm{T}}\boldsymbol{H}_3 & \boldsymbol{0} & \boldsymbol{0} & \boldsymbol{0} \\ \boldsymbol{0} & \boldsymbol{0} & \boldsymbol{0} & \boldsymbol{0} & \boldsymbol{0} & \boldsymbol{0} \\ \boldsymbol{0} & \boldsymbol{0} & \boldsymbol{0} & \boldsymbol{0} & \boldsymbol{0} & \boldsymbol{0} \\ \boldsymbol{0} & \boldsymbol{0} & \boldsymbol{0} & \boldsymbol{0} & \boldsymbol{0} & \boldsymbol{0} \\ \boldsymbol{0} & \boldsymbol{0} & \boldsymbol{0} & \boldsymbol{0} & \boldsymbol{0} & \boldsymbol{0} \\ \boldsymbol{0} & \boldsymbol{0} & \boldsymbol{0} & \boldsymbol{0} & \boldsymbol{0} & \boldsymbol{0} \\ \boldsymbol{0} & \boldsymbol{0} & \boldsymbol{0} & \boldsymbol{0} & \boldsymbol{0} & \boldsymbol{0} \\ \boldsymbol{0} & \boldsymbol{0} & \boldsymbol{0} & \boldsymbol{0} & \boldsymbol{0} & \boldsymbol{0} \end{pmatrix}$$

$$\boldsymbol{\Gamma}_{23} = \begin{pmatrix} \mathbf{0} & \mathbf{0} & \mathbf{0} & \boldsymbol{Q}_2^{\mathrm{T}}\boldsymbol{H}_4 & \boldsymbol{Q}_2^{\mathrm{T}}\boldsymbol{E}_5^{\mathrm{T}} & \boldsymbol{Q}_2^{\mathrm{T}}\boldsymbol{H}_6 \\ \mathbf{0} & \mathbf{0} & \mathbf{0} & \boldsymbol{Q}_3^{\mathrm{T}}\boldsymbol{H}_4 & \boldsymbol{Q}_3^{\mathrm{T}}\boldsymbol{E}_5^{\mathrm{T}} & \boldsymbol{Q}_3^{\mathrm{T}}\boldsymbol{H}_6 \\ \mathbf{0} & \mathbf{0} & \mathbf{0} & \mathbf{0} & \mathbf{0} & \mathbf{0} \\ \mathbf{0} & \mathbf{0} & \mathbf{0} & \mathbf{0} & \mathbf{0} & \mathbf{0} \\ \mathbf{0} & \mathbf{0} & \mathbf{0} & \mathbf{0} & \mathbf{0} & \mathbf{0} \\ \mathbf{0} & \mathbf{0} & \mathbf{0} & \mathbf{0} & \mathbf{0} & \mathbf{0} \\ \mathbf{0} & \mathbf{0} & \mathbf{0} & \mathbf{0} & \mathbf{0} & \mathbf{0} \\ \mathbf{0} & \mathbf{0} & \mathbf{0} & \mathbf{0} & \mathbf{0} & \mathbf{0} \\ \mathbf{0} & \mathbf{0} & \mathbf{0} & \mathbf{0} & \mathbf{0} & \mathbf{0} \end{pmatrix}$$

$$\boldsymbol{\Gamma}_{44} = -\operatorname{diag}(\varepsilon_1\boldsymbol{I}_a, \varepsilon_2\boldsymbol{I}_a, \varepsilon_3\boldsymbol{I}_a, \varepsilon_4\boldsymbol{I}_b, \varepsilon_5\boldsymbol{I}_b, \varepsilon_6\boldsymbol{I}_b), \quad \boldsymbol{I}_a = \boldsymbol{I}_{n\times n}, \quad \boldsymbol{I}_b = \boldsymbol{I}_{m\times m}$$

$$\boldsymbol{\Delta}_{21} = -\boldsymbol{Q}_2^{\mathrm{T}}\boldsymbol{D} - \boldsymbol{D}\boldsymbol{Q}_2 + \bar{d}^2\boldsymbol{P}_{11} + \boldsymbol{R}_2 + \boldsymbol{X}_1 + \boldsymbol{X}_1^{\mathrm{T}} + \varepsilon_4\boldsymbol{E}_4^{\mathrm{T}}\boldsymbol{E}_4$$

$$\boldsymbol{\Delta}_{22} = -\boldsymbol{R}_4 + \varepsilon_6\boldsymbol{E}_6^{\mathrm{T}}\boldsymbol{E}_6, \quad \boldsymbol{\Delta}_{23} = -\boldsymbol{V} + \varepsilon_2\boldsymbol{H}_2\boldsymbol{H}_2^{\mathrm{T}}$$

$$\boldsymbol{\Gamma}_{22} = \left(\begin{array}{cccccccc|c} \boldsymbol{\Delta}_{21} & \boldsymbol{\Phi}_{12} & \boldsymbol{\Phi}_{13} & \boldsymbol{\Phi}_{14} & \boldsymbol{\Phi}_{15} & \boldsymbol{X}_6^{\mathrm{T}} & \boldsymbol{X}_7^{\mathrm{T}} & \boldsymbol{X}_8^{\mathrm{T}} & \boldsymbol{\Phi}_{16} \\ * & \boldsymbol{\Phi}_{21} & -\boldsymbol{X}_2 & \boldsymbol{Q}_3^{\mathrm{T}}\boldsymbol{N} & \mathbf{0} & \mathbf{0} & \boldsymbol{\Phi}_{22} & \boldsymbol{\Phi}_{23} & \boldsymbol{\Phi}_{24} \\ * & * & \boldsymbol{\Phi}_{31} & -\boldsymbol{X}_4^{\mathrm{T}} & -\boldsymbol{X}_5^{\mathrm{T}} & -\boldsymbol{X}_6^{\mathrm{T}} & -\boldsymbol{X}_7^{\mathrm{T}} & -\boldsymbol{X}_8^{\mathrm{T}} & \boldsymbol{\Phi}_{32} \\ * & * & * & \boldsymbol{\Delta}_{22} & \mathbf{0} & \mathbf{0} & \mathbf{0} & \mathbf{0} & -\boldsymbol{X}_4 \\ * & * & * & * & -\boldsymbol{R}_8 & \mathbf{0} & -\boldsymbol{R}_{23}^{\mathrm{T}} & -\boldsymbol{R}_{33}^{\mathrm{T}} & \boldsymbol{\Phi}_4 \\ * & * & * & * & * & \boldsymbol{\Delta}_{23} & \mathbf{0} & \mathbf{0} & -\boldsymbol{X}_6 \\ * & * & * & * & * & * & -\boldsymbol{P}_{11} & -\boldsymbol{P}_{12} & \boldsymbol{\Phi}_5 \\ * & * & * & * & * & * & * & -\boldsymbol{R}_6-\boldsymbol{P}_{22} & \boldsymbol{\Phi}_6 \\ * & * & * & * & * & * & * & * & \boldsymbol{\Phi}_7 \end{array}\right)$$

而 $\boldsymbol{\Phi}_{12}, \boldsymbol{\Phi}_{13}, \boldsymbol{\Phi}_{14}, \boldsymbol{\Phi}_{15}, \boldsymbol{\Phi}_{21}, \boldsymbol{\Phi}_{22}, \boldsymbol{\Phi}_{23}, \boldsymbol{\Phi}_{24}, \boldsymbol{\Phi}_{31}, \boldsymbol{\Phi}_{32}, \boldsymbol{\Phi}_4, \boldsymbol{\Phi}_5, \boldsymbol{\Phi}_6$ 和 $\boldsymbol{\Phi}_7$ 是定理 3.1 中定义的形式.

证明 使用定理 3.1 中的 Lyapunov-Krasovskii 泛函，$\boldsymbol{C}, \boldsymbol{A}, \boldsymbol{B}, \boldsymbol{D}, \boldsymbol{M}$ 和 $\boldsymbol{N}$ 分别用 $\boldsymbol{C}+\boldsymbol{H}_1\boldsymbol{F}_1(t)\boldsymbol{E}_1$, $\boldsymbol{A}+\boldsymbol{H}_2\boldsymbol{F}_2(t)\boldsymbol{E}_2$, $\boldsymbol{B}+\boldsymbol{H}_3\boldsymbol{F}_3(t)\boldsymbol{E}_3$, $\boldsymbol{D}+\boldsymbol{H}_4\boldsymbol{F}_4(t)\boldsymbol{E}_4$, $\boldsymbol{M}+\boldsymbol{H}_5\boldsymbol{F}_5(t)\boldsymbol{E}_5$ 和 $\boldsymbol{N}+\boldsymbol{H}_6\boldsymbol{F}_6(t)\boldsymbol{E}_6$ 来替代，则 Lyapunov-Krasovskii 泛函 $V(t)$ 沿着系统(3.6)轨迹的导数为

$$\begin{aligned} \dot{V}(t) \leqslant & \left(\boldsymbol{\xi}_1^{\mathrm{T}}(t) \quad \boldsymbol{\xi}_2^{\mathrm{T}}(t)\right)\begin{pmatrix} \boldsymbol{\Pi}_1 & \boldsymbol{\Pi}_{12} \\ \boldsymbol{\Pi}_{12}^{\mathrm{T}} & \boldsymbol{\Pi}_2 \end{pmatrix}\begin{pmatrix} \boldsymbol{\xi}_1(t) \\ \boldsymbol{\xi}_2(t) \end{pmatrix} - 2\bar{\boldsymbol{x}}^{\mathrm{T}}(t)\boldsymbol{P}^{\mathrm{T}}\begin{pmatrix} \mathbf{0} \\ \boldsymbol{H}_1\boldsymbol{F}_1(t)\boldsymbol{E}_1 \end{pmatrix}\boldsymbol{x}(t) \\ & + 2\bar{\boldsymbol{x}}^{\mathrm{T}}(t)\boldsymbol{P}^{\mathrm{T}}\begin{pmatrix} \mathbf{0} \\ \boldsymbol{E}_2^{\mathrm{T}}\boldsymbol{F}_2^{\mathrm{T}}(t)\boldsymbol{H}_2^{\mathrm{T}} \end{pmatrix}\boldsymbol{f}(\boldsymbol{y}(t-d(t))) \\ & + 2\bar{\boldsymbol{x}}^{\mathrm{T}}(t)\boldsymbol{P}^{\mathrm{T}}\begin{pmatrix} \mathbf{0} \\ \boldsymbol{H}_3\boldsymbol{F}_3(t)\boldsymbol{E}_3 \end{pmatrix}\boldsymbol{z}_1(t-h) \end{aligned}$$

$$-2\bar{\boldsymbol{y}}^{\mathrm{T}}(t)\boldsymbol{Q}^{\mathrm{T}}\begin{pmatrix}\boldsymbol{0}\\ \boldsymbol{H}_4\boldsymbol{F}_4(t)\boldsymbol{E}_4\end{pmatrix}\boldsymbol{y}(t)+2\bar{\boldsymbol{y}}^{\mathrm{T}}(t)\boldsymbol{Q}^{\mathrm{T}}\begin{pmatrix}\boldsymbol{0}\\ \boldsymbol{E}_5^{\mathrm{T}}\boldsymbol{F}_5^{\mathrm{T}}(t)\boldsymbol{H}_5^{\mathrm{T}}\end{pmatrix}\boldsymbol{g}(\boldsymbol{x}(t-h(t)))$$
$$+2\bar{\boldsymbol{y}}^{\mathrm{T}}(t)\boldsymbol{Q}^{\mathrm{T}}\begin{pmatrix}\boldsymbol{0}\\ \boldsymbol{H}_6\boldsymbol{F}_6(t)\boldsymbol{E}_6\end{pmatrix}\boldsymbol{z}_2(t-d)\tag{3.23}$$

而 $\boldsymbol{\xi}_1^{\mathrm{T}}(t)$，$\boldsymbol{\xi}_2^{\mathrm{T}}(t)$和$\begin{pmatrix}\boldsymbol{\Pi}_1 & \boldsymbol{\Pi}_{12}\\ \boldsymbol{\Pi}_{12}^{\mathrm{T}} & \boldsymbol{\Pi}_2\end{pmatrix}$是定理3.1中定义的形式. $\dot{V}(t)<0$ 成立，等价于以下不等式成立：

$$\begin{pmatrix}\boldsymbol{\Pi}_{11} & \boldsymbol{\Pi}_{12} & \boldsymbol{\Pi}_{13}\\ \boldsymbol{\Pi}_{12}^{\mathrm{T}} & \boldsymbol{\Pi}_{22} & \boldsymbol{\Pi}_{23}\\ \boldsymbol{\Pi}_{13}^{\mathrm{T}} & \boldsymbol{\Pi}_{23}^{\mathrm{T}} & \boldsymbol{\Pi}_{33}\end{pmatrix}+\begin{pmatrix}\boldsymbol{\Sigma}_{12}^{\mathrm{T}}\\ \boldsymbol{0}_{9\times9}\\ \boldsymbol{0}_{8\times8}\end{pmatrix}\boldsymbol{F}_1^{\mathrm{T}}(t)(\boldsymbol{\Sigma}_{11}\quad \boldsymbol{0}_{9\times9}\quad \boldsymbol{0}_{8\times8})$$
$$+\begin{pmatrix}\boldsymbol{\Sigma}_{11}^{\mathrm{T}}\\ \boldsymbol{0}_{9\times9}\\ \boldsymbol{0}_{8\times8}\end{pmatrix}\boldsymbol{F}_1(t)(\boldsymbol{\Sigma}_{12}\quad \boldsymbol{0}_{9\times9}\quad \boldsymbol{0}_{8\times8})$$
$$+\begin{pmatrix}\boldsymbol{0}_{9\times9}\\ \boldsymbol{\Sigma}_{14}^{\mathrm{T}}\\ \boldsymbol{0}_{8\times8}\end{pmatrix}\boldsymbol{F}_2(t)(\boldsymbol{\Sigma}_{13}\quad \boldsymbol{0}_{9\times9}\quad \boldsymbol{0}_{8\times8})+\begin{pmatrix}\boldsymbol{\Sigma}_{13}^{\mathrm{T}}\\ \boldsymbol{0}_{9\times9}\\ \boldsymbol{0}_{8\times8}\end{pmatrix}\boldsymbol{F}_2^{\mathrm{T}}(t)(\boldsymbol{0}_{9\times9}\quad \boldsymbol{\Sigma}_{14}\quad \boldsymbol{0}_{8\times8})$$
$$+\begin{pmatrix}\boldsymbol{\Sigma}_{15}^{\mathrm{T}}\\ \boldsymbol{0}_{9\times9}\\ \boldsymbol{0}_{8\times8}\end{pmatrix}\boldsymbol{F}_3(t)(\boldsymbol{\Sigma}_{16}\quad \boldsymbol{0}_{9\times9}\quad \boldsymbol{0}_{8\times8})+\begin{pmatrix}\boldsymbol{\Sigma}_{16}^{\mathrm{T}}\\ \boldsymbol{0}_{9\times9}\\ \boldsymbol{0}_{8\times8}\end{pmatrix}\boldsymbol{F}_3^{\mathrm{T}}(t)(\boldsymbol{\Sigma}_{15}\quad \boldsymbol{0}_{9\times9}\quad \boldsymbol{0}_{8\times8})$$
$$+\begin{pmatrix}\boldsymbol{0}_{9\times9}\\ \boldsymbol{\Sigma}_{21}^{\mathrm{T}}\\ \boldsymbol{0}_{8\times8}\end{pmatrix}\boldsymbol{F}_4(t)(\boldsymbol{0}_{9\times9}\quad \boldsymbol{\Sigma}_{22}\quad \boldsymbol{0}_{8\times8})+\begin{pmatrix}\boldsymbol{0}_{9\times9}\\ \boldsymbol{\Sigma}_{22}^{\mathrm{T}}\\ \boldsymbol{0}_{8\times8}\end{pmatrix}\boldsymbol{F}_4^{\mathrm{T}}(t)(\boldsymbol{0}_{9\times9}\quad \boldsymbol{\Sigma}_{21}\quad \boldsymbol{0}_{8\times8})$$
$$+\begin{pmatrix}\boldsymbol{\Sigma}_{24}^{\mathrm{T}}\\ \boldsymbol{0}_{9\times9}\\ \boldsymbol{0}_{8\times8}\end{pmatrix}\boldsymbol{F}_5(t)(\boldsymbol{0}_{9\times9}\quad \boldsymbol{\Sigma}_{23}\quad \boldsymbol{0}_{8\times8})+\begin{pmatrix}\boldsymbol{0}_{9\times9}\\ \boldsymbol{\Sigma}_{23}^{\mathrm{T}}\\ \boldsymbol{0}_{8\times8}\end{pmatrix}\boldsymbol{F}_5^{\mathrm{T}}(t)(\boldsymbol{\Sigma}_{24}\quad \boldsymbol{0}_{9\times9}\quad \boldsymbol{0}_{8\times8})$$
$$+\begin{pmatrix}\boldsymbol{0}_{9\times9}\\ \boldsymbol{\Sigma}_{25}^{\mathrm{T}}\\ \boldsymbol{0}_{8\times8}\end{pmatrix}\boldsymbol{F}_6(t)(\boldsymbol{0}_{9\times9}\quad \boldsymbol{\Sigma}_{26}\quad \boldsymbol{0}_{8\times8})+\begin{pmatrix}\boldsymbol{0}_{9\times9}\\ \boldsymbol{\Sigma}_{26}^{\mathrm{T}}\\ \boldsymbol{0}_{8\times8}\end{pmatrix}\boldsymbol{F}_6^{\mathrm{T}}(t)(\boldsymbol{0}_{9\times9}\quad \boldsymbol{\Sigma}_{25}\quad \boldsymbol{0}_{8\times8})<0\tag{3.24}$$

其中

$$\boldsymbol{\Sigma}_{11}=(\boldsymbol{H}_1^{\mathrm{T}}\boldsymbol{P}_2\quad \boldsymbol{H}_1^{\mathrm{T}}\boldsymbol{P}_3\quad 0\quad 0\quad 0\quad 0\quad 0\quad 0\quad 0)$$
$$\boldsymbol{\Sigma}_{12}=(-\boldsymbol{E}_1\quad 0\quad 0\quad 0\quad 0\quad 0\quad 0\quad 0\quad 0)$$
$$\boldsymbol{\Sigma}_{13}=(\boldsymbol{E}_2\boldsymbol{P}_2\quad \boldsymbol{E}_2\boldsymbol{P}_3\quad 0\quad 0\quad 0\quad 0\quad 0\quad 0\quad 0)$$

$$\boldsymbol{\Sigma}_{14}=(\mathbf{0}\quad \mathbf{0}\quad \mathbf{0}\quad \mathbf{0}\quad \mathbf{0}\quad \boldsymbol{H}_2^{\mathrm{T}}\quad \mathbf{0}\quad \mathbf{0}\quad \mathbf{0})$$
$$\boldsymbol{\Sigma}_{15}=(\boldsymbol{H}_3^{\mathrm{T}}\boldsymbol{P}_2\quad \boldsymbol{H}_3^{\mathrm{T}}\boldsymbol{P}_3\quad \mathbf{0}\quad \mathbf{0}\quad \mathbf{0}\quad \mathbf{0}\quad \mathbf{0}\quad \mathbf{0}\quad \mathbf{0})$$
$$\boldsymbol{\Sigma}_{16}=(\mathbf{0}\quad \mathbf{0}\quad \mathbf{0}\quad \boldsymbol{E}_3\quad \mathbf{0}\quad \mathbf{0}\quad \mathbf{0}\quad \mathbf{0}\quad \mathbf{0})$$
$$\boldsymbol{\Sigma}_{21}=(\boldsymbol{H}_4^{\mathrm{T}}\boldsymbol{Q}_2\quad \boldsymbol{H}_4^{\mathrm{T}}\boldsymbol{Q}_3\quad \mathbf{0}\quad \mathbf{0}\quad \mathbf{0}\quad \mathbf{0}\quad \mathbf{0}\quad \mathbf{0}\quad \mathbf{0})$$
$$\boldsymbol{\Sigma}_{22}=(-\boldsymbol{E}_4\quad \mathbf{0}\quad \mathbf{0}\quad \mathbf{0}\quad \mathbf{0}\quad \mathbf{0}\quad \mathbf{0}\quad \mathbf{0}\quad \mathbf{0})$$
$$\boldsymbol{\Sigma}_{23}=(\boldsymbol{E}_5\boldsymbol{Q}_2\quad \boldsymbol{E}_5\boldsymbol{Q}_3\quad \mathbf{0}\quad \mathbf{0}\quad \mathbf{0}\quad \mathbf{0}\quad \mathbf{0}\quad \mathbf{0}\quad \mathbf{0})$$
$$\boldsymbol{\Sigma}_{24}=(\mathbf{0}\quad \mathbf{0}\quad \mathbf{0}\quad \mathbf{0}\quad \mathbf{0}\quad \boldsymbol{H}_5^{\mathrm{T}}\quad \mathbf{0}\quad \mathbf{0}\quad \mathbf{0})$$
$$\boldsymbol{\Sigma}_{25}=(\boldsymbol{H}_6^{\mathrm{T}}\boldsymbol{Q}_2\quad \boldsymbol{H}_6^{\mathrm{T}}\boldsymbol{Q}_3\quad \mathbf{0}\quad \mathbf{0}\quad \mathbf{0}\quad \mathbf{0}\quad \mathbf{0}\quad \mathbf{0}\quad \mathbf{0})$$
$$\boldsymbol{\Sigma}_{26}=(\mathbf{0}\quad \mathbf{0}\quad \mathbf{0}\quad \boldsymbol{E}_6\quad \mathbf{0}\quad \mathbf{0}\quad \mathbf{0}\quad \mathbf{0}\quad \mathbf{0})$$

根据引理 1.4,(3.24)式成立的充要条件是(3.22)式成立. 证毕.

如果 $\boldsymbol{B}=\Delta\boldsymbol{B}(t)=\mathbf{0}_{n\times n}$, $\boldsymbol{N}=\Delta\boldsymbol{N}(t)=\mathbf{0}_{m\times m}$,即系统(3.6)表示的是没有中立项时滞的双向联想记忆神经网络,此时可以得到以下的鲁棒稳定性准则:

推论 3.2 假设(H3.1)和(H3.2)成立,$d(t)$和 $h(t)$是满足(3.3)式的任意时滞,当 $\boldsymbol{B}=\Delta\boldsymbol{B}(t)=\mathbf{0}_{n\times n}$, $\boldsymbol{N}=\Delta\boldsymbol{N}(t)=\mathbf{0}_{m\times m}$时,系统(3.6)是鲁棒渐近稳定的. 如果存在正定矩阵 $\boldsymbol{P}_1, \boldsymbol{U}, \boldsymbol{V}, \boldsymbol{Q}_1, \boldsymbol{R}_1, \boldsymbol{R}_2, \boldsymbol{R}_i\ (i=5,6,7,8)$,对称矩阵 $\boldsymbol{Z}_{11}, \boldsymbol{Z}_{22}, \boldsymbol{P}_{11}, \boldsymbol{P}_{22}, \boldsymbol{Q}_{11}, \boldsymbol{Q}_{22}, \boldsymbol{Q}_{33}, \boldsymbol{R}_{11}, \boldsymbol{R}_{22}, \boldsymbol{R}_{33}$,任意矩阵 $\boldsymbol{P}_2, \boldsymbol{P}_3, \boldsymbol{Q}_2, \boldsymbol{Q}_3, \boldsymbol{Z}_{12}, \boldsymbol{P}_{12}, \boldsymbol{Q}_{12}, \boldsymbol{Q}_{13}, \boldsymbol{Q}_{23}, \boldsymbol{R}_{12}, \boldsymbol{R}_{13}, \boldsymbol{R}_{23}, \boldsymbol{X}_j, \boldsymbol{Y}_j\ (j=1,2,\cdots,8)$以及正数 $\varepsilon_k\ (k=1,2,3,4)$,使得以下线性矩阵不等式成立:

$$\begin{bmatrix}\boldsymbol{Z}_{11} & \boldsymbol{Z}_{12}\\ \boldsymbol{Z}_{12}^{\mathrm{T}} & \boldsymbol{Z}_{22}\end{bmatrix}>0,\quad \begin{bmatrix}\boldsymbol{P}_{11} & \boldsymbol{P}_{12}\\ \boldsymbol{P}_{12}^{\mathrm{T}} & \boldsymbol{P}_{22}\end{bmatrix}>0$$

$$\begin{bmatrix}\boldsymbol{Q}_{11} & \boldsymbol{Q}_{12} & \boldsymbol{Q}_{13}\\ \boldsymbol{Q}_{12}^{\mathrm{T}} & \boldsymbol{Q}_{22} & \boldsymbol{Q}_{23}\\ \boldsymbol{Q}_{13}^{\mathrm{T}} & \boldsymbol{Q}_{23}^{\mathrm{T}} & \boldsymbol{Q}_{33}\end{bmatrix}>0,\quad \begin{bmatrix}\boldsymbol{R}_{11} & \boldsymbol{R}_{12} & \boldsymbol{R}_{13}\\ \boldsymbol{R}_{12}^{\mathrm{T}} & \boldsymbol{R}_{22} & \boldsymbol{R}_{23}\\ \boldsymbol{R}_{13}^{\mathrm{T}} & \boldsymbol{R}_{23}^{\mathrm{T}} & \boldsymbol{R}_{33}\end{bmatrix}>0$$

$$\begin{bmatrix}\boldsymbol{\Omega}_{11} & \boldsymbol{\Omega}_{12} & \boldsymbol{\Omega}_{13} & \boldsymbol{\Omega}_{14}\\ \boldsymbol{\Omega}_{12}^{\mathrm{T}} & \boldsymbol{\Omega}_{22} & \boldsymbol{\Omega}_{23} & \boldsymbol{\Omega}_{24}\\ \boldsymbol{\Omega}_{13}^{\mathrm{T}} & \boldsymbol{\Omega}_{23}^{\mathrm{T}} & \boldsymbol{\Pi}_{33} & \mathbf{0}_{8\times 4}\\ \boldsymbol{\Omega}_{14}^{\mathrm{T}} & \boldsymbol{\Omega}_{24}^{\mathrm{T}} & \mathbf{0}_{4\times 8} & \boldsymbol{\Omega}_{44}\end{bmatrix}<0$$

其中

$$\boldsymbol{\Omega}_{11}=\begin{pmatrix}\boldsymbol{\Delta}_{11} & \boldsymbol{\Lambda}_{12} & -\boldsymbol{Y}_1+\boldsymbol{Y}_3^{\mathrm{T}} & \boldsymbol{Y}_4^{\mathrm{T}}-\boldsymbol{Q}_{13} & \boldsymbol{Y}_5^{\mathrm{T}} & \boldsymbol{Y}_6^{\mathrm{T}} & \boldsymbol{Y}_7^{\mathrm{T}} & \boldsymbol{\Lambda}_{16}\\ * & \boldsymbol{\Delta}_{14} & -\boldsymbol{Y}_2 & \boldsymbol{0} & \boldsymbol{0} & \boldsymbol{\Lambda}_{22} & \boldsymbol{\Lambda}_{23} & \boldsymbol{\Lambda}_{24}\\ * & * & \boldsymbol{\Lambda}_{31} & -\boldsymbol{Y}_4^{\mathrm{T}} & -\boldsymbol{Y}_5^{\mathrm{T}} & -\boldsymbol{Y}_6^{\mathrm{T}} & -\boldsymbol{Y}_7^{\mathrm{T}} & \boldsymbol{\Lambda}_{34}\\ * & * & * & -\boldsymbol{R}_7 & \boldsymbol{0} & -\boldsymbol{Q}_{23}^{\mathrm{T}} & -\boldsymbol{Q}_{33}^{\mathrm{T}} & \boldsymbol{\Lambda}_{41}\\ * & * & * & * & \boldsymbol{\Delta}_{15} & \boldsymbol{0} & \boldsymbol{0} & -\boldsymbol{Y}_5\\ * & * & * & * & * & -\boldsymbol{Z}_{11} & -\boldsymbol{Z}_{12} & \boldsymbol{\Lambda}_{51}\\ * & * & * & * & * & * & -\boldsymbol{R}_5-\boldsymbol{Z}_{22} & \boldsymbol{\Lambda}_{61}\\ * & * & * & * & * & * & * & \boldsymbol{\Lambda}_8\end{pmatrix}$$

$$\boldsymbol{\Omega}_{12}=\begin{pmatrix}\boldsymbol{0} & \boldsymbol{0} & \boldsymbol{0} & \boldsymbol{0} & \boldsymbol{P}_2^{\mathrm{T}}\boldsymbol{A}^{\mathrm{T}} & \boldsymbol{0} & \boldsymbol{0} & \boldsymbol{0}\\ \boldsymbol{0} & \boldsymbol{0} & \boldsymbol{0} & \boldsymbol{0} & \boldsymbol{P}_3^{\mathrm{T}}\boldsymbol{A}^{\mathrm{T}} & \boldsymbol{0} & \boldsymbol{0} & \boldsymbol{0}\\ \boldsymbol{0} & \boldsymbol{0} & \boldsymbol{0} & \boldsymbol{0} & \boldsymbol{0} & \boldsymbol{0} & \boldsymbol{0} & \boldsymbol{0}\\ \boldsymbol{0} & \boldsymbol{0} & \boldsymbol{0} & \boldsymbol{0} & \boldsymbol{0} & \boldsymbol{0} & \boldsymbol{0} & \boldsymbol{0}\\ \boldsymbol{M}\boldsymbol{Q}_2 & \boldsymbol{M}\boldsymbol{Q}_3 & \boldsymbol{0} & \boldsymbol{0} & \boldsymbol{0} & \boldsymbol{0} & \boldsymbol{0} & \boldsymbol{0}\\ \boldsymbol{0} & \boldsymbol{0} & \boldsymbol{0} & \boldsymbol{0} & \boldsymbol{0} & \boldsymbol{0} & \boldsymbol{0} & \boldsymbol{0}\\ \boldsymbol{0} & \boldsymbol{0} & \boldsymbol{0} & \boldsymbol{0} & \boldsymbol{0} & \boldsymbol{0} & \boldsymbol{0} & \boldsymbol{0}\\ \boldsymbol{0} & \boldsymbol{0} & \boldsymbol{0} & \boldsymbol{0} & \boldsymbol{0} & \boldsymbol{0} & \boldsymbol{0} & \boldsymbol{0}\end{pmatrix}$$

$$\boldsymbol{\Omega}_{13}=\begin{pmatrix}\mu_2\boldsymbol{Q}_{12} & \boldsymbol{0} & \boldsymbol{0} & \boldsymbol{0} & \boldsymbol{0} & \boldsymbol{0} & \boldsymbol{0} & \boldsymbol{0}\\ \boldsymbol{0} & \boldsymbol{0} & \boldsymbol{0} & \boldsymbol{0} & \boldsymbol{0} & \boldsymbol{0} & \boldsymbol{0} & \boldsymbol{0}\\ \boldsymbol{0} & \boldsymbol{0} & \boldsymbol{0} & \boldsymbol{0} & \boldsymbol{0} & \boldsymbol{0} & \boldsymbol{0} & \boldsymbol{0}\\ \boldsymbol{0} & \boldsymbol{0} & \boldsymbol{0} & \boldsymbol{0} & \boldsymbol{0} & \boldsymbol{0} & \boldsymbol{0} & \boldsymbol{0}\\ \boldsymbol{0} & \boldsymbol{0} & \boldsymbol{0} & \boldsymbol{0} & \boldsymbol{0} & \boldsymbol{0} & \boldsymbol{0} & \boldsymbol{0}\\ \boldsymbol{0} & \mu_2\boldsymbol{Q}_{22} & \boldsymbol{0} & \boldsymbol{0} & \boldsymbol{0} & \boldsymbol{0} & \boldsymbol{0} & \boldsymbol{0}\\ \boldsymbol{0} & \boldsymbol{0} & \mu_2\boldsymbol{Q}_{23}^{\mathrm{T}} & \boldsymbol{0} & \boldsymbol{0} & \boldsymbol{0} & \boldsymbol{0} & \boldsymbol{0}\\ \boldsymbol{0} & \boldsymbol{0} & \boldsymbol{0} & \mu_2\boldsymbol{Q}_{23}^{\mathrm{T}} & \boldsymbol{0} & \boldsymbol{0} & \boldsymbol{0} & \boldsymbol{0}\end{pmatrix}$$

$$\boldsymbol{\Omega}_{14}=\begin{pmatrix}\boldsymbol{P}_2^{\mathrm{T}}\boldsymbol{H}_1 & \boldsymbol{P}_2^{\mathrm{T}}\boldsymbol{E}_2^{\mathrm{T}} & \boldsymbol{0} & \boldsymbol{0}\\ \boldsymbol{P}_3^{\mathrm{T}}\boldsymbol{H}_1 & \boldsymbol{P}_3^{\mathrm{T}}\boldsymbol{E}_2^{\mathrm{T}} & \boldsymbol{0} & \boldsymbol{0}\\ \boldsymbol{0} & \boldsymbol{0} & \boldsymbol{0} & \boldsymbol{0}\\ \boldsymbol{0} & \boldsymbol{0} & \boldsymbol{0} & \boldsymbol{0}\\ \boldsymbol{0} & \boldsymbol{0} & \boldsymbol{0} & \boldsymbol{0}\\ \boldsymbol{0} & \boldsymbol{0} & \boldsymbol{0} & \boldsymbol{0}\\ \boldsymbol{0} & \boldsymbol{0} & \boldsymbol{0} & \boldsymbol{0}\\ \boldsymbol{0} & \boldsymbol{0} & \boldsymbol{0} & \boldsymbol{0}\end{pmatrix},\quad \boldsymbol{\Omega}_{24}=\begin{pmatrix}\boldsymbol{Q}_2^{\mathrm{T}}\boldsymbol{H}_4 & \boldsymbol{Q}_2^{\mathrm{T}}\boldsymbol{E}_5^{\mathrm{T}} & \boldsymbol{0} & \boldsymbol{0}\\ \boldsymbol{Q}_3^{\mathrm{T}}\boldsymbol{H}_4 & \boldsymbol{Q}_3^{\mathrm{T}}\boldsymbol{E}_5^{\mathrm{T}} & \boldsymbol{0} & \boldsymbol{0}\\ \boldsymbol{0} & \boldsymbol{0} & \boldsymbol{0} & \boldsymbol{0}\\ \boldsymbol{0} & \boldsymbol{0} & \boldsymbol{0} & \boldsymbol{0}\\ \boldsymbol{0} & \boldsymbol{0} & \boldsymbol{0} & \boldsymbol{0}\\ \boldsymbol{0} & \boldsymbol{0} & \boldsymbol{0} & \boldsymbol{0}\\ \boldsymbol{0} & \boldsymbol{0} & \boldsymbol{0} & \boldsymbol{0}\\ \boldsymbol{0} & \boldsymbol{0} & \boldsymbol{0} & \boldsymbol{0}\end{pmatrix}$$

$$\boldsymbol{\Omega}_{22}=\begin{bmatrix} \boldsymbol{\Delta}_{24} & \boldsymbol{\Phi}_{12} & -\boldsymbol{X}_1+\boldsymbol{X}_3^{\mathrm{T}} & \boldsymbol{X}_4^{\mathrm{T}}-\boldsymbol{R}_{13} & \boldsymbol{X}_5^{\mathrm{T}} & \boldsymbol{X}_6^{\mathrm{T}} & \boldsymbol{X}_7^{\mathrm{T}} & \boldsymbol{\Phi}_{17} \\ * & \boldsymbol{\Delta}_{25} & -\boldsymbol{X}_2 & \boldsymbol{0} & \boldsymbol{0} & \boldsymbol{\Phi}_{22} & \boldsymbol{\Phi}_{23} & \boldsymbol{\Phi}_{24} \\ * & * & \boldsymbol{\Phi}_{31} & -\boldsymbol{X}_4^{\mathrm{T}} & -\boldsymbol{X}_5^{\mathrm{T}} & -\boldsymbol{X}_6^{\mathrm{T}} & -\boldsymbol{X}_7^{\mathrm{T}} & \boldsymbol{\Phi}_{34} \\ * & * & * & -\boldsymbol{R}_8 & \boldsymbol{0} & -\boldsymbol{R}_{23}^{\mathrm{T}} & -\boldsymbol{R}_{33}^{\mathrm{T}} & \boldsymbol{\Phi}_{41} \\ * & * & * & * & \boldsymbol{\Delta}_{23} & \boldsymbol{0} & \boldsymbol{0} & -\boldsymbol{X}_5 \\ * & * & * & * & * & -\boldsymbol{P}_{11} & -\boldsymbol{P}_{12} & \boldsymbol{\Phi}_{51} \\ * & * & * & * & * & * & -\boldsymbol{R}_6-\boldsymbol{P}_{22} & \boldsymbol{\Phi}_{61} \\ * & * & * & * & * & * & * & \boldsymbol{\Phi}_8 \end{bmatrix}$$

$$\boldsymbol{\Omega}_{23}=\begin{bmatrix} \boldsymbol{0} & \boldsymbol{0} & \boldsymbol{0} & \boldsymbol{0} & \mu_1\boldsymbol{R}_{12} & \boldsymbol{0} & \boldsymbol{0} & \boldsymbol{0} \\ \boldsymbol{0} & \boldsymbol{0} & \boldsymbol{0} & \boldsymbol{0} & \boldsymbol{0} & \boldsymbol{0} & \boldsymbol{0} & \boldsymbol{0} \\ \boldsymbol{0} & \boldsymbol{0} & \boldsymbol{0} & \boldsymbol{0} & \boldsymbol{0} & \boldsymbol{0} & \boldsymbol{0} & \boldsymbol{0} \\ \boldsymbol{0} & \boldsymbol{0} & \boldsymbol{0} & \boldsymbol{0} & \boldsymbol{0} & \boldsymbol{0} & \boldsymbol{0} & \boldsymbol{0} \\ \boldsymbol{0} & \boldsymbol{0} & \boldsymbol{0} & \boldsymbol{0} & \boldsymbol{0} & \boldsymbol{0} & \boldsymbol{0} & \boldsymbol{0} \\ \boldsymbol{0} & \boldsymbol{0} & \boldsymbol{0} & \boldsymbol{0} & \boldsymbol{0} & \mu_1\boldsymbol{R}_{22} & \boldsymbol{0} & \boldsymbol{0} \\ \boldsymbol{0} & \boldsymbol{0} & \boldsymbol{0} & \boldsymbol{0} & \boldsymbol{0} & \boldsymbol{0} & \mu_1\boldsymbol{R}_{23}^{\mathrm{T}} & \boldsymbol{0} \\ \boldsymbol{0} & \boldsymbol{0} & \boldsymbol{0} & \boldsymbol{0} & \boldsymbol{0} & \boldsymbol{0} & \boldsymbol{0} & \mu_1\boldsymbol{R}_{23}^{\mathrm{T}} \end{bmatrix}$$

$\boldsymbol{\Delta}_{14}=-\boldsymbol{P}_3-\boldsymbol{P}_3^{\mathrm{T}}+\bar{h}^2\boldsymbol{R}_5+\bar{h}^2\boldsymbol{Z}_{22}+\boldsymbol{R}_7$，　$\boldsymbol{\Delta}_{15}=-\boldsymbol{U}+\varepsilon_4\boldsymbol{H}_5\boldsymbol{H}_5^{\mathrm{T}}$

$\boldsymbol{\Lambda}_{16}=-\boldsymbol{Y}_1+\boldsymbol{Y}_8^{\mathrm{T}}+\boldsymbol{Q}_{12}$，　$\boldsymbol{\Delta}_{23}=-\boldsymbol{V}+\varepsilon_2\boldsymbol{H}_2\boldsymbol{H}_2^{\mathrm{T}}$

$\boldsymbol{\Delta}_{24}=-\boldsymbol{Q}_2^{\mathrm{T}}\boldsymbol{D}-\boldsymbol{D}\boldsymbol{Q}_2+\bar{d}^2\boldsymbol{P}_{11}+\boldsymbol{R}_2+\boldsymbol{X}_1+\boldsymbol{X}_1^{\mathrm{T}}+\varepsilon_3\boldsymbol{E}_4^{\mathrm{T}}\boldsymbol{E}_4$，　$\boldsymbol{\Lambda}_{34}=-\boldsymbol{Y}_3-\boldsymbol{Y}_8^{\mathrm{T}}$

$\boldsymbol{\Delta}_{25}=-\boldsymbol{Q}_3-\boldsymbol{Q}_3^{\mathrm{T}}+\bar{d}^2\boldsymbol{R}_6+\bar{d}^2\boldsymbol{P}_{22}+\boldsymbol{R}_8$，　$\boldsymbol{\Lambda}_{41}=-\boldsymbol{Y}_4-\boldsymbol{Q}_{33}^{\mathrm{T}}$

$\boldsymbol{\Lambda}_{51}=-\boldsymbol{Z}_{12}+\boldsymbol{Q}_{22}-\boldsymbol{Y}_6$，　$\boldsymbol{\Lambda}_{61}=-\boldsymbol{Z}_{22}+\boldsymbol{Q}_{23}^{\mathrm{T}}-\boldsymbol{Y}_7$

$\boldsymbol{\Phi}_{41}=-\boldsymbol{X}_4-\boldsymbol{R}_{33}^{\mathrm{T}}$，　$\boldsymbol{\Phi}_{51}=-\boldsymbol{P}_{12}+\boldsymbol{R}_{22}-\boldsymbol{X}_6$

$\boldsymbol{\Phi}_{61}=-\boldsymbol{P}_{22}+\boldsymbol{R}_{23}^{\mathrm{T}}-\boldsymbol{X}_7$，　$\boldsymbol{\Omega}_{44}=-\mathrm{diag}(\varepsilon_1\boldsymbol{I}_a,\varepsilon_2\boldsymbol{I}_a,\varepsilon_3\boldsymbol{I}_b,\varepsilon_4\boldsymbol{I}_b)$

而 $\boldsymbol{\Lambda}_{12},\boldsymbol{\Lambda}_{22},\boldsymbol{\Lambda}_{23},\boldsymbol{\Lambda}_{24},\boldsymbol{\Lambda}_{31},\boldsymbol{\Pi}_{33},\boldsymbol{\Phi}_{22},\boldsymbol{\Phi}_{23},\boldsymbol{\Phi}_{24}$ 和 $\boldsymbol{\Phi}_{31}$ 是定理 3.1 中定义的形式，$\boldsymbol{\Lambda}_8,\boldsymbol{\Phi}_{17},\boldsymbol{\Phi}_{34}$ 和 $\boldsymbol{\Phi}_8$ 是推论 3.1 中定义的形式，$\boldsymbol{\Delta}_{11}$ 和 $\boldsymbol{\Delta}_{23}$ 是定理 3.2 中定义的形式.

注 3.2　当 $\boldsymbol{B}=\Delta\boldsymbol{B}(t)=\boldsymbol{0},\boldsymbol{N}=\Delta\boldsymbol{N}(t)=\boldsymbol{0}$ 时，文献[73-78]获得了这种情况的双向联想记忆神经网络的时滞相关稳定性准则. 文献[73-76]中所考虑的双向联想记忆神经网络只具有常数时滞，而在实际的网络中，通常情况下，时滞会随时间的变化而变化. 因此，文献[73-76]的应用具有一定的局限性. 在文献[77-78]中，用积分项 $-\int_{t-d(t)}^{t}\dot{\boldsymbol{y}}^{\mathrm{T}}(s)\boldsymbol{R}\boldsymbol{y}(s)\mathrm{d}s$ 来估计 $-\int_{t-\bar{d}}^{t}\dot{\boldsymbol{y}}^{\mathrm{T}}(s)\boldsymbol{R}\boldsymbol{y}(s)\mathrm{d}s$，而忽略了积分项 $-\int_{t-\bar{d}}^{t-d(t)}\dot{\boldsymbol{y}}^{\mathrm{T}}(s)\boldsymbol{R}\boldsymbol{y}(s)\mathrm{d}s$，这可能会产生较大的保守性. 此外，在文献[77-78]中，

时变时滞的导数被限制为小于 1，然而，得到的准则对于时变时滞导数的任何值都是适用的. 因此，本章的结论要比文献[73-78] 的应用更为普遍.

3.3　数值例子

在这一节中，给出两个例子来表明所给出的方法有效.

例 3.3.1　文献[207]考虑了具有以下参数矩阵的中立型双向联想记忆神经网络(3.2)：

$$\boldsymbol{C}=\begin{pmatrix}2 & 0\\0 & 1.5\end{pmatrix},\quad \boldsymbol{A}=\begin{pmatrix}1.1 & 1\\-0.2 & 0.5\end{pmatrix},\quad \boldsymbol{B}=\begin{pmatrix}0.2 & 0.1\\0.1 & 0.2\end{pmatrix},\quad \boldsymbol{D}=\begin{pmatrix}3 & 0\\0 & 2\end{pmatrix}$$

$$\boldsymbol{M}=\begin{pmatrix}\alpha & \alpha\\0 & \alpha\end{pmatrix},\quad \boldsymbol{N}=\begin{pmatrix}0.1 & 0.2\\0.2 & 0.1\end{pmatrix},\quad \boldsymbol{L}=\boldsymbol{T}=\boldsymbol{I},\quad \tau(t)=h(t)=1 \tag{3.25}$$

利用文献[207-208]中的定理，可以得到保证系统(3.25)是渐近稳定的 α 的上界分别为 3.648 和 4.3408. 然而，利用推论 3.1，可以得到 α 的上界是 4.3594，这表明得到的准则相比文献[207-208]有较小的保守性.

例 3.3.2　考虑以下的时滞 BAM 神经网络：

$$\dot{x}_i(t)=-(c_i+\Delta c_i(t))x_i(t)+\sum_{j=1}^{2}(a_{ji}+\Delta a_{ji}(t))f_j(y_j(t-d(t)))\quad (i=1,2;j=1,2) \tag{3.26a}$$

$$\dot{y}_j(t)=-(d_j+\Delta d_j(t))y_j(t)+\sum_{i=1}^{2}(m_{ij}+\Delta m_{ij}(t))g_i(x_i(t-h(t)))\quad (i=1,2;j=1,2) \tag{3.26b}$$

其中

$$\boldsymbol{C}=\begin{pmatrix}1 & 0\\0 & 1\end{pmatrix},\quad \boldsymbol{A}=\begin{pmatrix}\alpha & 0.2\\0.2 & 0.1\end{pmatrix},\quad \boldsymbol{D}=\begin{pmatrix}1 & 0\\0 & 1\end{pmatrix},\quad \boldsymbol{M}=\begin{pmatrix}0.3 & 0.1\\0.1 & 0.3\end{pmatrix}$$

$$\boldsymbol{L}=\boldsymbol{T}=\boldsymbol{I},\quad \boldsymbol{H}_1=\boldsymbol{H}_2=\boldsymbol{H}_4=\boldsymbol{H}_5=\boldsymbol{I},\quad \boldsymbol{E}_1=\boldsymbol{E}_2=\boldsymbol{E}_4=\boldsymbol{E}_5=0.2\boldsymbol{I}$$

$$g_i(x)=\frac{1}{2}(|x+1|-|x-1|),\quad f_i(y)=\frac{1}{2}(|y+1|-|y-1|)$$

令 $\bar{d}=\bar{h}=1$，$\mu_1=1.2>1$，$\mu_2=1.5>1$，文献[77-78]中的定理无法验证系统

(3.26)是否稳定.然而,通过使用推论 3.2,可以得到保证系统(3.26)是渐近稳定的 α 的最大值是 0.2774,这表明文献[77-78]的判据要比我们的准则保守.

3.4 小　　结

本章研究了具有时变时滞和参数不确定性中立型双向联想记忆神经网络的鲁棒稳定性问题.通过构造合适的 Lyapunov-Krasovskii 泛函、自由权矩阵方法并且利用一些有用的引理,给出了 BAM 神经网络时滞相关的稳定性判据.所得到的准则对于离散时变时滞的导数的任何值都是适用的,并且具有线性矩阵不等式形式,便于求解.

第 4 章　递归神经网络的时滞相关无源性分析

神经网络因其自组织、自适应和自学习的特点被广泛应用于各个领域，在非线性系统建模与控制的应用中也发挥着越来越大的作用. 神经网络按照拓扑结构和学习规则可以分为前馈网络和递归神经网络(反馈神经网络). 前馈网络没有反馈，输出不能返回调节输入而建立动态关系. 而递归神经网络具有反映系统动态特性和存储信息的能力，动力行为的研究是递归神经网络的核心. 递归神经网络作为一种非线性系统，在其硬件实现过程中，时滞是不可避免的. 这是因为在神经网络信息的传递过程中，从神经网络自身来讲，神经元之间的通信存在延迟；从网络的硬件实现考虑，存在开关延迟和通信延迟. 在现有神经网络模型上引入轴突信号传输时滞，那么相应的动力学系统就变成了带有时滞的非线性动力学系统. 因而它的动力学性质将变得非常复杂，其动力学行为有可能演化到稳定的平衡点，还有可能产生周期振荡或混沌. 因此，具有时滞的递归神经网络的稳定性分析引起了人们的关注[56,58-59,180,185,187,190-192,195].

无源理论是分析非线性系统稳定性的一个有效工具. 无源性广泛应用于自适应控制、最优控制、机器人控制等许多不同领域，受到越来越多学者的关注[209-218]. 无源性理论是神经网络稳定性分析的重要方法，因为它只需利用系统的输入、输出之间的动态特征，就能得出有关稳定性的结论. 由于生物神经元之间以及电路实现本身存在时滞，即轴突信号传输过程中存在延迟. 因此，研究具有时滞的神经网络无源性显得尤为重要，如文献[209-213]. 文献[209]研究了具有时变时滞和参数不确定性神经网络的无源性问题. 文献中作者所提出的准则是时滞无关的，相对于时滞相关准则来说比较保守. 文献[210]研究了具有离散和分布时滞神经网络的无源性问题. 文章所考虑的神经网络不含有参数不确定性，而实际上神经元之间的权相关矩阵是依赖于服从某种不确定性的电阻和电容值的. 在文献[211]中，作者得到了细胞神经网络的时滞相关无源性准则，然而，这些准则要求时变时滞的导数小于1，具有一定的局限性.

本章研究了时滞递归神经网络的无源性问题. 所考虑的神经网络是当时滞产生后，神经元的激活函数不同的一类广义递归神经网络. 通过利用 Lyapunov 泛函方法、自由权矩阵方法及一些有用的引理，得到了此类递归神经网络满足给定的无源定义的无源性判定准则. 基于所得到的无源性准则，给出了相应的稳定性判据. 同时，把所得到的无源性准则应用到所熟知的 Hopfield 神经网络，进而给出了 Hopfield 神经网络的无源性准则. 自由权矩阵方法的使用，避免了对时变时滞导数小于 1 的限制. 最后，给出两个数值例子来表明本章提出的方法有效.

4.1 系统描述与预备知识

考虑以下由非线性微分方程所描述的不确定递归神经网络：

$$\begin{cases} \dot{x}_i(t) = -(c_i + \Delta c_i(t))x_i(t) + \sum_{j=1}^{n}(b_{ij} + \Delta b_{ij}(t))f_j(x_j(t - d(t))) \\ \qquad + \sum_{j=1}^{n}(a_{ij} + \Delta a_{ij}(t))g_j(x_j(t)) + u_i(t) \quad (i = 1,2,\cdots,n) & (4.1\text{a}) \\ z_i(t) = g_i(x_i(t)) & (4.1\text{b}) \end{cases}$$

或等价于

$$\dot{\boldsymbol{x}}(t) = -(\boldsymbol{C} + \Delta\boldsymbol{C}(t))\boldsymbol{x}(t) + (\boldsymbol{A} + \Delta\boldsymbol{A}(t))\boldsymbol{g}(\boldsymbol{x}(t)) + (\boldsymbol{B} + \Delta\boldsymbol{B}(t))\boldsymbol{f}(\boldsymbol{x}(t - d(t))) + \boldsymbol{u}(t) \tag{4.2a}$$

$$\boldsymbol{z}(t) = \boldsymbol{g}(\boldsymbol{x}(t)) \tag{4.2b}$$

其中，n 是神经网络中神经元的数量，$\boldsymbol{x}(t) = \begin{bmatrix} x_1(t) \\ x_2(t) \\ \vdots \\ x_n(t) \end{bmatrix} \in \mathbf{R}^n$ 是神经元状态向量，$\boldsymbol{g}(\boldsymbol{x}(t)) = \begin{bmatrix} g_1(x_1(t)) \\ g_2(x_2(t)) \\ \vdots \\ g_n(x_n(t)) \end{bmatrix} \in \mathbf{R}^n$ 和 $\boldsymbol{f}(\boldsymbol{x}(t - d(t))) = \begin{bmatrix} f_1(x_1(t - d(t))) \\ f_2(x_2(t - d(t))) \\ \vdots \\ f_n(x_n(t - d(t))) \end{bmatrix} \in \mathbf{R}^n$ 是激活函数向量，且 $\boldsymbol{g}(\mathbf{0}) = \mathbf{0}$，$\boldsymbol{f}(\mathbf{0}) = \mathbf{0}$，$\boldsymbol{u}(t) = \begin{bmatrix} u_1(t) \\ u_2(t) \\ \vdots \\ u_n(t) \end{bmatrix} \in \mathbf{R}^n$ 是外界输入，$\boldsymbol{z}(t) =$

$\begin{bmatrix} z_1(t) \\ z_2(t) \\ \vdots \\ z_n(t) \end{bmatrix} \in \mathbf{R}^n$ 是输出向量，时滞 $d(t)$ 是时变连续函数且满足 $0 \leqslant d(t) \leqslant d$，$\dot{d}(t) \leqslant \mu$，其中，$d$ 和 μ 是常数，$\boldsymbol{C} = \mathrm{diag}(c_1, c_2, \cdots, c_n)$ 是正定对角矩阵，$\boldsymbol{A} = (a_{ij})_{n\times n}$ 和 $\boldsymbol{B} = (b_{ij})_{n\times n}$ 代表神经元之间的权相关矩阵，$\Delta\boldsymbol{C}(t)$，$\Delta\boldsymbol{A}(t)$ 和 $\Delta\boldsymbol{B}(t)$ 是具有以下形式的参数不确定性：

$$\Delta\boldsymbol{C}(t) = \boldsymbol{H}_1\boldsymbol{F}_1(t)\boldsymbol{E}_1, \quad \Delta\boldsymbol{A}(t) = \boldsymbol{H}_2\boldsymbol{F}_2(t)\boldsymbol{E}_2, \quad \Delta\boldsymbol{B}(t) = \boldsymbol{H}_3\boldsymbol{F}_3(t)\boldsymbol{E}_3 \tag{4.3}$$

其中，$\boldsymbol{H}_i$ 和 $\boldsymbol{E}_i$ $(i = 1,2,3)$ 是具有适当维数的已知常数矩阵，$\boldsymbol{F}_i(t)$ 是已知的时变矩阵且满足

$$\boldsymbol{F}_i^{\mathrm{T}}(t)\boldsymbol{F}_i(t) \leqslant \boldsymbol{I} \quad (i = 1,2,3) \tag{4.4}$$

这一章里，假设激活函数满足以下条件：

(H4.1) 对于每一个 i 值，激活函数 g_i 和 f_i 在实数 $\mathbf{R}$ 上是有界的；

(H4.2) 存在常数 L_i^-，L_i^+，T_i^- 和 T_i^+，使得对于任意 $\xi_1, \xi_2 \in \mathbf{R}$，下式成立：

$$L_i^- \leqslant \frac{g_i(\xi_1) - g_i(\xi_2)}{\xi_1 - \xi_2} \leqslant L_i^+, \quad T_i^- \leqslant \frac{f_i(\xi_1) - f_i(\xi_2)}{\xi_1 - \xi_2} \leqslant T_i^+ \quad (i = 1,2,\cdots,n) \tag{4.5}$$

这类激活函数要比 S 形函数和分段线性函数 $f_i(x) = \frac{1}{2}(|x+1| - |x-1|)$ 应用更普遍，分段线性函数经常用在细胞神经网络中.

令 $\dot{\boldsymbol{x}}(t) = \boldsymbol{y}(t)$，则此时递归神经网络(4.2)能转化成以下的广义形式：

$$\begin{aligned}
\dot{\boldsymbol{x}}(t) &= \boldsymbol{y}(t) \\
\boldsymbol{0} &= -\boldsymbol{y}(t) - (\boldsymbol{C} + \Delta\boldsymbol{C}(t))\boldsymbol{x}(t) + (\boldsymbol{A} + \Delta\boldsymbol{A}(t))\boldsymbol{g}(\boldsymbol{x}(t)) \\
&\quad + (\boldsymbol{B} + \Delta\boldsymbol{B}(t))\boldsymbol{f}(\boldsymbol{x}(t - d(t))) + \boldsymbol{u}(t) \\
\boldsymbol{z}(t) &= \boldsymbol{g}(\boldsymbol{x}(t))
\end{aligned}$$

或者可以写成

$$\begin{aligned}
\boldsymbol{E}\dot{\bar{\boldsymbol{x}}}(t) &= \begin{bmatrix} \boldsymbol{0} & \boldsymbol{I} \\ \bar{\boldsymbol{C}} & -\boldsymbol{I} \end{bmatrix}\bar{\boldsymbol{x}}(t) + \begin{pmatrix} \boldsymbol{0} \\ \boldsymbol{A} + \Delta\boldsymbol{A}(t) \end{pmatrix}\boldsymbol{g}(\boldsymbol{x}(t)) \\
&\quad + \begin{pmatrix} \boldsymbol{0} \\ \boldsymbol{I} \end{pmatrix}\boldsymbol{u}(t) + \begin{bmatrix} \boldsymbol{0} \\ \bar{\boldsymbol{B}} \end{bmatrix}\boldsymbol{f}(\boldsymbol{x}(t - d(t)))
\end{aligned} \tag{4.6a}$$

$$\boldsymbol{z}(t) = \boldsymbol{g}(\boldsymbol{x}(t)) \tag{4.6b}$$

其中

$$\bar{\boldsymbol{C}} = -\boldsymbol{C} - \Delta\boldsymbol{C}(t), \quad \bar{\boldsymbol{B}} = \boldsymbol{B} + \Delta\boldsymbol{B}(t)$$

$$\bar{\boldsymbol{x}}(t)=\begin{pmatrix}\boldsymbol{x}(t)\\ \boldsymbol{y}(t)\end{pmatrix},\quad \boldsymbol{E}=\begin{pmatrix}\boldsymbol{I} & \boldsymbol{0}\\ \boldsymbol{0} & \boldsymbol{0}\end{pmatrix}$$

无源性有许多不同的定义形式，文献[218]给出了如下的无源性定义.

定义 4.1　称系统(4.2)是无源的.如果对于任意 $t_p \geqslant 0$，存在一个数 $\gamma \geqslant 0$，使得不等式(4.7)对于满足 $\boldsymbol{x}(\boldsymbol{0})=\boldsymbol{0}$ 初始条件的系统(4.2)的所有解都成立：

$$2\int_0^{t_p}\boldsymbol{z}^{\mathrm{T}}(s)\boldsymbol{u}(s)\mathrm{d}s \geqslant -\gamma\int_0^{t_p}\boldsymbol{u}^{\mathrm{T}}(s)\boldsymbol{u}(s)\mathrm{d}s \tag{4.7}$$

4.2 主要结果

为了得到时滞递归神经网络(4.2)的无源性判据，首先，来分析系统(4.6)的标称系统的无源性问题.如果 $\Delta\boldsymbol{C}(t)=\boldsymbol{0}$，$\Delta\boldsymbol{A}(t)=0$，$\Delta\boldsymbol{B}(t)=0$，系统(4.6)可以写成以下形式：

$$\boldsymbol{E}\dot{\bar{\boldsymbol{x}}}(t)=\begin{pmatrix}\boldsymbol{0} & \boldsymbol{I}\\ -\boldsymbol{C} & -\boldsymbol{I}\end{pmatrix}\bar{\boldsymbol{x}}(t)+\begin{pmatrix}\boldsymbol{0}\\ \boldsymbol{A}\end{pmatrix}\boldsymbol{g}(\boldsymbol{x}(t))+\begin{pmatrix}\boldsymbol{0}\\ \boldsymbol{B}\end{pmatrix}\boldsymbol{f}(\boldsymbol{x}(t-d(t)))+\begin{pmatrix}\boldsymbol{0}\\ \boldsymbol{I}\end{pmatrix}\boldsymbol{u}(t) \tag{4.8a}$$

$$\boldsymbol{z}(t)=\boldsymbol{g}(\boldsymbol{x}(t)) \tag{4.8b}$$

定理 4.1　假设(H4.1)和(H4.2)成立，(4.2)的标称系统是无源的.如果存在正定矩阵 $\boldsymbol{P}_1$，$\boldsymbol{R}_i$ $(i=1,2,\cdots,5)$，对角正定矩阵 $\boldsymbol{Q}_j$ $(j=1,2,3,4)$，对称矩阵 $\boldsymbol{Z}_{11}$，$\boldsymbol{Z}_{22}$ 以及任意矩阵 $\boldsymbol{P}_2$，$\boldsymbol{P}_3$，$\boldsymbol{Z}_{12}$，$\boldsymbol{Y}_k$，$\boldsymbol{M}_k$ $(k=1,2,\cdots,11)$，使得以下的线性矩阵不等式成立：

$$\begin{bmatrix}\boldsymbol{Z}_{11} & \boldsymbol{Z}_{12}\\ \boldsymbol{Z}_{12}^{\mathrm{T}} & \boldsymbol{Z}_{22}\end{bmatrix}>0 \tag{4.9a}$$

$$
\begin{bmatrix}
\boldsymbol{\Lambda}_1 & \boldsymbol{\Lambda}_2 & \boldsymbol{\Lambda}_3 & \boldsymbol{Y}_4^{\mathrm{T}} & \boldsymbol{\Lambda}_4 & \boldsymbol{\Lambda}_5 & \boldsymbol{\Lambda}_6 & \boldsymbol{\Lambda}_7 & \boldsymbol{\Lambda}_8 & \boldsymbol{\Lambda}_9 & \boldsymbol{Y}_{11}^{\mathrm{T}} & \boldsymbol{P}_2^{\mathrm{T}} \\
* & \boldsymbol{\Phi}_1 & \boldsymbol{\Phi}_2 & 0 & -\boldsymbol{M}_2 & -\boldsymbol{Y}_2 & \boldsymbol{\Omega}_1 & \boldsymbol{\Omega}_2 & -\boldsymbol{M}_2 & 0 & 0 & \boldsymbol{P}_3^{\mathrm{T}} \\
* & * & \boldsymbol{\Delta}_1 & \boldsymbol{\Delta}_2 & \boldsymbol{\Delta}_3 & \boldsymbol{\Delta}_4 & \boldsymbol{\Delta}_5 & \boldsymbol{\Delta}_6 & \boldsymbol{\Delta}_7 & \boldsymbol{\Delta}_8 & \boldsymbol{\Delta}_9 & \boldsymbol{0} \\
* & * & * & -\boldsymbol{Z}_{11} & \boldsymbol{\Phi}_3 & \boldsymbol{\Phi}_4 & 0 & 0 & -\boldsymbol{M}_4 & 0 & 0 & \boldsymbol{0} \\
* & * & * & * & \boldsymbol{\Phi}_5 & \boldsymbol{\Phi}_6 & \boldsymbol{\Theta}_1 & \boldsymbol{\Theta}_2 & \boldsymbol{\Phi}_7 & \boldsymbol{\Omega}_3 & \boldsymbol{\Omega}_4 & \boldsymbol{0} \\
* & * & * & * & * & \boldsymbol{\Sigma}_1 & \boldsymbol{\Theta}_3 & \boldsymbol{\Theta}_4 & \boldsymbol{\Sigma}_2 & \boldsymbol{\Omega}_5 & \boldsymbol{\Omega}_6 & \boldsymbol{0} \\
* & * & * & * & * & * & \boldsymbol{\Sigma}_3 & 0 & -\boldsymbol{M}_7 & 0 & 0 & -\boldsymbol{I} \\
* & * & * & * & * & * & * & \boldsymbol{\Sigma}_4 & -\boldsymbol{M}_8 & 0 & 0 & \boldsymbol{0} \\
* & * & * & * & * & * & * & * & \boldsymbol{\Sigma}_5 & \boldsymbol{\Omega}_3 & \boldsymbol{\Omega}_4 & \boldsymbol{0} \\
* & * & * & * & * & * & * & * & * & \boldsymbol{\Sigma}_6 & 0 & \boldsymbol{0} \\
* & * & * & * & * & * & * & * & * & * & \boldsymbol{\Sigma}_7 & \boldsymbol{0} \\
* & * & * & * & * & * & * & * & * & * & * & -\gamma\boldsymbol{I}
\end{bmatrix} < 0 \tag{4.9b}
$$

其中

$$\boldsymbol{\Lambda}_1 = -\boldsymbol{P}_2^{\mathrm{T}}\boldsymbol{C} - \boldsymbol{C}\boldsymbol{P}_2 + \boldsymbol{R}_1 + \boldsymbol{R}_4 + d^2\boldsymbol{Z}_{11} + \boldsymbol{Y}_1 + \boldsymbol{Y}_1^{\mathrm{T}} - \boldsymbol{L}^- \boldsymbol{Q}_1\boldsymbol{L}^+ - \boldsymbol{T}^- \boldsymbol{Q}_3\boldsymbol{T}^+$$

$$\boldsymbol{\Delta}_1 = -(1-\mu)\boldsymbol{R}_1 - \boldsymbol{Y}_3 - \boldsymbol{Y}_3^{\mathrm{T}} + \boldsymbol{M}_3 + \boldsymbol{M}_3^{\mathrm{T}} - \boldsymbol{L}^- \boldsymbol{Q}_2\boldsymbol{L}^+ - \boldsymbol{T}^- \boldsymbol{Q}_4\boldsymbol{T}^+$$

$$\boldsymbol{\Lambda}_2 = \boldsymbol{P}_1 - \boldsymbol{P}_2^{\mathrm{T}} - \boldsymbol{C}\boldsymbol{P}_3 + d^2\boldsymbol{Z}_{12} + \boldsymbol{Y}_2^{\mathrm{T}},\ \boldsymbol{\Lambda}_3 = \boldsymbol{M}_1 - \boldsymbol{Y}_1 + \boldsymbol{Y}_3^{\mathrm{T}},\ \boldsymbol{\Theta}_1 = -\boldsymbol{M}_7^{\mathrm{T}}$$

$$\boldsymbol{\Lambda}_4 = -\boldsymbol{M}_1 + \boldsymbol{Y}_5^{\mathrm{T}},\quad \boldsymbol{\Lambda}_5 = \boldsymbol{Y}_6^{\mathrm{T}} - \boldsymbol{Y}_1,\quad \boldsymbol{\Lambda}_6 = \boldsymbol{P}_2^{\mathrm{T}}\boldsymbol{A} + \boldsymbol{Y}_7^{\mathrm{T}} + \frac{1}{2}(\boldsymbol{L}^- + \boldsymbol{L}^+)\boldsymbol{Q}_1$$

$$\boldsymbol{\Lambda}_7 = \boldsymbol{P}_2^{\mathrm{T}}\boldsymbol{B} + \boldsymbol{Y}_8^{\mathrm{T}},\quad \boldsymbol{\Lambda}_8 = -\boldsymbol{M}_1 + \boldsymbol{Y}_9^{\mathrm{T}},\quad \boldsymbol{\Lambda}_9 = \boldsymbol{Y}_{10}^{\mathrm{T}} + \frac{1}{2}(\boldsymbol{T}^- + \boldsymbol{T}^+)\boldsymbol{Q}_3$$

$$\boldsymbol{\Phi}_1 = -\boldsymbol{P}_3 - \boldsymbol{P}_3^{\mathrm{T}} + d^2\boldsymbol{R}_5 + d^2\boldsymbol{Z}_{22},\quad \boldsymbol{\Phi}_2 = \boldsymbol{M}_2 - \boldsymbol{Y}_2,\quad \boldsymbol{\Phi}_3 = -\boldsymbol{Z}_{12} - \boldsymbol{M}_4$$

$$\boldsymbol{\Phi}_4 = -\boldsymbol{Z}_{22} - \boldsymbol{Y}_4,\quad \boldsymbol{\Phi}_5 = -\boldsymbol{R}_5 - \boldsymbol{Z}_{22} - \boldsymbol{M}_5 - \boldsymbol{M}_5^{\mathrm{T}},\quad \boldsymbol{\Phi}_6 = -\boldsymbol{Z}_{22} - \boldsymbol{Y}_5 - \boldsymbol{M}_6^{\mathrm{T}}$$

$$\boldsymbol{\Phi}_7 = -\boldsymbol{M}_5 - \boldsymbol{M}_9^{\mathrm{T}},\quad \boldsymbol{\Sigma}_1 = -\boldsymbol{R}_5 - \boldsymbol{Z}_{22} - \boldsymbol{Y}_6 - \boldsymbol{Y}_6^{\mathrm{T}},\quad \boldsymbol{\Sigma}_2 = -\boldsymbol{M}_6 - \boldsymbol{Y}_9^{\mathrm{T}}$$

$$\boldsymbol{\Sigma}_3 = \boldsymbol{R}_2 - \boldsymbol{Q}_1,\quad \boldsymbol{\Sigma}_4 = -(1-\mu)\boldsymbol{R}_3 - \boldsymbol{Q}_4,\quad \boldsymbol{\Sigma}_5 = -\boldsymbol{R}_4 - \boldsymbol{M}_9 - \boldsymbol{M}_9^{\mathrm{T}}$$

$$\boldsymbol{\Sigma}_6 = \boldsymbol{R}_3 - \boldsymbol{Q}_3,\quad \boldsymbol{\Sigma}_7 = -(1-\mu)\boldsymbol{R}_2 - \boldsymbol{Q}_2,\quad \boldsymbol{\Delta}_2 = -\boldsymbol{Y}_4^{\mathrm{T}} + \boldsymbol{M}_4^{\mathrm{T}}$$

$$\boldsymbol{\Delta}_3 = -\boldsymbol{Y}_5^{\mathrm{T}} - \boldsymbol{M}_3 + \boldsymbol{M}_5^{\mathrm{T}},\quad \boldsymbol{\Delta}_4 = -\boldsymbol{Y}_3 - \boldsymbol{Y}_6^{\mathrm{T}} + \boldsymbol{M}_6^{\mathrm{T}},\quad \boldsymbol{\Delta}_5 = -\boldsymbol{Y}_7^{\mathrm{T}} + \boldsymbol{M}_7^{\mathrm{T}}$$

$$\boldsymbol{\Delta}_6 = -\boldsymbol{Y}_8^{\mathrm{T}} + \boldsymbol{M}_8^{\mathrm{T}} + \frac{1}{2}(\boldsymbol{T}^- + \boldsymbol{T}^+)\boldsymbol{Q}_4,\quad \boldsymbol{\Delta}_7 = -\boldsymbol{M}_3 - \boldsymbol{Y}_9^{\mathrm{T}} + \boldsymbol{M}_9^{\mathrm{T}},\quad \boldsymbol{\Omega}_1 = \boldsymbol{P}_3^{\mathrm{T}}\boldsymbol{A}$$

$$\boldsymbol{\Delta}_8 = -\boldsymbol{Y}_{10}^{\mathrm{T}} + \boldsymbol{M}_{10}^{\mathrm{T}},\quad \boldsymbol{\Delta}_9 = -\boldsymbol{Y}_{11}^{\mathrm{T}} + \boldsymbol{M}_{11}^{\mathrm{T}} + \frac{1}{2}(\boldsymbol{L}^- + \boldsymbol{L}^+)\boldsymbol{Q}_2,\quad \boldsymbol{\Omega}_2 = \boldsymbol{P}_3^{\mathrm{T}}\boldsymbol{B}$$

$$\boldsymbol{\Omega}_3 = -\boldsymbol{M}_{10}^{\mathrm{T}},\quad \boldsymbol{\Omega}_4 = -\boldsymbol{M}_{11}^{\mathrm{T}},\quad \boldsymbol{\Omega}_5 = -\boldsymbol{Y}_{10}^{\mathrm{T}},\quad \boldsymbol{\Omega}_6 = -\boldsymbol{Y}_{11}^{\mathrm{T}},\quad \boldsymbol{\Theta}_2 = -\boldsymbol{M}_8^{\mathrm{T}}$$

$$\boldsymbol{\Theta}_3 = -\boldsymbol{Y}_7^{\mathrm{T}},\quad \boldsymbol{L}^- = \mathrm{diag}(L_1^-, L_2^-, \cdots, L_n^-),\quad \boldsymbol{L}^+ = \mathrm{diag}(L_1^+, L_2^+, \cdots, L_n^+)$$

$$\boldsymbol{\Theta}_4 = -\boldsymbol{Y}_8^{\mathrm{T}},\quad \boldsymbol{T}^- = \mathrm{diag}(T_1^-, T_2^-, \cdots, T_n^-),\quad \boldsymbol{T}^+ = \mathrm{diag}(T_1^+, T_2^+, \cdots, T_n^+)$$

证明 为系统(4.8)构造以下的 Lyapunov-Krasovskii 泛函：

$$V(t) = V_1(t) + V_2(t) + V_3(t) + V_4(t) + V_5(t)$$

其中

$$V_1(t) = \bar{\boldsymbol{x}}^{\mathrm{T}}(t)\boldsymbol{E}\boldsymbol{P}\bar{\boldsymbol{x}}(t)$$

$$V_2(t) = \int_{t-d(t)}^{t}[\boldsymbol{x}^{\mathrm{T}}(s)\boldsymbol{R}_1\boldsymbol{x}(s) + \boldsymbol{g}^{\mathrm{T}}(\boldsymbol{x}(s))\boldsymbol{R}_2\boldsymbol{g}(\boldsymbol{x}(s)) + \boldsymbol{f}^{\mathrm{T}}(\boldsymbol{x}(s))\boldsymbol{R}_3\boldsymbol{f}(\boldsymbol{x}(s))]\mathrm{d}s$$

$$V_3(t) = \int_{t-d}^{t}\boldsymbol{x}^{\mathrm{T}}(s)\boldsymbol{R}_4\boldsymbol{x}(s)\mathrm{d}s, \quad V_4(t) = d\int_{-d}^{0}\int_{t+\theta}^{t}\boldsymbol{y}^{\mathrm{T}}(s)\boldsymbol{R}_5\boldsymbol{y}(s)\mathrm{d}s\mathrm{d}\theta$$

$$V_5(t) = d\int_{-d}^{0}\int_{t+\theta}^{t}\begin{pmatrix}\boldsymbol{x}(s)\\ \boldsymbol{y}(s)\end{pmatrix}^{\mathrm{T}}\begin{bmatrix}\boldsymbol{Z}_{11} & \boldsymbol{Z}_{12}\\ \boldsymbol{Z}_{12}^{\mathrm{T}} & \boldsymbol{Z}_{22}\end{bmatrix}\begin{pmatrix}\boldsymbol{x}(s)\\ \boldsymbol{y}(s)\end{pmatrix}\mathrm{d}s\mathrm{d}\theta$$

$$\boldsymbol{P} = \begin{bmatrix}\boldsymbol{P}_1 & \boldsymbol{0}\\ \boldsymbol{P}_2 & \boldsymbol{P}_3\end{bmatrix}, \quad \boldsymbol{P}_1 = \boldsymbol{P}_1^{\mathrm{T}}$$

Lyapunov-Krasovskii 泛函 $V(t)$沿着系统(4.8)轨迹的导数为

$$\begin{aligned}\dot{V}_1(t) &= 2\bar{\boldsymbol{x}}^{\mathrm{T}}(t)\boldsymbol{P}^{\mathrm{T}}\boldsymbol{E}\dot{\bar{\boldsymbol{x}}}(t)\\ &= 2\bar{\boldsymbol{x}}^{\mathrm{T}}(t)\boldsymbol{P}^{\mathrm{T}}\begin{pmatrix}\boldsymbol{0} & \boldsymbol{I}\\ -\boldsymbol{C} & -\boldsymbol{I}\end{pmatrix}\bar{\boldsymbol{x}}(t) + 2\bar{\boldsymbol{x}}^{\mathrm{T}}(t)\boldsymbol{P}^{\mathrm{T}}\begin{pmatrix}\boldsymbol{0}\\ \boldsymbol{A}\end{pmatrix}\boldsymbol{g}(\boldsymbol{x}(t))\\ &\quad + 2\bar{\boldsymbol{x}}^{\mathrm{T}}(t)\boldsymbol{P}^{\mathrm{T}}\begin{pmatrix}\boldsymbol{0}\\ \boldsymbol{I}\end{pmatrix}\boldsymbol{u}(t) + 2\bar{\boldsymbol{x}}^{\mathrm{T}}(t)\boldsymbol{P}^{\mathrm{T}}\begin{pmatrix}\boldsymbol{0}\\ \boldsymbol{B}\end{pmatrix}\boldsymbol{f}(\boldsymbol{x}(t-d(t)))\end{aligned} \tag{4.10}$$

$$\begin{aligned}\dot{V}_2(t) \leqslant\ & \boldsymbol{x}^{\mathrm{T}}(t)\boldsymbol{R}_1\boldsymbol{x}(t) - (1-\mu)\boldsymbol{x}^{\mathrm{T}}(t-d(t))\boldsymbol{R}_1\boldsymbol{x}(t-d(t))\\ & + \boldsymbol{g}^{\mathrm{T}}(\boldsymbol{x}(t))\boldsymbol{R}_2\boldsymbol{g}(\boldsymbol{x}(t)) - (1-\mu)\boldsymbol{g}^{\mathrm{T}}(\boldsymbol{x}(t-d(t)))\boldsymbol{R}_2\boldsymbol{g}(\boldsymbol{x}(t-d(t)))\\ & + \boldsymbol{f}^{\mathrm{T}}(\boldsymbol{x}(t))\boldsymbol{R}_3\boldsymbol{f}(\boldsymbol{x}(t))\\ & - (1-\mu)\boldsymbol{f}^{\mathrm{T}}(\boldsymbol{x}(t-d(t)))\boldsymbol{R}_3\boldsymbol{f}(\boldsymbol{x}(t-d(t)))\end{aligned} \tag{4.11}$$

$$\dot{V}_3(t) \leqslant \boldsymbol{x}^{\mathrm{T}}(t)\boldsymbol{R}_4\boldsymbol{x}(t) - \boldsymbol{x}^{\mathrm{T}}(t-d)\boldsymbol{R}_4\boldsymbol{x}(t-d) \tag{4.12}$$

根据引理 1.2，有以下不等式成立：

$$\begin{aligned}\dot{V}_4(t) &= d^2\boldsymbol{y}^{\mathrm{T}}(t)\boldsymbol{R}_5\boldsymbol{y}(t) - d\int_{t-d}^{t}\boldsymbol{y}^{\mathrm{T}}(s)\boldsymbol{R}_5\boldsymbol{y}(s)\mathrm{d}s\\ &\leqslant d^2\boldsymbol{y}^{\mathrm{T}}(t)\boldsymbol{R}_5\boldsymbol{y}(t) - \left(\int_{t-d}^{t-d(t)}\boldsymbol{y}(s)\mathrm{d}s\right)^{\mathrm{T}}\boldsymbol{R}_5\left(\int_{t-d}^{t-d(t)}\boldsymbol{y}(s)\mathrm{d}s\right)\\ &\quad - \left(\int_{t-d(t)}^{t}\boldsymbol{y}(s)\mathrm{d}s\right)^{\mathrm{T}}\boldsymbol{R}_5\left(\int_{t-d(t)}^{t}\boldsymbol{y}(s)\mathrm{d}s\right)\end{aligned} \tag{4.13}$$

$$\begin{aligned}\dot{V}_5(t) &= d^2\begin{pmatrix}\boldsymbol{x}(t)\\ \boldsymbol{y}(t)\end{pmatrix}^{\mathrm{T}}\begin{bmatrix}\boldsymbol{Z}_{11} & \boldsymbol{Z}_{12}\\ \boldsymbol{Z}_{12}^{\mathrm{T}} & \boldsymbol{Z}_{22}\end{bmatrix}\begin{pmatrix}\boldsymbol{x}(t)\\ \boldsymbol{y}(t)\end{pmatrix}\\ &\quad - d\int_{t-d}^{t}\begin{pmatrix}\boldsymbol{x}(s)\\ \boldsymbol{y}(s)\end{pmatrix}^{\mathrm{T}}\begin{bmatrix}\boldsymbol{Z}_{11} & \boldsymbol{Z}_{12}\\ \boldsymbol{Z}_{12}^{\mathrm{T}} & \boldsymbol{Z}_{22}\end{bmatrix}\begin{pmatrix}\boldsymbol{x}(s)\\ \boldsymbol{y}(s)\end{pmatrix}\mathrm{d}s\mathrm{d}\theta\end{aligned}$$

$$
\leqslant -\begin{pmatrix} \int_{t-d}^{t} \boldsymbol{x}(s)\mathrm{d}s \\ \int_{t-d}^{t-d(t)} \boldsymbol{y}(s)\mathrm{d}s \\ +\int_{t-d(t)}^{t} \boldsymbol{y}(s)\mathrm{d}s \end{pmatrix}^{\mathrm{T}} \begin{bmatrix} \boldsymbol{Z}_{11} & \boldsymbol{Z}_{12} \\ \boldsymbol{Z}_{12}^{\mathrm{T}} & \boldsymbol{Z}_{22} \end{bmatrix} \begin{pmatrix} \int_{t-d}^{t} \boldsymbol{x}(s)\mathrm{d}s \\ \int_{t-d}^{t-d(t)} \boldsymbol{y}(s)\mathrm{d}s \\ +\int_{t-d(t)}^{t} \boldsymbol{y}(s)\mathrm{d}s \end{pmatrix}
$$

$$
+ d^2 \begin{pmatrix} \boldsymbol{x}(t) \\ \boldsymbol{y}(t) \end{pmatrix}^{\mathrm{T}} \begin{bmatrix} \boldsymbol{Z}_{11} & \boldsymbol{Z}_{12} \\ \boldsymbol{Z}_{12}^{\mathrm{T}} & \boldsymbol{Z}_{22} \end{bmatrix} \begin{pmatrix} \boldsymbol{x}(t) \\ \boldsymbol{y}(t) \end{pmatrix}
$$

$$
= d^2 \begin{pmatrix} \boldsymbol{x}(t) \\ \boldsymbol{y}(t) \end{pmatrix}^{\mathrm{T}} \begin{bmatrix} \boldsymbol{Z}_{11} & \boldsymbol{Z}_{12} \\ \boldsymbol{Z}_{12}^{\mathrm{T}} & \boldsymbol{Z}_{22} \end{bmatrix} \begin{pmatrix} \boldsymbol{x}(t) \\ \boldsymbol{y}(t) \end{pmatrix} + \boldsymbol{\xi}^{\mathrm{T}}(t)\bar{\boldsymbol{\Omega}}\boldsymbol{\xi}(t) \tag{4.14}
$$

其中

$$
\boldsymbol{\xi}(t) = \begin{pmatrix} \bar{\boldsymbol{x}}(t) \\ \boldsymbol{x}(t-d(t)) \\ \int_{t-d}^{t} \boldsymbol{x}(s)\mathrm{d}s \\ \int_{t-d}^{t-d(t)} \boldsymbol{y}(s)\mathrm{d}s \\ \int_{t-d(t)}^{t} \boldsymbol{y}(s)\mathrm{d}s \\ \boldsymbol{g}(\boldsymbol{x}(t)) \\ \boldsymbol{f}(\boldsymbol{x}(t-d(t))) \\ \boldsymbol{x}(t-d) \\ \boldsymbol{f}(\boldsymbol{x}(t)) \\ \boldsymbol{g}(\boldsymbol{x}(t-d(t))) \end{pmatrix}
$$

$$
\bar{\boldsymbol{\Omega}} = \begin{pmatrix}
\mathbf{0} & \mathbf{0} & \mathbf{0} & \mathbf{0} & \mathbf{0} & \mathbf{0} & \mathbf{0} & \mathbf{0} & \mathbf{0} & \mathbf{0} & \mathbf{0} \\
\mathbf{0} & \mathbf{0} & \mathbf{0} & \mathbf{0} & \mathbf{0} & \mathbf{0} & \mathbf{0} & \mathbf{0} & \mathbf{0} & \mathbf{0} & \mathbf{0} \\
\mathbf{0} & \mathbf{0} & \mathbf{0} & \mathbf{0} & \mathbf{0} & \mathbf{0} & \mathbf{0} & \mathbf{0} & \mathbf{0} & \mathbf{0} & \mathbf{0} \\
\mathbf{0} & \mathbf{0} & \mathbf{0} & -\boldsymbol{Z}_{11} & -\boldsymbol{Z}_{12} & -\boldsymbol{Z}_{12} & \mathbf{0} & \mathbf{0} & \mathbf{0} & \mathbf{0} & \mathbf{0} \\
\mathbf{0} & \mathbf{0} & \mathbf{0} & -\boldsymbol{Z}_{12}^{\mathrm{T}} & -\boldsymbol{Z}_{22} & -\boldsymbol{Z}_{22} & \mathbf{0} & \mathbf{0} & \mathbf{0} & \mathbf{0} & \mathbf{0} \\
\mathbf{0} & \mathbf{0} & \mathbf{0} & -\boldsymbol{Z}_{12}^{\mathrm{T}} & -\boldsymbol{Z}_{22} & -\boldsymbol{Z}_{22} & \mathbf{0} & \mathbf{0} & \mathbf{0} & \mathbf{0} & \mathbf{0} \\
\mathbf{0} & \mathbf{0} & \mathbf{0} & \mathbf{0} & \mathbf{0} & \mathbf{0} & \mathbf{0} & \mathbf{0} & \mathbf{0} & \mathbf{0} & \mathbf{0} \\
\mathbf{0} & \mathbf{0} & \mathbf{0} & \mathbf{0} & \mathbf{0} & \mathbf{0} & \mathbf{0} & \mathbf{0} & \mathbf{0} & \mathbf{0} & \mathbf{0} \\
\mathbf{0} & \mathbf{0} & \mathbf{0} & \mathbf{0} & \mathbf{0} & \mathbf{0} & \mathbf{0} & \mathbf{0} & \mathbf{0} & \mathbf{0} & \mathbf{0} \\
\mathbf{0} & \mathbf{0} & \mathbf{0} & \mathbf{0} & \mathbf{0} & \mathbf{0} & \mathbf{0} & \mathbf{0} & \mathbf{0} & \mathbf{0} & \mathbf{0} \\
\mathbf{0} & \mathbf{0} & \mathbf{0} & \mathbf{0} & \mathbf{0} & \mathbf{0} & \mathbf{0} & \mathbf{0} & \mathbf{0} & \mathbf{0} & \mathbf{0}
\end{pmatrix}
$$

根据牛顿-莱布尼茨公式,可以把具有任意矩阵 $\boldsymbol{Y}_i$ 和 $\boldsymbol{M}_i(i=1,2,\cdots,11)$ 的下列方程加到 $\dot{V}(t)$ 中:

$$2\boldsymbol{\xi}^{\mathrm{T}}(t)\boldsymbol{Y}\left[\boldsymbol{x}(t)-\boldsymbol{x}(t-d(t))-\int_{t-d(t)}^{t}\boldsymbol{y}(s)\mathrm{d}s\right]=0 \tag{4.15}$$

$$2\boldsymbol{\xi}^{\mathrm{T}}(t)\boldsymbol{M}\left[\boldsymbol{x}(t-d(t))-\boldsymbol{x}(t-d)-\int_{t-d}^{t-d(t)}\boldsymbol{y}(s)\mathrm{d}s\right]=0 \tag{4.16}$$

其中

$$\boldsymbol{Y}^{\mathrm{T}}=(\boldsymbol{Y}_1^{\mathrm{T}}\quad \boldsymbol{Y}_2^{\mathrm{T}}\quad \boldsymbol{Y}_3^{\mathrm{T}}\quad \boldsymbol{Y}_4^{\mathrm{T}}\quad \boldsymbol{Y}_5^{\mathrm{T}}\quad \boldsymbol{Y}_6^{\mathrm{T}}\quad \boldsymbol{Y}_7^{\mathrm{T}}\quad \boldsymbol{Y}_8^{\mathrm{T}}\quad \boldsymbol{Y}_9^{\mathrm{T}}\quad \boldsymbol{Y}_{10}^{\mathrm{T}}\quad \boldsymbol{Y}_{11}^{\mathrm{T}})$$

$$\boldsymbol{M}^{\mathrm{T}}=(\boldsymbol{M}_1^{\mathrm{T}}\quad \boldsymbol{M}_2^{\mathrm{T}}\quad \boldsymbol{M}_3^{\mathrm{T}}\quad \boldsymbol{M}_4^{\mathrm{T}}\quad \boldsymbol{M}_5^{\mathrm{T}}\quad \boldsymbol{M}_6^{\mathrm{T}}\quad \boldsymbol{M}_7^{\mathrm{T}}\quad \boldsymbol{M}_8^{\mathrm{T}}\quad \boldsymbol{M}_9^{\mathrm{T}}\quad \boldsymbol{M}_{10}^{\mathrm{T}}\quad \boldsymbol{M}_{11}^{\mathrm{T}})$$

根据(4.5)式可知,存在正定对角矩阵 $\boldsymbol{Q}_1,\boldsymbol{Q}_2,\boldsymbol{Q}_3,\boldsymbol{Q}_4$,使得以下不等式成立:

$$\begin{aligned}&\boldsymbol{g}^{\mathrm{T}}(\boldsymbol{x}(t))\boldsymbol{Q}_1\boldsymbol{g}(\boldsymbol{x}(t))-\boldsymbol{x}^{\mathrm{T}}(t)(\boldsymbol{L}^-+\boldsymbol{L}^+)\boldsymbol{Q}_1\boldsymbol{g}(\boldsymbol{x}(t))\\&\quad+\boldsymbol{x}^{\mathrm{T}}(t)\boldsymbol{L}^-\boldsymbol{Q}_1\boldsymbol{L}^+\boldsymbol{x}(t)\leqslant 0\end{aligned} \tag{4.17}$$

$$\begin{aligned}&\boldsymbol{g}^{\mathrm{T}}(\boldsymbol{x}(t-d(t)))\boldsymbol{Q}_2\boldsymbol{g}(\boldsymbol{x}(t-d(t)))\\&\quad-\boldsymbol{x}^{\mathrm{T}}(t-d(t))(\boldsymbol{L}^-+\boldsymbol{L}^+)\boldsymbol{Q}_2\boldsymbol{g}(\boldsymbol{x}(t-d(t)))\\&\quad+\boldsymbol{x}^{\mathrm{T}}(t-d(t))\boldsymbol{L}^-\boldsymbol{Q}_2\boldsymbol{L}^+\boldsymbol{x}(t-d(t))\leqslant 0\end{aligned} \tag{4.18}$$

$$\begin{aligned}&\boldsymbol{f}^{\mathrm{T}}(\boldsymbol{x}(t))\boldsymbol{Q}_3\boldsymbol{f}(\boldsymbol{x}(t))-\boldsymbol{x}^{\mathrm{T}}(t)(\boldsymbol{T}^-+\boldsymbol{T}^+)\boldsymbol{Q}_3\boldsymbol{f}(\boldsymbol{x}(t))\\&\quad+\boldsymbol{x}^{\mathrm{T}}(t)\boldsymbol{T}^-\boldsymbol{Q}_3\boldsymbol{T}^+\boldsymbol{x}(t)\leqslant 0\end{aligned} \tag{4.19}$$

$$\begin{aligned}&\boldsymbol{f}^{\mathrm{T}}(\boldsymbol{x}(t-d(t)))\boldsymbol{Q}_4\boldsymbol{f}(\boldsymbol{x}(t-d(t)))\\&\quad-\boldsymbol{x}^{\mathrm{T}}(t-d(t))(\boldsymbol{T}^-+\boldsymbol{T}^+)\boldsymbol{Q}_4\boldsymbol{f}(\boldsymbol{x}(t-d(t)))\\&\quad+\boldsymbol{x}^{\mathrm{T}}(t-d(t))\boldsymbol{T}^-\boldsymbol{Q}_4\boldsymbol{T}^+\boldsymbol{x}(t-d(t))\leqslant 0\end{aligned} \tag{4.20}$$

把(4.10)式～(4.20)式代入以下方程,整理可得

$$\begin{aligned}&\dot{V}(t)-2\boldsymbol{z}^{\mathrm{T}}(t)\boldsymbol{u}(t)-\gamma\boldsymbol{u}^{\mathrm{T}}(t)\boldsymbol{u}(t)\\&\leqslant\bar{\boldsymbol{x}}^{\mathrm{T}}(t)\left[\boldsymbol{P}^{\mathrm{T}}\begin{pmatrix}\boldsymbol{0}&\boldsymbol{I}\\-\boldsymbol{C}&-\boldsymbol{I}\end{pmatrix}\right.\\&\quad+\begin{pmatrix}\boldsymbol{R}_1-\boldsymbol{T}^-\boldsymbol{Q}_3\boldsymbol{T}^++\boldsymbol{R}_4+d^2\boldsymbol{Z}_{11}-\boldsymbol{L}^-\boldsymbol{Q}_1\boldsymbol{L}^+&d^2\boldsymbol{Z}_{12}\\d^2\boldsymbol{Z}_{12}^{\mathrm{T}}&d^2\boldsymbol{R}_5+d^2\boldsymbol{Z}_{22}\end{pmatrix}\\&\quad\left.+\begin{pmatrix}\boldsymbol{0}&-\boldsymbol{C}\\\boldsymbol{I}&-\boldsymbol{I}\end{pmatrix}\boldsymbol{P}\right]\bar{\boldsymbol{x}}(t)+2\bar{\boldsymbol{x}}^{\mathrm{T}}(t)\boldsymbol{P}^{\mathrm{T}}\begin{pmatrix}\boldsymbol{0}\\\boldsymbol{A}\end{pmatrix}\boldsymbol{g}(\boldsymbol{x}(t))\\&\quad+2\bar{\boldsymbol{x}}^{\mathrm{T}}(t)\boldsymbol{P}^{\mathrm{T}}\begin{pmatrix}\boldsymbol{0}\\\boldsymbol{B}\end{pmatrix}\boldsymbol{f}(\boldsymbol{x}(t-d(t)))\\&\quad+2\bar{\boldsymbol{x}}^{\mathrm{T}}(t)\boldsymbol{P}^{\mathrm{T}}\begin{pmatrix}\boldsymbol{0}\\\boldsymbol{I}\end{pmatrix}\boldsymbol{u}(t)-2\boldsymbol{g}^{\mathrm{T}}(\boldsymbol{x}(t))\boldsymbol{u}(t)\\&\quad-\left(\int_{t-d(t)}^{t}\boldsymbol{y}(s)\mathrm{d}s\right)^{\mathrm{T}}\boldsymbol{R}_2\left(\int_{t-d(t)}^{t}\boldsymbol{y}(s)\mathrm{d}s\right)\end{aligned}$$

$$
\begin{aligned}
&-\gamma \boldsymbol{u}^{\mathrm{T}}(t)\boldsymbol{u}(t)-\left(\int_{t-d}^{t-d(t)}\boldsymbol{y}(s)\mathrm{d}s\right)^{\mathrm{T}}\boldsymbol{R}_2\left(\int_{t-d}^{t-d(t)}\boldsymbol{y}(s)\mathrm{d}s\right)\\
&-(1-\mu)\boldsymbol{x}^{\mathrm{T}}(t-d(t))\boldsymbol{R}_1\boldsymbol{x}(t-d(t))\\
&+2\boldsymbol{\xi}^{\mathrm{T}}(t)\boldsymbol{Y}\left[\boldsymbol{x}(t)-\boldsymbol{x}(t-d(t))+\int_{t-d(t)}^{t}\boldsymbol{y}(s)\mathrm{d}s\right]\\
&+\boldsymbol{\xi}^{\mathrm{T}}(t)\boldsymbol{\Omega}_1\boldsymbol{\xi}(t)-\boldsymbol{x}^{\mathrm{T}}(t-d)\boldsymbol{R}_4\boldsymbol{x}(t-d)\\
&+2\boldsymbol{\xi}^{\mathrm{T}}(t)\boldsymbol{M}\left[\boldsymbol{x}(t-d(t))-\boldsymbol{x}(t-d)\right.\\
&\left.-\int_{t-d}^{t-d(t)}\boldsymbol{y}(s)\mathrm{d}s\right]-\boldsymbol{x}^{\mathrm{T}}(t-d)\boldsymbol{R}_4\boldsymbol{x}(t-d)\\
=\;&(\boldsymbol{\xi}^{\mathrm{T}}(t)\quad \boldsymbol{u}^{\mathrm{T}}(t))\boldsymbol{\Pi}(\boldsymbol{\xi}^{\mathrm{T}}(t)\quad \boldsymbol{u}^{\mathrm{T}}(t))^{\mathrm{T}}
\end{aligned}
$$

其中

$$
\boldsymbol{\Pi}=\begin{pmatrix}
\boldsymbol{\Xi}_1 & \boldsymbol{\Xi}_2 & \boldsymbol{\Xi}_3 & \boldsymbol{\Xi}_4 & \boldsymbol{\Xi}_5 & \boldsymbol{\Xi}_6 & \boldsymbol{\Xi}_7 & \boldsymbol{\Xi}_8 & \boldsymbol{\Xi}_9 & \boldsymbol{\Xi}_{10} & \boldsymbol{\Xi}_{11}\\
* & \boldsymbol{\Delta}_1 & \boldsymbol{\Delta}_2 & \boldsymbol{\Delta}_3 & \boldsymbol{\Delta}_4 & \boldsymbol{\Delta}_5 & \boldsymbol{\Delta}_6 & \boldsymbol{\Delta}_7 & \boldsymbol{\Delta}_8 & \boldsymbol{\Delta}_9 & \boldsymbol{0}\\
* & * & -\boldsymbol{Z}_{11} & \boldsymbol{\Phi}_3 & \boldsymbol{\Phi}_4 & \boldsymbol{0} & \boldsymbol{0} & -\boldsymbol{M}_4 & \boldsymbol{0} & \boldsymbol{0} & \boldsymbol{0}\\
* & * & * & \boldsymbol{\Phi}_5 & \boldsymbol{\Phi}_6 & \boldsymbol{\Theta}_1 & \boldsymbol{\Theta}_2 & \boldsymbol{\Phi}_7 & \boldsymbol{\Omega}_3 & \boldsymbol{\Omega}_4 & \boldsymbol{0}\\
* & * & * & * & \boldsymbol{\Sigma}_1 & \boldsymbol{\Theta}_3 & \boldsymbol{\Theta}_4 & \boldsymbol{\Sigma}_2 & \boldsymbol{\Omega}_5 & \boldsymbol{\Omega}_6 & \boldsymbol{0}\\
* & * & * & * & * & \boldsymbol{\Sigma}_3 & \boldsymbol{0} & -\boldsymbol{M}_7 & \boldsymbol{0} & \boldsymbol{0} & -\boldsymbol{I}\\
* & * & * & * & * & * & \boldsymbol{\Sigma}_4 & -\boldsymbol{M}_8 & \boldsymbol{0} & \boldsymbol{0} & \boldsymbol{0}\\
* & * & * & * & * & * & * & \boldsymbol{\Sigma}_5 & \boldsymbol{\Omega}_3 & \boldsymbol{\Omega}_4 & \boldsymbol{0}\\
* & * & * & * & * & * & * & * & \boldsymbol{\Sigma}_6 & \boldsymbol{0} & \boldsymbol{0}\\
* & * & * & * & * & * & * & * & * & \boldsymbol{\Sigma}_7 & \boldsymbol{0}\\
* & * & * & * & * & * & * & * & * & * & -\gamma\boldsymbol{I}
\end{pmatrix}
$$

$$
\boldsymbol{\Xi}_1=\boldsymbol{P}^{\mathrm{T}}\begin{pmatrix}\boldsymbol{0} & \boldsymbol{I}\\ -\boldsymbol{C} & -\boldsymbol{I}\end{pmatrix}+\begin{pmatrix}\boldsymbol{0} & -\boldsymbol{C}\\ \boldsymbol{I} & -\boldsymbol{I}\end{pmatrix}\boldsymbol{P}+\begin{pmatrix}\overline{\boldsymbol{\Xi}}_1 & d^2\boldsymbol{Z}_{12}\\ d^2\boldsymbol{Z}_{12}^{\mathrm{T}} & d^2\boldsymbol{R}_5+d^2\boldsymbol{Z}_{22}\end{pmatrix}
$$

$$
\overline{\boldsymbol{\Xi}}_1=\boldsymbol{R}_1-\boldsymbol{T}^-\boldsymbol{Q}_3\boldsymbol{T}^++\boldsymbol{R}_4+d^2\boldsymbol{Z}_{11}-\boldsymbol{L}^-\boldsymbol{Q}_1\boldsymbol{L}^+
$$

$$
\boldsymbol{\Xi}_2=\begin{pmatrix}-\boldsymbol{Y}_1+\boldsymbol{Y}_3^{\mathrm{T}}+\boldsymbol{M}_1\\ -\boldsymbol{Y}_2+\boldsymbol{M}_2\end{pmatrix},\quad \boldsymbol{\Xi}_3=\begin{pmatrix}\boldsymbol{Y}_4^{\mathrm{T}}\\ \boldsymbol{0}\end{pmatrix},\quad \boldsymbol{\Xi}_4=\begin{pmatrix}\boldsymbol{Y}_5^{\mathrm{T}}-\boldsymbol{M}_1\\ -\boldsymbol{M}_2\end{pmatrix}
$$

$$
\boldsymbol{\Xi}_5=\begin{pmatrix}-\boldsymbol{Y}_1+\boldsymbol{Y}_6^{\mathrm{T}}\\ -\boldsymbol{Y}_2\end{pmatrix},\quad \boldsymbol{\Xi}_6=\begin{pmatrix}\boldsymbol{P}_2^{\mathrm{T}}\boldsymbol{A}+\boldsymbol{Y}_7^{\mathrm{T}}+\dfrac{1}{2}(\boldsymbol{L}^-+\boldsymbol{L}^+)\boldsymbol{Q}_1\\ \boldsymbol{P}_3^{\mathrm{T}}\boldsymbol{A}\end{pmatrix}
$$

$$
\boldsymbol{\Xi}_7=\begin{pmatrix}\boldsymbol{P}_2^{\mathrm{T}}\boldsymbol{B}+\boldsymbol{Y}_8^{\mathrm{T}}\\ \boldsymbol{P}_3^{\mathrm{T}}\boldsymbol{B}\end{pmatrix},\quad \boldsymbol{\Xi}_8=\begin{pmatrix}\boldsymbol{Y}_9^{\mathrm{T}}-\boldsymbol{M}_1\\ -\boldsymbol{M}_2\end{pmatrix},\quad \boldsymbol{\Xi}_9=\begin{pmatrix}\boldsymbol{Y}_{10}^{\mathrm{T}}+\dfrac{1}{2}(\boldsymbol{T}^-+\boldsymbol{T}^+)\boldsymbol{Q}_3\\ \boldsymbol{0}\end{pmatrix}
$$

$$\boldsymbol{\Xi}_{10} = \begin{pmatrix} \boldsymbol{Y}_{11}^{\mathrm{T}} \\ \boldsymbol{0} \end{pmatrix}, \quad \boldsymbol{\Xi}_{11} = \begin{pmatrix} \boldsymbol{P}_2^{\mathrm{T}} \\ \boldsymbol{P}_3^{\mathrm{T}} \end{pmatrix}$$

根据 Schur 补引理，不等式(4.9)等价于 $\boldsymbol{\Pi}<0$，因此

$$\dot{V}(t) - 2z^{\mathrm{T}}(t)\boldsymbol{u}(t) - \gamma\boldsymbol{u}^{\mathrm{T}}(t)\boldsymbol{u}(t) < 0 \tag{4.21}$$

对(4.21)式关于 t 从 0 到 t_{p} 积分，可以得到

$$2\int_0^{t_{\mathrm{p}}} \boldsymbol{z}^{\mathrm{T}}(s)\boldsymbol{u}(s)\mathrm{d}s \geqslant V(t_{\mathrm{p}}) - V(0) - \gamma\int_0^{t_{\mathrm{p}}} \boldsymbol{u}^{\mathrm{T}}(s)\boldsymbol{u}(s)\mathrm{d}s$$

当 $\boldsymbol{x}(0)=\boldsymbol{0}$ 时，$V(0)=0$，而当 $\boldsymbol{x}(t)\neq 0$ 时，则 $V(t)>0$，所以(4.7)式成立. 因此，根据定义 4.1 可知，系统(4.2)的标称系统是无源的. 证毕.

基于定理 4.1，当 $\boldsymbol{u}(t)=\boldsymbol{0}$ 时，可以得到系统(4.2)的标称系统渐近稳定的判定准则.

推论 4.1　假设(H4.1)和(H4.2)成立，当 $\boldsymbol{u}(t)=\boldsymbol{0}$ 时，系统(4.2)的标称系统是渐近稳定的. 如果存在正定矩阵 $\boldsymbol{P}_1, \boldsymbol{R}_i\ (i=1,2,\cdots,5)$，对角正定矩阵 $\boldsymbol{Q}_j\ (j=1,2,3,4)$，对称矩阵 $\boldsymbol{Z}_{11}, \boldsymbol{Z}_{22}$ 以及任意矩阵 $\boldsymbol{P}_2, \boldsymbol{P}_3, \boldsymbol{Z}_{12}, \boldsymbol{Y}_k, \boldsymbol{M}_k\ (k=1,2,\cdots,11)$，使得以下的线性矩阵不等式成立：

$$\begin{pmatrix} \boldsymbol{Z}_{11} & \boldsymbol{Z}_{12} \\ \boldsymbol{Z}_{12}^{\mathrm{T}} & \boldsymbol{Z}_{22} \end{pmatrix} > 0$$

$$\begin{pmatrix}
\boldsymbol{\Lambda}_1 & \boldsymbol{\Lambda}_2 & \boldsymbol{\Lambda}_3 & \boldsymbol{Y}_4^{\mathrm{T}} & \boldsymbol{\Lambda}_4 & \boldsymbol{\Lambda}_5 & \boldsymbol{\Lambda}_6 & \boldsymbol{\Lambda}_7 & \boldsymbol{\Lambda}_8 & \boldsymbol{\Lambda}_9 & \boldsymbol{Y}_{11}^{\mathrm{T}} \\
* & \boldsymbol{\Phi}_1 & \boldsymbol{\Phi}_2 & \boldsymbol{0} & -\boldsymbol{M}_2 & -\boldsymbol{Y}_2 & \boldsymbol{\Omega}_1 & \boldsymbol{\Omega}_2 & -\boldsymbol{M}_2 & \boldsymbol{0} & \boldsymbol{0} \\
* & * & \boldsymbol{\Delta}_1 & \boldsymbol{\Delta}_2 & \boldsymbol{\Delta}_3 & \boldsymbol{\Delta}_4 & \boldsymbol{\Delta}_5 & \boldsymbol{\Delta}_6 & \boldsymbol{\Delta}_7 & \boldsymbol{\Delta}_8 & \boldsymbol{\Delta}_9 \\
* & * & * & -\boldsymbol{Z}_{11} & \boldsymbol{\Phi}_3 & \boldsymbol{\Phi}_4 & \boldsymbol{0} & \boldsymbol{0} & -\boldsymbol{M}_4 & \boldsymbol{0} & \boldsymbol{0} \\
* & * & * & * & \boldsymbol{\Phi}_5 & \boldsymbol{\Phi}_6 & \boldsymbol{\Theta}_1 & \boldsymbol{\Theta}_2 & \boldsymbol{\Phi}_7 & \boldsymbol{\Omega}_3 & \boldsymbol{\Omega}_4 \\
* & * & * & * & * & \boldsymbol{\Sigma}_1 & \boldsymbol{\Theta}_3 & \boldsymbol{\Theta}_4 & \boldsymbol{\Sigma}_2 & \boldsymbol{\Omega}_5 & \boldsymbol{\Omega}_6 \\
* & * & * & * & * & * & \boldsymbol{\Sigma}_3 & \boldsymbol{0} & -\boldsymbol{M}_7 & \boldsymbol{0} & \boldsymbol{0} \\
* & * & * & * & * & * & * & \boldsymbol{\Sigma}_4 & -\boldsymbol{M}_8 & \boldsymbol{0} & \boldsymbol{0} \\
* & * & * & * & * & * & * & * & \boldsymbol{\Sigma}_5 & \boldsymbol{\Omega}_3 & \boldsymbol{\Omega}_4 \\
* & * & * & * & * & * & * & * & * & \boldsymbol{\Sigma}_6 & \boldsymbol{0} \\
* & * & * & * & * & * & * & * & * & * & \boldsymbol{\Sigma}_7
\end{pmatrix} < 0$$

而 $\boldsymbol{\Lambda}_1, \boldsymbol{\Lambda}_2, \boldsymbol{\Lambda}_3, \boldsymbol{\Lambda}_4, \boldsymbol{\Lambda}_5, \boldsymbol{\Lambda}_6, \boldsymbol{\Lambda}_7, \boldsymbol{\Lambda}_8, \boldsymbol{\Lambda}_9, \boldsymbol{\Phi}_1, \boldsymbol{\Phi}_2, \boldsymbol{\Phi}_3, \boldsymbol{\Phi}_4, \boldsymbol{\Phi}_5, \boldsymbol{\Phi}_6, \boldsymbol{\Phi}_7, \boldsymbol{\Delta}_1, \boldsymbol{\Delta}_2, \boldsymbol{\Delta}_3, \boldsymbol{\Delta}_4, \boldsymbol{\Delta}_5, \boldsymbol{\Delta}_7, \boldsymbol{\Delta}_8, \boldsymbol{\Delta}_9, \boldsymbol{\Theta}_1, \boldsymbol{\Theta}_2, \boldsymbol{\Theta}_3, \boldsymbol{\Theta}_4, \boldsymbol{\Omega}_1, \boldsymbol{\Omega}_2, \boldsymbol{\Omega}_3, \boldsymbol{\Omega}_4, \boldsymbol{\Sigma}_2, \boldsymbol{\Sigma}_3, \boldsymbol{\Sigma}_4, \boldsymbol{\Sigma}_5, \boldsymbol{\Sigma}_6$ 和 $\boldsymbol{\Sigma}_7$ 是定理 4.1 中定义的形式.

如果 $\boldsymbol{g}(\boldsymbol{x}(t))=\boldsymbol{f}(\boldsymbol{x}(t))$，那么就很容易得到以下推论：

推论 4.2　假设(H4.1)式和(H4.2)式成立，满足 $\boldsymbol{g}(\boldsymbol{x}(t))=\boldsymbol{f}(\boldsymbol{x}(t))$ 的系统(4.2)的标称系统是无源的. 如果存在正定矩阵 $\boldsymbol{P}_1, \boldsymbol{R}_i\ (i=1,2,3,4)$，对角正定矩

阵 $\boldsymbol{Q}_1,\boldsymbol{Q}_2$，对称矩阵 $\boldsymbol{Z}_{11},\boldsymbol{Z}_{22}$ 以及任意矩阵 $\boldsymbol{P}_2,\boldsymbol{P}_3,\boldsymbol{Z}_{12},\boldsymbol{Y}_j,\boldsymbol{M}_j\ (j=1,2,\cdots,9)$，使得以下线性矩阵不等式成立：

$$\begin{bmatrix} \boldsymbol{Z}_{11} & \boldsymbol{Z}_{12} \\ \boldsymbol{Z}_{12}^{\mathrm{T}} & \boldsymbol{Z}_{22} \end{bmatrix} > 0 \tag{4.22a}$$

$$\begin{bmatrix}
\overline{\boldsymbol{\Lambda}}_1 & \boldsymbol{\Lambda}_2 & \boldsymbol{\Lambda}_3 & \boldsymbol{Y}_4^{\mathrm{T}} & \boldsymbol{\Lambda}_4 & \boldsymbol{\Lambda}_5 & \boldsymbol{\Lambda}_6 & \boldsymbol{\Lambda}_7 & \boldsymbol{\Lambda}_8 & \boldsymbol{P}_2^{\mathrm{T}} \\
* & \overline{\boldsymbol{\Phi}}_1 & \boldsymbol{\Phi}_2 & \boldsymbol{0} & -\boldsymbol{M}_2 & -\boldsymbol{Y}_2 & \boldsymbol{\Omega}_1 & \boldsymbol{\Omega}_2 & -\boldsymbol{M}_2 & \boldsymbol{P}_3^{\mathrm{T}} \\
* & * & \overline{\boldsymbol{\Delta}}_1 & \boldsymbol{\Delta}_2 & \boldsymbol{\Delta}_3 & \boldsymbol{\Delta}_4 & \boldsymbol{\Delta}_5 & \overline{\boldsymbol{\Delta}}_6 & \boldsymbol{\Delta}_7 & \boldsymbol{0} \\
* & * & * & -\boldsymbol{Z}_{11} & \boldsymbol{\Phi}_3 & \boldsymbol{\Phi}_4 & \boldsymbol{0} & \boldsymbol{0} & -\boldsymbol{M}_4 & \boldsymbol{0} \\
* & * & * & * & \overline{\boldsymbol{\Phi}}_5 & \boldsymbol{\Phi}_6 & \boldsymbol{\Theta}_1 & \boldsymbol{\Theta}_2 & \boldsymbol{\Phi}_7 & \boldsymbol{0} \\
* & * & * & * & * & \overline{\boldsymbol{\Sigma}}_1 & \boldsymbol{\Theta}_3 & \boldsymbol{\Theta}_4 & \boldsymbol{\Sigma}_2 & \boldsymbol{0} \\
* & * & * & * & * & * & \boldsymbol{\Sigma}_3 & \boldsymbol{0} & -\boldsymbol{M}_7 & -\boldsymbol{I} \\
* & * & * & * & * & * & * & \boldsymbol{\Sigma}_7 & -\boldsymbol{M}_8 & \boldsymbol{0} \\
* & * & * & * & * & * & * & * & \overline{\boldsymbol{\Sigma}}_5 & \boldsymbol{0} \\
* & * & * & * & * & * & * & * & * & -\gamma\boldsymbol{I}
\end{bmatrix} < 0 \tag{4.22b}$$

其中

$$\overline{\boldsymbol{\Lambda}}_1 = -\boldsymbol{P}_2^{\mathrm{T}}\boldsymbol{C} - \boldsymbol{C}\boldsymbol{P}_2 + \boldsymbol{R}_1 + \boldsymbol{R}_3 + d^2\boldsymbol{Z}_{11} + \boldsymbol{Y}_1 + \boldsymbol{Y}_1^{\mathrm{T}} - \boldsymbol{L}^-\boldsymbol{Q}_1\boldsymbol{L}^+$$

$$\overline{\boldsymbol{\Delta}}_1 = -(1-\mu)\boldsymbol{R}_1 + \boldsymbol{M}_3 + \boldsymbol{M}_3^{\mathrm{T}} - \boldsymbol{Y}_3 - \boldsymbol{Y}_3^{\mathrm{T}} - \boldsymbol{L}^-\boldsymbol{Q}_2\boldsymbol{L}^+$$

$$\overline{\boldsymbol{\Delta}}_6 = \frac{1}{2}(\boldsymbol{L}^- + \boldsymbol{L}^+)\boldsymbol{Q}_2 - \boldsymbol{Y}_8^{\mathrm{T}} + \boldsymbol{M}_8^{\mathrm{T}},\quad \overline{\boldsymbol{\Sigma}}_1 = -\boldsymbol{R}_4 - \boldsymbol{Z}_{22} - \boldsymbol{Y}_6 - \boldsymbol{Y}_6^{\mathrm{T}}$$

$$\overline{\boldsymbol{\Sigma}}_5 = -\boldsymbol{R}_3 - \boldsymbol{M}_9 - \boldsymbol{M}_9^{\mathrm{T}}$$

$$\overline{\boldsymbol{\Phi}}_1 = -\boldsymbol{P}_3 - \boldsymbol{P}_3^{\mathrm{T}} + d^2\boldsymbol{R}_4 + d^2\boldsymbol{Z}_{22},\quad \overline{\boldsymbol{\Phi}}_5 = -\boldsymbol{R}_4 - \boldsymbol{Z}_{22} - \boldsymbol{M}_5 - \boldsymbol{M}_5^{\mathrm{T}}$$

而 $\boldsymbol{\Lambda}_2,\boldsymbol{\Lambda}_3,\boldsymbol{\Lambda}_4,\boldsymbol{\Lambda}_5,\boldsymbol{\Lambda}_6,\boldsymbol{\Lambda}_7,\boldsymbol{\Lambda}_8,\boldsymbol{\Phi}_2,\boldsymbol{\Phi}_3,\boldsymbol{\Phi}_4,\boldsymbol{\Phi}_6,\boldsymbol{\Phi}_7,\boldsymbol{\Delta}_2,\boldsymbol{\Delta}_3,\boldsymbol{\Delta}_4,\boldsymbol{\Delta}_5,\boldsymbol{\Delta}_7,\boldsymbol{\Theta}_1,\boldsymbol{\Theta}_2,\boldsymbol{\Theta}_3,\boldsymbol{\Theta}_4,\boldsymbol{\Omega}_1,\boldsymbol{\Omega}_2,\boldsymbol{\Sigma}_2,\boldsymbol{\Sigma}_3$ 和 $\boldsymbol{\Sigma}_7$ 是定理 4.1 中定义的形式.

注 4.1　当 $\boldsymbol{g}(\boldsymbol{x}(t))=\boldsymbol{f}(\boldsymbol{x}(t))$ 时，文献[209-212]研究了这种情况下的递归神经网络的无源性问题. 文献[209]所得到的无源性准则是时滞无关的，这要比时滞相关准则相对保守. 文献[210-211]获得了时滞相关无源性准则，而在他们所得到的准则中，时变时滞的导数被限制要小于 1，具有一定的局限性. 同时，文献[209-212]假设激活函数是有界、全局 Lipschitz 且单调非减的. 然而，只要求激活函数满足（H4.1）和（H4.2），因此，我们的准则比文献[211-214]的应用更普遍.

接下来，给出系统(4.2)的鲁棒无源性判据.

定理 4.2 假设(H4.1)和(H4.2)成立，系统(4.2)在定义 4.1 的形式下是无源的. 如果存在正定矩阵 $\boldsymbol{P}_1, \boldsymbol{R}_i\ (i=1,2,\cdots,5)$，对角正定矩阵 $\boldsymbol{Q}_j\ (j=1,2,3,4)$，对称矩阵 $\boldsymbol{Z}_{11}, \boldsymbol{Z}_{22}$，任意矩阵 $\boldsymbol{P}_2, \boldsymbol{P}_3, \boldsymbol{Z}_{12}, \boldsymbol{Z}_{22}, \boldsymbol{Y}_k, \boldsymbol{M}_k\ (k=1,2,\cdots,11)$ 以及正数 $\varepsilon_m\ (m=1,2,3)$，使得以下线性矩阵不等式成立：

$$\begin{pmatrix} \boldsymbol{Z}_{11} & \boldsymbol{Z}_{12} \\ \boldsymbol{Z}_{12}^{\mathrm{T}} & \boldsymbol{Z}_{22} \end{pmatrix} > 0 \tag{4.23a}$$

$$\begin{pmatrix}
\boldsymbol{\Lambda}_{11} & \boldsymbol{\Lambda}_2 & \boldsymbol{\Lambda}_3 & \boldsymbol{Y}_4^{\mathrm{T}} & \boldsymbol{\Lambda}_4 & \boldsymbol{\Lambda}_5 & \boldsymbol{\Lambda}_6 & \boldsymbol{\Lambda}_7 & \boldsymbol{\Lambda}_8 & \boldsymbol{\Lambda}_9 & \boldsymbol{Y}_{11}^{\mathrm{T}} & \boldsymbol{\Psi}_1 \\
* & \boldsymbol{\Phi}_1 & \boldsymbol{\Phi}_2 & 0 & -\boldsymbol{M}_2 & -\boldsymbol{Y}_2 & \boldsymbol{\Omega}_1 & \boldsymbol{\Omega}_2 & -\boldsymbol{M}_2 & 0 & 0 & \boldsymbol{\Psi}_2 \\
* & * & \boldsymbol{\Delta}_1 & \boldsymbol{\Delta}_2 & \boldsymbol{\Delta}_3 & \boldsymbol{\Delta}_4 & \boldsymbol{\Delta}_5 & \boldsymbol{\Delta}_6 & \boldsymbol{\Delta}_7 & \boldsymbol{\Delta}_8 & \boldsymbol{\Delta}_9 & 0 \\
* & * & * & -\boldsymbol{Z}_{11} & \boldsymbol{\Phi}_3 & \boldsymbol{\Phi}_4 & 0 & 0 & -\boldsymbol{M}_4 & 0 & 0 & 0 \\
* & * & * & * & \boldsymbol{\Phi}_5 & \boldsymbol{\Phi}_6 & \boldsymbol{\Theta}_1 & \boldsymbol{\Theta}_2 & \boldsymbol{\Phi}_7 & \boldsymbol{\Omega}_3 & \boldsymbol{\Omega}_4 & 0 \\
* & * & * & * & * & \boldsymbol{\Sigma}_1 & \boldsymbol{\Theta}_3 & \boldsymbol{\Theta}_4 & \boldsymbol{\Sigma}_2 & \boldsymbol{\Omega}_5 & \boldsymbol{\Omega}_6 & 0 \\
* & * & * & * & * & * & \overline{\boldsymbol{\Sigma}}_3 & 0 & -\boldsymbol{M}_7 & 0 & 0 & \boldsymbol{\Psi}_4 \\
* & * & * & * & * & * & * & \overline{\boldsymbol{\Sigma}}_4 & -\boldsymbol{M}_8 & 0 & 0 & 0 \\
* & * & * & * & * & * & * & * & \boldsymbol{\Sigma}_5 & \boldsymbol{\Omega}_3 & \boldsymbol{\Omega}_4 & 0 \\
* & * & * & * & * & * & * & * & * & \boldsymbol{\Sigma}_6 & 0 & 0 \\
* & * & * & * & * & * & * & * & * & * & \boldsymbol{\Sigma}_7 & 0 \\
* & * & * & * & * & * & * & * & * & * & * & \boldsymbol{\Psi}_5
\end{pmatrix} < 0 \tag{4.23b}$$

其中

$$\begin{aligned}
\boldsymbol{\Lambda}_{11} = & -\boldsymbol{P}_2^{\mathrm{T}}\boldsymbol{C} - \boldsymbol{C}\boldsymbol{P}_2 + \boldsymbol{R}_1 + \boldsymbol{R}_4 + d^2\boldsymbol{Z}_{11} - \boldsymbol{L}^-\boldsymbol{Q}_1\boldsymbol{L}^+ \\
& - \boldsymbol{T}^-\boldsymbol{Q}_3\boldsymbol{T}^+ + \boldsymbol{Y}_1 + \boldsymbol{Y}_1^{\mathrm{T}} + \varepsilon_1\boldsymbol{E}_1^{\mathrm{T}}\boldsymbol{E}_1
\end{aligned}$$

$$\overline{\boldsymbol{\Sigma}}_3 = \boldsymbol{R}_2 - \boldsymbol{Q}_1 + \varepsilon_2\boldsymbol{E}_2^{\mathrm{T}}\boldsymbol{E}_2, \quad \overline{\boldsymbol{\Sigma}}_4 = -(1-\mu)\boldsymbol{R}_3 - \boldsymbol{Q}_4 + \varepsilon_3\boldsymbol{E}_3^{\mathrm{T}}\boldsymbol{E}_3$$

$$\boldsymbol{\Psi}_1 = (\boldsymbol{P}_2^{\mathrm{T}} \quad \boldsymbol{P}_2^{\mathrm{T}}\boldsymbol{H}_1 \quad \boldsymbol{P}_2^{\mathrm{T}}\boldsymbol{H}_2 \quad \boldsymbol{P}_2^{\mathrm{T}}\boldsymbol{H}_3), \quad \boldsymbol{\Psi}_2 = (\boldsymbol{P}_3^{\mathrm{T}} \quad \boldsymbol{P}_3^{\mathrm{T}}\boldsymbol{H}_1 \quad \boldsymbol{P}_3^{\mathrm{T}}\boldsymbol{H}_2 \quad \boldsymbol{P}_3^{\mathrm{T}}\boldsymbol{H}_3)$$

$$\boldsymbol{\Psi}_4 = (-\boldsymbol{I} \quad 0 \quad 0 \quad 0), \quad \boldsymbol{\Psi}_5 = \mathrm{diag}(-\gamma\boldsymbol{I}, -\varepsilon_i\boldsymbol{I}) \quad (i=1,2,3)$$

而 $\boldsymbol{\Lambda}_2, \boldsymbol{\Lambda}_3, \boldsymbol{\Lambda}_4, \boldsymbol{\Lambda}_5, \boldsymbol{\Lambda}_6, \boldsymbol{\Lambda}_7, \boldsymbol{\Lambda}_8, \boldsymbol{\Lambda}_9, \boldsymbol{\Phi}_1, \boldsymbol{\Phi}_2, \boldsymbol{\Phi}_3, \boldsymbol{\Phi}_4, \boldsymbol{\Phi}_5, \boldsymbol{\Phi}_6, \boldsymbol{\Phi}_7, \boldsymbol{\Delta}_1, \boldsymbol{\Delta}_2, \boldsymbol{\Delta}_3, \boldsymbol{\Delta}_4, \boldsymbol{\Delta}_5, \boldsymbol{\Delta}_6, \boldsymbol{\Delta}_7, \boldsymbol{\Delta}_8, \boldsymbol{\Delta}_9, \boldsymbol{\Theta}_1, \boldsymbol{\Theta}_2, \boldsymbol{\Theta}_3, \boldsymbol{\Theta}_4, \boldsymbol{\Omega}_1, \boldsymbol{\Omega}_2, \boldsymbol{\Omega}_3, \boldsymbol{\Omega}_4, \boldsymbol{\Omega}_5, \boldsymbol{\Omega}_6, \boldsymbol{\Sigma}_1, \boldsymbol{\Sigma}_2, \boldsymbol{\Sigma}_5, \boldsymbol{\Sigma}_6$ 和 $\boldsymbol{\Sigma}_7$ 是定理 4.1 中定义的形式.

证明 利用定理 4.1 中的 Lyapunov-Krasovskii 泛函，$\boldsymbol{C}$，$\boldsymbol{A}$ 和 $\boldsymbol{B}$ 分别用 $\boldsymbol{C}+\boldsymbol{H}_1\boldsymbol{F}_1(t)\boldsymbol{E}_1$，$\boldsymbol{A}+\boldsymbol{H}_2\boldsymbol{F}_2(t)\boldsymbol{E}_2$ 和 $\boldsymbol{B}+\boldsymbol{H}_3\boldsymbol{F}_3(t)\boldsymbol{E}_3$ 来代替，则可以得到

$$\begin{aligned}
& \dot{V}(t) - 2\boldsymbol{z}^{\mathrm{T}}(t)\boldsymbol{u}(t) - \gamma\boldsymbol{u}^{\mathrm{T}}(t)\boldsymbol{u}(t) \\
& \leqslant (\boldsymbol{\xi}^{\mathrm{T}}(t) \quad \boldsymbol{u}^{\mathrm{T}}(t))\boldsymbol{\Pi}(\boldsymbol{\xi}^{\mathrm{T}}(t) \quad \boldsymbol{u}^{\mathrm{T}}(t))^{\mathrm{T}}
\end{aligned}$$

$$+2\bar{\boldsymbol{x}}^{\mathrm{T}}(t)\boldsymbol{P}^{\mathrm{T}}\begin{pmatrix}\boldsymbol{0}\\ \boldsymbol{H}_3\boldsymbol{F}_3(t)\boldsymbol{E}_3\end{pmatrix}\boldsymbol{f}(\boldsymbol{x}(t-d(t)))$$
$$-2\bar{\boldsymbol{x}}^{\mathrm{T}}(t)\boldsymbol{P}^{\mathrm{T}}\begin{pmatrix}\boldsymbol{0}\\ \boldsymbol{H}_1\boldsymbol{F}_1(t)\boldsymbol{E}_1\end{pmatrix}\boldsymbol{x}(t)+2\bar{\boldsymbol{x}}^{\mathrm{T}}(t)\boldsymbol{P}^{\mathrm{T}}\begin{pmatrix}\boldsymbol{0}\\ \boldsymbol{H}_2\boldsymbol{F}_2(t)\boldsymbol{E}_2\end{pmatrix}\boldsymbol{g}(\boldsymbol{x}(t))\tag{4.24}$$

$\boldsymbol{\xi}^{\mathrm{T}}(t)$和$\boldsymbol{\Pi}$是在定理 4.1 中的定义形式. 根据引理 1.4,有以下不等式成立:

$$-2\bar{\boldsymbol{x}}^{\mathrm{T}}(t)\boldsymbol{P}^{\mathrm{T}}\begin{pmatrix}\boldsymbol{0}\\ \boldsymbol{H}_1\boldsymbol{F}_1(t)\boldsymbol{E}_1\end{pmatrix}\boldsymbol{x}(t)$$
$$\leqslant \varepsilon_1^{-1}\bar{\boldsymbol{x}}^{\mathrm{T}}(t)\begin{pmatrix}\boldsymbol{P}_2^{\mathrm{T}}\boldsymbol{H}_1\\ \boldsymbol{P}_3^{\mathrm{T}}\boldsymbol{H}_1\end{pmatrix}(\boldsymbol{H}_1^{\mathrm{T}}\boldsymbol{P}_2\quad \boldsymbol{H}_1^{\mathrm{T}}\boldsymbol{P}_3)\bar{\boldsymbol{x}}(t)+\varepsilon_1\boldsymbol{x}(t)\boldsymbol{E}_1^{\mathrm{T}}\boldsymbol{E}_1\boldsymbol{x}(t)\tag{4.25}$$

把(4.25)式代入(4.24)式中,根据 Schur 补引理,可知不等式 $\dot{V}(t)-2\boldsymbol{z}^{\mathrm{T}}(t)\boldsymbol{u}(t)-\gamma\boldsymbol{u}^{\mathrm{T}}(t)\boldsymbol{u}(t)<0$ 成立,当且仅当以下不等式成立:

$$\begin{pmatrix}
\boldsymbol{\Lambda}_{11} & \boldsymbol{\Lambda}_2 & \boldsymbol{\Lambda}_3 & \boldsymbol{Y}_4^{\mathrm{T}} & \boldsymbol{\Lambda}_4 & \boldsymbol{\Lambda}_5 & \boldsymbol{\Lambda}_6 & \boldsymbol{\Lambda}_7 & \boldsymbol{\Lambda}_8 & \boldsymbol{\Lambda}_9 & \boldsymbol{Y}_{11}^{\mathrm{T}} & \overline{\boldsymbol{\Psi}}_1\\
* & \boldsymbol{\Phi}_1 & \boldsymbol{\Phi}_2 & \boldsymbol{0} & -\boldsymbol{M}_2 & -\boldsymbol{Y}_2 & \boldsymbol{\Omega}_1 & \boldsymbol{\Omega}_2 & -\boldsymbol{M}_2 & \boldsymbol{0} & \boldsymbol{0} & \overline{\boldsymbol{\Psi}}_2\\
* & * & \boldsymbol{\Delta}_1 & \boldsymbol{\Delta}_2 & \boldsymbol{\Delta}_3 & \boldsymbol{\Delta}_4 & \boldsymbol{\Delta}_5 & \boldsymbol{\Delta}_6 & \boldsymbol{\Delta}_7 & \boldsymbol{\Delta}_8 & \boldsymbol{\Delta}_9 & \boldsymbol{0}\\
* & * & * & -\boldsymbol{Z}_{11} & \boldsymbol{\Phi}_3 & \boldsymbol{\Phi}_4 & \boldsymbol{0} & \boldsymbol{0} & -\boldsymbol{M}_4 & \boldsymbol{0} & \boldsymbol{0} & \boldsymbol{0}\\
* & * & * & * & \boldsymbol{\Phi}_5 & \boldsymbol{\Phi}_6 & \boldsymbol{\Theta}_1 & \boldsymbol{\Theta}_2 & \boldsymbol{\Phi}_7 & \boldsymbol{\Omega}_3 & \boldsymbol{\Omega}_4 & \boldsymbol{0}\\
* & * & * & * & * & \boldsymbol{\Sigma}_1 & \boldsymbol{\Theta}_3 & \boldsymbol{\Theta}_4 & \boldsymbol{\Sigma}_2 & \boldsymbol{\Omega}_5 & \boldsymbol{\Omega}_6 & \boldsymbol{0}\\
* & * & * & * & * & * & \boldsymbol{\Sigma}_3 & \boldsymbol{0} & -\boldsymbol{M}_7 & \boldsymbol{0} & \boldsymbol{0} & \overline{\boldsymbol{\Psi}}_4\\
* & * & * & * & * & * & * & \boldsymbol{\Sigma}_4 & -\boldsymbol{M}_8 & \boldsymbol{0} & \boldsymbol{0} & \boldsymbol{0}\\
* & * & * & * & * & * & * & * & \boldsymbol{\Sigma}_5 & \boldsymbol{\Omega}_3 & \boldsymbol{\Omega}_4 & \boldsymbol{0}\\
* & * & * & * & * & * & * & * & * & \boldsymbol{\Sigma}_6 & \boldsymbol{0} & \boldsymbol{0}\\
* & * & * & * & * & * & * & * & * & * & \boldsymbol{\Sigma}_7 & \boldsymbol{0}\\
* & * & * & * & * & * & * & * & * & * & * & \overline{\boldsymbol{\Psi}}_5
\end{pmatrix}$$
$$+\boldsymbol{\Sigma}_{11}^{\mathrm{T}}\boldsymbol{F}_2(t)(\boldsymbol{0}\quad \boldsymbol{0}\quad \boldsymbol{0}\quad \boldsymbol{0}\quad \boldsymbol{0}\quad \boldsymbol{0}\quad \boldsymbol{E}_2\quad \boldsymbol{0}\quad \boldsymbol{0}\quad \boldsymbol{0}\quad \boldsymbol{0}\quad \boldsymbol{0}\quad \boldsymbol{0})$$
$$+(\boldsymbol{0}\quad \boldsymbol{0}\quad \boldsymbol{0}\quad \boldsymbol{0}\quad \boldsymbol{0}\quad \boldsymbol{0}\quad \boldsymbol{E}_2\quad \boldsymbol{0}\quad \boldsymbol{0}\quad \boldsymbol{0}\quad \boldsymbol{0}\quad \boldsymbol{0}\quad \boldsymbol{0})^{\mathrm{T}}\boldsymbol{F}_2^{\mathrm{T}}(t)\boldsymbol{\Sigma}_{11}$$
$$+\boldsymbol{\Sigma}_{22}^{\mathrm{T}}\boldsymbol{F}_3(t)(\boldsymbol{0}\quad \boldsymbol{0}\quad \boldsymbol{0}\quad \boldsymbol{0}\quad \boldsymbol{0}\quad \boldsymbol{0}\quad \boldsymbol{0}\quad \boldsymbol{E}_3\quad \boldsymbol{0}\quad \boldsymbol{0}\quad \boldsymbol{0}\quad \boldsymbol{0}\quad \boldsymbol{0})$$
$$+(\boldsymbol{0}\quad \boldsymbol{0}\quad \boldsymbol{0}\quad \boldsymbol{0}\quad \boldsymbol{0}\quad \boldsymbol{0}\quad \boldsymbol{0}\quad \boldsymbol{E}_3\quad \boldsymbol{0}\quad \boldsymbol{0}\quad \boldsymbol{0}\quad \boldsymbol{0}\quad \boldsymbol{0})^{\mathrm{T}}\boldsymbol{F}_3^{\mathrm{T}}(t)\boldsymbol{\Sigma}_{22}<0\tag{4.26}$$

其中

$$\overline{\boldsymbol{\Psi}}_1=(\boldsymbol{P}_2^{\mathrm{T}}\quad \boldsymbol{P}_2^{\mathrm{T}}\boldsymbol{H}_1),\quad \overline{\boldsymbol{\Psi}}_2=(\boldsymbol{P}_3^{\mathrm{T}}\quad \boldsymbol{P}_3^{\mathrm{T}}\boldsymbol{H}_1)$$
$$\overline{\boldsymbol{\Psi}}_4=(-\boldsymbol{I}\quad \boldsymbol{0}),\quad \overline{\boldsymbol{\Psi}}_5=\mathrm{diag}(-\gamma\boldsymbol{I},-\varepsilon_1\boldsymbol{I})$$

$$\boldsymbol{\Sigma}_{11} = (\boldsymbol{H}_2^{\mathrm{T}}\boldsymbol{P}_2 \quad \boldsymbol{H}_2^{\mathrm{T}}\boldsymbol{P}_3 \quad \mathbf{0} \quad \mathbf{0} \quad \mathbf{0} \quad \mathbf{0} \quad \mathbf{0} \quad \mathbf{0} \quad \mathbf{0} \quad \mathbf{0} \quad \mathbf{0} \quad \mathbf{0} \quad \mathbf{0})$$

$$\boldsymbol{\Sigma}_{22} = (\boldsymbol{H}_3^{\mathrm{T}}\boldsymbol{P}_2 \quad \boldsymbol{H}_3^{\mathrm{T}}\boldsymbol{P}_3 \quad \mathbf{0} \quad \mathbf{0} \quad \mathbf{0} \quad \mathbf{0} \quad \mathbf{0} \quad \mathbf{0} \quad \mathbf{0} \quad \mathbf{0} \quad \mathbf{0} \quad \mathbf{0} \quad \mathbf{0})$$

根据引理 1.4 可知,(4.26)式成立的充要条件是(4.23)式成立.证毕.

类似于推论 4.1,当 $\boldsymbol{u}(t)=\mathbf{0}$ 时,可以很容易获得系统(4.2)鲁棒渐近稳定的判定准则.

推论 4.3 假设(H4.1)和(H4.2)成立,系统(4.2)是鲁棒渐近稳定的.如果存在正定矩阵 $\boldsymbol{P}_1,\boldsymbol{R}_i\,(i=1,2,\cdots,5)$,对角正定矩阵 $\boldsymbol{Q}_j\,(j=1,2,3,4)$,对称矩阵 $\boldsymbol{Z}_{11},\boldsymbol{Z}_{22}$,任意矩阵 $\boldsymbol{P}_2,\boldsymbol{P}_3,\boldsymbol{Z}_{12},\boldsymbol{Y}_k,\boldsymbol{M}_k\,(k=1,2,\cdots,11)$ 以及正数 $\varepsilon_m\,(m=1,2,3)$,使得以下线性矩阵不等式成立:

$$\begin{pmatrix} \boldsymbol{Z}_{11} & \boldsymbol{Z}_{12} \\ \boldsymbol{Z}_{12}^{\mathrm{T}} & \boldsymbol{Z}_{22} \end{pmatrix} > 0$$

$$\begin{pmatrix}
\boldsymbol{\Lambda}_{11} & \boldsymbol{\Lambda}_2 & \boldsymbol{\Lambda}_3 & \boldsymbol{Y}_4^{\mathrm{T}} & \boldsymbol{\Lambda}_4 & \boldsymbol{\Lambda}_5 & \boldsymbol{\Lambda}_6 & \boldsymbol{\Lambda}_7 & \boldsymbol{\Lambda}_8 & \boldsymbol{\Lambda}_9 & \boldsymbol{Y}_{11}^{\mathrm{T}} & \widehat{\boldsymbol{\Psi}}_1 \\
* & \boldsymbol{\Phi}_1 & \boldsymbol{\Phi}_2 & \mathbf{0} & -\boldsymbol{M}_2 & -\boldsymbol{Y}_2 & \boldsymbol{\Omega}_1 & \boldsymbol{\Omega}_2 & -\boldsymbol{M}_2 & \mathbf{0} & \mathbf{0} & \widehat{\boldsymbol{\Psi}}_2 \\
* & * & \boldsymbol{\Delta}_1 & \boldsymbol{\Delta}_2 & \boldsymbol{\Delta}_3 & \boldsymbol{\Delta}_4 & \boldsymbol{\Delta}_5 & \boldsymbol{\Delta}_6 & \boldsymbol{\Delta}_7 & \boldsymbol{\Delta}_8 & \boldsymbol{\Delta}_9 & \mathbf{0} \\
* & * & * & -\boldsymbol{Z}_{11} & \boldsymbol{\Phi}_3 & \boldsymbol{\Phi}_4 & \mathbf{0} & \mathbf{0} & -\boldsymbol{M}_4 & \mathbf{0} & \mathbf{0} & \mathbf{0} \\
* & * & * & * & \boldsymbol{\Phi}_5 & \boldsymbol{\Phi}_6 & \boldsymbol{\Theta}_1 & \boldsymbol{\Theta}_2 & \boldsymbol{\Phi}_7 & \boldsymbol{\Omega}_3 & \boldsymbol{\Omega}_4 & \mathbf{0} \\
* & * & * & * & * & \boldsymbol{\Sigma}_1 & \boldsymbol{\Theta}_3 & \boldsymbol{\Theta}_4 & \boldsymbol{\Sigma}_2 & \boldsymbol{\Omega}_5 & \boldsymbol{\Omega}_6 & \mathbf{0} \\
* & * & * & * & * & * & \overline{\boldsymbol{\Sigma}}_3 & \mathbf{0} & -\boldsymbol{M}_7 & \mathbf{0} & \mathbf{0} & \mathbf{0} \\
* & * & * & * & * & * & * & \overline{\boldsymbol{\Sigma}}_4 & -\boldsymbol{M}_8 & \mathbf{0} & \mathbf{0} & \mathbf{0} \\
* & * & * & * & * & * & * & * & \boldsymbol{\Sigma}_5 & \boldsymbol{\Omega}_3 & \boldsymbol{\Omega}_4 & \mathbf{0} \\
* & * & * & * & * & * & * & * & * & \boldsymbol{\Sigma}_6 & \mathbf{0} & \mathbf{0} \\
* & * & * & * & * & * & * & * & * & * & \boldsymbol{\Sigma}_7 & \mathbf{0} \\
* & * & * & * & * & * & * & * & * & * & * & \widehat{\boldsymbol{\Psi}}_5
\end{pmatrix} < 0$$

其中

$$\widehat{\boldsymbol{\Psi}}_1 = (\boldsymbol{P}_2^{\mathrm{T}}\boldsymbol{H}_1 \quad \boldsymbol{P}_2^{\mathrm{T}}\boldsymbol{H}_2 \quad \boldsymbol{P}_2^{\mathrm{T}}\boldsymbol{H}_3), \quad \widehat{\boldsymbol{\Psi}}_2 = (\boldsymbol{P}_3^{\mathrm{T}}\boldsymbol{H}_1 \quad \boldsymbol{P}_3^{\mathrm{T}}\boldsymbol{H}_2 \quad \boldsymbol{P}_3^{\mathrm{T}}\boldsymbol{H}_3)$$

$$\widehat{\boldsymbol{\Psi}}_5 = \mathrm{diag}(-\varepsilon_1\boldsymbol{I},\ -\varepsilon_2\boldsymbol{I},\ -\varepsilon_3\boldsymbol{I})$$

而 $\boldsymbol{\Lambda}_2,\boldsymbol{\Lambda}_3,\boldsymbol{\Lambda}_4,\boldsymbol{\Lambda}_5,\boldsymbol{\Lambda}_6,\boldsymbol{\Lambda}_7,\boldsymbol{\Lambda}_8,\boldsymbol{\Lambda}_9,\boldsymbol{\Phi}_1,\boldsymbol{\Phi}_2,\boldsymbol{\Phi}_3,\boldsymbol{\Phi}_4,\boldsymbol{\Phi}_5,\boldsymbol{\Phi}_6,\boldsymbol{\Phi}_7,\boldsymbol{\Delta}_1,\boldsymbol{\Delta}_2,\boldsymbol{\Delta}_3,\boldsymbol{\Delta}_4,\boldsymbol{\Delta}_5,\boldsymbol{\Delta}_6,\boldsymbol{\Delta}_7,\boldsymbol{\Delta}_8,\boldsymbol{\Delta}_9,\boldsymbol{\Theta}_1,\boldsymbol{\Theta}_2,\boldsymbol{\Theta}_3,\boldsymbol{\Theta}_4,\boldsymbol{\Omega}_1,\boldsymbol{\Omega}_2,\boldsymbol{\Omega}_3,\boldsymbol{\Omega}_4,\boldsymbol{\Omega}_5,\boldsymbol{\Omega}_6,\boldsymbol{\Sigma}_1,\boldsymbol{\Sigma}_2,\boldsymbol{\Sigma}_5,\boldsymbol{\Sigma}_6$ 和 $\boldsymbol{\Sigma}_7$ 是定理 4.1 中定义的形式,$\boldsymbol{\Lambda}_{11},\overline{\boldsymbol{\Sigma}}_3$ 和 $\overline{\boldsymbol{\Sigma}}_4$ 是定理 4.2 中定义的形式.

如果 $\boldsymbol{g}(\boldsymbol{x}(t))=\boldsymbol{f}(\boldsymbol{x}(t))$,类似于推论 4.2,可以得到以下的鲁棒无源性准则:

推论 4.4　假设(H4.1)和(H4.2)成立，满足 $g(x(t))=f(x(t))$ 的系统(4.2)是鲁棒无源的. 如果存在正定矩阵 P_1, R_1, R_2, R_3, R_4，对角正定矩阵 Q_1, Q_1，对称矩阵 Z_{11}, Z_{22}，任意矩阵 $P_2, P_3, Z_{12}, Y_i, M_i\ (i=1,2,\cdots,9)$ 以及正数 $\varepsilon_j\ (j=1,2,3)$，使得以下的线性矩阵不等式成立：

$$\begin{pmatrix} Z_{11} & Z_{12} \\ Z_{12}^{T} & Z_{22} \end{pmatrix} > 0 \tag{4.27a}$$

$$\begin{pmatrix}
\bar{\Lambda}_{11} & \Lambda_2 & \Lambda_3 & Y_4^{T} & \Lambda_4 & \Lambda_5 & \Lambda_6 & \Lambda_7 & \Lambda_8 & \Psi_1 \\
* & \bar{\Phi}_1 & \Phi_2 & 0 & -M_2 & -Y_2 & \Omega_1 & \Omega_2 & -M_2 & \Psi_2 \\
* & * & \bar{\Delta}_1 & \Delta_2 & \Delta_3 & \Delta_4 & \Delta_5 & \bar{\Delta}_6 & \Delta_7 & 0 \\
* & * & * & -Z_{11} & \Phi_3 & \Phi_4 & 0 & 0 & -M_4 & 0 \\
* & * & * & * & \bar{\Phi}_5 & \Phi_6 & \Theta_1 & \Theta_2 & \Phi_7 & 0 \\
* & * & * & * & * & \bar{\Sigma}_1 & \Theta_3 & \Theta_4 & \Sigma_2 & 0 \\
* & * & * & * & * & * & \bar{\Sigma}_3 & 0 & -M_7 & \Psi_4 \\
* & * & * & * & * & * & * & \Sigma_{41} & -M_8 & 0 \\
* & * & * & * & * & * & * & * & \bar{\Sigma}_5 & 0 \\
* & * & * & * & * & * & * & * & * & \Psi_5
\end{pmatrix} < 0 \tag{4.27b}$$

其中

$$\bar{\Lambda}_{11} = -P_2^{T}C - CP_2 + R_1 + R_3 + d^2 Z_{11} - L^{-}Q_1 L^{+} + Y_1 + Y_1^{T} + \varepsilon_1 E_1^{T} E_1$$

$$\Sigma_{41} = -(1-\mu)R_2 - Q_2 + \varepsilon_3 E_3^{T} E_3$$

而 $\Lambda_2, \Lambda_3, \Lambda_4, \Lambda_5, \Lambda_6, \Lambda_7, \Lambda_8, \Phi_2, \Phi_3, \Phi_4, \Phi_6, \Phi_7, \Delta_2, \Delta_3, \Delta_4, \Delta_5, \Delta_7, \Theta_1, \Theta_2, \Theta_3, \Theta_4, \Omega_1, \Omega_2$ 和 Σ_2 是定理 4.1 中定义的形式，$\bar{\Phi}_1, \bar{\Phi}_5, \bar{\Delta}_1, \bar{\Sigma}_1, \bar{\Sigma}_5$ 和 $\bar{\Delta}_6$ 是推论 4.2 中定义的形式，$\bar{\Sigma}_3, \Psi_1, \Psi_2, \Psi_4$ 和 Ψ_5 是定理 4.2 中定义的形式.

注 4.2　本章所给出的定理和推论具有线性矩阵不等式的形式，因此，时滞 d 的上界很容易求解. 例如，推论 4.4 中，可以获得保证系统(4.2)是鲁棒无源的时滞 d 的上界. 通过求解关于 $P_1, R_1, R_2, R_3, R_4, Q_1, Q_2, P_2, P_3, Z_{11}, Z_{22}, Y_i, M_i\ (i=1,2,\cdots,9)$ 和 $\varepsilon_j\ (j=1,2,3)$ 的以下二次凸优化问题：

maximize d

subject to $P_1>0, R_1>0, R_2>0, R_3>0, R_4>0, Q_1>0, Q_2>0, \varepsilon_j>0\ (j=1,2,3)$，$d>0$ 以及(4.27)式.

显然，上面的优化问题具有广义特征值问题的形式，可以通过使用 MATLAB

中的线性矩阵不等式控制工具箱进行求解.

4.3 数值例子

这一小节中,给出两个例子来验证得到的结论有效.

例 4.3.1 文献[212]考虑了具有以下参数矩阵的不确定递归神经网络(4.2):

$$C=\begin{pmatrix}2.2 & \mathbf{0}\\ \mathbf{0} & 1.5\end{pmatrix},\quad A=\begin{pmatrix}1 & 0.6\\ 0.1 & 0.3\end{pmatrix},\quad B=\begin{pmatrix}1 & -0.1\\ 0.1 & 0.2\end{pmatrix}$$

$$L^-=\begin{pmatrix}0 & 0\\ 0 & 0\end{pmatrix},\quad L^+=\begin{pmatrix}1 & 0\\ 0 & 1\end{pmatrix}$$

$$H_1=H_2=H_3=0.1I,\quad E_1=0.1I,\quad E_2=0.2I$$

$$E_3=0.3I,\quad g(x(t))=f(x(t))$$

通过使用推论 4.4 和注 4.2,可以得到保证该系统无源的时滞 d 的上界.表 4.1 给出了对于不同的 μ 值,对应的时滞 d 的上界.表 4.1 表明了我们的准则要比文献[211-212]的保守性小.

表 4.1 时滞的上界

方法	$\mu=0.1$	$\mu=0.3$	$\mu=0.5$	$\mu=0.7$	$\mu=0.9$	未知 μ
[211]	0.1239	0.1178	0.1145	0.1123	0.1105	—
[212]	0.7841	0.4197	0.4145	0.4147	0.4082	0.3994
推论 4.4	1.4669	0.4336	0.4280	0.4250	0.4212	0.4122

例 4.3.2 考虑具有以下参数矩阵的不确定递归神经网络(4.2):

$$\begin{aligned}
&C=\begin{pmatrix}2.2 & 0\\ 0 & 1.3\end{pmatrix},\quad A=\begin{pmatrix}-0.2 & 0.2\\ 0.3 & 0.1\end{pmatrix},\quad B=\begin{pmatrix}-0.1 & -0.2\\ 0.2 & 0.1\end{pmatrix}\\
&H_1=\begin{pmatrix}0.7 & 0.4\\ 0.1 & 0.4\end{pmatrix},\quad H_2=\begin{pmatrix}0.2 & 0.1\\ 0 & 0.1\end{pmatrix},\quad H_3=\begin{pmatrix}0.2 & 0.1\\ 0.1 & 0.1\end{pmatrix}\\
&E_1=\begin{pmatrix}0.6 & 0.1\\ 0.2 & 0.2\end{pmatrix},\quad E_2=\begin{pmatrix}0.2 & 0.6\\ 0.8 & 0.5\end{pmatrix},\quad E_3=\begin{pmatrix}0.3 & 0.2\\ 0.1 & 0.3\end{pmatrix}\\
&L^-=\begin{pmatrix}-0.2 & 0\\ 0 & -0.7\end{pmatrix},\quad L^+=\begin{pmatrix}0.6 & 0\\ 0 & 1.2\end{pmatrix}\\
&T^-=\begin{pmatrix}-0.1 & 0\\ 0 & -0.4\end{pmatrix},\quad T^+=\begin{pmatrix}1.5 & 0\\ 0 & 0.8\end{pmatrix}
\end{aligned}\tag{4.28}$$

令 $d=1,\mu=1.2$，通过使用定理 4.2，可以得到保证具有参数矩阵(4.28)的递归神经网络(4.2)无源的可行解为

$$\boldsymbol{P}_1=\begin{pmatrix}20.6323 & 0.2367\\ 0.2367 & 15.7019\end{pmatrix},\quad \boldsymbol{P}_2=\begin{pmatrix}12.3899 & 3.1833\\ -1.1077 & 15.5941\end{pmatrix}$$

$$\boldsymbol{P}_3=\begin{pmatrix}7.8889 & 2.2863\\ 0.3583 & 10.0618\end{pmatrix},\quad \boldsymbol{Q}_1=\begin{pmatrix}20.2355 & 0\\ 0 & 7.4834\end{pmatrix}$$

$$\boldsymbol{Q}_2=\begin{pmatrix}5.7222 & 0\\ 0 & 1.5103\end{pmatrix},\quad \boldsymbol{Q}_3=\begin{pmatrix}6.1870 & 0\\ 0 & 5.0361\end{pmatrix}$$

$$\boldsymbol{Q}_4=\begin{pmatrix}5.4340 & 0\\ 0 & 5.3320\end{pmatrix},\quad \boldsymbol{R}_1=\begin{pmatrix}2.7342 & -0.8983\\ -0.8983 & 1.1742\end{pmatrix}$$

$$\boldsymbol{R}_2=\begin{pmatrix}5.1670 & -1.2672\\ -1.2672 & 1.0946\end{pmatrix},\quad \boldsymbol{R}_3=\begin{pmatrix}1.3771 & -0.3792\\ -0.3792 & 1.9918\end{pmatrix}$$

$$\boldsymbol{R}_4=\begin{pmatrix}9.3566 & -0.5130\\ -0.5130 & 3.6316\end{pmatrix},\quad \boldsymbol{R}_5=\begin{pmatrix}6.6419 & 0.9502\\ 0.9502 & 7.1271\end{pmatrix}$$

$$\boldsymbol{Z}_{11}=\begin{pmatrix}6.0113 & -1.5509\\ -1.5509 & 2.2773\end{pmatrix},\quad \boldsymbol{Z}_{12}=\begin{pmatrix}0.1434 & -0.8614\\ 0.0760 & 0.2848\end{pmatrix}$$

$$\boldsymbol{Z}_{22}=\begin{pmatrix}1.2341 & -0.2676\\ -0.2676 & 2.7485\end{pmatrix},\quad \boldsymbol{Y}_1=\begin{pmatrix}1.5201 & 49.0317\\ -48.7445 & 1.1742\end{pmatrix}$$

$$\boldsymbol{Y}_2=\begin{pmatrix}0.5505 & -0.3846\\ 0.2383 & 1.7293\end{pmatrix},\quad \boldsymbol{Y}_3=\begin{pmatrix}-285.8174 & -91.8471\\ -8.4717 & -232.2459\end{pmatrix}$$

$$\boldsymbol{Y}_4=\begin{pmatrix}-0.0728 & 0.4308\\ -0.0376 & -0.1423\end{pmatrix},\quad \boldsymbol{Y}_5=\begin{pmatrix}288.1662 & 42.9970\\ 57.4302 & 234.1579\end{pmatrix}$$

$$\boldsymbol{Y}_6=\begin{pmatrix}0.1747 & -49.0343\\ 48.7658 & -0.6762\end{pmatrix},\quad \boldsymbol{Y}_7=\begin{pmatrix}-0.3548 & -1.4912\\ -0.9305 & -1.3775\end{pmatrix}$$

$$\boldsymbol{Y}_8=\begin{pmatrix}1.4844 & -1.0460\\ 0.9795 & -0.0751\end{pmatrix},\quad \boldsymbol{Y}_9=\begin{pmatrix}288.4405 & 43.0475\\ 57.4638 & 235.9679\end{pmatrix}$$

$$\boldsymbol{Y}_{10}=\begin{pmatrix}-1.6294 & -0.0015\\ -0.0021 & -0.3773\end{pmatrix},\quad \boldsymbol{Y}_{11}=\begin{pmatrix}0.2824 & 0.1278\\ -0.0983 & 0.0971\end{pmatrix}$$

$$\boldsymbol{M}_1=\begin{pmatrix}287.9814 & 57.4658\\ 43.0490 & 234.5153\end{pmatrix},\quad \boldsymbol{M}_2=\begin{pmatrix}0.1835 & -0.1282\\ 0.0794 & 0.5764\end{pmatrix}$$

$$\boldsymbol{M}_3=\begin{pmatrix}-289.9558 & -54.4977\\ -45.8170 & -236.6470\end{pmatrix},\quad \boldsymbol{M}_4=\begin{pmatrix}-0.0721 & 0.4307\\ -0.0379 & -0.1424\end{pmatrix}$$

$$\boldsymbol{M}_5=\begin{pmatrix}-0.0441 & -3.0852\\ 2.6716 & -1.2013\end{pmatrix},\quad \boldsymbol{M}_6=\begin{pmatrix}-287.8278 & -57.3775\\ -42.9527 & -235.2655\end{pmatrix}$$

$$M_7 = \begin{pmatrix} -0.1183 & -0.4971 \\ -0.3102 & -0.4592 \end{pmatrix},\quad M_8 = \begin{pmatrix} -0.7731 & -0.3487 \\ 0.3265 & -0.3805 \end{pmatrix}$$

$$M_9 = \begin{pmatrix} -0.4462 & -2.6698 \\ 3.0813 & 1.4834 \end{pmatrix},\quad M_{10} = \begin{pmatrix} -0.5431 & -0.0005 \\ -0.0007 & -0.1258 \end{pmatrix}$$

$$M_{11} = \begin{pmatrix} -0.2874 & 0.0426 \\ -0.0328 & -0.0935 \end{pmatrix},\quad \varepsilon_1 = 22.0756,\quad \varepsilon_2 = 3.6451$$

$$\varepsilon_3 = 6.9309,\quad \gamma = 37.4971$$

4.4 小　结

本章研究了时变时滞递归神经网络的无源性问题.通过构造合适的 Lyapunov-Krasovskii 泛函,给出了满足给定的无源性定义的时滞相关无源性准则.所得的准则很容易应用到 Hopfield 神经网络中,具有一定的普遍性.本章所给出的时滞相关无源性准则具有线性矩阵不等式的形式,可以通过使用 MATLAB 中的线性矩阵不等式控制工具箱进行求解.给出的数值例子验证了得到的结论有效.

第 5 章　离散时滞标准神经网络模型的时滞相关无源性

近年来，由于神经网络广泛应用在解决最优问题、联想记忆、模式分类等许多领域，因此，神经网络受到了极大的关注. 众所周知，神经网络解决实际问题时，模拟电路中电子器件的信号传输、开关控制及人工操作过程等都会出现延迟(时滞)现象，甚至有时时滞对网络影响非常大，是不能忽略的. 因此，对具有时滞的神经网络进行分析是至关重要的.

从抽象意义上来说，耗散性是以热量形式耗能的电网和其他动力系统无源性概念的推广的. 无源理论的主要观点是无源系统可以保证系统的内部稳定. 因此，无源理论为非线性系统的稳定性分析提供了很好的工具. 无源性应用于许多不同领域，如信号处理、复杂性、混杂控制和同步化以及模糊控制等. 因此，无源性分析受到了许多关注[209-211,213-216,226-230]. 文献[209-211,213]对具有时滞的神经网络的无源性进行了研究，而文献[214-216]研究了线性系统的无源性问题.

目前神经网络的研究大多数都是关于连续神经网络的，而当使用连续递归神经网络进行计算机仿真、实验或者是计算目的时，形成此连续网络的离散类是必要的. 特别是在一定的离散步长限制情况下，离散神经网络应该具有连续神经网络的动态特性，并且也应该保持相似于连续神经网络的功能以及连续神经网络所具有的物理或生物特性. 不幸的是，正如文献[144]所指出的，即使样本的采样时间间隔很短，离散网络也无法保证和相应的连续递归网络有相同的动态特征. 因此，离散神经网络动态的研究显得尤为重要. 离散系统的无源性分析已经得到了广泛研究[226-230]. 文献[226-229]研究了离散时滞线性系统的无源性. 在文献[230]中，作者分析了离散随机神经网络的无源性，并且得到了时滞相关无源性准则. 文献[154]中引入了一个新的模型：标准神经网络模型. 标准神经网络模型由线性动态系统和静态时滞(非时滞)非线性算子连接而成，这些非线性算子由有界的激活函数构成. 大多数递归神经网络或由神经网络模拟的非线性系统都能转化成标准神经网络模型的形式. 标准神经网络模型的引入，使得大多数递归神经网络的性能分析以及神经网络模拟的非线性系统的控制器设计问题都能以统一的方法进行研究. 据笔者所知，鲁棒无源性问题还未涉及离散时滞标准神经网络模型领域，仍然存在进一步改进的空间.

本章研究了离散时滞标准神经网络模型的鲁棒无源性问题.大多数递归神经网络的性能分析以及神经网络模拟的非线性系统的性能分析和综合等问题,都能利用标准神经网络模型来进行研究.首先,通过引入适当的 Lyapunov-Krasovskii 泛函并且考虑一些有用的不等式,得到了时滞相关无源性准则.其次,基于所给出的无源性准则,设计了状态反馈无源控制器,即该状态反馈控制器使得闭环时滞标准神经网络模型是鲁棒无源的.所得到的时滞相关无源性准则具有线性矩阵不等式的形式,因此,这些准则能够通过 MATLAB 线性矩阵不等式控制工具箱求解.最后,给出两个数值例子来表明提出的方法有效.

5.1　系统描述和预备知识

不确定离散时滞标准神经网络模型[154]能写成以下形式:

$$\begin{aligned}\boldsymbol{x}(k+1) = &(\boldsymbol{C}_1+\Delta\boldsymbol{C}_1(k))\boldsymbol{x}(k)+(\boldsymbol{A}_1+\Delta\boldsymbol{A}_1(k))\boldsymbol{f}(\boldsymbol{\xi}(k))\\ &+(\boldsymbol{B}_1+\Delta\boldsymbol{B}_1(k))\boldsymbol{f}(\boldsymbol{\xi}(k-\tau(k)))\\ &+(\boldsymbol{D}_1+\Delta\boldsymbol{D}_1(k))\boldsymbol{\omega}(k)+(\boldsymbol{G}_1+\Delta\boldsymbol{G}_1(k))\boldsymbol{u}(k)\end{aligned} \tag{5.1a}$$

$$\boldsymbol{\xi}(k) = \boldsymbol{C}_2\boldsymbol{x}(k)+\boldsymbol{A}_2\boldsymbol{f}(\boldsymbol{\xi}(k))+\boldsymbol{B}_2\boldsymbol{f}(\boldsymbol{\xi}(k-\tau(k)))+\boldsymbol{D}_2\boldsymbol{\omega}(k)+\boldsymbol{G}_2\boldsymbol{u}(k) \tag{5.1b}$$

$$\boldsymbol{z}(k) = \boldsymbol{C}_3\boldsymbol{x}(k)+\boldsymbol{A}_3\boldsymbol{f}(\boldsymbol{\xi}(k))+\boldsymbol{B}_3\boldsymbol{f}(\boldsymbol{\xi}(k-\tau(k)))+\boldsymbol{D}_3\boldsymbol{\omega}(k)+\boldsymbol{G}_3\boldsymbol{u}(k) \tag{5.1c}$$

其中,$\boldsymbol{x}(k)=(x_1(k),x_2(k),\cdots,x_n(k))^{\mathrm{T}}\in\mathbf{R}^n$,$\boldsymbol{x}_i(k)$是第 i 个神经元在 k 时刻的状态,$\boldsymbol{\omega}(k)\in\mathbf{R}^r$ 是扰动输入,$\boldsymbol{u}(k)\in\mathbf{R}^m$ 是外界输入,$\boldsymbol{z}(k)\in\mathbf{R}^r$ 是性能输出,$\tau(k)$是满足 $\tau_m\leqslant\tau(k)\leqslant\tau_M$ 的传输时滞,τ_m 和 τ_M 是非负常数,$\boldsymbol{C}_1\in\mathbf{R}^{n\times n}$,$\boldsymbol{A}_1\in\mathbf{R}^{n\times L}$,$\boldsymbol{B}_1\in\mathbf{R}^{n\times L}$,$\boldsymbol{D}_1\in\mathbf{R}^{n\times r}$,$\boldsymbol{G}_1\in\mathbf{R}^{n\times m}$,$\boldsymbol{C}_2\in\mathbf{R}^{L\times n}$,$\boldsymbol{A}_2\in\mathbf{R}^{L\times L}$,$\boldsymbol{B}_2\in\mathbf{R}^{L\times L}$,$\boldsymbol{D}_2\in\mathbf{R}^{L\times r}$,$\boldsymbol{G}_2\in\mathbf{R}^{L\times m}$,$\boldsymbol{C}_3\in\mathbf{R}^{r\times n}$,$\boldsymbol{A}_3\in\mathbf{R}^{r\times L}$,$\boldsymbol{B}_3\in\mathbf{R}^{r\times L}$,$\boldsymbol{D}_3\in\mathbf{R}^{r\times r}$和$\boldsymbol{G}_3\in\mathbf{R}^{r\times m}$是相应的状态空间矩阵,$\boldsymbol{f}\in \boldsymbol{C}(\boldsymbol{R}^L;\boldsymbol{R}^L)$满足 $\boldsymbol{f}(0)=\boldsymbol{0}$,$L\in\mathbf{R}$ 是非线性激活函数的个数,(5.1)式具有以下初始条件:

$$\boldsymbol{f}(\boldsymbol{\xi}(k_0+\theta))=\boldsymbol{f}(\boldsymbol{\xi}(k_0))\quad(\forall\,\theta\in[-\tau_M,0])$$

$\Delta\boldsymbol{C}_1(k)$,$\Delta\boldsymbol{A}_1(k)$,$\Delta\boldsymbol{B}_1(k)$,$\Delta\boldsymbol{D}_1(k)$和 $\Delta\boldsymbol{G}_1(k)$是定义成以下形式的参数不确定性:

$$\Delta\boldsymbol{C}_1(k)=\boldsymbol{H}_1\boldsymbol{F}_1(k)\boldsymbol{E}_1,\quad \Delta\boldsymbol{A}_1(k)=\boldsymbol{H}_2\boldsymbol{F}_2(k)\boldsymbol{E}_2,\quad \Delta\boldsymbol{B}_1(k)=\boldsymbol{H}_3\boldsymbol{F}_3(k)\boldsymbol{E}_3$$
$$\Delta\boldsymbol{D}_1(k)=\boldsymbol{H}_4\boldsymbol{F}_4(k)\boldsymbol{E}_4,\quad \Delta\boldsymbol{G}_1(k)=\boldsymbol{H}_5\boldsymbol{F}_5(k)\boldsymbol{E}_5$$

其中，$\boldsymbol{H}_i$ 和 $\boldsymbol{E}_i(i=1,2,\cdots,5)$是具有适当维数的已知常实矩阵，$\boldsymbol{F}_j(k)$是未知的时变矩阵且满足：

$$\boldsymbol{F}_j^{\mathrm{T}}(k)\boldsymbol{F}_j(k)\leqslant \boldsymbol{I}\quad (j=1,2,\cdots,5) \tag{5.2}$$

本章中，假设激活函数满足以下的扇形条件：

$$t_i^-\leqslant \frac{f_i(\xi_i(k))}{\xi_i(k)}\leqslant t_i^+\quad (t_i^+>t_i^-\geqslant 0;i=1,2,\cdots,L) \tag{5.3}$$

为了得到系统(5.1)的无源性准则，我们利用以下的无源性定义：

定义 5.1　称系统(5.1)的自治系统是无源的.如果对于任意 $k\in\mathbf{N}$，存在一个数 $\gamma\geqslant 0$，使得(5.4)式对于满足 $\boldsymbol{x}(0)=\boldsymbol{\xi}(0)=\boldsymbol{0}$ 的系统(5.1)的自治系统的所有解均成立，

$$2\sum_{i=0}^{k}\boldsymbol{z}^{\mathrm{T}}(i)\boldsymbol{\omega}(i)\geqslant -\gamma\sum_{i=0}^{k}\boldsymbol{\omega}^{\mathrm{T}}(i)\boldsymbol{\omega}(i) \tag{5.4}$$

5.2　主要结果

首先，分析系统(5.1)的标称系统的无源性问题.当 $\boldsymbol{u}(k)=\boldsymbol{0}$ 时，系统(5.1)的标称系统可以写成

$$\boldsymbol{x}(k+1)=\boldsymbol{C}_1\boldsymbol{x}(k)+\boldsymbol{A}_1\boldsymbol{f}(\boldsymbol{\xi}(k))+\boldsymbol{B}_1\boldsymbol{f}(\boldsymbol{\xi}(k-\tau(k)))+\boldsymbol{D}_1\boldsymbol{\omega}(k) \tag{5.5a}$$

$$\boldsymbol{\xi}(k)=\boldsymbol{C}_2\boldsymbol{x}(k)+\boldsymbol{A}_2\boldsymbol{f}(\boldsymbol{\xi}(k))+\boldsymbol{B}_2\boldsymbol{f}(\boldsymbol{\xi}(k-\tau(k)))+\boldsymbol{D}_2\boldsymbol{\omega}(k) \tag{5.5b}$$

$$\boldsymbol{z}(k)=\boldsymbol{C}_3\boldsymbol{x}(k)+\boldsymbol{A}_3\boldsymbol{f}(\boldsymbol{\xi}(k))+\boldsymbol{B}_3\boldsymbol{f}(\boldsymbol{\xi}(k-\tau(k)))+\boldsymbol{D}_3\boldsymbol{\omega}(k) \tag{5.5c}$$

定理 5.1　假设(5.3)式成立，对于满足 $\tau_m\leqslant\tau(k)\leqslant\tau_M$ 的任意时滞 $\tau(k)$，系统(5.5)是无源的.如果存在正定矩阵 $\boldsymbol{P}\in\mathbf{R}^{n\times n}$，$\boldsymbol{Q}_1\in\mathbf{R}^{n\times n}$，$\boldsymbol{Q}_2\in\mathbf{R}^{n\times n}$，$\boldsymbol{Q}_3\in\mathbf{R}^{L\times L}$，$\boldsymbol{S}\in\mathbf{R}^{n\times n}$，对角正定矩阵 $\boldsymbol{D}\in\mathbf{R}^{L\times L}$，任意矩阵 $\boldsymbol{W}\in\mathbf{R}^{n\times n}$，$\boldsymbol{Y}_i\in\mathbf{R}^{n\times n}$，$\boldsymbol{M}_i\in\mathbf{R}^{n\times n}(i=1,2,5,6,7)$，$\boldsymbol{Y}_j\in\mathbf{R}^{n\times L}$，$\boldsymbol{M}_j\in\mathbf{R}^{L\times n}(j=3,4)$，$\boldsymbol{Y}_8\in\mathbf{R}^{n\times r}$，$\boldsymbol{M}_8\in\mathbf{R}^{r\times n}$ 以及正数 γ，使得以下的线性矩阵不等式成立：

$$\begin{bmatrix} \boldsymbol{\Pi}_{11} & \boldsymbol{\Pi}_{12} & \boldsymbol{\Pi}_{13} & \boldsymbol{\Pi}_{14} & \boldsymbol{\Pi}_{15} & \boldsymbol{\Pi}_{16} & \boldsymbol{\Pi}_{17} & \boldsymbol{\Pi}_{18} & \tau_M \boldsymbol{Y}_1^{\mathrm{T}} \\ * & \boldsymbol{\Pi}_{21} & \boldsymbol{W}\boldsymbol{A}_1 & \boldsymbol{W}\boldsymbol{B}_1 & -\boldsymbol{M}_2 & -\boldsymbol{Y}_2^{\mathrm{T}} & -\boldsymbol{M}_2 & \boldsymbol{W}\boldsymbol{D}_1 & \tau_M \boldsymbol{Y}_2^{\mathrm{T}} \\ * & * & \boldsymbol{\Pi}_{31} & \boldsymbol{\Pi}_{32} & -\boldsymbol{M}_3 & -\boldsymbol{Y}_3^{\mathrm{T}} & -\boldsymbol{M}_3 & \boldsymbol{\Pi}_{33} & \tau_M \boldsymbol{Y}_3^{\mathrm{T}} \\ * & * & * & \boldsymbol{\Pi}_{41} & -\boldsymbol{M}_4 & -\boldsymbol{Y}_4^{\mathrm{T}} & -\boldsymbol{M}_4 & \boldsymbol{\Pi}_{42} & \tau_M \boldsymbol{Y}_4^{\mathrm{T}} \\ * & * & * & * & \boldsymbol{\Pi}_{51} & \boldsymbol{\Pi}_{52} & \boldsymbol{\Pi}_{53} & -\boldsymbol{M}_8^{\mathrm{T}} & \tau_M \boldsymbol{Y}_5^{\mathrm{T}} \\ * & * & * & * & * & \boldsymbol{\Pi}_{61} & \boldsymbol{\Pi}_{62} & -\boldsymbol{Y}_8 & \tau_M \boldsymbol{Y}_6^{\mathrm{T}} \\ * & * & * & * & * & * & \boldsymbol{\Pi}_{71} & -\boldsymbol{M}_8^{\mathrm{T}} & \tau_M \boldsymbol{Y}_7^{\mathrm{T}} \\ * & * & * & * & * & * & * & \boldsymbol{\Pi}_{81} & \tau_M \boldsymbol{Y}_8^{\mathrm{T}} \\ * & * & * & * & * & * & * & * & -\tau_M \boldsymbol{S} \end{bmatrix} < 0 \quad (5.6)$$

其中

$\boldsymbol{\Pi}_{11} = -\boldsymbol{P} + (\tau_M - \tau_m + 1)\boldsymbol{Q}_1 - \boldsymbol{C}_2^{\mathrm{T}}\boldsymbol{T}^- \boldsymbol{D}\boldsymbol{T}^+ \boldsymbol{C}_2 + \boldsymbol{Q}_2 + \tau_M\boldsymbol{S} + \boldsymbol{M}_1 + \boldsymbol{M}_1^{\mathrm{T}} + \boldsymbol{Y}_1 + \boldsymbol{Y}_1^{\mathrm{T}}$

$\boldsymbol{\Pi}_{12} = \boldsymbol{C}_1^{\mathrm{T}}\boldsymbol{W}^{\mathrm{T}} - \tau_M\boldsymbol{S} + \boldsymbol{M}_2^{\mathrm{T}} + \boldsymbol{Y}_2$

$\boldsymbol{\Pi}_{13} = -\boldsymbol{C}_2^{\mathrm{T}}\boldsymbol{T}^- \boldsymbol{D}\boldsymbol{T}^+ \boldsymbol{A}_2 + \boldsymbol{M}_3^{\mathrm{T}} + \boldsymbol{Y}_3 + 0.5\boldsymbol{C}_2^{\mathrm{T}}(\boldsymbol{T}^- + \boldsymbol{T}^+)\boldsymbol{D}$

$\boldsymbol{\Pi}_{14} = -\boldsymbol{C}_2^{\mathrm{T}}\boldsymbol{T}^- \boldsymbol{D}\boldsymbol{T}^+ \boldsymbol{B}_2 + \boldsymbol{M}_4^{\mathrm{T}} + \boldsymbol{Y}_4$， $\boldsymbol{\Pi}_{15} = -\boldsymbol{M}_1 + \boldsymbol{M}_5^{\mathrm{T}} + \boldsymbol{Y}_5$

$\boldsymbol{\Pi}_{16} = -\boldsymbol{Y}_1^{\mathrm{T}} + \boldsymbol{M}_6^{\mathrm{T}} + \boldsymbol{Y}_6$， $\boldsymbol{\Pi}_{17} = -\boldsymbol{M}_1 + \boldsymbol{Y}_7 + \boldsymbol{M}_7^{\mathrm{T}}$

$\boldsymbol{\Pi}_{18} = -\boldsymbol{C}_2^{\mathrm{T}}\boldsymbol{T}^- \boldsymbol{D}\boldsymbol{T}^+ \boldsymbol{D}_2 + \boldsymbol{M}_8^{\mathrm{T}} + \boldsymbol{Y}_8 - \boldsymbol{C}_3^{\mathrm{T}}$， $\boldsymbol{\Pi}_{21} = \boldsymbol{P} + \tau_M\boldsymbol{S} - \boldsymbol{W} - \boldsymbol{W}^{\mathrm{T}}$

$\boldsymbol{\Pi}_{31} = -\boldsymbol{D} + (\tau_M - \tau_m + 1)\boldsymbol{Q}_3 - \boldsymbol{A}_2^{\mathrm{T}}\boldsymbol{T}^- \boldsymbol{D}\boldsymbol{T}^+ \boldsymbol{A}_2 + \boldsymbol{A}_2^{\mathrm{T}}(\boldsymbol{T}^- + \boldsymbol{T}^+)\boldsymbol{D}$

$\boldsymbol{\Pi}_{32} = -\boldsymbol{A}_2^{\mathrm{T}}\boldsymbol{T}^- \boldsymbol{D}\boldsymbol{T}^+ \boldsymbol{B}_2 + 0.5\boldsymbol{D}^{\mathrm{T}}(\boldsymbol{T}^- + \boldsymbol{T}^+)^{\mathrm{T}}\boldsymbol{B}_2$

$\boldsymbol{\Pi}_{33} = -\boldsymbol{A}_3^{\mathrm{T}} - \boldsymbol{A}_2^{\mathrm{T}}\boldsymbol{T}^- \boldsymbol{D}\boldsymbol{T}^+ \boldsymbol{D}_2 + 0.5\boldsymbol{D}^{\mathrm{T}}(\boldsymbol{T}^- + \boldsymbol{T}^+)^{\mathrm{T}}\boldsymbol{D}_2$

$\boldsymbol{\Pi}_{41} = -\boldsymbol{B}_2^{\mathrm{T}}\boldsymbol{T}^- \boldsymbol{D}\boldsymbol{T}^+ \boldsymbol{B}_2 - \boldsymbol{Q}_3$， $\boldsymbol{\Pi}_{42} = -\boldsymbol{B}_2^{\mathrm{T}}\boldsymbol{T}^- \boldsymbol{D}\boldsymbol{T}^+ \boldsymbol{D}_2 - \boldsymbol{B}_3^{\mathrm{T}}$

$\boldsymbol{\Pi}_{51} = -\boldsymbol{Q}_1 - \boldsymbol{M}_5 - \boldsymbol{M}_5^{\mathrm{T}}$， $\boldsymbol{\Pi}_{52} = -\boldsymbol{M}_6^{\mathrm{T}} - \boldsymbol{Y}_5^{\mathrm{T}}$， $\boldsymbol{\Pi}_{53} = -\boldsymbol{M}_5 - \boldsymbol{M}_7^{\mathrm{T}}$

$\boldsymbol{\Pi}_{61} = -\boldsymbol{Q}_2 - \boldsymbol{Y}_6 - \boldsymbol{Y}_6^{\mathrm{T}}$， $\boldsymbol{\Pi}_{62} = -\boldsymbol{Y}_7 - \boldsymbol{M}_6$， $\boldsymbol{\Pi}_{71} = -\boldsymbol{M}_7 - \boldsymbol{M}_7^{\mathrm{T}}$

$\boldsymbol{\Pi}_{81} = -\boldsymbol{D}_3 - \boldsymbol{D}_3^{\mathrm{T}} - \boldsymbol{D}_2^{\mathrm{T}}\boldsymbol{T}^- \boldsymbol{D}\boldsymbol{T}^+ \boldsymbol{D}_2 - \gamma\boldsymbol{I}_{r\times r}$

$\boldsymbol{T}^- = \mathrm{diag}(t_1^-, t_2^-, \cdots, t_L^-)$， $\boldsymbol{T}^+ = \mathrm{diag}(t_1^+, t_2^+, \cdots, t_L^+)$

证明 为系统(5.5)构造以下的 Lyapunov-Krasovskii 泛函：

$$V(k) = V_1(k) + V_2(k) + V_3(k) + V_4(k) + V_5(k) + V_6(k) + V_7(k)$$

其中

$$V_1(k) = \boldsymbol{x}^{\mathrm{T}}(k)\boldsymbol{P}\boldsymbol{x}(k), \quad V_6(k) = \sum_{j=-\tau_M+1}^{-\tau_m} \sum_{i=k+j}^{k-1} \boldsymbol{f}^{\mathrm{T}}(\boldsymbol{\xi}(i))\boldsymbol{Q}_3\boldsymbol{f}(\boldsymbol{\xi}(i))$$

$$V_2(k) = \sum_{i=k-\tau(k)}^{k-1} \boldsymbol{x}^{\mathrm{T}}(i)\boldsymbol{Q}_1\boldsymbol{x}(i), \quad V_5(k) = \sum_{i=k-\tau(k)}^{k-1} \boldsymbol{f}^{\mathrm{T}}(\boldsymbol{\xi}(i))\boldsymbol{Q}_3\boldsymbol{f}(\boldsymbol{\xi}(i))$$

$$V_3(k) = \sum_{j=-\tau_M+1}^{-\tau_m} \sum_{i=k+j}^{k-1} \boldsymbol{x}^{\mathrm{T}}(i)\boldsymbol{Q}_1\boldsymbol{x}(i), \quad V_4(k) = \sum_{i=k-\tau_M}^{k-1} \boldsymbol{x}^{\mathrm{T}}(i)\boldsymbol{Q}_2\boldsymbol{x}(i)$$

$$V_7(k) = \sum_{j=-\tau_M}^{-1}\sum_{i=k+j}^{k-1}\boldsymbol{\eta}^{\mathrm{T}}(i)\boldsymbol{S}\boldsymbol{\eta}(i),\quad \boldsymbol{\eta}(i) = \boldsymbol{x}(i+1) - \boldsymbol{x}(i)$$

$V(k)$沿着系统(5.5)轨迹的差分为

$$\Delta V(k) = \Delta V_1(k) + \Delta V_2(k) + \Delta V_3(k) + \Delta V_4(k) + \Delta V_5(k) + \Delta V_6(k) + \Delta V_7(k) \tag{5.7}$$

其中

$$\begin{aligned}\Delta V_1(k) &= V_1(k+1) - V_1(k)\\ &= \boldsymbol{x}^{\mathrm{T}}(k+1)\boldsymbol{P}\boldsymbol{x}(k+1) - \boldsymbol{x}^{\mathrm{T}}(k)\boldsymbol{P}\boldsymbol{x}(k)\end{aligned} \tag{5.8}$$

$$\begin{aligned}\Delta V_2(k) &= \sum_{i=k+1-\tau(k+1)}^{k}\boldsymbol{x}^{\mathrm{T}}(i)\boldsymbol{Q}_1\boldsymbol{x}(i) - \sum_{i=k-\tau(k)}^{k-1}\boldsymbol{x}^{\mathrm{T}}(i)\boldsymbol{Q}_1\boldsymbol{x}(i)\\ &\leqslant \boldsymbol{x}^{\mathrm{T}}(k)\boldsymbol{Q}_1\boldsymbol{x}(k) - \boldsymbol{x}^{\mathrm{T}}(k-\tau(k))\boldsymbol{Q}_1\boldsymbol{x}(k-\tau(k))\\ &\quad + \sum_{i=k-\tau_M+1}^{k-\tau_m}\boldsymbol{x}^{\mathrm{T}}(i)\boldsymbol{Q}_1\boldsymbol{x}(i)\end{aligned} \tag{5.9}$$

$$\begin{aligned}\Delta V_3(k) &= \sum_{j=-\tau_M+1}^{-\tau_m}\sum_{i=k+j+1}^{k}\boldsymbol{x}^{\mathrm{T}}(i)\boldsymbol{Q}_1\boldsymbol{x}(i) - \sum_{j=-\tau_M+1}^{-\tau_m}\sum_{i=k+j}^{k-1}\boldsymbol{x}^{\mathrm{T}}(i)\boldsymbol{Q}_1\boldsymbol{x}(i)\\ &= \sum_{j=-\tau_M+1}^{-\tau_m}[\boldsymbol{x}^{\mathrm{T}}(k)\boldsymbol{Q}_1\boldsymbol{x}(k) - \boldsymbol{x}^{\mathrm{T}}(k+j)\boldsymbol{Q}_1\boldsymbol{x}(k+j)]\\ &= (\tau_M - \tau_m)\boldsymbol{x}^{\mathrm{T}}(k)\boldsymbol{Q}_1\boldsymbol{x}(k) - \sum_{i=k-\tau_M+1}^{k-\tau_m}\boldsymbol{x}^{\mathrm{T}}(i)\boldsymbol{Q}_1\boldsymbol{x}(i)\end{aligned} \tag{5.10}$$

$$\begin{aligned}\Delta V_4(k) &= \sum_{i=k-\tau_M+1}^{k}\boldsymbol{x}^{\mathrm{T}}(i)\boldsymbol{Q}_2\boldsymbol{x}(i) - \sum_{i=k-\tau_M}^{k-1}\boldsymbol{x}^{\mathrm{T}}(i)\boldsymbol{Q}_2\boldsymbol{x}(i)\\ &= \boldsymbol{x}^{\mathrm{T}}(k)\boldsymbol{Q}_2\boldsymbol{x}(k) - \boldsymbol{x}^{\mathrm{T}}(k-\tau_M)\boldsymbol{Q}_2\boldsymbol{x}(k-\tau_M)\end{aligned} \tag{5.11}$$

$$\begin{aligned}\Delta V_5(k) &= \sum_{i=k+1-\tau(k+1)}^{k}\boldsymbol{f}^{\mathrm{T}}(\boldsymbol{\xi}(i))\boldsymbol{Q}_3\boldsymbol{f}(\boldsymbol{\xi}(i)) - \sum_{i=k-\tau(k)}^{k-1}\boldsymbol{f}^{\mathrm{T}}(\boldsymbol{\xi}(i))\boldsymbol{Q}_3\boldsymbol{f}(\boldsymbol{\xi}(i))\\ &\leqslant \boldsymbol{f}^{\mathrm{T}}(\boldsymbol{\xi}(k))\boldsymbol{Q}_3\boldsymbol{f}(\boldsymbol{\xi}(k)) - \boldsymbol{f}^{\mathrm{T}}(\boldsymbol{\xi}(k-\tau(k)))\boldsymbol{Q}_3\boldsymbol{f}(\boldsymbol{\xi}(k-\tau(k)))\\ &\quad + \sum_{i=k-\tau_M+1}^{k-\tau_m}\boldsymbol{f}^{\mathrm{T}}(\boldsymbol{\xi}(i))\boldsymbol{Q}_3\boldsymbol{f}(\boldsymbol{\xi}(i))\end{aligned} \tag{5.12}$$

$$\begin{aligned}\Delta V_6(k) &= \sum_{j=-\tau_M+1}^{-\tau_m}[\boldsymbol{f}^{\mathrm{T}}(\boldsymbol{\xi}(k))\boldsymbol{Q}_3\boldsymbol{f}(\boldsymbol{\xi}(k)) - \boldsymbol{f}^{\mathrm{T}}(\boldsymbol{\xi}(k+j))\boldsymbol{Q}_3\boldsymbol{f}(\boldsymbol{\xi}(k+j))]\\ &= (\tau_M - \tau_m)\boldsymbol{f}^{\mathrm{T}}(\boldsymbol{\xi}(k))\boldsymbol{Q}_3\boldsymbol{f}(\boldsymbol{\xi}(k)) - \sum_{j=k-\tau_M+1}^{k-\tau_m}\boldsymbol{f}^{\mathrm{T}}(\boldsymbol{\xi}(j))\boldsymbol{Q}_3\boldsymbol{f}(\boldsymbol{\xi}(j))\end{aligned} \tag{5.13}$$

根据引理 1.5,有以下不等式成立:

$$\begin{aligned}\Delta V_7(k) &= \tau_M \boldsymbol{\eta}^{\mathrm{T}}(k)\boldsymbol{S}\boldsymbol{\eta}(k) - \sum_{i=k-\tau_M}^{k-1}\boldsymbol{\eta}^{\mathrm{T}}(i)\boldsymbol{S}\boldsymbol{\eta}(i)\\ &\leqslant \tau_M \boldsymbol{x}^{\mathrm{T}}(k+1)\boldsymbol{S}\boldsymbol{x}(k+1) - 2\tau_M \boldsymbol{x}^{\mathrm{T}}(k)\boldsymbol{S}\boldsymbol{x}(k+1) + \tau_M \boldsymbol{x}^{\mathrm{T}}(k)\boldsymbol{S}\boldsymbol{x}(k)\\ &\quad + \boldsymbol{\zeta}^{\mathrm{T}}(k)(\boldsymbol{I}_1\boldsymbol{Y} + \boldsymbol{Y}^{\mathrm{T}}\boldsymbol{I}_1^{\mathrm{T}})\boldsymbol{\zeta}(k) + \tau_M \boldsymbol{\zeta}^{\mathrm{T}}(k)\boldsymbol{Y}^{\mathrm{T}}\boldsymbol{S}^{-1}\boldsymbol{Y}\boldsymbol{\zeta}(k) \end{aligned} \tag{5.14}$$

根据(5.3)式,可以得到

$$\begin{aligned}&\boldsymbol{f}^{\mathrm{T}}(\boldsymbol{\xi}(k))\boldsymbol{D}\boldsymbol{f}(\boldsymbol{\xi}(k)) - \boldsymbol{\xi}^{\mathrm{T}}(k)\boldsymbol{D}(\boldsymbol{T}^- + \boldsymbol{T}^+)\boldsymbol{f}(\boldsymbol{\xi}(k)) + \boldsymbol{\xi}^{\mathrm{T}}(k)\boldsymbol{T}^-\boldsymbol{D}\boldsymbol{T}^+\boldsymbol{\xi}(k)\\ &\quad = \boldsymbol{f}^{\mathrm{T}}(\boldsymbol{\xi}(k))\boldsymbol{D}\boldsymbol{f}(\boldsymbol{\xi}(k)) - [\boldsymbol{C}_2\boldsymbol{x}(k) + \boldsymbol{A}_2\boldsymbol{f}(\boldsymbol{\xi}(k)) + \boldsymbol{B}_2\boldsymbol{f}(\boldsymbol{\xi}(k-\tau(k)))\\ &\qquad + \boldsymbol{D}_2\boldsymbol{\omega}(k)]^{\mathrm{T}} \times (\boldsymbol{T}^- + \boldsymbol{T}^+)\boldsymbol{D}\boldsymbol{f}(\boldsymbol{\xi}(k)) + [\boldsymbol{C}_2\boldsymbol{x}(k) + \boldsymbol{A}_2\boldsymbol{f}(\boldsymbol{\xi}(k))\\ &\qquad + \boldsymbol{B}_2\boldsymbol{f}(\boldsymbol{\xi}(k-\tau(k))) + \boldsymbol{D}_2\boldsymbol{\omega}(k)]^{\mathrm{T}} \times \boldsymbol{T}^-\boldsymbol{D}\boldsymbol{T}^+[\boldsymbol{C}_2\boldsymbol{x}(k) + \boldsymbol{A}_2\boldsymbol{f}(\boldsymbol{\xi}(k))\\ &\qquad + \boldsymbol{B}_2\boldsymbol{f}(\boldsymbol{\xi}(k-\tau(k))) + \boldsymbol{D}_2\boldsymbol{\omega}(k)] \leqslant 0\end{aligned} \tag{5.15}$$

其中

$$\boldsymbol{D} = \mathrm{diag}(d_1, d_2, \cdots, d_L) > 0$$

引入自由权矩阵 $\boldsymbol{M}_i \in \mathbf{R}^{n\times n}(i=1,2,5,6,7)$,$\boldsymbol{M}_3 \in \mathbf{R}^{L\times n}$,$\boldsymbol{M}_4 \in \mathbf{R}^{L\times n}$,$\boldsymbol{M}_8 \in \mathbf{R}^{r\times n}$ 和 $\boldsymbol{W} \in \mathbf{R}^{n\times n}$,并且把以下的方程加到 $\Delta V(k)$:

$$2\boldsymbol{\zeta}^{\mathrm{T}}(k)\boldsymbol{M}[\boldsymbol{x}(k) - \boldsymbol{x}(k-\tau(k)) - \sum_{i=k-\tau(k)}^{k-1}\boldsymbol{\eta}(i)] = 0 \tag{5.16}$$

$$\begin{aligned}&2\boldsymbol{x}^{\mathrm{T}}(k+1)\boldsymbol{W}[\boldsymbol{C}_1\boldsymbol{x}(k) + \boldsymbol{A}_1\boldsymbol{f}(\boldsymbol{\xi}(k)) + \boldsymbol{B}_1\boldsymbol{f}(\boldsymbol{\xi}(k-\tau(k)))\\ &\quad + \boldsymbol{D}_1\boldsymbol{\omega}(k) - \boldsymbol{x}(k+1)] = 0\end{aligned} \tag{5.17}$$

其中

$$\boldsymbol{\zeta}(k) = \begin{pmatrix} \boldsymbol{x}(k) \\ \boldsymbol{x}(k+1) \\ \boldsymbol{f}(\boldsymbol{\xi}(k)) \\ \boldsymbol{f}(\boldsymbol{\xi}(k-\tau(k))) \\ \boldsymbol{x}(k-\tau(k)) \\ \boldsymbol{x}(k-\tau_M) \\ \sum\limits_{i=k-\tau(k)}^{k-1}\boldsymbol{\eta}(i) \\ \boldsymbol{\omega}(k) \end{pmatrix}, \quad \boldsymbol{M} = \begin{pmatrix} \boldsymbol{M}_1 \\ \boldsymbol{M}_2 \\ \boldsymbol{M}_3 \\ \boldsymbol{M}_4 \\ \boldsymbol{M}_5 \\ \boldsymbol{M}_6 \\ \boldsymbol{M}_7 \\ \boldsymbol{M}_8 \end{pmatrix}$$

把(5.8)式~(5.17)式代入到 $\Delta V(k)$中,整理可得

$$\begin{aligned}&\Delta V(k) - 2\boldsymbol{z}^{\mathrm{T}}(k)\boldsymbol{\omega}(k) - \gamma\boldsymbol{\omega}^{\mathrm{T}}(k)\boldsymbol{\omega}(k)\\ &\quad = \Delta V(k) - 2\boldsymbol{z}^{\mathrm{T}}(k)\boldsymbol{\omega}(k) - \gamma\boldsymbol{\omega}^{\mathrm{T}}(k)\boldsymbol{\omega}(k)\\ &\qquad + 2\boldsymbol{x}^{\mathrm{T}}(k+1)\boldsymbol{W}[\boldsymbol{C}_1\boldsymbol{x}(k) + \boldsymbol{A}_1\boldsymbol{f}(\boldsymbol{\xi}(k)) - \boldsymbol{x}(k+1)\\ &\qquad + \boldsymbol{B}_1\boldsymbol{f}(\boldsymbol{\xi}(k-\tau(k))) + \boldsymbol{D}_1\boldsymbol{\omega}(k)]\end{aligned}$$

$$
\begin{aligned}
&+2\boldsymbol{\zeta}^{\mathrm{T}}(k)\boldsymbol{M}\Big[\boldsymbol{x}(k)-\boldsymbol{x}(k-\tau(k))-\sum_{i=k-\tau(k)}^{k-1}\boldsymbol{\eta}(i)\Big]\\
\leqslant\ &\boldsymbol{x}^{\mathrm{T}}(k)[-\boldsymbol{P}+(\tau_M-\tau_m+1)\boldsymbol{Q}_1-\boldsymbol{C}_2^{\mathrm{T}}\boldsymbol{T}^-\boldsymbol{D}\boldsymbol{T}^+\boldsymbol{C}_2+\boldsymbol{Q}_2+\tau_M\boldsymbol{S}]\boldsymbol{x}(k)\\
&+\boldsymbol{x}^{\mathrm{T}}(k)[-2\boldsymbol{C}_2^{\mathrm{T}}\boldsymbol{T}^-\boldsymbol{D}\boldsymbol{T}^+\boldsymbol{A}_2+\boldsymbol{C}_2^{\mathrm{T}}(\boldsymbol{T}^-+\boldsymbol{T}^+)\boldsymbol{D}]\boldsymbol{f}(\boldsymbol{\xi}(k))\\
&+2\boldsymbol{x}^{\mathrm{T}}(k+1)\boldsymbol{W}\boldsymbol{D}_1\boldsymbol{\omega}(k)+2\boldsymbol{x}^{\mathrm{T}}(k)[\boldsymbol{C}_1^{\mathrm{T}}\boldsymbol{W}^{\mathrm{T}}-\tau_M\boldsymbol{S}]\boldsymbol{x}(k+1)\\
&+2\boldsymbol{x}^{\mathrm{T}}(k+1)\boldsymbol{W}\boldsymbol{A}_1\boldsymbol{f}(\boldsymbol{\xi}(k))+\tau_M\boldsymbol{\zeta}^{\mathrm{T}}(k)\boldsymbol{Y}^{\mathrm{T}}\boldsymbol{S}^{-1}\boldsymbol{Y}\boldsymbol{\zeta}(k)\\
&-2\boldsymbol{x}^{\mathrm{T}}(k)[\boldsymbol{C}_2^{\mathrm{T}}\boldsymbol{T}^-\boldsymbol{D}\boldsymbol{T}^+\boldsymbol{D}_2+\boldsymbol{C}_3^{\mathrm{T}}]\boldsymbol{\omega}(k)\\
&+2\boldsymbol{x}^{\mathrm{T}}(k+1)\boldsymbol{W}\boldsymbol{B}_1\boldsymbol{f}(\boldsymbol{\xi}(k-\tau(k)))+\boldsymbol{f}^{\mathrm{T}}(\boldsymbol{\xi}(k))[-\boldsymbol{D}+\boldsymbol{A}_2^{\mathrm{T}}\boldsymbol{D}(\boldsymbol{T}^-+\boldsymbol{T}^+)\\
&+(\tau_M-\tau_m+1)\boldsymbol{Q}_3-\boldsymbol{A}_2^{\mathrm{T}}\boldsymbol{T}^-\boldsymbol{D}\boldsymbol{T}^+\boldsymbol{A}_2]\boldsymbol{f}(\boldsymbol{\xi}(k))\\
&+2\boldsymbol{f}^{\mathrm{T}}(\boldsymbol{\xi}(k))[-\boldsymbol{A}_3^{\mathrm{T}}+0.5(\boldsymbol{T}^-+\boldsymbol{T}^+)^{\mathrm{T}}\boldsymbol{D}^{\mathrm{T}}\boldsymbol{D}_2-\boldsymbol{A}_2^{\mathrm{T}}\boldsymbol{T}^-\boldsymbol{D}\boldsymbol{T}^+\boldsymbol{D}_2]\boldsymbol{\omega}(k)\\
&+2\boldsymbol{\zeta}^{\mathrm{T}}(k)\boldsymbol{I}_1\boldsymbol{Y}\boldsymbol{\zeta}(k)+\boldsymbol{f}^{\mathrm{T}}(\boldsymbol{\xi}(k))[(\boldsymbol{T}^-+\boldsymbol{T}^+)^{\mathrm{T}}\boldsymbol{D}^{\mathrm{T}}\boldsymbol{B}_2\\
&-2\boldsymbol{A}_2^{\mathrm{T}}\boldsymbol{T}^-\boldsymbol{D}\boldsymbol{T}^+\boldsymbol{B}_2]\boldsymbol{f}(\boldsymbol{\xi}(k-\tau(k)))\\
&-\boldsymbol{f}^{\mathrm{T}}(\boldsymbol{\xi}(k-\tau(k)))(\boldsymbol{B}_2^{\mathrm{T}}\boldsymbol{T}^-\boldsymbol{D}\boldsymbol{T}^+\boldsymbol{B}_2+\boldsymbol{Q}_3)\boldsymbol{f}(\boldsymbol{\xi}(k-\tau(k)))\\
&-\boldsymbol{x}^{\mathrm{T}}(k-\tau_M)\boldsymbol{Q}_2\boldsymbol{x}(k-\tau_M)\\
&-2\boldsymbol{f}^{\mathrm{T}}(\boldsymbol{\xi}(k-\tau(k)))(\boldsymbol{B}_2^{\mathrm{T}}\boldsymbol{T}^-\boldsymbol{D}\boldsymbol{T}^+\boldsymbol{D}_2+\boldsymbol{B}_3^{\mathrm{T}})\boldsymbol{\omega}(k)\\
&-\boldsymbol{x}^{\mathrm{T}}(k-\tau(k))\boldsymbol{Q}_1\boldsymbol{x}(k-\tau(k))+\boldsymbol{\omega}^{\mathrm{T}}(k)(-\boldsymbol{D}_3-\boldsymbol{D}_3^{\mathrm{T}}-\boldsymbol{D}_2^{\mathrm{T}}\boldsymbol{T}^-\boldsymbol{D}\boldsymbol{T}^+\boldsymbol{D}_2\\
&-\gamma\boldsymbol{I})\boldsymbol{\omega}(k)-2\boldsymbol{x}^{\mathrm{T}}(k)\boldsymbol{C}_2^{\mathrm{T}}\boldsymbol{T}^-\boldsymbol{D}\boldsymbol{T}^+\boldsymbol{B}_2\boldsymbol{f}(\boldsymbol{\xi}(k-\tau(k)))\\
&+\boldsymbol{x}^{\mathrm{T}}(k+1)(\boldsymbol{P}+\tau_M\boldsymbol{S}-\boldsymbol{W}-\boldsymbol{W}^{\mathrm{T}})\boldsymbol{x}(k+1)\\
&+2\boldsymbol{\zeta}^{\mathrm{T}}(k)\boldsymbol{M}\Big[\boldsymbol{x}(k)-\boldsymbol{x}(k-\tau(k))-\sum_{i=k-\tau(k)}^{k-1}\boldsymbol{\eta}(i)\Big]\\
=\ &\boldsymbol{\zeta}^{\mathrm{T}}(k)(\boldsymbol{\Omega}+\tau_M\boldsymbol{Y}^{\mathrm{T}}\boldsymbol{S}^{-1}\boldsymbol{Y})\boldsymbol{\zeta}(k)
\end{aligned}
$$

其中

$$
\boldsymbol{\Omega}=\begin{pmatrix}
\boldsymbol{\Pi}_{11} & \boldsymbol{\Pi}_{12} & \boldsymbol{\Pi}_{13} & \boldsymbol{\Pi}_{14} & \boldsymbol{\Pi}_{15} & \boldsymbol{\Pi}_{16} & \boldsymbol{\Pi}_{17} & \boldsymbol{\Pi}_{18}\\
* & \boldsymbol{\Pi}_{21} & \boldsymbol{W}\boldsymbol{A}_1 & \boldsymbol{W}\boldsymbol{B}_1 & -\boldsymbol{M}_2 & -\boldsymbol{Y}_2^{\mathrm{T}} & -\boldsymbol{M}_2 & \boldsymbol{W}\boldsymbol{D}_1\\
* & * & \boldsymbol{\Pi}_{31} & \boldsymbol{\Pi}_{32} & -\boldsymbol{M}_3 & -\boldsymbol{Y}_3^{\mathrm{T}} & -\boldsymbol{M}_3 & \boldsymbol{\Pi}_{33}\\
* & * & * & \boldsymbol{\Pi}_{41} & -\boldsymbol{M}_4 & -\boldsymbol{Y}_4^{\mathrm{T}} & -\boldsymbol{M}_4 & \boldsymbol{\Pi}_{42}\\
* & * & * & * & \boldsymbol{\Pi}_{51} & \boldsymbol{\Pi}_{52} & \boldsymbol{\Pi}_{53} & -\boldsymbol{M}_8^{\mathrm{T}}\\
* & * & * & * & * & \boldsymbol{\Pi}_{61} & \boldsymbol{\Pi}_{62} & -\boldsymbol{Y}_8\\
* & * & * & * & * & * & \boldsymbol{\Pi}_{71} & -\boldsymbol{M}_8^{\mathrm{T}}\\
* & * & * & * & * & * & * & \boldsymbol{\Pi}_{81}
\end{pmatrix}
$$

而 $\boldsymbol{\Pi}_{11},\boldsymbol{\Pi}_{12},\boldsymbol{\Pi}_{13},\boldsymbol{\Pi}_{14},\boldsymbol{\Pi}_{15},\boldsymbol{\Pi}_{16},\boldsymbol{\Pi}_{17},\boldsymbol{\Pi}_{18},\boldsymbol{\Pi}_{21},\boldsymbol{\Pi}_{31},\boldsymbol{\Pi}_{32},\boldsymbol{\Pi}_{33},\boldsymbol{\Pi}_{41},\boldsymbol{\Pi}_{42},\boldsymbol{\Pi}_{51},\boldsymbol{\Pi}_{52},\boldsymbol{\Pi}_{53},\boldsymbol{\Pi}_{61},\boldsymbol{\Pi}_{62},\boldsymbol{\Pi}_{71}$ 和 $\boldsymbol{\Pi}_{81}$ 是定理 5.1 中定义的形式. 根据 Schur 补引理，不等式(5.6)等价于 $\boldsymbol{\Omega}+\tau_M\boldsymbol{Y}^{\mathrm{T}}\boldsymbol{S}^{-1}\boldsymbol{Y}<0$，则下式成立：

$$\Delta V(k) - 2\boldsymbol{z}^{\mathrm{T}}(k)\boldsymbol{\omega}(k) - \gamma\boldsymbol{\omega}^{\mathrm{T}}(k)\boldsymbol{\omega}(k) < 0 \tag{5.18}$$

对(5.18)式两边关于 i 从 0 到 k 相加求和,可以得到

$$2\sum_{i=0}^{k}\boldsymbol{z}^{\mathrm{T}}(i)\boldsymbol{\omega}(i) \geqslant V(k+1) - V(0) - \gamma\sum_{i=0}^{k}\boldsymbol{\omega}^{\mathrm{T}}(i)\boldsymbol{\omega}(i)$$

当 $\boldsymbol{x}(0)=\boldsymbol{0},\boldsymbol{\xi}(0)=\boldsymbol{0}$ 时,$V(0)=0$,而当 $\boldsymbol{x}(k)\neq 0,\boldsymbol{\Psi\xi}(k)\neq 0$时,则 $V(k)>0$.所以(5.4)式成立,根据定义 5.1,系统(5.5)是无源的.证毕.

接下来,考虑系统(5.1)的无源控制问题.设计以下的状态反馈控制器:

$$\boldsymbol{u}(k) = \boldsymbol{Kx}(k) \tag{5.19}$$

则(5.1)的闭环系统可以写成

$$\begin{aligned}\boldsymbol{x}(k+1) = {} & (\boldsymbol{C}_1 + \Delta\boldsymbol{C}_1(k) + (\boldsymbol{G}_1 + \Delta\boldsymbol{G}_1(k))\boldsymbol{K})\boldsymbol{x}(k) \\ & + (\boldsymbol{A}_1 + \Delta\boldsymbol{A}_1(k))\boldsymbol{f}(\boldsymbol{\xi}(k)) + (\boldsymbol{B}_1 + \Delta\boldsymbol{B}_1(k))\boldsymbol{f}(\boldsymbol{\xi}(k-\tau(k))) \\ & + (\boldsymbol{D}_1 + \Delta\boldsymbol{D}_1(k))\boldsymbol{\omega}(k)\end{aligned} \tag{5.20a}$$

$$\boldsymbol{\xi}(k) = (\boldsymbol{C}_2 + \boldsymbol{G}_2\boldsymbol{K})\boldsymbol{x}(k) + \boldsymbol{A}_2\boldsymbol{f}(\boldsymbol{\xi}(k)) + \boldsymbol{B}_2\boldsymbol{f}(\boldsymbol{\xi}(k-\tau(k))) + \boldsymbol{D}_2\boldsymbol{\omega}(k) \tag{5.20b}$$

$$\boldsymbol{z}(k) = (\boldsymbol{C}_3 + \boldsymbol{G}_3\boldsymbol{K})\boldsymbol{x}(k) + \boldsymbol{A}_3\boldsymbol{f}(\boldsymbol{\xi}(k)) + \boldsymbol{B}_3\boldsymbol{f}(\boldsymbol{\xi}(k-\tau(k))) + \boldsymbol{D}_3\boldsymbol{\omega}(k) \tag{5.20c}$$

根据定理 5.1,可以获得闭环系统(5.20)的标称系统的无源性判据.

定理 5.2　假设(5.3)式成立,对于满足 $\tau_m \leqslant \tau(k) \leqslant \tau_M$ 的任意时滞 $\tau(k)$,存在状态反馈控制器(5.19),使得闭环系统(5.20)的标称系统是鲁棒无源的.如果存在正定矩阵 $\boldsymbol{P}\in\mathbf{R}^{n\times n},\boldsymbol{Q}_1\in\mathbf{R}^{n\times n},\boldsymbol{Q}_2\in\mathbf{R}^{n\times n},\boldsymbol{Q}\in\mathbf{R}^{L\times L},\boldsymbol{S}\in\mathbf{R}^{n\times n}$,对角正定矩阵 $\boldsymbol{X}\in\mathbf{R}^{L\times L}$,任意矩阵 $\boldsymbol{K}\in\mathbf{R}^{m\times n},\boldsymbol{Y}_i\in\mathbf{R}^{n\times n},\boldsymbol{M}_i\in\mathbf{R}^{n\times n}(i=1,2,5,6,7),\boldsymbol{X}_3\in\mathbf{R}^{n\times L},\boldsymbol{X}_4\in\mathbf{R}^{n\times L},\boldsymbol{N}_3\in\mathbf{R}^{L\times n},\boldsymbol{N}_4\in\mathbf{R}^{L\times n},\boldsymbol{Y}_8\in\mathbf{R}^{n\times r},\boldsymbol{M}_8\in\mathbf{R}^{r\times n}$ 以及正数 γ,使得以下的线性矩阵不等式成立:

$$\begin{pmatrix}\boldsymbol{\Psi}_{11} & \boldsymbol{\Psi}_{12} & \boldsymbol{\Psi}_{13} & \boldsymbol{\Psi}_{14} & \boldsymbol{\Pi}_{15} & \boldsymbol{\Pi}_{16} & \boldsymbol{\Pi}_{17} & \boldsymbol{\Psi}_{15} & \tau_M\boldsymbol{Y}_1^{\mathrm{T}} \\ * & \boldsymbol{\Psi}_{21} & \boldsymbol{A}_1\boldsymbol{X} & \boldsymbol{B}_1\boldsymbol{X} & -\boldsymbol{M}_2 & -\boldsymbol{Y}_2^{\mathrm{T}} & -\boldsymbol{M}_2 & \boldsymbol{D}_1 & \tau_M\boldsymbol{Y}_2^{\mathrm{T}} \\ * & * & \boldsymbol{\Psi}_{31} & \boldsymbol{\Psi}_{32} & -\boldsymbol{N}_3 & -\boldsymbol{X}_3^{\mathrm{T}} & -\boldsymbol{N}_3 & \boldsymbol{\Psi}_{33} & \tau_M\boldsymbol{X}_3^{\mathrm{T}} \\ * & * & * & -\boldsymbol{Q} & -\boldsymbol{N}_4 & -\boldsymbol{X}_4^{\mathrm{T}} & -\boldsymbol{N}_4 & -\boldsymbol{XB}_3^{\mathrm{T}} & \tau_M\boldsymbol{X}_4^{\mathrm{T}} \\ * & * & * & * & \boldsymbol{\Pi}_{51} & \boldsymbol{\Pi}_{52} & \boldsymbol{\Pi}_{53} & -\boldsymbol{M}_8^{\mathrm{T}} & \tau_M\boldsymbol{Y}_5^{\mathrm{T}} \\ * & * & * & * & * & \boldsymbol{\Pi}_{61} & \boldsymbol{\Pi}_{62} & -\boldsymbol{Y}_8 & \tau_M\boldsymbol{Y}_6^{\mathrm{T}} \\ * & * & * & * & * & * & \boldsymbol{\Pi}_{71} & -\boldsymbol{M}_8^{\mathrm{T}} & \tau_M\boldsymbol{Y}_7^{\mathrm{T}} \\ * & * & * & * & * & * & * & \boldsymbol{\Psi}_{41} & \tau_M\boldsymbol{Y}_8^{\mathrm{T}} \\ * & * & * & * & * & * & * & * & -\tau_M\boldsymbol{S}\end{pmatrix} < 0 \tag{5.21}$$

其中

$$\boldsymbol{\Psi}_{11} = -\boldsymbol{P} + (\tau_M - \tau_m + 1)\boldsymbol{Q}_1 + \boldsymbol{Q}_2 + \tau_M\boldsymbol{S} + \boldsymbol{M}_1 + \boldsymbol{M}_1^{\mathrm{T}} + \boldsymbol{Y}_1 + \boldsymbol{Y}_1^{\mathrm{T}}$$

$$\boldsymbol{\Psi}_{12} = \boldsymbol{C}_1^{\mathrm{T}} + \boldsymbol{K}^{\mathrm{T}}\boldsymbol{G}_1^{\mathrm{T}} - \tau_M \boldsymbol{S} + \boldsymbol{M}_2^{\mathrm{T}} + \boldsymbol{Y}_2, \quad \boldsymbol{\Psi}\boldsymbol{\Psi}_{21} = \boldsymbol{P} + \tau_M \boldsymbol{S} - 2\boldsymbol{I}_{n\times n}$$

$$\boldsymbol{\Psi}_{13} = \boldsymbol{N}_3^{\mathrm{T}} + \boldsymbol{X}_3 + 0.5(\boldsymbol{C}_2 + \boldsymbol{G}_2\boldsymbol{K})^{\mathrm{T}}(\boldsymbol{T}^- + \boldsymbol{T}^+), \quad \boldsymbol{\Psi}\boldsymbol{\Psi}_{14} = \boldsymbol{N}_4^{\mathrm{T}} + \boldsymbol{X}_4$$

$$\boldsymbol{\Psi}_{33} = -\boldsymbol{X}\boldsymbol{A}_3^{\mathrm{T}} + 0.5(\boldsymbol{T}^- + \boldsymbol{T}^+)^{\mathrm{T}}\boldsymbol{D}_2, \quad \boldsymbol{\Psi}\boldsymbol{\Psi}_{41} = -\boldsymbol{D}_3 - \boldsymbol{D}_3^{\mathrm{T}} - \gamma\boldsymbol{I}_{r\times r}$$

$$\boldsymbol{\Psi}_{15} = -\boldsymbol{C}_3^{\mathrm{T}} - \boldsymbol{K}^{\mathrm{T}}\boldsymbol{G}_3^{\mathrm{T}} + \boldsymbol{M}_8^{\mathrm{T}} + \boldsymbol{Y}_8, \quad \boldsymbol{\Psi}\boldsymbol{\Psi}_{32} = 0.5(\boldsymbol{T}^- + \boldsymbol{T}^+)^{\mathrm{T}}\boldsymbol{B}_2\boldsymbol{X}$$

$$\boldsymbol{\Psi}_{31} = -\boldsymbol{X} + (\tau_M - \tau_m + 1)\boldsymbol{Q} + \boldsymbol{X}\boldsymbol{A}_2^{\mathrm{T}}(\boldsymbol{T}^- + \boldsymbol{T}^+)$$

而 $\boldsymbol{\Pi}_{15}$,$\boldsymbol{\Pi}_{16}$,$\boldsymbol{\Pi}_{17}$,$\boldsymbol{\Pi}_{21}$,$\boldsymbol{\Pi}_{51}$,$\boldsymbol{\Pi}_{52}$,$\boldsymbol{\Pi}_{53}$,$\boldsymbol{\Pi}_{61}$,$\boldsymbol{\Pi}_{62}$ 和 $\boldsymbol{\Pi}_{71}$ 是定理 5.1 中定义的形式.

证明　定理 5.1 中,$\boldsymbol{C}_1$,$\boldsymbol{C}_2$,$\boldsymbol{C}_3$ 和 $\boldsymbol{W}$ 分别用 $\boldsymbol{C}_1 + \boldsymbol{G}_1\boldsymbol{K}$,$\boldsymbol{C}_2 + \boldsymbol{G}_2\boldsymbol{K}$,$\boldsymbol{C}_3 + \boldsymbol{G}_3\boldsymbol{K}$ 和 $\boldsymbol{I}_{n\times n}$ 替代,此时(5.6)式等价于以下不等式:

$$\begin{pmatrix} \boldsymbol{\Psi}_{11} & \boldsymbol{\Psi}_{12} & \boldsymbol{\Delta}_{13} & \boldsymbol{\Delta}_{14} & \boldsymbol{\Pi}_{15} & \boldsymbol{\Pi}_{16} & \boldsymbol{\Pi}_{17} & \boldsymbol{\Psi}_{15} & \tau_M\boldsymbol{Y}_1^{\mathrm{T}} \\ * & \boldsymbol{\Psi}_{21} & \boldsymbol{A}_1 & \boldsymbol{B}_1 & -\boldsymbol{M}_2 & -\boldsymbol{Y}_2^{\mathrm{T}} & -\boldsymbol{M}_2 & \boldsymbol{D}_1 & \tau_M\boldsymbol{Y}_2^{\mathrm{T}} \\ * & * & \boldsymbol{\Delta}_{21} & \boldsymbol{\Delta}_{22} & -\boldsymbol{M}_3 & -\boldsymbol{Y}_3^{\mathrm{T}} & -\boldsymbol{M}_3 & \boldsymbol{\Delta}_{23} & \tau_M\boldsymbol{Y}_3^{\mathrm{T}} \\ * & * & * & -\boldsymbol{Q}_3 & -\boldsymbol{M}_4 & -\boldsymbol{Y}_4^{\mathrm{T}} & -\boldsymbol{M}_4 & -\boldsymbol{B}_3^{\mathrm{T}} & \tau_M\boldsymbol{Y}_4^{\mathrm{T}} \\ * & * & * & * & \boldsymbol{\Pi}_{51} & \boldsymbol{\Pi}_{52} & \boldsymbol{\Pi}_{53} & -\boldsymbol{M}_8^{\mathrm{T}} & \tau_M\boldsymbol{Y}_5^{\mathrm{T}} \\ * & * & * & * & * & \boldsymbol{\Pi}_{61} & \boldsymbol{\Pi}_{62} & -\boldsymbol{Y}_8 & \tau_M\boldsymbol{Y}_6^{\mathrm{T}} \\ * & * & * & * & * & * & \boldsymbol{\Pi}_{71} & -\boldsymbol{M}_8^{\mathrm{T}} & \tau_M\boldsymbol{Y}_7^{\mathrm{T}} \\ * & * & * & * & * & * & * & \boldsymbol{\Psi}_{41} & \tau_M\boldsymbol{Y}_8^{\mathrm{T}} \\ * & * & * & * & * & * & * & * & -\tau_M\boldsymbol{S} \end{pmatrix}$$

$$-\boldsymbol{\Xi}^{\mathrm{T}}(\boldsymbol{T}^-\ \boldsymbol{D}\boldsymbol{T}^+) - 1\boldsymbol{\Xi} < 0 \tag{5.22}$$

其中

$$\boldsymbol{\Delta}_{13} = \boldsymbol{M}_3^{\mathrm{T}} + \boldsymbol{Y}_3 + 0.5(\boldsymbol{C}_2 + \boldsymbol{G}_2\boldsymbol{K})^{\mathrm{T}}(\boldsymbol{T}^- + \boldsymbol{T}^+)\boldsymbol{D}, \quad \boldsymbol{\Delta}_{14} = \boldsymbol{M}_4^{\mathrm{T}} + \boldsymbol{Y}_4$$

$$\boldsymbol{\Delta}_{21} = -\boldsymbol{D} + (\tau_M - \tau_m + 1)\boldsymbol{Q}_3 + \boldsymbol{A}_2^{\mathrm{T}}(\boldsymbol{T}^- + \boldsymbol{T}^+)\boldsymbol{D}$$

$$\boldsymbol{\Delta}_{22} = 0.5\boldsymbol{D}^{\mathrm{T}}(\boldsymbol{T}^- + \boldsymbol{T}^+)^{\mathrm{T}}\boldsymbol{B}_2, \quad \boldsymbol{\Delta}_{23} = -\boldsymbol{A}_3^{\mathrm{T}} + 0.5\boldsymbol{D}(\boldsymbol{T}^- + \boldsymbol{T}^+)\boldsymbol{D}_2$$

$$\boldsymbol{\Xi} = ((\boldsymbol{T}^-\boldsymbol{D}\boldsymbol{T}^+)\boldsymbol{C}_2 \quad \boldsymbol{0} \quad (\boldsymbol{T}^-\boldsymbol{D}\boldsymbol{T}^+)\boldsymbol{A}_2 \quad (\boldsymbol{T}^-\boldsymbol{D}\boldsymbol{T}^+)\boldsymbol{B}_2 \quad \boldsymbol{0} \quad \boldsymbol{0} \quad \boldsymbol{0} \quad (\boldsymbol{T}^-\boldsymbol{D}\boldsymbol{T}^+)\boldsymbol{D}_2 \quad \boldsymbol{0})$$

而 $\boldsymbol{\Xi}^{\mathrm{T}}(\boldsymbol{T}^-\boldsymbol{D}\boldsymbol{T}^+)^{-1}\boldsymbol{\Xi} \geqslant 0$,所以,不等式(5.22)成立的充分条件是下面的不等式成立:

$$\begin{bmatrix} \boldsymbol{\Psi}_{11} & \boldsymbol{\Psi}_{12} & \boldsymbol{\Delta}_{13} & \boldsymbol{\Delta}_{14} & \boldsymbol{\Pi}_{15} & \boldsymbol{\Pi}_{16} & \boldsymbol{\Pi}_{17} & \boldsymbol{\Psi}_{15} & \tau_M \boldsymbol{Y}_1^{\mathrm{T}} \\ * & \boldsymbol{\Psi}_{21} & \boldsymbol{A}_1 & \boldsymbol{B}_1 & -\boldsymbol{M}_2 & -\boldsymbol{Y}_2^{\mathrm{T}} & -\boldsymbol{M}_2 & \boldsymbol{D}_1 & \tau_M \boldsymbol{Y}_2^{\mathrm{T}} \\ * & * & \boldsymbol{\Delta}_{21} & \boldsymbol{\Delta}_{22} & -\boldsymbol{M}_3 & -\boldsymbol{Y}_3^{\mathrm{T}} & -\boldsymbol{M}_3 & \boldsymbol{\Delta}_{23} & \tau_M \boldsymbol{Y}_3^{\mathrm{T}} \\ * & * & * & -\boldsymbol{Q}_3 & -\boldsymbol{M}_4 & -\boldsymbol{Y}_4^{\mathrm{T}} & -\boldsymbol{M}_4 & -\boldsymbol{B}_3^{\mathrm{T}} & \tau_M \boldsymbol{Y}_4^{\mathrm{T}} \\ * & * & * & * & \boldsymbol{\Pi}_{51} & \boldsymbol{\Pi}_{52} & \boldsymbol{\Pi}_{53} & -\boldsymbol{M}_8^{\mathrm{T}} & \tau_M \boldsymbol{Y}_5^{\mathrm{T}} \\ * & * & * & * & * & \boldsymbol{\Pi}_{61} & \boldsymbol{\Pi}_{62} & -\boldsymbol{Y}_8 & \tau_M \boldsymbol{Y}_6^{\mathrm{T}} \\ * & * & * & * & * & * & \boldsymbol{\Pi}_{71} & -\boldsymbol{M}_8^{\mathrm{T}} & \tau_M \boldsymbol{Y}_7^{\mathrm{T}} \\ * & * & * & * & * & * & * & \boldsymbol{\Psi}_{41} & \tau_M \boldsymbol{Y}_8^{\mathrm{T}} \\ * & * & * & * & * & * & * & * & -\tau_M \boldsymbol{S} \end{bmatrix} < 0 \quad (5.23)$$

(5.23)式左边的矩阵前后同乘 $\mathrm{diag}(\boldsymbol{I}_{n\times n}, \boldsymbol{I}_{n\times n}, \boldsymbol{D}_{L\times L}^{-1}, \boldsymbol{D}_{L\times L}^{-1}, \boldsymbol{I}_{n\times n}, \boldsymbol{I}_{n\times n}, \boldsymbol{I}_{n\times n}, \boldsymbol{I}_{r\times r}, \boldsymbol{I}_{n\times n})$，则此时(5.23)式等价于以下不等式：

$$\begin{bmatrix} \boldsymbol{\Psi}_{11} & \boldsymbol{\Psi}_{12} & \boldsymbol{\Lambda}_{13} & \boldsymbol{\Lambda}_{14} & \boldsymbol{\Pi}_{15} & \boldsymbol{\Pi}_{16} & \boldsymbol{\Pi}_{17} & \boldsymbol{\Psi}_{15} & \tau_M \boldsymbol{Y}_1^{\mathrm{T}} \\ * & \boldsymbol{\Psi}_{21} & \boldsymbol{\Lambda}_{22} & \boldsymbol{\Lambda}_{23} & -\boldsymbol{M}_2 & -\boldsymbol{Y}_2^{\mathrm{T}} & -\boldsymbol{M}_2 & \boldsymbol{D}_1 & \tau_M \boldsymbol{Y}_2^{\mathrm{T}} \\ * & * & \boldsymbol{\Lambda}_{31} & \boldsymbol{\Lambda}_{32} & -\boldsymbol{\Lambda}_{33} & -\boldsymbol{\Lambda}_{34} & -\boldsymbol{\Lambda}_{33} & \boldsymbol{\Lambda}_{35} & \tau_M \boldsymbol{\Lambda}_{34} \\ * & * & * & -\boldsymbol{\Lambda}_{41} & -\boldsymbol{\Lambda}_{42} & -\boldsymbol{\Lambda}_{43} & -\boldsymbol{\Lambda}_{42} & -\boldsymbol{\Lambda}_{44} & \tau_M \boldsymbol{\Lambda}_{43} \\ * & * & * & * & \boldsymbol{\Pi}_{51} & \boldsymbol{\Pi}_{52} & \boldsymbol{\Pi}_{53} & -\boldsymbol{M}_8^{\mathrm{T}} & \tau_M \boldsymbol{Y}_5^{\mathrm{T}} \\ * & * & * & * & * & \boldsymbol{\Pi}_{61} & \boldsymbol{\Pi}_{62} & -\boldsymbol{Y}_8 & \tau_M \boldsymbol{Y}_6^{\mathrm{T}} \\ * & * & * & * & * & * & \boldsymbol{\Pi}_{71} & -\boldsymbol{M}_8^{\mathrm{T}} & \tau_M \boldsymbol{Y}_7^{\mathrm{T}} \\ * & * & * & * & * & * & * & \boldsymbol{\Psi}_{41} & \tau_M \boldsymbol{Y}_8^{\mathrm{T}} \\ * & * & * & * & * & * & * & * & -\tau_M \boldsymbol{S} \end{bmatrix} < 0 \quad (5.24)$$

其中

$$\boldsymbol{\Lambda}_{13} = \boldsymbol{M}_3^{\mathrm{T}}\boldsymbol{D}^{-1} + \boldsymbol{Y}_3\boldsymbol{D}^{-1} + 0.5(\boldsymbol{C}_2 + \boldsymbol{G}_2\boldsymbol{K})^{\mathrm{T}}(\boldsymbol{T}^- + \boldsymbol{T}^+)$$

$$\boldsymbol{\Lambda}_{14} = \boldsymbol{M}_4^{\mathrm{T}}\boldsymbol{D}^{-1} + \boldsymbol{Y}_4\boldsymbol{D}^{-1}$$

$$\boldsymbol{\Lambda}_{22} = \boldsymbol{A}_1\boldsymbol{D}^{-1}, \quad \boldsymbol{\Lambda}_{23} = \boldsymbol{B}_1\boldsymbol{D}^{-1}, \quad \boldsymbol{\Lambda}_{32} = 0.5(\boldsymbol{T}^- + \boldsymbol{T}^+)^{\mathrm{T}}\boldsymbol{B}_2\boldsymbol{D}^{-1}$$

$$\boldsymbol{\Lambda}_{31} = -\boldsymbol{D}^{-1} + (\tau_M - \tau_m + 1)\boldsymbol{D}^{-1}\boldsymbol{Q}_3\boldsymbol{D}^{-1} + \boldsymbol{D}^{-1}\boldsymbol{A}_2^{\mathrm{T}}(\boldsymbol{T}^- + \boldsymbol{T}^+)$$

$$\boldsymbol{\Lambda}_{33} = \boldsymbol{D}^{-1}\boldsymbol{M}_3, \quad \boldsymbol{\Lambda}_{34} = \boldsymbol{D}^{-1}\boldsymbol{Y}_3^{\mathrm{T}}, \quad \boldsymbol{\Lambda}_{35} = -\boldsymbol{D}^{-1}\boldsymbol{A}_3^{\mathrm{T}} + 0.5(\boldsymbol{T}^- + \boldsymbol{T}^+)\boldsymbol{D}_2$$

$$\boldsymbol{\Lambda}_{41} = \boldsymbol{D}^{-1}\boldsymbol{Q}_3\boldsymbol{D}^{-1}, \quad \boldsymbol{\Lambda}_{42} = \boldsymbol{D}^{-1}\boldsymbol{M}_4, \quad \boldsymbol{\Lambda}_{43} = \boldsymbol{D}^{-1}\boldsymbol{Y}_4^{\mathrm{T}}, \quad \boldsymbol{\Lambda}_{44} = \boldsymbol{D}^{-1}\boldsymbol{B}_3^{\mathrm{T}}$$

设 $\boldsymbol{X} = \boldsymbol{D}^{-1}$，$\boldsymbol{Q} = \boldsymbol{X}\boldsymbol{Q}_3\boldsymbol{X}$，$\boldsymbol{X}_3 = \boldsymbol{Y}_3\boldsymbol{X}$，$\boldsymbol{X}_4 = \boldsymbol{Y}_4\boldsymbol{X}$，$\boldsymbol{N}_3 = \boldsymbol{X}\boldsymbol{M}_3$，$\boldsymbol{N}_4 = \boldsymbol{X}\boldsymbol{M}_4$，则(5.24)式变成了(5.21)式的形式. 证毕.

基于定理 5.2，当 $\boldsymbol{\omega}(k) = \boldsymbol{0}_{r\times 1}$时，能够获得闭环系统(5.20)的标称系统的渐近稳定性准则.

推论 5.1 假设(5.3)式成立，对于满足 $\tau_m \leqslant \tau(k) \leqslant \tau_M$ 的任意时滞 $\tau(k)$，当 $\boldsymbol{\omega}(k) = \boldsymbol{0}_{r\times 1}$时，存在状态反馈控制器(5.19)，使得闭环系统(5.20)的标称系统是

渐近稳定的. 如果存在正定矩阵 $\boldsymbol{P}\in\mathbf{R}^{n\times n}$, $\boldsymbol{Q}_1\in\mathbf{R}^{n\times n}$, $\boldsymbol{Q}_2\in\mathbf{R}^{n\times n}$, $\boldsymbol{Q}\in\mathbf{R}^{L\times L}$, $\boldsymbol{S}\in\mathbf{R}^{n\times n}$, 对角正定矩阵 $\boldsymbol{X}\in\mathbf{R}^{L\times L}$, 任意矩阵 $\boldsymbol{K}\in\mathbf{R}^{m\times n}$, $\boldsymbol{Y}_i\in\mathbf{R}^{n\times n}$, $\boldsymbol{M}_i\in\mathbf{R}^{n\times n}$ $(i=1,2,5,6,7)$, $\boldsymbol{X}_3\in\mathbf{R}^{n\times L}$, $\boldsymbol{X}_4\in\mathbf{R}^{n\times L}$, $\boldsymbol{N}_3\in\mathbf{R}^{L\times n}$ 和 $\boldsymbol{N}_4\in\mathbf{R}^{L\times n}$, 使得以下线性矩阵不等式成立:

$$\begin{pmatrix} \boldsymbol{\Psi}_{11} & \boldsymbol{\Psi}_{12} & \boldsymbol{\Psi}_{13} & \boldsymbol{\Psi}_{14} & \boldsymbol{\Pi}_{15} & \boldsymbol{\Pi}_{16} & \boldsymbol{\Pi}_{17} & \tau_M\boldsymbol{Y}_1^{\mathrm{T}} \\ * & \boldsymbol{\Psi}_{21} & \boldsymbol{A}_1\boldsymbol{X} & \boldsymbol{B}_1\boldsymbol{X} & -\boldsymbol{M}_2 & -\boldsymbol{Y}_2^{\mathrm{T}} & -\boldsymbol{M}_2 & \tau_M\boldsymbol{Y}_2^{\mathrm{T}} \\ * & * & \boldsymbol{\Psi}_{31} & \boldsymbol{\Psi}_{32} & -\boldsymbol{N}_3 & -\boldsymbol{X}_3^{\mathrm{T}} & -\boldsymbol{N}_3 & \tau_M\boldsymbol{X}_3^{\mathrm{T}} \\ * & * & * & -\boldsymbol{Q} & -\boldsymbol{N}_4 & -\boldsymbol{X}_4^{\mathrm{T}} & -\boldsymbol{N}_4 & \tau_M\boldsymbol{X}_4^{\mathrm{T}} \\ * & * & * & * & \boldsymbol{\Pi}_{51} & \boldsymbol{\Pi}_{52} & \boldsymbol{\Pi}_{53} & \tau_M\boldsymbol{Y}_5^{\mathrm{T}} \\ * & * & * & * & * & \boldsymbol{\Pi}_{61} & \boldsymbol{\Pi}_{62} & \tau_M\boldsymbol{Y}_6^{\mathrm{T}} \\ * & * & * & * & * & * & \boldsymbol{\Pi}_{71} & \tau_M\boldsymbol{Y}_7^{\mathrm{T}} \\ * & * & * & * & * & * & * & -\tau_M\boldsymbol{S} \end{pmatrix}<0$$

其中, $\boldsymbol{\Pi}_{15}$, $\boldsymbol{\Pi}_{16}$, $\boldsymbol{\Pi}_{17}$, $\boldsymbol{\Pi}_{51}$, $\boldsymbol{\Pi}_{52}$, $\boldsymbol{\Pi}_{53}$, $\boldsymbol{\Pi}_{61}$, $\boldsymbol{\Pi}_{62}$ 和 $\boldsymbol{\Pi}_{71}$ 是定理 5.1 中定义的形式, $\boldsymbol{\Psi}_{11}$, $\boldsymbol{\Psi}_{12}$, $\boldsymbol{\Psi}_{13}$, $\boldsymbol{\Psi}_{14}$, $\boldsymbol{\Psi}_{21}$, $\boldsymbol{\Psi}_{31}$ 和 $\boldsymbol{\Psi}_{32}$ 是定理 5.2 中定义的形式.

注 5.1　当 $\boldsymbol{\omega}(k)=\boldsymbol{0}_{r\times1}$ 时, 文献[154]得到了闭环系统(5.20)的标称系统的渐近稳定性准则. 然而, 文献[154]中的稳定性准则是时滞无关的. 我们都知道当时滞较小时, 时滞无关准则比时滞相关准则保守. 所以我们的结论要比文献[154]中定理的保守性小. 此外, 本章所获得的准则是与时滞的上下界相关的, 而文献[154]和文献[231]所考虑的时滞的范围是从 0 到一个上界. 实际上, 时变时滞常常在一个间歇范围内变化, 其中的下界并不局限为 0, 因此, 我们的准则比文献[154]和文献[231]的应用更普遍.

基于定理 5.2, 能够获得闭环系统(5.20)的鲁棒无源性准则.

定理 5.3　假设(5.3)式成立, 对于满足 $\tau_m\leqslant\tau(k)\leqslant\tau_M$ 的任意时滞 $\tau(k)$, 存在状态反馈控制器(5.19), 使得闭环系统(5.20)是鲁棒无源的. 如果存在正定矩阵 $\boldsymbol{P}\in\mathbf{R}^{n\times n}$, $\boldsymbol{Q}_1\in\mathbf{R}^{n\times n}$, $\boldsymbol{Q}_2\in\mathbf{R}^{n\times n}$, $\boldsymbol{Q}\in\mathbf{R}^{L\times L}$, $\boldsymbol{S}\in\mathbf{R}^{n\times n}$, 对角正定矩阵 $\boldsymbol{X}\in\mathbf{R}^{L\times L}$, 任意矩阵 $\boldsymbol{K}\in\mathbf{R}^{m\times n}$, $\boldsymbol{Y}_i\in\mathbf{R}^{n\times n}$, $\boldsymbol{M}_i\in\mathbf{R}^{n\times n}$ $(i=1,2,5,6,7)$, $\boldsymbol{X}_3\in\mathbf{R}^{n\times L}$, $\boldsymbol{X}_4\in\mathbf{R}^{n\times L}$, $\boldsymbol{N}_3\in\mathbf{R}^{L\times n}$, $\boldsymbol{N}_4\in\mathbf{R}^{L\times n}$, $\boldsymbol{Y}_8\in\mathbf{R}^{n\times r}$, $\boldsymbol{M}_8\in\mathbf{R}^{r\times n}$ 以及正数 ε_j $(j=1,2,\cdots,5)$ 和 γ, 使得以下的线性矩阵不等式成立:

$$\begin{pmatrix} \boldsymbol{\Psi}_1 & \boldsymbol{\Psi}_{12} & \boldsymbol{\Psi}_{13} & \boldsymbol{\Psi}_{14} & \boldsymbol{\Pi}_{15} & \boldsymbol{\Pi}_{16} & \boldsymbol{\Pi}_{17} & \boldsymbol{\Psi}_{15} & \boldsymbol{\Theta}_1 \\ * & \boldsymbol{\Psi}_2 & \boldsymbol{A}_1\boldsymbol{X} & \boldsymbol{B}_1\boldsymbol{X} & -\boldsymbol{M}_2 & -\boldsymbol{Y}_2^{\mathrm{T}} & -\boldsymbol{M}_2 & \boldsymbol{D}_1 & \boldsymbol{\Theta}_2 \\ * & * & \boldsymbol{\Psi}_{31} & \boldsymbol{\Psi}_{32} & -\boldsymbol{N}_3 & -\boldsymbol{X}_3^{\mathrm{T}} & -\boldsymbol{N}_3 & \boldsymbol{\Psi}_{33} & \boldsymbol{\Theta}_3 \\ * & * & * & -\boldsymbol{Q} & -\boldsymbol{N}_4 & -\boldsymbol{X}_4^{\mathrm{T}} & -\boldsymbol{N}_4 & -\boldsymbol{X}\boldsymbol{B}_3^{\mathrm{T}} & \boldsymbol{\Theta}_4 \\ * & * & * & * & \boldsymbol{\Pi}_{51} & \boldsymbol{\Pi}_{52} & \boldsymbol{\Pi}_{53} & -\boldsymbol{M}_8^{\mathrm{T}} & \boldsymbol{\Theta}_5 \\ * & * & * & * & * & \boldsymbol{\Pi}_{61} & \boldsymbol{\Pi}_{62} & -\boldsymbol{Y}_8 & \boldsymbol{\Theta}_6 \\ * & * & * & * & * & * & \boldsymbol{\Pi}_{71} & -\boldsymbol{M}_8^{\mathrm{T}} & \boldsymbol{\Theta}_7 \\ * & * & * & * & * & * & * & \boldsymbol{\Psi}_{41} & \boldsymbol{\Theta}_8 \\ * & * & * & * & * & * & * & * & \boldsymbol{\Theta}_9 \end{pmatrix} < 0 \quad (5.25)$$

其中

$$\boldsymbol{\Psi}_1 = -\boldsymbol{P} + (\tau_M - \tau_m + 1)\boldsymbol{Q}_1 + \boldsymbol{Q}_2 + \tau_M\boldsymbol{S} + \boldsymbol{M}_1 + \boldsymbol{M}_1^{\mathrm{T}} + \boldsymbol{Y}_1 + \boldsymbol{Y}_1^{\mathrm{T}} + \varepsilon_1\boldsymbol{E}_1^{\mathrm{T}}\boldsymbol{E}_1$$

$$\boldsymbol{\Psi}_2 = \boldsymbol{P} + \tau_M\boldsymbol{S} - 2\boldsymbol{I}_{n\times n} + \varepsilon_2\boldsymbol{H}_5\boldsymbol{H}_5^{\mathrm{T}} + \varepsilon_3\boldsymbol{H}_2\boldsymbol{H}_2^{\mathrm{T}} + \varepsilon_4\boldsymbol{H}_3\boldsymbol{H}_3^{\mathrm{T}} + \varepsilon_5\boldsymbol{H}_4\boldsymbol{H}_4^{\mathrm{T}}$$

$$\boldsymbol{\Theta}_1 = (\tau_M\boldsymbol{Y}_1^{\mathrm{T}} \quad 0 \quad \boldsymbol{K}^{\mathrm{T}}\boldsymbol{E}_5^{\mathrm{T}} \quad 0 \quad 0 \quad 0), \quad \boldsymbol{\Theta}_2 = (\tau_M\boldsymbol{Y}_2^{\mathrm{T}} \quad \boldsymbol{H}_1 \quad 0 \quad 0 \quad 0 \quad 0)$$

$$\boldsymbol{\Theta}_3 = (\tau_M\boldsymbol{X}_3^{\mathrm{T}} \quad 0 \quad 0 \quad \boldsymbol{X}^{\mathrm{T}}\boldsymbol{E}_2^{\mathrm{T}} \quad 0 \quad 0), \quad \boldsymbol{\Theta}_4 = (\tau_M\boldsymbol{X}_4^{\mathrm{T}} \quad 0 \quad 0 \quad 0 \quad \boldsymbol{X}^{\mathrm{T}}\boldsymbol{E}_3^{\mathrm{T}} \quad 0)$$

$$\boldsymbol{\Theta}_5 = (\tau_M\boldsymbol{Y}_5^{\mathrm{T}} \quad 0 \quad 0 \quad 0 \quad 0 \quad 0), \quad \boldsymbol{\Theta}_6 = (\tau_M\boldsymbol{Y}_6^{\mathrm{T}} \quad 0 \quad 0 \quad 0 \quad 0 \quad 0)$$

$$\boldsymbol{\Theta}_7 = (\tau_M\boldsymbol{Y}_7^{\mathrm{T}} \quad 0 \quad 0 \quad 0 \quad 0 \quad 0), \quad \boldsymbol{\Theta}_8 = (\tau_M\boldsymbol{Y}_8^{\mathrm{T}} \quad 0 \quad 0 \quad 0 \quad 0 \quad \boldsymbol{E}_4^{\mathrm{T}})$$

$$\boldsymbol{\Theta}_9 = \mathrm{diag}(-\tau_M\boldsymbol{S}, -\varepsilon_j\boldsymbol{I}_{n\times n}) \quad (j = 1, 2, \cdots, 5)$$

而 $\boldsymbol{\Pi}_{15}, \boldsymbol{\Pi}_{16}, \boldsymbol{\Pi}_{17}, \boldsymbol{\Pi}_{51}, \boldsymbol{\Pi}_{52}, \boldsymbol{\Pi}_{53}, \boldsymbol{\Pi}_{61}, \boldsymbol{\Pi}_{62}$ 和 $\boldsymbol{\Pi}_{71}$ 是定理 5.1 中定义的形式，$\boldsymbol{\Psi}_{12}, \boldsymbol{\Psi}_{13}, \boldsymbol{\Psi}_{14}, \boldsymbol{\Psi}_{15}, \boldsymbol{\Psi}_{31}, \boldsymbol{\Psi}_{32}, \boldsymbol{\Psi}_{33}$ 和 $\boldsymbol{\Psi}_{41}$ 是定理 5.2 中定义的形式.

证明　定理 5.2 中，$\boldsymbol{C}_1 + \boldsymbol{G}_1\boldsymbol{K}, \boldsymbol{A}_1, \boldsymbol{B}_1$ 和 $\boldsymbol{D}_1$ 分别用 $\boldsymbol{C}_1 + \Delta\boldsymbol{C}_1(k) + (\boldsymbol{G}_1 + \Delta\boldsymbol{G}_1(k))\boldsymbol{K}, \boldsymbol{A}_1 + \Delta\boldsymbol{A}_1(k), \boldsymbol{B}_1 + \Delta\boldsymbol{B}_1(k)$ 和 $\boldsymbol{D}_1 + \Delta\boldsymbol{D}_1(k)$ 来替代，闭环系统 (5.20) 是鲁棒无源的，如果以下不等式成立：

$$\begin{pmatrix} \boldsymbol{\Psi}_{11} & \boldsymbol{\Psi}_{12} & \boldsymbol{\Psi}_{13} & \boldsymbol{\Psi}_{14} & \boldsymbol{\Pi}_{15} & \boldsymbol{\Pi}_{16} & \boldsymbol{\Pi}_{17} & \boldsymbol{\Psi}_{15} & \tau_M\boldsymbol{Y}_1^{\mathrm{T}} \\ * & \boldsymbol{\Psi}_{21} & \boldsymbol{A}_1\boldsymbol{X} & \boldsymbol{B}_1\boldsymbol{X} & -\boldsymbol{M}_2 & -\boldsymbol{Y}_2^{\mathrm{T}} & -\boldsymbol{M}_2 & \boldsymbol{D}_1 & \tau_M\boldsymbol{Y}_2^{\mathrm{T}} \\ * & * & \boldsymbol{\Psi}_{31} & \boldsymbol{\Psi}_{32} & -\boldsymbol{N}_3 & -\boldsymbol{X}_3^{\mathrm{T}} & -\boldsymbol{N}_3 & \boldsymbol{\Psi}_{33} & \tau_M\boldsymbol{X}_3^{\mathrm{T}} \\ * & * & * & -\boldsymbol{Q} & -\boldsymbol{N}_4 & -\boldsymbol{X}_4^{\mathrm{T}} & -\boldsymbol{N}_4 & -\boldsymbol{X}\boldsymbol{B}_3^{\mathrm{T}} & \tau_M\boldsymbol{X}_4^{\mathrm{T}} \\ * & * & * & * & \boldsymbol{\Pi}_{51} & \boldsymbol{\Pi}_{52} & \boldsymbol{\Pi}_{53} & -\boldsymbol{M}_8^{\mathrm{T}} & \tau_M\boldsymbol{Y}_5^{\mathrm{T}} \\ * & * & * & * & * & \boldsymbol{\Pi}_{61} & \boldsymbol{\Pi}_{62} & -\boldsymbol{Y}_8 & \tau_M\boldsymbol{Y}_6^{\mathrm{T}} \\ * & * & * & * & * & * & \boldsymbol{\Pi}_{71} & -\boldsymbol{M}_8^{\mathrm{T}} & \tau_M\boldsymbol{Y}_7^{\mathrm{T}} \\ * & * & * & * & * & * & * & \boldsymbol{\Psi}_{41} & \tau_M\boldsymbol{Y}_8^{\mathrm{T}} \\ * & * & * & * & * & * & * & * & -\tau_M\boldsymbol{S} \end{pmatrix}$$

$$+ \boldsymbol{\Xi}_{11}^{\mathrm{T}}\boldsymbol{F}_1^{\mathrm{T}}(k)\boldsymbol{\Xi}_{12} + \boldsymbol{\Xi}_{12}^{\mathrm{T}}\boldsymbol{F}_1(k)\boldsymbol{\Xi}_{11} + \boldsymbol{\Xi}_{13}^{\mathrm{T}}\boldsymbol{F}_5^{\mathrm{T}}(k)\boldsymbol{\Xi}_{14} + \boldsymbol{\Xi}_{14}^{\mathrm{T}}\boldsymbol{F}_5(k)\boldsymbol{\Xi}_{13}$$

$$+ \boldsymbol{\Xi}_{15}^{\mathrm{T}}\boldsymbol{F}_2^{\mathrm{T}}(k)\boldsymbol{\Xi}_{16} + \boldsymbol{\Xi}_{16}^{\mathrm{T}}\boldsymbol{F}_2(k)\boldsymbol{\Xi}_{15} + \boldsymbol{\Xi}_{17}^{\mathrm{T}}\boldsymbol{F}_3^{\mathrm{T}}(k)\boldsymbol{\Xi}_{18} + \boldsymbol{\Xi}_{18}^{\mathrm{T}}\boldsymbol{F}_3(k)\boldsymbol{\Xi}_{17}$$

$$+\boldsymbol{\Xi}_{21}^{\mathrm{T}}\boldsymbol{F}_4^{\mathrm{T}}(k)\boldsymbol{\Xi}_{22}+\boldsymbol{\Xi}_{22}^{\mathrm{T}}\boldsymbol{F}_4(k)\boldsymbol{\Xi}_{21}<0 \tag{5.26}$$

其中

$$\begin{aligned}
\boldsymbol{\Xi}_{11}&=(\boldsymbol{E}_1\ \ \boldsymbol{0}\ \ \boldsymbol{0}\ \ \boldsymbol{0}\ \ \boldsymbol{0}\ \ \boldsymbol{0}\ \ \boldsymbol{0}\ \ \boldsymbol{0}\ \ \boldsymbol{0})\\
\boldsymbol{\Xi}_{12}&=(\boldsymbol{0}\ \ \boldsymbol{H}_1^{\mathrm{T}}\ \ \boldsymbol{0}\ \ \boldsymbol{0}\ \ \boldsymbol{0}\ \ \boldsymbol{0}\ \ \boldsymbol{0}\ \ \boldsymbol{0}\ \ \boldsymbol{0})\\
\boldsymbol{\Xi}_{13}&=(\boldsymbol{E}_5\boldsymbol{K}\ \ \boldsymbol{0}\ \ \boldsymbol{0}\ \ \boldsymbol{0}\ \ \boldsymbol{0}\ \ \boldsymbol{0}\ \ \boldsymbol{0}\ \ \boldsymbol{0}\ \ \boldsymbol{0})\\
\boldsymbol{\Xi}_{14}&=(\boldsymbol{0}\ \ \boldsymbol{H}_5^{\mathrm{T}}\ \ \boldsymbol{0}\ \ \boldsymbol{0}\ \ \boldsymbol{0}\ \ \boldsymbol{0}\ \ \boldsymbol{0}\ \ \boldsymbol{0}\ \ \boldsymbol{0})\\
\boldsymbol{\Xi}_{15}&=(\boldsymbol{0}\ \ \boldsymbol{0}\ \ \boldsymbol{E}_2\ \ \boldsymbol{0}\ \ \boldsymbol{0}\ \ \boldsymbol{0}\ \ \boldsymbol{0}\ \ \boldsymbol{0}\ \ \boldsymbol{0})\\
\boldsymbol{\Xi}_{16}&=(\boldsymbol{0}\ \ \boldsymbol{H}_2^{\mathrm{T}}\ \ \boldsymbol{0}\ \ \boldsymbol{0}\ \ \boldsymbol{0}\ \ \boldsymbol{0}\ \ \boldsymbol{0}\ \ \boldsymbol{0}\ \ \boldsymbol{0})\\
\boldsymbol{\Xi}_{17}&=(\boldsymbol{0}\ \ \boldsymbol{0}\ \ \boldsymbol{0}\ \ \boldsymbol{E}_3\ \ \boldsymbol{0}\ \ \boldsymbol{0}\ \ \boldsymbol{0}\ \ \boldsymbol{0}\ \ \boldsymbol{0})\\
\boldsymbol{\Xi}_{18}&=(\boldsymbol{0}\ \ \boldsymbol{H}_3^{\mathrm{T}}\ \ \boldsymbol{0}\ \ \boldsymbol{0}\ \ \boldsymbol{0}\ \ \boldsymbol{0}\ \ \boldsymbol{0}\ \ \boldsymbol{0}\ \ \boldsymbol{0})\\
\boldsymbol{\Xi}_{21}&=(\boldsymbol{0}\ \ \boldsymbol{0}\ \ \boldsymbol{0}\ \ \boldsymbol{0}\ \ \boldsymbol{0}\ \ \boldsymbol{0}\ \ \boldsymbol{0}\ \ \boldsymbol{E}_4\ \ \boldsymbol{0})\\
\boldsymbol{\Xi}_{22}&=(\boldsymbol{0}\ \ \boldsymbol{H}_4^{\mathrm{T}}\ \ \boldsymbol{0}\ \ \boldsymbol{0}\ \ \boldsymbol{0}\ \ \boldsymbol{0}\ \ \boldsymbol{0}\ \ \boldsymbol{0}\ \ \boldsymbol{0})
\end{aligned}$$

根据引理 1.4,(5.26)式成立,当且仅当以下不等式成立:

$$\begin{pmatrix}
\boldsymbol{\Psi}_{11} & \boldsymbol{\Psi}_{12} & \boldsymbol{\Psi}_{13} & \boldsymbol{\Psi}_{14} & \boldsymbol{\Pi}_{15} & \boldsymbol{\Pi}_{16} & \boldsymbol{\Pi}_{17} & \boldsymbol{\Psi}_{15} & \tau_M\boldsymbol{Y}_1^{\mathrm{T}}\\
* & \boldsymbol{\Psi}_{21} & \boldsymbol{A}_1\boldsymbol{X} & \boldsymbol{B}_1\boldsymbol{X} & -\boldsymbol{M}_2 & -\boldsymbol{Y}_2^{\mathrm{T}} & -\boldsymbol{M}_2 & \boldsymbol{D}_1 & \tau_M\boldsymbol{Y}_2^{\mathrm{T}}\\
* & * & \boldsymbol{\Psi}_{31} & \boldsymbol{\Psi}_{32} & -\boldsymbol{N}_3 & -\boldsymbol{X}_3^{\mathrm{T}} & -\boldsymbol{N}_3 & \boldsymbol{\Psi}_{33} & \tau_M\boldsymbol{X}_3^{\mathrm{T}}\\
* & * & * & -\boldsymbol{Q} & -\boldsymbol{N}_4 & -\boldsymbol{X}_4^{\mathrm{T}} & -\boldsymbol{N}_4 & -\boldsymbol{X}\boldsymbol{B}_3^{\mathrm{T}} & \tau_M\boldsymbol{X}_4^{\mathrm{T}}\\
* & * & * & * & \boldsymbol{\Pi}_{51} & \boldsymbol{\Pi}_{52} & \boldsymbol{\Pi}_{53} & -\boldsymbol{M}_8^{\mathrm{T}} & \tau_M\boldsymbol{Y}_5^{\mathrm{T}}\\
* & * & * & * & * & \boldsymbol{\Pi}_{61} & \boldsymbol{\Pi}_{62} & -\boldsymbol{Y}_8 & \tau_M\boldsymbol{Y}_6^{\mathrm{T}}\\
* & * & * & * & * & * & \boldsymbol{\Pi}_{71} & -\boldsymbol{M}_8^{\mathrm{T}} & \tau_M\boldsymbol{Y}_7^{\mathrm{T}}\\
* & * & * & * & * & * & * & \boldsymbol{\Psi}_{41} & \tau_M\boldsymbol{Y}_8^{\mathrm{T}}\\
* & * & * & * & * & * & * & * & -\tau_M\boldsymbol{S}
\end{pmatrix}$$

$$+\varepsilon_1\boldsymbol{\Xi}_{11}^{\mathrm{T}}\boldsymbol{\Xi}_{11}+\varepsilon_1^{-1}\boldsymbol{\Xi}_{12}^{\mathrm{T}}\boldsymbol{\Xi}_{12}+\varepsilon_2^{-1}\boldsymbol{\Xi}_{13}^{\mathrm{T}}\boldsymbol{\Xi}_{13}+\varepsilon_2\boldsymbol{\Xi}_{14}^{\mathrm{T}}\boldsymbol{\Xi}_{14}+\varepsilon_3^{-1}\boldsymbol{\Xi}_{15}^{\mathrm{T}}\boldsymbol{\Xi}_{15}+\varepsilon_3\boldsymbol{\Xi}_{16}^{\mathrm{T}}\boldsymbol{\Xi}_{16}$$
$$+\varepsilon_4^{-1}\boldsymbol{\Xi}_{17}^{\mathrm{T}}\boldsymbol{\Xi}_{17}+\varepsilon_4\boldsymbol{\Xi}_{18}^{\mathrm{T}}\boldsymbol{\Xi}_{18}+\varepsilon_5^{-1}\boldsymbol{\Xi}_{21}^{\mathrm{T}}\boldsymbol{\Xi}_{21}+\varepsilon_5\boldsymbol{\Xi}_{22}^{\mathrm{T}}\boldsymbol{\Xi}_{22}<0 \tag{5.27}$$

根据 Schur 补引理,(5.27)式等价于(5.25)式.证毕.

相似于推论 5.1,当 $\boldsymbol{\omega}(k)=\boldsymbol{0}_{r\times1}$时,可以很容易得到以下的稳定性准则:

推论 5.2　假设(5.3)式成立,对于满足 $\tau_m\leqslant\tau(k)\leqslant\tau_M$ 的任意时滞 $\tau(k)$,当 $\boldsymbol{\omega}(k)=\boldsymbol{0}_{r\times1}$时,存在状态反馈控制器(5.19),使得闭环系统(5.20)是渐近稳定的.如果存在正定矩阵 $\boldsymbol{P}\in\mathbf{R}^{n\times n}$,$\boldsymbol{Q}_1\in\mathbf{R}^{n\times n}$,$\boldsymbol{Q}_2\in\mathbf{R}^{n\times n}$,$\boldsymbol{Q}\in\mathbf{R}^{L\times L}$,$\boldsymbol{S}\in\mathbf{R}^{n\times n}$,对角正定矩阵 $\boldsymbol{X}\in\mathbf{R}^{L\times L}$,任意矩阵 $\boldsymbol{K}\in\mathbf{R}^{m\times n}$,$\boldsymbol{Y}_i\in\mathbf{R}^{n\times n}$,$\boldsymbol{M}_i\in\mathbf{R}^{n\times n}$($i=1,2,5,6,7$),$\boldsymbol{X}_3\in\mathbf{R}^{n\times L}$,$\boldsymbol{X}_4\in\mathbf{R}^{n\times L}$,$\boldsymbol{N}_3\in\mathbf{R}^{m\times n}$,$\boldsymbol{N}_4\in\mathbf{R}^{L\times n}$ 以及正数 ε_j($j=1,2,3,4$),使得以下线性矩阵不等式成立:

$$\begin{pmatrix} \boldsymbol{\Psi}_1 & \boldsymbol{\Psi}_{12} & \boldsymbol{\Psi}_{13} & \boldsymbol{\Psi}_{14} & \boldsymbol{\Pi}_{15} & \boldsymbol{\Pi}_{16} & \boldsymbol{\Pi}_{17} & \boldsymbol{\Theta}_{11} \\ * & \boldsymbol{\Delta} & \boldsymbol{A}_1\boldsymbol{X} & \boldsymbol{B}_1\boldsymbol{X} & -\boldsymbol{M}_2 & -\boldsymbol{Y}_2^{\mathrm{T}} & -\boldsymbol{M}_2 & \boldsymbol{\Theta}_{12} \\ * & * & \boldsymbol{\Psi}_{31} & \boldsymbol{\Psi}_{32} & -\boldsymbol{N}_3 & -\boldsymbol{X}_3^{\mathrm{T}} & -\boldsymbol{N}_3 & \boldsymbol{\Theta}_{13} \\ * & * & * & -\boldsymbol{Q} & -\boldsymbol{N}_4 & -\boldsymbol{X}_4^{\mathrm{T}} & -\boldsymbol{N}_4 & \boldsymbol{\Theta}_{14} \\ * & * & * & * & \boldsymbol{\Pi}_{51} & \boldsymbol{\Pi}_{52} & \boldsymbol{\Pi}_{53} & \boldsymbol{\Theta}_{15} \\ * & * & * & * & * & \boldsymbol{\Pi}_{61} & \boldsymbol{\Pi}_{62} & \boldsymbol{\Theta}_{16} \\ * & * & * & * & * & * & \boldsymbol{\Pi}_{71} & \boldsymbol{\Theta}_{17} \\ * & * & * & * & * & * & * & \boldsymbol{\Theta}_{18} \end{pmatrix} < 0$$

其中

$$\boldsymbol{\Delta} = \boldsymbol{P} + \tau_M \boldsymbol{S} - 2\boldsymbol{I}_{n\times n} + \varepsilon_2 \boldsymbol{H}_5 \boldsymbol{H}_5^{\mathrm{T}} + \varepsilon_3 \boldsymbol{H}_2 \boldsymbol{H}_2^{\mathrm{T}} + \varepsilon_4 \boldsymbol{H}_3 \boldsymbol{H}_3^{\mathrm{T}}$$

$$\boldsymbol{\Theta}_{11} = (\tau_M \boldsymbol{Y}_1^{\mathrm{T}} \quad 0 \quad \boldsymbol{K}^{\mathrm{T}}\boldsymbol{E}_5^{\mathrm{T}} \quad 0 \quad 0),\ \boldsymbol{\Theta}_{12} = (\tau_M \boldsymbol{Y}_2^{\mathrm{T}} \quad \boldsymbol{H}_1 \quad 0 \quad 0 \quad 0)$$

$$\boldsymbol{\Theta}_{13} = (\tau_M \boldsymbol{X}_3^{\mathrm{T}} \quad 0 \quad 0 \quad \boldsymbol{X}^{\mathrm{T}}\boldsymbol{E}_2^{\mathrm{T}} \quad 0),\ \boldsymbol{\Theta}_{14} = (\tau_M \boldsymbol{X}_4^{\mathrm{T}} \quad 0 \quad 0 \quad 0 \quad \boldsymbol{X}^{\mathrm{T}}\boldsymbol{E}_3^{\mathrm{T}})$$

$$\boldsymbol{\Theta}_{15} = (\tau_M \boldsymbol{Y}_5^{\mathrm{T}} \quad 0 \quad 0 \quad 0 \quad 0),\quad \boldsymbol{\Theta}_{16} = (\tau_M \boldsymbol{Y}_6^{\mathrm{T}} \quad 0 \quad 0 \quad 0 \quad 0)$$

$$\boldsymbol{\Theta}_{17} = (\tau_M \boldsymbol{Y}_7^{\mathrm{T}} \quad 0 \quad 0 \quad 0 \quad 0),\quad \boldsymbol{\Theta}_9 = \mathrm{diag}(-\tau_M \boldsymbol{S},\ -\varepsilon_j \boldsymbol{I}_{n\times n}) \quad (j = 1,2,3,4)$$

而 $\boldsymbol{\Pi}_{15}$，$\boldsymbol{\Pi}_{16}$，$\boldsymbol{\Pi}_{17}$，$\boldsymbol{\Pi}_{51}$，$\boldsymbol{\Pi}_{52}$，$\boldsymbol{\Pi}_{53}$，$\boldsymbol{\Pi}_{61}$，$\boldsymbol{\Pi}_{62}$ 和 $\boldsymbol{\Pi}_{71}$ 是定理 5.1 中定义的形式，$\boldsymbol{\Psi}_{12}$，$\boldsymbol{\Psi}_{13}$，$\boldsymbol{\Psi}_{14}$，$\boldsymbol{\Psi}_{31}$ 和 $\boldsymbol{\Psi}_{32}$ 是定理 5.2 中定义的形式，$\boldsymbol{\Psi}_1$ 是定理 5.3 中定义的形式.

注 5.2　利用本章所给出的定理很容易得到保证系统(5.1)鲁棒无源的 $\tau(k)$ 的上界.例如，定理 5.1 中时滞 $\tau(k)$ 的上界能够通过求解关于变量 $\boldsymbol{P}$，$\boldsymbol{Q}_1$，$\boldsymbol{Q}_2$，$\boldsymbol{Q}_3$，$\boldsymbol{S}$，$\boldsymbol{D}$，$\boldsymbol{W}$，$\boldsymbol{Y}_i$，$\boldsymbol{M}_i$ $(i=1,2,\cdots,8)$，γ 和 τ_M 的二次凸优化问题而得到：

maximize τ_M

subject to $\boldsymbol{P}>0$，$\boldsymbol{Q}_1>0$，$\boldsymbol{Q}_2>0$，$\boldsymbol{Q}_3>0$，$\boldsymbol{S}>0$，$\boldsymbol{D}>0$，$\gamma>0$ 以及(5.6)式.

注意到以上优化问题具有广义特征值问题的形式，所以能够使用 MATLAB 中的线性矩阵不等式控制工具箱进行求解.

5.3　数 值 例 子

在这一小节中，给出两个例子来表明获得的结论有效.

例 5.3.1　考虑以下的离散双向联想记忆神经网络：

$$x_i(k+1) = a_i x_i(k) + \sum_{j=1}^{2} w_{ji}(k) f_j(y_j(k)) + \sum_{j=1}^{2} w_{ji}^*(k) f_j(y_j(k-\tau(k))) + \omega_i(k) \tag{5.28a}$$

$$y_i(k+1) = b_j y_j(k) + \sum_{j=1}^{2} v_{ij}(k) f_i(x_i(k))$$
$$+ \sum_{j=1}^{2} v_{ij}^*(k) f_i(x_i(k-\tau(k))) + \bar{\omega}_j(k) \tag{5.28b}$$

其中

$$\boldsymbol{A} = \mathrm{diag}(\boldsymbol{a}_1, \boldsymbol{a}_2) = \begin{pmatrix} 0.2 & 0 \\ 0 & 0.5 \end{pmatrix}, \quad \overline{\boldsymbol{W}} = \begin{bmatrix} w_{11} & w_{12} \\ w_{21} & w_{22} \end{bmatrix} = \begin{pmatrix} 0.12 & 0.21 \\ 0.16 & 0.22 \end{pmatrix}$$

$$\boldsymbol{B} = \mathrm{diag}(\boldsymbol{b}_1, \boldsymbol{b}_2) = \begin{pmatrix} 0.3 & 0 \\ 0 & 0.4 \end{pmatrix}, \quad \boldsymbol{W}^* = \begin{bmatrix} w_{11}^* & w_{12}^* \\ w_{21}^* & w_{22}^* \end{bmatrix} = \begin{pmatrix} -0.24 & 0.2 \\ 0.1 & 0.02 \end{pmatrix}$$

$$\boldsymbol{V} = \begin{bmatrix} v_{11} & v_{12} \\ v_{21} & v_{22} \end{bmatrix} = \begin{pmatrix} 0.21 & 0.15 \\ 0.12 & 0.18 \end{pmatrix}, \quad \boldsymbol{V}^* = \begin{bmatrix} v_{11}^* & v_{12}^* \\ v_{21}^* & v_{22}^* \end{bmatrix} = \begin{pmatrix} 0.2 & 0.1 \\ 0.1 & 0.2 \end{pmatrix}$$

$$\boldsymbol{\omega}(k) = \begin{bmatrix} \omega_1(k) \\ \omega_2(k) \end{bmatrix}, \quad \bar{\boldsymbol{\omega}}(k) = \begin{bmatrix} \bar{\omega}_1(k) \\ \bar{\omega}_2(k) \end{bmatrix}$$

可以把上面的双向联想记忆神经网络转化成系统(5.1)的形式,其中

$$\boldsymbol{C}_1 = \mathrm{diag}(a_1, a_2, b_1, b_2) = \begin{bmatrix} 0.2 & 0 & 0 & 0 \\ 0 & 0.5 & 0 & 0 \\ 0 & 0 & 0.3 & 0 \\ 0 & 0 & 0 & 0.4 \end{bmatrix}$$

$$\boldsymbol{A}_1 = \begin{bmatrix} \boldsymbol{0} & \overline{\boldsymbol{W}}^{\mathrm{T}} \\ V^{\mathrm{T}} & \boldsymbol{0} \end{bmatrix} = \begin{bmatrix} 0 & 0 & 0.12 & 0.16 \\ 0 & 0 & 0.21 & 0.22 \\ 0.21 & 0.12 & 0 & 0 \\ 0.15 & 0.18 & 0 & 0 \end{bmatrix}$$

$$\boldsymbol{B}_1 = \begin{bmatrix} \boldsymbol{0} & (\boldsymbol{W}^*)^{\mathrm{T}} \\ (\boldsymbol{V}^*)^{\mathrm{T}} & \boldsymbol{0} \end{bmatrix} = \begin{bmatrix} 0 & 0 & -0.24 & 0.1 \\ 0 & 0 & 0.2 & 0.05 \\ 0.2 & 0.1 & 0 & 0 \\ 0.1 & 0.2 & 0 & 0 \end{bmatrix}$$

$$\boldsymbol{T}^- = \begin{bmatrix} 0.1 & 0 & 0 & 0 \\ 0 & 0.2 & 0 & 0 \\ 0 & 0 & 0.13 & 0 \\ 0 & 0 & 0 & 0.4 \end{bmatrix}, \quad \boldsymbol{T}^+ = \begin{bmatrix} 0.4 & 0 & 0 & 0 \\ 0 & 0.5 & 0 & 0 \\ 0 & 0 & 0.6 & 0 \\ 0 & 0 & 0 & 0.8 \end{bmatrix}$$

$$\boldsymbol{D}_1 = \boldsymbol{A}_3 = \boldsymbol{C}_2 = \boldsymbol{I}_{4\times 4}$$

$$\boldsymbol{A}_2 = \boldsymbol{B}_2 = \boldsymbol{D}_2 = \boldsymbol{G}_2 = \boldsymbol{C}_3 = \boldsymbol{B}_3 = \boldsymbol{D}_3 = \boldsymbol{G}_3 = \boldsymbol{0}_{4\times 4}$$

设 $\tau_m = 4$,利用定理 5.1 和注 5.2,按照定义 5.1 所给出的定义形式,可以得到保证系统(5.28)无源的时滞 $\tau(k)$ 的最大值是 15,并且 $\gamma = 215.9401$,其他参数矩

阵的可行解为

$$P = \begin{pmatrix} 17.2230 & 1.8286 & -0.5398 & -3.4264 \\ 1.8286 & 9.6769 & -0.8597 & -5.7324 \\ -0.5398 & -0.8597 & 50.2572 & -23.3920 \\ -3.4264 & -5.7324 & -23.3920 & 25.9384 \end{pmatrix}$$

$$Q_1 = \begin{pmatrix} 0.2336 & 0.0470 & -0.0563 & -0.0819 \\ 0.0470 & 0.0967 & -0.0425 & -0.1051 \\ -0.0563 & -0.0425 & 0.8577 & -0.4127 \\ -0.0819 & -0.1051 & -0.4127 & 0.3806 \end{pmatrix}$$

$$Q_2 = \begin{pmatrix} 2.5559 & 0.4717 & -0.5762 & -0.8670 \\ 0.4717 & 1.0665 & -0.4962 & -1.1354 \\ -0.5762 & -0.4962 & 7.6018 & -3.4870 \\ -0.8670 & -1.1354 & -3.4870 & 3.5609 \end{pmatrix}$$

$$Q_3 = \begin{pmatrix} 3.7129 & 0.2626 & -0.1637 & -0.1829 \\ 0.2626 & 1.0366 & -0.1909 & -0.2613 \\ -0.1637 & -0.1909 & 1.9147 & -0.3675 \\ -0.1829 & -0.2613 & -0.3675 & 0.5760 \end{pmatrix}$$

$$S = \begin{pmatrix} 0.1719 & -0.0028 & 0.0855 & -0.0083 \\ -0.0028 & 0.1812 & 0.0587 & -0.0673 \\ 0.0855 & 0.0587 & 0.7618 & -0.4357 \\ -0.0083 & -0.0673 & -0.4357 & 0.4389 \end{pmatrix}$$

$$D = \begin{pmatrix} 131.7773 & 0 & 0 & 0 \\ 0 & 33.1005 & 0 & 0 \\ 0 & 0 & 33.4550 & 0 \\ 0 & 0 & 0 & 19.2971 \end{pmatrix}$$

$$W = \begin{pmatrix} 18.9164 & 1.7777 & -0.3336 & -4.8875 \\ 1.7924 & 10.0396 & -1.4526 & -6.9163 \\ -1.4745 & -0.6833 & 51.3445 & -22.6156 \\ -3.2612 & -6.2469 & -23.3066 & 27.3172 \end{pmatrix}$$

$$Y_1 = 10^{-2} \times \begin{pmatrix} -0.5461 & 0.0195 & -0.2024 & -0.0623 \\ 0.0279 & -0.6664 & -0.0982 & 0.1135 \\ -0.2505 & -0.1712 & -1.4610 & 0.6659 \\ -0.0122 & 0.1873 & 0.6929 & -0.9289 \end{pmatrix}$$

$$Y_2 = 10^{-3} \times \begin{pmatrix} -0.1339 & 0.0466 & -0.1219 & 0.2104 \\ -0.2739 & -0.6035 & -0.2440 & 0.9248 \\ 0.1267 & 0.0826 & -5.1655 & 3.1800 \\ 0.3626 & 0.4733 & 3.6124 & -2.9714 \end{pmatrix}$$

$$Y_3 = 10^{-3} \times \begin{pmatrix} -7.4679 & 0.0413 & -1.3808 & 0.1234 \\ 0.1290 & -2.7727 & -0.9482 & 1.0259 \\ -3.6035 & -0.9234 & -12.3330 & 6.6256 \\ 0.2960 & 1.0424 & 7.0502 & -6.6876 \end{pmatrix}$$

$$Y_4 = 10^{-5} \times \begin{pmatrix} -0.0002 & -0.0308 & 0.0103 & -0.0227 \\ -0.0257 & -0.0214 & 0.0049 & -0.0200 \\ -0.3054 & -0.4332 & 0.1346 & -0.3720 \\ 0.1731 & 0.2321 & -0.0714 & 0.2012 \end{pmatrix}$$

$$Y_5 = 10^{-3} \times \begin{pmatrix} -2.7185 & 0.0992 & -0.9897 & -0.3287 \\ 0.1432 & -3.3248 & -0.4678 & 0.5448 \\ -1.2475 & -0.8482 & -7.0312 & 3.1661 \\ -0.0665 & 0.9251 & 3.2817 & -4.5274 \end{pmatrix}$$

$$Y_6 = 10^{-2} \times \begin{pmatrix} 1.0667 & -0.0277 & 0.4534 & 0.0395 \\ 0.1432 & 1.1600 & 0.2724 & -0.3190 \\ -1.2475 & 0.3458 & 3.6335 & -2.0345 \\ -0.0665 & -0.3762 & -1.9444 & 2.2918 \end{pmatrix}$$

$$Y_7 = 10^{-3} \times \begin{pmatrix} -2.7422 & 0.0958 & -1.0342 & -0.2941 \\ 0.1366 & -3.3393 & -0.5144 & 0.5901 \\ -1.2576 & -0.8636 & -7.5787 & 3.4930 \\ -0.0557 & 0.9480 & 3.6469 & -4.7620 \end{pmatrix}$$

$$Y_8 = 10^{-3} \times \begin{pmatrix} 0.0127 & 0.0328 & 0.0089 & 0.0178 \\ 0.0105 & 0.0276 & 0.011 & 0.0069 \\ 0.2006 & 0.5157 & 0.1864 & 0.1856 \\ -0.1079 & -0.2785 & -0.1020 & -0.0975 \end{pmatrix}$$

$$M_1 = 10^{3} \times \begin{pmatrix} -0.0016 & 1.5249 & 1.8989 & -1.3999 \\ -1.5244 & -0.0034 & -8.1398 & 7.1516 \\ -1.8992 & 8.1394 & 0.0009 & 5.5505 \\ 1.3991 & -7.1528 & -5.5551 & -0.0008 \end{pmatrix}$$

$$M_2 = \begin{pmatrix} -0.4016 & -0.3103 & 0.4608 & 0.6103 \\ -0.1336 & -0.7668 & 0.4387 & 0.5857 \\ 0.5259 & 0.4074 & -1.3237 & 0.8356 \\ 0.1761 & 0.7045 & 0.1510 & -1.4470 \end{pmatrix}$$

$$M_3 = 10^{-2} \times \begin{pmatrix} -1097.9 & -0.0043 & 0.1201 & -0.0099 \\ -0.0014 & -386.08 & 0.0308 & -0.0347 \\ 0.0460 & 0.0316 & -406.63 & -0.2350 \\ -0.0041 & -0.0342 & -0.2209 & -385.72 \end{pmatrix}$$

$$M_4 = 10^{-5} \times \begin{pmatrix} 0.0001 & 0.0086 & 0.1018 & -0.0577 \\ 0.0103 & 0.0071 & 0.1444 & -0.0774 \\ -0.0034 & -0.0016 & -0.0449 & 0.0238 \\ 0.0076 & 0.0067 & 0.1240 & -0.0670 \end{pmatrix}$$

$$M_5 = 10^{3} \times \begin{pmatrix} 0.0064 & -1.5246 & -1.8991 & 1.3994 \\ 1.5247 & 0.0060 & 8.1396 & -7.1523 \\ 1.8990 & -8.1397 & 0.0067 & -5.5532 \\ -1.3995 & 7.1521 & 5.5525 & 0.0065 \end{pmatrix}$$

$$M_6 = 10^{-3} \times \begin{pmatrix} -3.5556 & 0.1307 & -1.7720 & 0.0601 \\ 0.0926 & -3.8666 & -1.1527 & 1.2538 \\ -1.5113 & -0.9081 & -12.112 & 6.4813 \\ -0.1316 & 1.0633 & 6.7817 & -7.6394 \end{pmatrix}$$

$$M_7 = 10^{3} \times \begin{pmatrix} 0.0064 & -1.5246 & -1.8991 & 1.3994 \\ 1.5247 & 0.0061 & 8.1396 & -7.1523 \\ 1.8990 & -8.1397 & 0.0070 & -5.5532 \\ -1.3995 & 7.1521 & 5.5525 & 0.0066 \end{pmatrix}$$

$$M_8 = 10^{-3} \times \begin{pmatrix} -0.0042 & -0.0035 & -0.0669 & 0.0360 \\ -0.0109 & -0.0092 & -0.1719 & 0.0928 \\ -0.0030 & -0.0037 & -0.0621 & 0.0340 \\ -0.0059 & -0.0023 & -0.0619 & 0.0325 \end{pmatrix}$$

例 5.3.2　考虑以下具有常数时滞的离散非线性系统：

$$\begin{aligned} x_1(k+1) = & -0.1c_2(k)x_1(k) + (0.3 + 0.1c_1(k))x_2(k) + f_1(\boldsymbol{x}(k-2)) \\ & + f_1(\boldsymbol{x}(k)) + u_1(k) + \omega(k) \end{aligned} \tag{5.29a}$$

$$\begin{aligned} x_2(k+1) = & \ 0.1x_1(k) + (1 + 0.1c_1(k))x_2(k) + f_2(u_2(k)) + 0.8u_2(k) \\ & + 0.1\omega(k) \end{aligned} \tag{5.29b}$$

$$z(k) = 0.1x_1(k) + 0.2x_2(k) + 0.1\omega(k) \tag{5.29c}$$

其中

$$\boldsymbol{x}(k) = (x_1(k) \quad x_2(k))^{\mathrm{T}}, \quad \boldsymbol{x}(k-2) = (x_1(k-2) \quad x_2(k-2))^{\mathrm{T}}$$

$$f_1(\boldsymbol{x}(k)) = \exp(-x_1(k) - x_2(k))\cos(x_1(k) + x_2(k)) - 1$$

$$f_2(u_2(k)) = 1.5\cos^2(u_2(k))\sin^2(u_2(k))$$

$c_1(k)$和 $c_2(k)$是不确定参数，且满足

$$c_1(k) \in [-0.2, 0.2], \quad c_2(k) \in [-0.1, 0.1]$$

正如文献[231]所提到的，系统(5.29)通过两个多层感知器的逼近能够转化成以下形式：

$$\begin{aligned} x_1(k+1) = & -0.1c_2(k)x_1(k) + (0.3 + 0.1c_1(k))x_2(k) \\ & + \tanh(\boldsymbol{W}_2\tanh(\boldsymbol{W}_1(\boldsymbol{x}(k-2)))) + \tanh(\boldsymbol{W}_2\tanh(\boldsymbol{W}_1(\boldsymbol{x}(k)))) \\ & + u_1(k) + \omega(k) \end{aligned} \tag{5.30a}$$

$$\begin{aligned} x_2(k+1) = & \ 0.1x_1(k) + (1 + 0.1c_1(k))x_2(k) + \tanh(\boldsymbol{V}_2\tanh(\boldsymbol{V}_1(u_2(k)))) \\ & + 0.8u_2(k) + 0.1\omega(k) \end{aligned} \tag{5.30b}$$

$$z(k) = 0.1x_1(k) + 0.2x_2(k) + 0.1\omega(k) \tag{5.30c}$$

系统(5.30)可以写成(5.1)的标准形式，其中

$$\boldsymbol{C}_1 + \boldsymbol{H}_1\boldsymbol{F}_1(k)\boldsymbol{E}_1 = \begin{bmatrix} -0.1c_1(k) & 0.3 + 0.1c_1(k) \\ 0.1 & 1 + 0.1c_1(k) \end{bmatrix}, \quad \boldsymbol{C}_1 = \begin{pmatrix} -0.3 & -0.35 \\ 0.1 & 0.35 \end{pmatrix}$$

$$\boldsymbol{F}_1(k) = \begin{bmatrix} \frac{19}{130}c_1(k) + 0.95 & 0 \\ 0 & -\frac{19}{60}c_2(k) + 0.95 \end{bmatrix}, \quad \boldsymbol{H}_1 = \begin{pmatrix} 0.74 & 0.34 \\ 0.74 & 0 \end{pmatrix}$$

$$\boldsymbol{A}_1 = \begin{bmatrix} 1 & 0 & \boldsymbol{0}_{1\times 3} & \boldsymbol{0}_{1\times 2} \\ 0 & 1 & \boldsymbol{0}_{1\times 3} & \boldsymbol{0}_{1\times 2} \end{bmatrix}, \quad \boldsymbol{B}_1 = \begin{bmatrix} 1 & 0 & \boldsymbol{0}_{1\times 3} & \boldsymbol{0}_{1\times 2} \\ 0 & 0 & \boldsymbol{0}_{1\times 3} & \boldsymbol{0}_{1\times 2} \end{bmatrix}, \quad \boldsymbol{D}_1 = \begin{pmatrix} 1 \\ 0.1 \end{pmatrix}$$

$$\boldsymbol{C}_2 = \begin{bmatrix} 0 \\ 0 \\ \boldsymbol{W}_1 \\ \boldsymbol{0}_{2\times 2} \end{bmatrix}, \quad \boldsymbol{A}_2 = \begin{bmatrix} 0 & 0 & \boldsymbol{W}_2 & \boldsymbol{0}_{1\times 2} \\ 0 & 0 & \boldsymbol{0}_{1\times 3} & \boldsymbol{V}_2 \\ \boldsymbol{0}_{3\times 1} & \boldsymbol{0}_{3\times 1} & \boldsymbol{0}_{3\times 3} & \boldsymbol{0}_{3\times 2} \\ \boldsymbol{0}_{2\times 1} & \boldsymbol{0}_{2\times 1} & \boldsymbol{0}_{2\times 3} & \boldsymbol{0}_{2\times 2} \end{bmatrix}, \quad \boldsymbol{G}_2 = \begin{bmatrix} 0 & 0 \\ 0 & 0 \\ \boldsymbol{0}_{3\times 1} & \boldsymbol{0}_{3\times 1} \\ \boldsymbol{0}_{2\times 1} & \boldsymbol{V}_1 \end{bmatrix}$$

$$\boldsymbol{B}_2 = \boldsymbol{0}_{7\times 7}, \quad \boldsymbol{V}_1 = \begin{bmatrix} -0.27\times 10^{-12} \\ -0.31\times 10^{-2} \end{bmatrix}, \quad \boldsymbol{W}_1 = \begin{bmatrix} -0.59 & -0.14\times 10^{-1} \\ 0.4\times 10^{-2} & 0.1\times 10^{-3} \\ 0.18\times 10^{-1} & 0.4\times 10^{-3} \end{bmatrix}$$

$$\boldsymbol{V}_2 = (0.27\times 10^{-12} \quad 0.31\times 10^{-2})$$

$$\boldsymbol{W}_2 = (-0.3\times 10^{-2} \quad 0.12\times 10^{-5} \quad 0.1\times 10^{-3})$$

$$G_1 = \begin{pmatrix} 1 & 0 \\ 0 & 0.8 \end{pmatrix}, \quad E_1 = \begin{bmatrix} 0 & \frac{650}{703} \\ \frac{300}{323} & 0 \end{bmatrix}$$

$$C_3 = (0.1 \quad 0.2), \quad D_3 = 0.1, \quad G_3 = \mathbf{0}_{1\times 2}$$

$$A_3 = B_3 = \mathbf{0}_{1\times 7}, \quad D_2 = \mathbf{0}_{7\times 1}, \quad T^- = \mathbf{0}_{7\times 7}, \quad T^+ = I_{7\times 7}$$

利用定理 5.3，可以得到基于状态反馈控制器(5.19)，保证系统(5.30)鲁棒无源的参数矩阵的可行解为

$$K = \begin{pmatrix} 0.3766 & 0.2623 \\ -0.2345 & -0.3136 \end{pmatrix}, \quad P = \begin{pmatrix} 1.2771 & -0.3088 \\ -0.3088 & 1.3406 \end{pmatrix}$$

$$Q_1 = \begin{pmatrix} 0.1440 & -0.1620 \\ -0.1620 & 0.1831 \end{pmatrix}$$

$$S = \begin{pmatrix} 0.0390 & -0.0438 \\ -0.0438 & 0.0496 \end{pmatrix}, \quad Y_1 = \begin{pmatrix} -0.0130 & 0.0146 \\ 0.0146 & -0.0165 \end{pmatrix}$$

$$\gamma = 4.5493 \times 10^6, \quad \varepsilon = 1.1598$$

$$Y_2 = 10^{-7}\begin{pmatrix} -0.1248 & 0.1119 \\ 0.1415 & -0.1269 \end{pmatrix}, \quad Y_5 = \begin{pmatrix} -0.0065 & 0.0073 \\ 0.0073 & -0.0083 \end{pmatrix}$$

$$Y_7 = \begin{pmatrix} -0.0065 & 0.0073 \\ 0.0073 & -0.0083 \end{pmatrix}, \quad Y_8 = 10^{-6}\begin{pmatrix} 0.5605 \\ -0.6355 \end{pmatrix}$$

$$M_1 = M_5 = M_7 = 10^5\begin{pmatrix} 7.5787 & 0.0269 \\ -0.0269 & 7.5787 \end{pmatrix}$$

$$M_2 = 10^{-3}\begin{pmatrix} 0.4517 & 0.0106 \\ -0.0395 & 0.0022 \end{pmatrix}, \quad M_8 = (0.0333 \quad 0.0667)$$

$$X_3 = 10^{-9}\begin{pmatrix} 0.2433 & 0.1860 & -52.37 & 0.3124 & 1.8669 & 0 & 0.1570 \\ -0.2759 & -0.2109 & 59.408 & -0.3544 & -2.1178 & 0 & -0.1781 \end{pmatrix}$$

$$X_4 = 10^{-10}\begin{pmatrix} 3.3786 & 0.3221 & -213.19 & 0.6020 & 8.2448 & 0 & 0.6050 \\ -3.8306 & -0.3652 & 241.65 & -0.6824 & -9.3456 & 0 & -0.6858 \end{pmatrix}$$

$$N_3 = 10^{-6}\begin{bmatrix} 0.0178 & -0.0164 \\ 0.0021 & -0.0080 \\ 0 & 233280 \\ -6672.2 & 1203.4 \\ 3\times 10^5 & -6595.3 \\ 0 & 0 \\ -12112 & -16203 \end{bmatrix}, \quad N_4 = 10^{-10}\begin{bmatrix} -1.0680 & 2.3784 \\ 0.3096 & -0.3529 \\ 162.24 & -9.0787 \\ 3029.7 & -3456.9 \\ -2208.7 & -779.66 \\ 0.00019 & 0.00036 \\ -127.57 & 123.16 \end{bmatrix}$$

$$
Q = 10^{-4}\begin{pmatrix} 5.2999 & -2.0092 & 526.46 & a_1 & -8656 & 0 & 0.6061 \\ -2.0092 & 7.3617 & -387.06 & 2.1259 & 11.855 & a_2 & -1620.2 \\ 526.46 & -387.06 & a_3 & 1672.8 & 9157.8 & 0 & 797.4 \\ a_1 & 2.1259 & 1672.8 & a_4 & -50.536 & 0 & -4.4007 \\ -8656 & 11.855 & 9157.8 & -50.536 & a_5 & 0 & -24.072 \\ 0 & a_2 & 0 & 0 & 0 & a_6 & 0 \\ 0.6061 & -1620.2 & 797.4 & -4.4007 & -24.072 & 0 & a_7 \end{pmatrix}
$$

$a_1 = -2.2476 \times 10^4$，　$a_2 = -0.005189$

$a_3 = 2.0134 \times 10^5$，　$a_4 = 3.7462 \times 1010$

$a_5 = 17326 \times 10^4$，　$a_6 = 3.8437 \times 1010$

$a_7 = 1.046 \times 10^6$，　$b = 7.1724 \times 10^6$

$\boldsymbol{X} = \mathrm{diag}(8.9720 \times 10^{-4}, 1.6056 \times 10^{-3}, 75.675, 6.9312 \times 10^6, 25997, b, 156.9)$

5.4 小　　结

本章研究了具有时变时滞和参数不确定性离散标准神经网络模型的鲁棒无源性问题.通过引入新建立的有限和不等式以及自由权矩阵方法,给出了在没有外界输入情况下判断离散标准神经网络模型是否无源的充分条件;基于所得到的无源性准则,提出了保证闭环系统无源的状态反馈控制器的存在条件和设计方法.所得到的时滞相关准则具有线性矩阵不等式的形式,因此可以利用 MATLAB 中的线性矩阵不等式控制工具箱来求解.给出的数值例子表明了提出的方法有效.

第 6 章　基于标准神经网络模型的非线性系统的鲁棒无源控制

神经网络广泛应用于许多领域,如解决最优问题、联想记忆、模式识别等,因而受到了人们的广泛关注.由于神经网络具有自适应、自学习、容错功能和并行分布式处理结构.因此,很适合对非线性系统的控制问题进行研究[232-235].神经网络控制器通常可以分为两类:一类是把神经网络控制器训练逼近对象的逆模型,使得闭环输出信号能够跟踪输入信号.然而,这种设计方法缺乏严格的稳定性保证;另一类是首先用一个神经网络来逼近未知的非线性系统,然后基于这个神经网络模型、利用存在的非线性控制器设计方法来计算控制信号.在一定的限制条件下,这种设计方法可以保证系统的稳定性.利用神经网络来进行非线性系统鲁棒控制的方法众多,还没有形成完整的理论体系.为了能够得到统一的理论方法,刘妹琴[152]提出了一种标准神经网络模型.标准神经网络模型由一个线性动力学系统和有界激励函数构成的静态非线性算子连接而成,通过把包含神经网络的非线性系统转化成标准神经网络模型(SNNM)的形式,从而进行鲁棒性能的分析和综合[231,236-237].

耗散系统理论在电路系统、网络系统和控制系统中扮演着重要的角色.在电网或许多其他的动态系统中,耗散性是无源性的推广.无源性理论是分析非线性系统稳定性的很好工具,并且应用于许多不同的领域,如信号处理、复杂性、混沌控制和模糊控制等.无源性分析取得了一些研究成果[209-216,238-241].据我们所知,鲁棒无源性问题还没有触及时滞标准神经网络模型领域,因此具有进一步改进的空间.

本章研究了基于标准神经网络模型的非线性系统的鲁棒无源控制问题.大部分通过神经网络模拟的非线性系统,就能转化成标准神经网络模型的形式.因此,我们利用标准神经网络模型来分析非线性系统的无源控制问题.首先,通过引入合适的 Lyapunov-Krasovskii 泛函,并且利用自由权矩阵方法,我们得到了具有耗散率 η 的无源性准则.其次,基于获得的无源性准则,给出了使得闭环标准神经网络模型鲁棒无源的状态反馈控制器的存在条件和设计方法,所获得的结论具有线性矩阵不等式(LMI)形式,耗散率 η 的最大值可以利用 MATLAB 线性矩阵不等式控制工具箱求解.最后,给出仿真例子来表明提出的方法有效.

6.1　系统描述和预备知识

连续时滞标准神经网络模型[236]能够写成以下形式：

$$\dot{\boldsymbol{x}}(t)=\boldsymbol{A}_1\boldsymbol{x}(t)+\boldsymbol{B}_1\boldsymbol{f}(\boldsymbol{\xi}(t))+\boldsymbol{B}_{1d}\boldsymbol{f}(\boldsymbol{\xi}(t-d))+\boldsymbol{C}_1\boldsymbol{\omega}(t)+\boldsymbol{D}_1\boldsymbol{u}(t) \tag{6.1a}$$

$$\boldsymbol{\xi}(t)=\boldsymbol{A}_2\boldsymbol{x}(t)+\boldsymbol{B}_2\boldsymbol{f}(\boldsymbol{\xi}(t))+\boldsymbol{B}_{2d}\boldsymbol{f}(\boldsymbol{\xi}(t-d))+\boldsymbol{C}_2\boldsymbol{\omega}(t)+\boldsymbol{D}_2\boldsymbol{u}(t) \tag{6.1b}$$

$$\boldsymbol{z}(t)=\boldsymbol{A}_3\boldsymbol{x}(t)+\boldsymbol{B}_3\boldsymbol{f}(\boldsymbol{\xi}(t))+\boldsymbol{B}_{3d}\boldsymbol{f}(\boldsymbol{\xi}(t-d))+\boldsymbol{C}_3\boldsymbol{\omega}(t)+\boldsymbol{D}_3\boldsymbol{u}(t) \tag{6.1c}$$

其中 $\boldsymbol{A}_1\in\mathbf{R}^{n\times n}$，$\boldsymbol{B}_1\in\mathbf{R}^{n\times L}$，$\boldsymbol{B}_{1d}\in\mathbf{R}^{n\times L}$，$\boldsymbol{C}_1\in\mathbf{R}^{n\times r}$，$\boldsymbol{D}_1\in\mathbf{R}^{n\times m}$，$\boldsymbol{A}_2\in\mathbf{R}^{L\times n}$，$\boldsymbol{B}_2\in\mathbf{R}^{L\times L}$，$\boldsymbol{B}_{2d}\in\mathbf{R}^{L\times L}$，$\boldsymbol{C}_2\in\mathbf{R}^{L\times r}$，$\boldsymbol{D}_2\in\mathbf{R}^{L\times m}$，$\boldsymbol{A}_3\in\mathbf{R}^{r\times n}$，$\boldsymbol{B}_3\in\mathbf{R}^{r\times L}$，$\boldsymbol{B}_{3d}\in\mathbf{R}^{r\times L}$，$\boldsymbol{C}_3\in\mathbf{R}^{r\times r}$和$\boldsymbol{D}_3\in\mathbf{R}^{r\times m}$是相应的状态空间矩阵，$\boldsymbol{f}\in\boldsymbol{C}(\mathbf{R}^L;\mathbf{R}^L)$满足$\boldsymbol{f}(0)=\mathbf{0}$，$L\in\mathbf{R}$是非线性激活函数的个数，$\boldsymbol{x}(t)\in\mathbf{R}^n$ 是神经元状态向量，$\boldsymbol{u}(t)\in\mathbf{R}^m$ 是外部输入，$\boldsymbol{\omega}(t)\in\mathbf{R}^r$ 是扰动输入，$\boldsymbol{z}(t)\in\mathbf{R}^r$ 是性能输出，d 是传输时滞.(6.1)式满足以下初始条件：

$$\boldsymbol{f}(\boldsymbol{\xi}(t_0+\theta))=\boldsymbol{f}(\boldsymbol{\xi}(t_0))\quad(\forall\,\theta\in[-d,0])$$

本章中，假设激活函数满足以下的扇形条件：

$$t_i^-\leqslant\frac{f_i(\xi_i(t))}{\xi_i(t)}\leqslant t_i^+\quad(t_i^+>t_i^-\geqslant 0;i=1,2,\cdots,L) \tag{6.2}$$

接下来，给出以下的无源性定义.

定义 6.1　称(6.1)的自治系统是无源的，且具有耗散率 η.

$$\int_0^{t_\mathrm{p}}[\boldsymbol{z}^\mathrm{T}(t)\boldsymbol{\omega}(t)-\eta\boldsymbol{\omega}^\mathrm{T}(t)\boldsymbol{\omega}(t)]\mathrm{d}t\geqslant 0 \tag{6.3}$$

如果对于任意 $t_\mathrm{p}\geqslant 0$，(6.3)式对于满足 $\boldsymbol{x}(0)=\boldsymbol{\xi}(0)=\mathbf{0}$ 初始条件的系统(6.1)的自治系统的所有解均成立.

6.2　主 要 结 果

首先，来分析系统(6.1)的自治系统的无源性问题.当 $\boldsymbol{u}(t)=\mathbf{0}$ 时，系统(6.1)可以写成：

$$\dot{\boldsymbol{x}}(t)=\boldsymbol{A}_1\boldsymbol{x}(t)+\boldsymbol{B}_1\boldsymbol{f}(\boldsymbol{\xi}(t))+\boldsymbol{B}_{1d}\boldsymbol{f}(\boldsymbol{\xi}(t-d))+\boldsymbol{C}_1\boldsymbol{\omega}(t) \quad (6.4\text{a})$$

$$\boldsymbol{\xi}(t)=\boldsymbol{A}_2\boldsymbol{x}(t)+\boldsymbol{B}_2\boldsymbol{f}(\boldsymbol{\xi}(t))+\boldsymbol{B}_{2d}\boldsymbol{f}(\boldsymbol{\xi}(t-d))+\boldsymbol{C}_2\boldsymbol{\omega}(t) \quad (6.4\text{b})$$

$$\boldsymbol{z}(t)=\boldsymbol{A}_3\boldsymbol{x}(t)+\boldsymbol{B}_3\boldsymbol{f}(\boldsymbol{\xi}(t))+\boldsymbol{B}_{3d}\boldsymbol{f}(\boldsymbol{\xi}(t-d))+\boldsymbol{C}_3\boldsymbol{\omega}(t) \quad (6.4\text{c})$$

定理 6.1 假设(6.2)式成立,系统(6.4)是无源的,且具有耗散率 η.如果存在正定矩阵 $\boldsymbol{P}\in\mathbf{R}^{n\times n}$,$\boldsymbol{Q}_1\in\mathbf{R}^{n\times n}$,$\boldsymbol{Q}_2\in\mathbf{R}^{L\times L}$,$\boldsymbol{S}\in\mathbf{R}^{n\times n}$,对角正定矩阵 $\boldsymbol{H}\in\mathbf{R}^{L\times L}$,任意矩阵 $\boldsymbol{Y}_1\in\mathbf{R}^{n\times n}$,$\boldsymbol{Y}_2\in\mathbf{R}^{n\times n}$,$\boldsymbol{Y}_3\in\mathbf{R}^{L\times n}$,$\boldsymbol{Y}_4\in\mathbf{R}^{L\times n}$,$\boldsymbol{Y}_5\in\mathbf{R}^{r\times n}$以及正数 η,使得以下的线性矩阵不等式成立:

$$\begin{pmatrix} \boldsymbol{\Pi}_{11} & -\boldsymbol{Y}_1+\boldsymbol{Y}_2^{\mathrm{T}} & \boldsymbol{\Pi}_{12} & \boldsymbol{\Pi}_{13} & \boldsymbol{\Pi}_{14} & d\boldsymbol{A}_1^{\mathrm{T}} & d\boldsymbol{Y}_1\boldsymbol{S} \\ * & -\boldsymbol{Q}_1-\boldsymbol{Y}_2+\boldsymbol{Y}_2^{\mathrm{T}} & -\boldsymbol{Y}_3^{\mathrm{T}} & -\boldsymbol{Y}_4^{\mathrm{T}} & -\boldsymbol{Y}_5^{\mathrm{T}} & \boldsymbol{0} & d\boldsymbol{Y}_2\boldsymbol{S} \\ * & * & \boldsymbol{\Pi}_{21} & \boldsymbol{\Pi}_{22} & \boldsymbol{\Pi}_{23} & d\boldsymbol{B}_1^{\mathrm{T}} & d\boldsymbol{Y}_3\boldsymbol{S} \\ * & * & * & \boldsymbol{\Pi}_{31} & \boldsymbol{\Pi}_{32} & d\boldsymbol{B}_1^{\mathrm{T}} & d\boldsymbol{Y}_4\boldsymbol{S} \\ * & * & * & * & \boldsymbol{\Pi}_{41} & d\boldsymbol{C}_1^{\mathrm{T}} & d\boldsymbol{Y}_5\boldsymbol{S} \\ * & * & * & * & * & -d\boldsymbol{S} & \boldsymbol{0} \\ * & * & * & * & * & * & -d\boldsymbol{S} \end{pmatrix}<0 \quad (6.5)$$

其中

$$\boldsymbol{\Pi}_{11}=\boldsymbol{P}\boldsymbol{A}_1+\boldsymbol{A}_1^{\mathrm{T}}\boldsymbol{P}+\boldsymbol{Q}_1+\boldsymbol{Y}_1+\boldsymbol{Y}_1^{\mathrm{T}}-\boldsymbol{A}_2^{\mathrm{T}}\boldsymbol{T}^-\boldsymbol{H}\boldsymbol{T}^+\boldsymbol{A}_2$$

$$\boldsymbol{\Pi}_{12}=\boldsymbol{P}\boldsymbol{B}_1+0.5\boldsymbol{A}_2^{\mathrm{T}}(\boldsymbol{T}^-+\boldsymbol{T}^+)\boldsymbol{H}+\boldsymbol{Y}_3^{\mathrm{T}}-\boldsymbol{A}_2^{\mathrm{T}}\boldsymbol{T}^-\boldsymbol{H}\boldsymbol{T}^+\boldsymbol{B}_2$$

$$\boldsymbol{\Pi}_{13}=\boldsymbol{P}\boldsymbol{B}_{1d}+\boldsymbol{Y}_4^{\mathrm{T}}-\boldsymbol{A}_2^{\mathrm{T}}\boldsymbol{T}^-\boldsymbol{H}\boldsymbol{T}^+\boldsymbol{B}_{2d}$$

$$\boldsymbol{\Pi}_{14}=\boldsymbol{P}\boldsymbol{C}_1-\boldsymbol{A}_3^{\mathrm{T}}+\boldsymbol{Y}_5^{\mathrm{T}}-\boldsymbol{A}_2^{\mathrm{T}}\boldsymbol{T}^-\boldsymbol{H}\boldsymbol{T}^+\boldsymbol{C}_2$$

$$\boldsymbol{\Pi}_{21}=\boldsymbol{Q}_2-\boldsymbol{H}+\boldsymbol{B}_2^{\mathrm{T}}(\boldsymbol{T}^-+\boldsymbol{T}^+)\boldsymbol{H}-\boldsymbol{B}_2^{\mathrm{T}}\boldsymbol{T}^-\boldsymbol{H}\boldsymbol{T}^+\boldsymbol{B}_2$$

$$\boldsymbol{\Pi}_{31}=-\boldsymbol{Q}_2-\boldsymbol{B}_{2d}^{\mathrm{T}}\boldsymbol{T}^-\boldsymbol{H}\boldsymbol{T}^+\boldsymbol{B}_{2d}$$

$$\boldsymbol{\Pi}_{22}=0.5\boldsymbol{H}(\boldsymbol{T}^-+\boldsymbol{T}^+)\boldsymbol{B}_{2d}-\boldsymbol{B}_2^{\mathrm{T}}\boldsymbol{T}^-\boldsymbol{H}\boldsymbol{T}^+\boldsymbol{B}_{2d},\quad \boldsymbol{\Pi}_{32}=-\boldsymbol{B}_{3d}^{\mathrm{T}}-\boldsymbol{B}_{2d}^{\mathrm{T}}\boldsymbol{T}^-\boldsymbol{H}\boldsymbol{T}^+\boldsymbol{C}_2$$

$$\boldsymbol{\Pi}_{23}=0.5\boldsymbol{H}(\boldsymbol{T}^-+\boldsymbol{T}^+)\boldsymbol{C}_2-\boldsymbol{B}_3^{\mathrm{T}}-\boldsymbol{B}_2^{\mathrm{T}}\boldsymbol{T}^-\boldsymbol{H}\boldsymbol{T}^+\boldsymbol{C}_2,\quad \boldsymbol{T}^-=\mathrm{diag}(t_1^-,t_2^-,\cdots,t_L^-)$$

$$\boldsymbol{\Pi}_{41}=-\boldsymbol{C}_3-\boldsymbol{C}_3^{\mathrm{T}}+2\eta\boldsymbol{I}-\boldsymbol{C}_2^{\mathrm{T}}\boldsymbol{T}^-\boldsymbol{H}\boldsymbol{T}^+\boldsymbol{C}_2,\quad \boldsymbol{T}^+=\mathrm{diag}(t_1^+,t_2^+,\cdots,t_L^+)$$

证明 为系统(6.4)构造以下的 Lyapunov-Krasovskii 泛函:

$$V(t)=V_1(t)+V_2(t)+V_3(t)+V_4(t)$$

其中

$$V_1(t)=\boldsymbol{x}^{\mathrm{T}}(t)\boldsymbol{P}\boldsymbol{x}(t),\quad V_2(t)=\int_{t-d}^{t}\boldsymbol{x}^{\mathrm{T}}(s)\boldsymbol{Q}_1\boldsymbol{x}(s)\mathrm{d}s$$

$$V_3(t)=\int_{t-d}^{t}\boldsymbol{f}^{\mathrm{T}}(\boldsymbol{\xi}(s))\boldsymbol{Q}_2\boldsymbol{f}(\boldsymbol{\xi}(s))\mathrm{d}s,\quad V_4(t)=\int_{-d}^{0}\int_{t+\theta}^{t}\dot{\boldsymbol{x}}^{\mathrm{T}}(s)\boldsymbol{Q}_3\dot{\boldsymbol{x}}(s)\mathrm{d}s\mathrm{d}\theta$$

$$V_3(t)=\int_{t-d}^{t}\boldsymbol{f}^{\mathrm{T}}(\boldsymbol{\xi}(s))\boldsymbol{Q}_2\boldsymbol{f}(\boldsymbol{\xi}(s))\mathrm{d}s,\quad V_4(t)=\int_{-d}^{0}\int_{t+\theta}^{t}\dot{\boldsymbol{x}}^{\mathrm{T}}(s)\boldsymbol{Q}_3\dot{\boldsymbol{x}}(s)\mathrm{d}s\mathrm{d}\theta$$

$V(t)$沿着系统(6.4)轨迹的导数为

$$\dot{V}(t) = \dot{V}_1(t) + \dot{V}_2(t) + \dot{V}_3(t) + \dot{V}_4(t) \tag{6.6}$$

其中

$$\begin{aligned}\dot{V}_1(t) &= 2\boldsymbol{x}^{\mathrm{T}}(t)\boldsymbol{P}\dot{\boldsymbol{x}}(t)\\ &= 2\boldsymbol{x}^{\mathrm{T}}(t)\boldsymbol{P}[\boldsymbol{A}_1\boldsymbol{x}(t) + \boldsymbol{B}_1\boldsymbol{f}(\boldsymbol{\xi}(t)) + \boldsymbol{B}_{1d}\boldsymbol{f}(\boldsymbol{\xi}(t-d)) + \boldsymbol{C}_1\boldsymbol{\omega}(t)]\end{aligned} \tag{6.7}$$

$$\dot{V}_2(t) = \boldsymbol{x}^{\mathrm{T}}(t)\boldsymbol{Q}_1\boldsymbol{x}(t) - \boldsymbol{x}^{\mathrm{T}}(t-d)\boldsymbol{Q}_1\boldsymbol{x}(t-d) \tag{6.8}$$

$$\dot{V}_3(t) = \boldsymbol{f}^{\mathrm{T}}(\boldsymbol{\xi}(t))\boldsymbol{Q}_2\boldsymbol{f}(\boldsymbol{\xi}(t)) - \boldsymbol{f}^{\mathrm{T}}(\boldsymbol{\xi}(t-d))\boldsymbol{Q}_2\boldsymbol{f}(\boldsymbol{\xi}(t-d)) \tag{6.9}$$

$$\begin{aligned}\dot{V}_4(t) &= \mathrm{d}\dot{\boldsymbol{x}}^{\mathrm{T}}(t)\boldsymbol{Q}_3\dot{\boldsymbol{x}}(t) - \int_{t-d}^{t}\dot{\boldsymbol{x}}^{\mathrm{T}}(s)\boldsymbol{Q}_3\dot{\boldsymbol{x}}(s)\mathrm{d}s\\ &= d[\boldsymbol{A}_1\boldsymbol{x}(t) + \boldsymbol{B}_1\boldsymbol{f}(\boldsymbol{\xi}(t)) + \boldsymbol{B}_{1d}\boldsymbol{f}(\boldsymbol{\xi}(t-d))\\ &\quad + \boldsymbol{C}_1\boldsymbol{\omega}(t)]^{\mathrm{T}}\boldsymbol{Q}_3[\boldsymbol{A}_1\boldsymbol{x}(t) + \boldsymbol{B}_1\boldsymbol{f}(\boldsymbol{\xi}(t))\\ &\quad + \boldsymbol{B}_{1d}\boldsymbol{f}(\boldsymbol{\xi}(t-d)) + \boldsymbol{C}_1\boldsymbol{\omega}(t)] - \int_{t-d}^{t}\dot{\boldsymbol{x}}^{\mathrm{T}}(s)\boldsymbol{Q}_3\dot{\boldsymbol{x}}(s)\mathrm{d}s\end{aligned} \tag{6.10}$$

根据(6.2)式,以下不等式成立:

$$\begin{aligned}&\boldsymbol{f}^{\mathrm{T}}(\boldsymbol{\xi}(t))\boldsymbol{H}\boldsymbol{f}(\boldsymbol{\xi}(t)) - \boldsymbol{\xi}^{\mathrm{T}}(t)\boldsymbol{H}(\boldsymbol{T}^- + \boldsymbol{T}^+)\boldsymbol{f}(\boldsymbol{\xi}(t)) + \boldsymbol{\xi}^{\mathrm{T}}(t)\boldsymbol{T}^-\boldsymbol{H}\boldsymbol{T}^+\boldsymbol{\xi}(t)\\ &= \boldsymbol{f}^{\mathrm{T}}(\boldsymbol{\xi}(t))\boldsymbol{H}\boldsymbol{f}(\boldsymbol{\xi}(t)) - [\boldsymbol{A}_2\boldsymbol{x}(t) + \boldsymbol{B}_2\boldsymbol{f}(\boldsymbol{\xi}(t)) + \boldsymbol{B}_{2d}\boldsymbol{f}(\boldsymbol{\xi}(t-d))\\ &\quad + \boldsymbol{C}_2\boldsymbol{\omega}(t)]^{\mathrm{T}}(\boldsymbol{T}^- + \boldsymbol{T}^+)\boldsymbol{H}\boldsymbol{f}(\boldsymbol{\xi}(t)) + [\boldsymbol{A}_2\boldsymbol{x}(t) + \boldsymbol{B}_2\boldsymbol{f}(\boldsymbol{\xi}(t))\\ &\quad + \boldsymbol{B}_{2d}\boldsymbol{f}(\boldsymbol{\xi}(t-d)) + \boldsymbol{C}_2\boldsymbol{\omega}(t)]^{\mathrm{T}}\boldsymbol{T}^-\boldsymbol{H}\boldsymbol{T}^+[\boldsymbol{A}_2\boldsymbol{x}(t) + \boldsymbol{B}_2\boldsymbol{f}(\boldsymbol{\xi}(t))\\ &\quad + \boldsymbol{B}_{2d}\boldsymbol{f}(\boldsymbol{\xi}(t-d)) + \boldsymbol{C}_2\boldsymbol{\omega}(t)] \leqslant 0\end{aligned} \tag{6.11}$$

其中,$\boldsymbol{H} = \mathrm{diag}(h_1, h_2, \cdots, h_L) > 0$.

基于牛顿-莱布尼茨公式,可以把以下的方程加到 $\dot{V}(t)$:

$$2\boldsymbol{\zeta}(t)\boldsymbol{Y}[\boldsymbol{x}(t) - \boldsymbol{x}(t-d) - \int_{t-d}^{t}\dot{\boldsymbol{x}}(s)\mathrm{d}s] = 0 \tag{6.12}$$

其中

$$\boldsymbol{\zeta}^{\mathrm{T}}(t) = (\boldsymbol{x}^{\mathrm{T}}(t) \quad \boldsymbol{x}^{\mathrm{T}}(t-d) \quad \boldsymbol{f}^{\mathrm{T}}(\boldsymbol{\xi}(t)) \quad \boldsymbol{f}^{\mathrm{T}}(\boldsymbol{\xi}(t-d)) \quad \boldsymbol{\omega}^{\mathrm{T}}(t))$$
$$\boldsymbol{Y}^{\mathrm{T}} = (\boldsymbol{Y}_1^{\mathrm{T}} \quad \boldsymbol{Y}_2^{\mathrm{T}} \quad \boldsymbol{Y}_3^{\mathrm{T}} \quad \boldsymbol{Y}_4^{\mathrm{T}} \quad \boldsymbol{Y}_5^{\mathrm{T}})$$

$\boldsymbol{Y}_i (i=1,2,\cdots,5)$是具有适当维数的矩阵.

将(6.7)式～(6.12)式代入(6.6)式中,整理可得

$$\begin{aligned}&\dot{V}(t) - 2\boldsymbol{z}^{\mathrm{T}}(t)\boldsymbol{\omega}(t) + 2\boldsymbol{\eta}\boldsymbol{\omega}^{\mathrm{T}}(t)\boldsymbol{\omega}(t)\\ &= \boldsymbol{x}^{\mathrm{T}}(t)(\boldsymbol{P}\boldsymbol{A}_1 + \boldsymbol{A}_1^{\mathrm{T}}\boldsymbol{P} + \boldsymbol{Q}_1)\boldsymbol{x}(t) + 2\boldsymbol{x}^{\mathrm{T}}(t)[\boldsymbol{P}\boldsymbol{B}_1 + 0.5\boldsymbol{A}_2^{\mathrm{T}}(\boldsymbol{T}^- + \boldsymbol{T}^+)\boldsymbol{H}]\boldsymbol{f}(\boldsymbol{\xi}(t))\\ &\quad + 2\boldsymbol{\xi}^{\mathrm{T}}(t)\boldsymbol{Y}\boldsymbol{x}(t) + 2\boldsymbol{x}^{\mathrm{T}}(t)\boldsymbol{P}\boldsymbol{B}_{1d}\boldsymbol{f}(\boldsymbol{\xi}(t-d)) + 2\boldsymbol{x}^{\mathrm{T}}(t)(\boldsymbol{P}\boldsymbol{C}_1 - \boldsymbol{A}_3^{\mathrm{T}})\boldsymbol{\omega}(t)\\ &\quad - \boldsymbol{x}^{\mathrm{T}}(t-d)\boldsymbol{Q}_1\boldsymbol{x}^{\mathrm{T}}(t-d) + \boldsymbol{f}^{\mathrm{T}}(\boldsymbol{\xi}(t))[\boldsymbol{Q}_2 - \boldsymbol{H} + \boldsymbol{B}_2^{\mathrm{T}}(\boldsymbol{T}^- + \boldsymbol{T}^+)\boldsymbol{H}]\boldsymbol{f}(\boldsymbol{\xi}(t))\\ &\quad - 2\boldsymbol{f}^{\mathrm{T}}(\boldsymbol{\xi}(t-d))\boldsymbol{B}_{3d}^{\mathrm{T}}\boldsymbol{\omega}(t)\end{aligned}$$

$$\begin{aligned}&+\boldsymbol{f}^{\mathrm{T}}(\boldsymbol{\xi}(t))[\boldsymbol{H}(\boldsymbol{T}^{-}+\boldsymbol{T}^{+})\boldsymbol{C}_2-2\boldsymbol{B}_3^{\mathrm{T}}]\boldsymbol{\omega}(t)-\boldsymbol{f}^{\mathrm{T}}(\boldsymbol{\xi}(t-d))\boldsymbol{Q}_2\boldsymbol{f}(\boldsymbol{\xi}(t-d))\\&+\boldsymbol{f}^{\mathrm{T}}(\boldsymbol{\xi}(t))\boldsymbol{H}(\boldsymbol{T}^{-}+\boldsymbol{T}^{+})\boldsymbol{B}_{2d}\boldsymbol{f}(\boldsymbol{\xi}(t-d))-\boldsymbol{\omega}^{\mathrm{T}}(t)[\boldsymbol{C}_3+\boldsymbol{C}_3^{\mathrm{T}}-2\boldsymbol{\eta I}]\boldsymbol{\omega}(t)\\&+d\boldsymbol{\zeta}^{\mathrm{T}}(t)\boldsymbol{Y}\boldsymbol{Q}_3^{-1}\boldsymbol{Y}^{\mathrm{T}}\boldsymbol{\zeta}(t)-\int_{t-d}^{t}[\boldsymbol{Y}^{\mathrm{T}}\boldsymbol{\zeta}(t)+\boldsymbol{Q}_3\dot{\boldsymbol{x}}(s)]^{\mathrm{T}}\boldsymbol{Q}_3^{-1}[\boldsymbol{Y}^{\mathrm{T}}\boldsymbol{\zeta}(t)+\boldsymbol{Q}_3\dot{\boldsymbol{x}}(s)]\mathrm{d}s\\&-2\boldsymbol{\zeta}^{\mathrm{T}}(t)\boldsymbol{Y}\boldsymbol{x}(t-d)+\mathrm{d}\boldsymbol{\zeta}^{\mathrm{T}}(t)\boldsymbol{\Omega}_2^{\mathrm{T}}\boldsymbol{Q}_3\boldsymbol{\Omega}_2\boldsymbol{\zeta}(t)-\boldsymbol{\zeta}^{\mathrm{T}}(t)\boldsymbol{\Omega}_3^{\mathrm{T}}\boldsymbol{T}^{-}\boldsymbol{H}\boldsymbol{T}^{+}\boldsymbol{\Omega}_3\boldsymbol{\zeta}(t)\\&\leqslant\boldsymbol{\zeta}^{\mathrm{T}}(t)[\boldsymbol{\Omega}_1+d\boldsymbol{\Omega}_2^{\mathrm{T}}\boldsymbol{Q}_3\boldsymbol{\Omega}_2+d\boldsymbol{Y}\boldsymbol{Q}_3^{-}\boldsymbol{Y}^{\mathrm{T}}-\boldsymbol{\Omega}_3^{\mathrm{T}}\boldsymbol{T}^{-}\boldsymbol{H}\boldsymbol{T}^{+}\boldsymbol{\Omega}_3]\boldsymbol{\zeta}(t)\end{aligned}\tag{6.13}$$

其中

$$\boldsymbol{\Omega}_1=\begin{pmatrix}\boldsymbol{\Pi}_{11} & -\boldsymbol{Y}_1+\boldsymbol{Y}_2^{\mathrm{T}} & \boldsymbol{\Pi}_{12} & \boldsymbol{\Pi}_{13} & \boldsymbol{\Pi}_{14}\\ * & -\boldsymbol{Q}_1-\boldsymbol{Y}_2-\boldsymbol{Y}_2^{\mathrm{T}} & -\boldsymbol{Y}_3^{\mathrm{T}} & -\boldsymbol{Y}_4^{\mathrm{T}} & -\boldsymbol{Y}_5^{\mathrm{T}}\\ * & * & \boldsymbol{\Pi}_{21} & \boldsymbol{\Pi}_{22} & \boldsymbol{\Pi}_{23}\\ * & * & * & \boldsymbol{\Pi}_{31} & \boldsymbol{\Pi}_{32}\\ * & * & * & * & \boldsymbol{\Pi}_{41}\end{pmatrix}$$

$$\boldsymbol{\Omega}_2=(\boldsymbol{A}_1\quad \boldsymbol{0}\quad \boldsymbol{B}_1\quad \boldsymbol{B}_{1d}\quad \boldsymbol{C}_1),\quad \boldsymbol{\Omega}_3=(\boldsymbol{A}_2\quad \boldsymbol{0}\quad \boldsymbol{B}_2\quad \boldsymbol{B}_{2d}\quad \boldsymbol{C}_2)$$

而 $\boldsymbol{\Pi}_{11},\boldsymbol{\Pi}_{12},\boldsymbol{\Pi}_{13},\boldsymbol{\Pi}_{14},\boldsymbol{\Pi}_{21},\boldsymbol{\Pi}_{22},\boldsymbol{\Pi}_{23},\boldsymbol{\Pi}_{31},\boldsymbol{\Pi}_{32}$,和 $\boldsymbol{\Pi}_{41}$ 是定理 6.1 中定义的形式.根据 Schur 补引理,不等式(6.14)等价于(6.15)式:

$$\boldsymbol{\Omega}_1+d\boldsymbol{\Omega}_2^{\mathrm{T}}\boldsymbol{Q}_3\boldsymbol{\Omega}_2+d\boldsymbol{Y}\boldsymbol{Q}_3^{-}\boldsymbol{Y}^{\mathrm{T}}-\boldsymbol{\Omega}_3^{\mathrm{T}}\boldsymbol{T}^{-}\boldsymbol{H}\boldsymbol{T}^{+}\boldsymbol{\Omega}_3<0\tag{6.14}$$

$$\begin{pmatrix}\boldsymbol{\Pi}_{11} & -\boldsymbol{Y}_1+\boldsymbol{Y}_2^{\mathrm{T}} & \boldsymbol{\Pi}_{12} & \boldsymbol{\Pi}_{13} & \boldsymbol{\Pi}_{14} & d\boldsymbol{A}_1^{\mathrm{T}} & d\boldsymbol{Y}_1\\ * & -\boldsymbol{Q}_1-\boldsymbol{Y}_2-\boldsymbol{Y}_2^{\mathrm{T}} & -\boldsymbol{Y}_3^{\mathrm{T}} & -\boldsymbol{Y}_4^{\mathrm{T}} & -\boldsymbol{Y}_5^{\mathrm{T}} & \boldsymbol{0} & d\boldsymbol{Y}_2\\ * & * & \boldsymbol{\Pi}_{21} & \boldsymbol{\Pi}_{22} & \boldsymbol{\Pi}_{23} & d\boldsymbol{B}_1^{\mathrm{T}} & d\boldsymbol{Y}_3\\ * & * & * & \boldsymbol{\Pi}_{31} & \boldsymbol{\Pi}_{32} & d\boldsymbol{B}_{1d}^{\mathrm{T}} & d\boldsymbol{Y}_4\\ * & * & * & * & \boldsymbol{\Pi}_{41} & d\boldsymbol{C}_1^{\mathrm{T}} & d\boldsymbol{Y}_5\\ * & * & * & * & * & -d\boldsymbol{Q}_3^{-1} & \boldsymbol{0}\\ * & * & * & * & * & * & -d\boldsymbol{Q}_3\end{pmatrix}<0\tag{6.15}$$

(6.15)式左边前后同乘:

$$\mathrm{diag}(\boldsymbol{I}_{n\times n},\quad \boldsymbol{I}_{n\times n},\quad \boldsymbol{I}_{L\times L},\quad \boldsymbol{I}_{L\times L},\quad \boldsymbol{I}_{r\times r},\quad \boldsymbol{I}_{n\times n},\quad (\boldsymbol{Q}_3^{-1})_{n\times n})$$

设 $\boldsymbol{S}=\boldsymbol{Q}_3^{-1}$,则不等式(6.5)与(6.15)式等价.因此,如果(6.5)式成立,则有下式成立:

$$\dot{V}(t)-2\boldsymbol{z}^{\mathrm{T}}(t)\boldsymbol{\omega}(t)+2\eta\boldsymbol{\omega}^{\mathrm{T}}(t)\boldsymbol{\omega}(t)<0\tag{6.16}$$

对(6.16)式关于 t 从 0 到 t_{p} 积分,我们可以得到

$$2\int_0^{t_{\mathrm{p}}}[\boldsymbol{z}^{\mathrm{T}}(s)\boldsymbol{\omega}(s)-\eta\boldsymbol{\omega}^{\mathrm{T}}(s)\boldsymbol{\omega}(s)]\mathrm{d}s\geqslant V(t_{\mathrm{p}})-V(0)$$

当 $\boldsymbol{x}(0)=\boldsymbol{\xi}(0)=\boldsymbol{0}$ 时,$V(0)=0$,如果 $\boldsymbol{x}(t)\neq 0,\boldsymbol{\xi}(t)\neq 0$,则 $V(t)>0$,所以(6.3)式成立,根据定义 6.1,此时系统(6.1)的自治系统是无源的,且具有耗散率 η.证毕.

注 6.1　把保证(6.3)式成立的耗散率 η 的最大值称为系统(6.1)的自治系统的耗散度. 正如文献[238－239]所提到的，如果一个系统具有较大的耗散度，则该系统具有较大的耗散性，从而能够容忍较大的不确定性和扰动.

当 $\boldsymbol{\omega}(t)=\mathbf{0}$ 时，显然 $\boldsymbol{x}(0)=\mathbf{0}$，$\boldsymbol{\xi}(0)=\mathbf{0}$ 是系统(6.4)的平衡点. 基于定理 6.1，可以很容易得到以下推论：

推论 6.1　假设(6.2)式成立，当 $\boldsymbol{\omega}(t)=\mathbf{0}$ 时，系统(6.4)是全局渐近稳定的. 如果存在正定矩阵 $\boldsymbol{P}\in\mathbf{R}^{n\times n}$，$\boldsymbol{Q}_1\in\mathbf{R}^{n\times n}$，$\boldsymbol{Q}_2\in\mathbf{R}^{L\times L}$，$\boldsymbol{S}\in\mathbf{R}^{n\times n}$，对角正定矩阵 $\boldsymbol{H}\in\mathbf{R}^{L\times L}$ 以及任意矩阵 $\boldsymbol{Y}_1\in\mathbf{R}^{n\times n}$，$\boldsymbol{Y}_2\in\mathbf{R}^{n\times n}$，$\boldsymbol{Y}_3\in\mathbf{R}^{L\times n}$ 和 $\boldsymbol{Y}_4\in\mathbf{R}^{L\times n}$，使得以下的线性矩阵不等式成立：

$$\begin{pmatrix} \boldsymbol{\Pi}_{11} & -\boldsymbol{Y}_1+\boldsymbol{Y}_2^{\mathrm{T}} & \boldsymbol{\Pi}_{12} & \boldsymbol{\Pi}_{13} & d\boldsymbol{A}_1^{\mathrm{T}} & d\boldsymbol{Y}_1\boldsymbol{S} \\ * & -\boldsymbol{Q}_1-\boldsymbol{Y}_2-\boldsymbol{Y}_2^{\mathrm{T}} & -\boldsymbol{Y}_3^{\mathrm{T}} & -\boldsymbol{Y}_4^{\mathrm{T}} & \mathbf{0} & d\boldsymbol{Y}_2\boldsymbol{S} \\ * & * & \boldsymbol{\Pi}_{21} & \boldsymbol{\Pi}_{22} & d\boldsymbol{B}_1^{\mathrm{T}} & d\boldsymbol{Y}_3\boldsymbol{S} \\ * & * & * & \boldsymbol{\Pi}_{31} & d\boldsymbol{B}_{1d}^{\mathrm{T}} & d\boldsymbol{Y}_4\boldsymbol{S} \\ * & * & * & * & -d\boldsymbol{S} & \mathbf{0} \\ * & * & * & * & * & -d\boldsymbol{S} \end{pmatrix}<0$$

而 $\boldsymbol{\Pi}_{11}$，$\boldsymbol{\Pi}_{12}$，$\boldsymbol{\Pi}_{13}$，$\boldsymbol{\Pi}_{21}$，$\boldsymbol{\Pi}_{22}$，和 $\boldsymbol{\Pi}_{31}$ 是定理 6.1 中定义的形式.

注 6.2　设 $\boldsymbol{Q}_1=\mathbf{0}$，$\boldsymbol{Q}_3=\mathbf{0}$，$\boldsymbol{Y}_1=\mathbf{0}$，$\boldsymbol{Y}_2=\mathbf{0}$，$\boldsymbol{Y}_3=\mathbf{0}$ 和 $\boldsymbol{Y}_4=\mathbf{0}$，此时推论 6.1 简化成文献[237]中定理 1 的形式. 因此，通过选择适当的 $\boldsymbol{Q}_1$，$\boldsymbol{Q}_3$，$\boldsymbol{Y}_1$，$\boldsymbol{Y}_2$，$\boldsymbol{Y}_3$ 和 $\boldsymbol{Y}_4$，推论 6.1 能够克服文献[237]中定理 1 的保守性. 此外，文献[154]和文献[237]中的定理均是时滞无关的，众所周知，时滞无关比时滞相关准则更保守，所以，推论 6.1 比文献[154]和文献[237]中的定理 1 的保守性小.

接下来，考虑系统(6.1)的鲁棒无源控制问题. 为系统(6.1)设计以下的状态反馈控制器：

$$\boldsymbol{u}(t)=\boldsymbol{K}\boldsymbol{x}(t) \tag{6.17}$$

则(6.1)的闭环系统能写成

$$\dot{\boldsymbol{x}}(t)=(\boldsymbol{A}_1+\boldsymbol{D}_1\boldsymbol{K})\boldsymbol{x}(t)+\boldsymbol{B}_1\boldsymbol{f}(\boldsymbol{\xi}(t))+\boldsymbol{B}_{1d}\boldsymbol{f}(\boldsymbol{\xi}(t-d))+\boldsymbol{C}_1\boldsymbol{\omega}(t) \tag{6.18a}$$

$$\boldsymbol{\xi}(t)=(\boldsymbol{A}_2+\boldsymbol{D}_2\boldsymbol{K})x(t)+\boldsymbol{B}_2\boldsymbol{f}(\boldsymbol{\xi}(t))+\boldsymbol{B}_{2d}\boldsymbol{f}(\boldsymbol{\xi}(t-d))+\boldsymbol{C}_2\boldsymbol{\omega}(t) \tag{6.18b}$$

$$\boldsymbol{z}(t)=(\boldsymbol{A}_3+\boldsymbol{D}_3\boldsymbol{K})\boldsymbol{x}(t)+\boldsymbol{B}_3\boldsymbol{f}(\boldsymbol{\xi}(t))+\boldsymbol{B}_{3d}\boldsymbol{f}(\boldsymbol{\xi}(t-d))+\boldsymbol{C}_3\boldsymbol{\omega}(t) \tag{6.18c}$$

基于定理 6.1，可以得到闭环系统(6.18)的鲁棒无源性判据.

定理 6.2　假设(6.2)式成立，存在状态反馈控制器(6.17)，使得闭环系统(6.18)是鲁棒无源的，且具有耗散率 η. 如果存在正定矩阵 $\boldsymbol{S}_1\in\mathbf{R}^{n\times n}$，$\boldsymbol{S}_2\in\mathbf{R}^{n\times n}$，$\boldsymbol{S}_3\in\mathbf{R}^{L\times L}$，$\boldsymbol{S}_4\in\mathbf{R}^{n\times n}$，对角正定矩阵 $\boldsymbol{H}_1\in\mathbf{R}^{L\times L}$，任意矩阵 $\boldsymbol{K}_1\in\mathbf{R}^{m\times n}$，$\boldsymbol{X}_1\in\mathbf{R}^{n\times n}$，$\boldsymbol{X}_2\in\mathbf{R}^{n\times n}$，$\boldsymbol{X}_3\in\mathbf{R}^{L\times n}$，$\boldsymbol{X}_4\in\mathbf{R}^{L\times n}$，$\boldsymbol{X}_5\in\mathbf{R}^{r\times n}$ 以及正数 η，使得以下线性矩阵不等式成立：

$$\begin{pmatrix} \boldsymbol{\Lambda}_{11} & -\boldsymbol{X}_1+\boldsymbol{X}_2^{\mathrm{T}} & \boldsymbol{\Lambda}_{12} & \boldsymbol{\Lambda}_{13} & \boldsymbol{\Lambda}_{14} & \boldsymbol{\Lambda}_{15} & d\boldsymbol{X}_1 \\ * & -\boldsymbol{S}_2-\boldsymbol{X}_1-\boldsymbol{X}_2^{\mathrm{T}} & -\boldsymbol{X}_3^{\mathrm{T}} & -\boldsymbol{X}_4^{\mathrm{T}} & -\boldsymbol{X}_5^{\mathrm{T}} & \boldsymbol{0} & d\boldsymbol{X}_2 \\ * & * & \boldsymbol{\Lambda}_{21} & \boldsymbol{\Lambda}_{22} & \boldsymbol{\Lambda}_{23} & d\boldsymbol{H}_1\boldsymbol{B}_1^{\mathrm{T}} & d\boldsymbol{X}_3 \\ * & * & * & -\boldsymbol{S}_3 & -\boldsymbol{H}_1\boldsymbol{B}_{3d}^{\mathrm{T}} & d\boldsymbol{H}_1\boldsymbol{B}_{1d}^{\mathrm{T}} & d\boldsymbol{X}_4 \\ * & * & * & * & \boldsymbol{\Lambda}_{31} & d\boldsymbol{C}_1^{\mathrm{T}} & d\boldsymbol{X}_5 \\ * & * & * & * & * & -d\boldsymbol{S}_4 & \boldsymbol{0} \\ * & * & * & * & * & * & \boldsymbol{\Lambda}_{41} \end{pmatrix} < 0 \tag{6.19}$$

其中

$$\boldsymbol{\Lambda}_{11} = \boldsymbol{A}_1\boldsymbol{S}_1 + \boldsymbol{S}_1^{\mathrm{T}}\boldsymbol{A}_1^{\mathrm{T}} + \boldsymbol{D}_1\boldsymbol{K}_1 + \boldsymbol{K}_1^{\mathrm{T}}\boldsymbol{D}_1^{\mathrm{T}} + \boldsymbol{S}_2 + \boldsymbol{X}_1 + \boldsymbol{X}_1^{\mathrm{T}}$$

$$\boldsymbol{\Lambda}_{12} = \boldsymbol{B}_1\boldsymbol{H}_1 + 0.5(\boldsymbol{A}_2\boldsymbol{S}_1 + \boldsymbol{D}_2\boldsymbol{K}_1)^{\mathrm{T}}(\boldsymbol{T}^- + \boldsymbol{T}^+) + \boldsymbol{X}_3^{\mathrm{T}}$$

$$\boldsymbol{\Lambda}_{13} = \boldsymbol{B}_{1d}\boldsymbol{H}_1 + \boldsymbol{X}_4^{\mathrm{T}},\quad \boldsymbol{\Lambda}_{14} = \boldsymbol{C}_1 - \boldsymbol{S}_1^{\mathrm{T}}\boldsymbol{A}_3^{\mathrm{T}} - \boldsymbol{K}_1^{\mathrm{T}}\boldsymbol{D}_3^{\mathrm{T}} + \boldsymbol{X}_5^{\mathrm{T}}$$

$$\boldsymbol{\Lambda}_{15} = d\boldsymbol{K}_1^{\mathrm{T}}\boldsymbol{D}_1^{\mathrm{T}} + d\boldsymbol{S}_1^{\mathrm{T}}\boldsymbol{A}_1^{\mathrm{T}},\quad \boldsymbol{\Lambda}_{22} = 0.5(\boldsymbol{T}^- + \boldsymbol{T}^+)\boldsymbol{B}_{2d}\boldsymbol{H}_1$$

$$\boldsymbol{\Lambda}_{23} = 0.5(\boldsymbol{T}^- + \boldsymbol{T}^+)\boldsymbol{C}_2 - \boldsymbol{H}_1\boldsymbol{B}_3^{\mathrm{T}},\quad \boldsymbol{\Lambda}_{31} = -\boldsymbol{C}_3 - \boldsymbol{C}_3^{\mathrm{T}} + 2\eta\boldsymbol{I}$$

$$\boldsymbol{\Lambda}_{21} = \boldsymbol{S}_3 - \boldsymbol{H}_1 + \boldsymbol{H}_1\boldsymbol{B}_2^{\mathrm{T}}(\boldsymbol{T}^- + \boldsymbol{T}^+),\quad \boldsymbol{\Lambda}_{41} = -2d\boldsymbol{S}_1^{\mathrm{T}} + d\boldsymbol{S}_4$$

并且状态反馈增益 $\boldsymbol{K}_1 = \boldsymbol{K}_1\boldsymbol{S}_1^{-1}$.

证明　在(6.13)式中，由于 $\boldsymbol{T}^-\boldsymbol{H}\boldsymbol{T}^+ \geqslant 0$，则以下不等式：

$$\boldsymbol{\Omega}_1 + d\boldsymbol{\Omega}_2^{\mathrm{T}}\boldsymbol{Q}_3\boldsymbol{\Omega}_2 + d\boldsymbol{Y}\boldsymbol{Q}_3^{-}\boldsymbol{Y}^{\mathrm{T}} < 0 \tag{6.20}$$

能够保证定理 6.1 中的(6.13)式成立，在(6.13)式中，$\boldsymbol{A}_1$，$\boldsymbol{A}_2$ 和 $\boldsymbol{A}_3$ 分别用 $\boldsymbol{A}_1+\boldsymbol{D}_1\boldsymbol{K}$，$\boldsymbol{A}_2+\boldsymbol{D}_2\boldsymbol{K}$ 和 $\boldsymbol{A}_3+\boldsymbol{D}_3\boldsymbol{K}$ 来代替，此时(6.20)式能写成以下的不等式形式：

$$\begin{pmatrix} \boldsymbol{\Theta}_{11} & -\boldsymbol{Y}_1+\boldsymbol{Y}_2^{\mathrm{T}} & \boldsymbol{\Theta}_{12} & \boldsymbol{P}\boldsymbol{B}_{1d}+\boldsymbol{Y}_4^{\mathrm{T}} & \boldsymbol{\Theta}_{13} & \boldsymbol{\Theta}_{14} & d\boldsymbol{Y}_1 \\ * & -\boldsymbol{Q}_1-\boldsymbol{Y}_2-\boldsymbol{Y}_2^{\mathrm{T}} & -\boldsymbol{Y}_3^{\mathrm{T}} & -\boldsymbol{Y}_4^{\mathrm{T}} & -\boldsymbol{Y}_5^{\mathrm{T}} & \boldsymbol{0} & d\boldsymbol{Y}_2 \\ * & * & \boldsymbol{\Theta}_{21} & \boldsymbol{\Theta}_{22} & \boldsymbol{\Theta}_{23} & d\boldsymbol{B}_1^{\mathrm{T}} & d\boldsymbol{Y}_3 \\ * & * & * & -\boldsymbol{Q}_2 & -\boldsymbol{B}_{3d}^{\mathrm{T}} & d\boldsymbol{B}_{1d}^{\mathrm{T}} & d\boldsymbol{Y}_4 \\ * & * & * & * & \boldsymbol{\Lambda}_{31} & d\boldsymbol{C}_1^{\mathrm{T}} & d\boldsymbol{Y}_5 \\ * & * & * & * & * & -d\boldsymbol{Q}_3^{-} & \boldsymbol{0} \\ * & * & * & * & * & * & -d\boldsymbol{Q}_3 \end{pmatrix} < 0 \tag{6.21}$$

其中

$$\boldsymbol{\Theta}_{11} = \boldsymbol{P}(\boldsymbol{A}_1 + \boldsymbol{D}_1\boldsymbol{K}) + (\boldsymbol{A}_1 + \boldsymbol{D}_1\boldsymbol{K})^{\mathrm{T}}\boldsymbol{P} + \boldsymbol{Q}_1 + \boldsymbol{Y}_1 + \boldsymbol{Y}_1^{\mathrm{T}}$$

$$\boldsymbol{\Theta}_{12} = \boldsymbol{P}\boldsymbol{B}_1 + 0.5(\boldsymbol{A}_2 + \boldsymbol{D}_2\boldsymbol{K})^{\mathrm{T}}(\boldsymbol{T}^- + \boldsymbol{T}^+)\boldsymbol{H} + \boldsymbol{Y}_3^{\mathrm{T}}$$

$$\boldsymbol{\Theta}_{13} = \boldsymbol{P}\boldsymbol{C}_1 - (\boldsymbol{A}_3 + \boldsymbol{D}_3\boldsymbol{K})^{\mathrm{T}} + \boldsymbol{Y}_5^{\mathrm{T}},\quad \boldsymbol{\Theta}_{14} = d(\boldsymbol{A}_1 + \boldsymbol{D}_1\boldsymbol{K})$$

$$\boldsymbol{\Theta}_{21} = \boldsymbol{Q}_2 - \boldsymbol{H} + \boldsymbol{B}_2^{\mathrm{T}}(\boldsymbol{T}^- + \boldsymbol{T}^+)\boldsymbol{H},\quad \boldsymbol{\Theta}_{22} = 0.5\boldsymbol{H}(\boldsymbol{T}^- + \boldsymbol{T}^+)\boldsymbol{B}_{2d}$$

$$\boldsymbol{\Theta}_{23} = 0.5\boldsymbol{H}(\boldsymbol{T}^- + \boldsymbol{T}^+)\boldsymbol{C}_2 - \boldsymbol{B}_3^{\mathrm{T}}$$

$\boldsymbol{\Lambda}_{31}$是定理 6.2 中定义的形式.

(6.21)式左边前后同乘 $\mathrm{diag}((\boldsymbol{P}^{-1})_{n\times n},\ (\boldsymbol{P}^{-1})_{n\times n},\ (\boldsymbol{H}^{-1})_{L\times L},\ (\boldsymbol{H}^{-1})_{L\times L},\ \boldsymbol{I}_{r\times r},\ \boldsymbol{I}_{n\times n},\ (\boldsymbol{P}^{-1})_{n\times n})$,并且设 $\boldsymbol{S}_1=\boldsymbol{P}^{-1}$,$\boldsymbol{S}_2=\boldsymbol{P}^{-1}\boldsymbol{Q}_1\boldsymbol{P}^{-1}$,$\boldsymbol{S}_3=\boldsymbol{H}^{-1}\boldsymbol{Q}_2\boldsymbol{H}^{-1}$, $\boldsymbol{S}_4=\boldsymbol{Q}_3^{-1}$, $\boldsymbol{H}_1=\boldsymbol{H}^{-1}$, $\boldsymbol{K}_1=\boldsymbol{K}\boldsymbol{P}^{-1}$, $\boldsymbol{X}_1=\boldsymbol{P}^{-1}\boldsymbol{Y}_1\boldsymbol{P}^{-1}$, $\boldsymbol{X}_2=\boldsymbol{P}^{-1}\boldsymbol{Y}_2\boldsymbol{P}^{-1}$,$\boldsymbol{X}_3=\boldsymbol{H}^{-1}\boldsymbol{Y}_3\boldsymbol{P}^{-1}$,$\boldsymbol{X}_4=\boldsymbol{H}^{-1}\boldsymbol{Y}_4\boldsymbol{P}^{-1}$,$\boldsymbol{X}_5=\boldsymbol{Y}_5\boldsymbol{P}^{-1}$,则(6.21)式等价于以下不等式:

$$\begin{pmatrix} \boldsymbol{\Lambda}_{11} & -\boldsymbol{X}_1+\boldsymbol{X}_2^{\mathrm{T}} & \boldsymbol{\Lambda}_{12} & \boldsymbol{\Lambda}_{13} & \boldsymbol{\Lambda}_{14} & \boldsymbol{\Lambda}_{15} & d\boldsymbol{X}_1 \\ * & \boldsymbol{\Lambda} & -\boldsymbol{X}_3^{\mathrm{T}} & -\boldsymbol{X}_4^{\mathrm{T}} & -\boldsymbol{X}_5^{\mathrm{T}} & \boldsymbol{0} & d\boldsymbol{X}_2 \\ * & * & \boldsymbol{\Lambda}_{21} & \boldsymbol{\Lambda}_{22} & \boldsymbol{\Lambda}_{23} & d\boldsymbol{H}_1\boldsymbol{B}_1^{\mathrm{T}} & d\boldsymbol{X}_3 \\ * & * & * & -\boldsymbol{S}_3 & -\boldsymbol{H}_1\boldsymbol{B}_{3d}^{\mathrm{T}} & d\boldsymbol{H}_1\boldsymbol{B}_{1d}^{\mathrm{T}} & d\boldsymbol{X}_4 \\ * & * & * & * & \boldsymbol{\Lambda}_{31} & d\boldsymbol{C}_1^{\mathrm{T}} & d\boldsymbol{X}_5 \\ * & * & * & * & * & -d\boldsymbol{S}_4 & \boldsymbol{0} \\ * & * & * & * & * & * & -d\boldsymbol{S}_1\boldsymbol{Q}_3\boldsymbol{S}_1 \end{pmatrix}<0 \tag{6.22}$$

其中,$\boldsymbol{\Lambda}=-\boldsymbol{S}_2-\boldsymbol{X}_2-\boldsymbol{X}_2^{\mathrm{T}}$,$\boldsymbol{\Lambda}_{11}$,$\boldsymbol{\Lambda}_{12}$,$\boldsymbol{\Lambda}_{13}$,$\boldsymbol{\Lambda}_{14}$,$\boldsymbol{\Lambda}_{15}$,$\boldsymbol{\Lambda}_{21}$,$\boldsymbol{\Lambda}_{22}$和 $\boldsymbol{\Lambda}_{23}$在定理 6.2 中定义的形式.我们知道 $\boldsymbol{S}_1\boldsymbol{Q}_3\boldsymbol{S}_1\geqslant 2\boldsymbol{S}_1-\boldsymbol{S}_4$,所以不等式(6.19)能够保证(6.22)式成立.证毕.

注 6.3　定理 6.1 和定理 6.2 均使用了自由权矩阵方法,正如注 6.2 所提到的,自由权矩阵的引入,使得我们的准则具有较小的保守性.据资料所知,自由权矩阵方法还没有触及无源控制问题,所以给出的结论在应用方面更具有普遍性.

基于定理 6.2,当 $\boldsymbol{\omega}(t)=\boldsymbol{0}_{r\times 1}$时,能够获得以下的稳定性推论:

推论 6.2　假设(6.2)式成立,当 $\boldsymbol{\omega}(t)=\boldsymbol{0}_{r\times 1}$时,存在状态反馈控制器(6.17),使得闭环系统(6.18)是鲁棒渐近稳定的.如果存在正定矩阵 $\boldsymbol{S}_1\in\mathbf{R}^{n\times n}$,$\boldsymbol{S}_2\in\mathbf{R}^{n\times n}$,$\boldsymbol{S}_3\in\mathbf{R}^{L\times L}$,$\boldsymbol{S}_4\in\mathbf{R}^{n\times n}$,对角正定矩阵 $\boldsymbol{H}_1\in\mathbf{R}^{L\times L}$以及任意矩阵 $\boldsymbol{K}_1\in\mathbf{R}^{m\times n}$,$\boldsymbol{X}_1\in\mathbf{R}^{n\times n}$,$\boldsymbol{X}_2\in\mathbf{R}^{n\times n}$,$\boldsymbol{X}_3\in\mathbf{R}^{L\times n}$和 $\boldsymbol{X}_4\in\mathbf{R}^{L\times n}$,使得以下的线性矩阵不等式成立:

$$\begin{pmatrix} \boldsymbol{\Lambda}_{11} & -\boldsymbol{X}_1+\boldsymbol{X}_2^{\mathrm{T}} & \boldsymbol{\Lambda}_{12} & \boldsymbol{\Lambda}_{13} & \boldsymbol{\Lambda}_{15} & d\boldsymbol{X}_1 \\ * & -\boldsymbol{S}_2-\boldsymbol{X}_2-\boldsymbol{X}_2^{\mathrm{T}} & -\boldsymbol{X}_3^{\mathrm{T}} & -\boldsymbol{X}_4^{\mathrm{T}} & \boldsymbol{0} & d\boldsymbol{X}_2 \\ * & * & \boldsymbol{\Lambda}_{21} & \boldsymbol{\Lambda}_{22} & d\boldsymbol{H}_1\boldsymbol{B}_1^{\mathrm{T}} & d\boldsymbol{X}_3 \\ * & * & * & -\boldsymbol{S}_3 & d\boldsymbol{H}_1\boldsymbol{B}_{1d}^{\mathrm{T}} & d\boldsymbol{X}_4 \\ * & * & * & * & -d\boldsymbol{S}_4 & \boldsymbol{0} \\ * & * & * & * & * & \boldsymbol{\Lambda}_{41} \end{pmatrix}<0 \tag{6.23}$$

其中,$\boldsymbol{\Lambda}_{11}$,$\boldsymbol{\Lambda}_{12}$,$\boldsymbol{\Lambda}_{13}$,$\boldsymbol{\Lambda}_{15}$,$\boldsymbol{\Lambda}_{21}$,$\boldsymbol{\Lambda}_{22}$和 $\boldsymbol{\Lambda}_{41}$是定理 6.2 中定义的形式,并且状态反馈

增益 $\boldsymbol{K}=\boldsymbol{K}_1\boldsymbol{S}_1^{-1}$.

注 6.4　利用定理 6.1 和定理 6.2 的方法来获得最大耗散率 η^* 的问题很容易求解. 例如,定理 6.2 中 η 的最大值可以通过求解以下关于 $\boldsymbol{S}_1,\boldsymbol{S}_2,\boldsymbol{S}_3,\boldsymbol{S}_4,\boldsymbol{H}_1,\boldsymbol{K}_1$ 和 $\boldsymbol{X}_i(i=1,2,\cdots,5)$的最优化问题而得到:

maximize η

subject to $\boldsymbol{S}_1>0,\boldsymbol{S}_2>0,\boldsymbol{S}_3>0,\boldsymbol{S}_4>0,\boldsymbol{H}_1>0$ 和(6.19)式.

可以注意到以上的最优化问题具有广义特征值问题的形式,因此,可以使用 MATLAB 控制工具箱中的求解器"gevp"来获得最大耗散率 η^*.

注 6.5　不失一般性,给出的结果能够扩展到具有参数不确定性或时变时滞的标准神经网络模型中.

6.3　数 值 例 子

在这一节中,给出一个例子来验证提出的方法有效.

例 6.3.1　考虑以下的非线性系统:

$$\dot{x}_1(t)=x_2(t)+\omega(t) \tag{6.24a}$$

$$\begin{aligned}\dot{x}_2(t)=&-0.25x_1(t)-x_2(t)+f_1(\boldsymbol{x}(t))+f_1(\boldsymbol{x}(t-2))\\&+f_2(\boldsymbol{u}(t))+\boldsymbol{u}(t)+0.1\omega(t)\end{aligned} \tag{6.24b}$$

$$z(t)=0.1x_1(t)+0.2x_2(t)+0.5\omega(t) \tag{6.24c}$$

其中

$$\boldsymbol{x}(t)=(x_1(t)\quad x_2(t))^{\mathrm{T}},\quad \boldsymbol{x}(t-2)=(x_1(t-2)\quad x_2(t-2))^{\mathrm{T}}$$

$$f_1(\boldsymbol{x}(t))=\exp(-(x_1(t)+x_2(t)))\cos(x_1(t)+x_2(t))-1$$

$$f_2(\boldsymbol{u}(t))=1.5\cos^2(\boldsymbol{u}(t))\sin^2(\boldsymbol{u}(t))$$

正如文献[236]所提到的,系统(6.24)通过两个多层感知器逼近能转化成以下形式:

$$\dot{x}_1(t)=x_2(t)+\omega(t) \tag{6.25a}$$

$$\begin{aligned}\dot{x}_2(t)=&-0.25x_1(t)-x_2(t)+0.1\omega(t)+\boldsymbol{u}(t)\\&+\tanh(\boldsymbol{W}_2\tanh(\boldsymbol{W}_1(\boldsymbol{x}(t-2))))\\&+\tanh(\boldsymbol{W}_2\tanh(\boldsymbol{W}_1(\boldsymbol{x}(t))))+\tanh(\boldsymbol{V}_2\tanh(\boldsymbol{V}_1(\boldsymbol{u}(t))))\end{aligned} \tag{6.25b}$$

$$z(t)=0.1x_1(t)+0.2x_2(t)+0.5\omega(t) \tag{6.25c}$$

将(6.25)式写成系统(6.1)的标准形式,其中

$$B_1=\begin{pmatrix}0&0&\mathbf{0}_{1\times3}&\mathbf{0}_{1\times2}\\1&1&\mathbf{0}_{1\times3}&\mathbf{0}_{1\times2}\end{pmatrix},\quad B_{1d}=\begin{pmatrix}0&0&\mathbf{0}_{1\times3}&\mathbf{0}_{1\times2}\\1&0&\mathbf{0}_{1\times3}&\mathbf{0}_{1\times2}\end{pmatrix}$$

$$B_2=\begin{pmatrix}0&0&W_2&\mathbf{0}_{1\times2}\\0&0&\mathbf{0}_{1\times3}&V_2\\\mathbf{0}_{3\times1}&\mathbf{0}_{3\times1}&\mathbf{0}_{3\times3}&\mathbf{0}_{3\times2}\\\mathbf{0}_{2\times1}&\mathbf{0}_{2\times1}&\mathbf{0}_{2\times3}&\mathbf{0}_{2\times2}\end{pmatrix},\quad V_1=\begin{pmatrix}-0.27\times10^{-12}\\-0.31\times10^{-2}\end{pmatrix}$$

$$A_2=\begin{pmatrix}0\\0\\W_1\\\mathbf{0}_{2\times2}\end{pmatrix},\quad A_3=(0.1\quad 0.2)$$

$$W_1=\begin{pmatrix}-0.59&-0.14\times10^{-1}\\0.40\times10^{-2}&0.10\times10^{-3}\\0.18\times10^{-1}&0.40\times10^{-3}\end{pmatrix}$$

$$D_2=\begin{pmatrix}0\\0\\\mathbf{0}_{3\times1}\\V_1\end{pmatrix},\quad C_1=\begin{pmatrix}1\\0.1\end{pmatrix},\quad D_1=\begin{pmatrix}0\\1\end{pmatrix}$$

$$W_2=(-0.3\times10^{-2}\quad 0.12\times10^{-5}\quad 0.10\times10^{-3}),$$

$$V_2=(0.27\times10^{-12}\quad 0.31\times10^{-2})$$

$$C_2=\mathbf{0}_{7\times1},\quad B_3=B_{3d}=\mathbf{0}_{1\times7},\quad C_3=0.5$$

$$D_3=\mathbf{0},\quad B_{2d}=T^-=\mathbf{0}_{7\times7},\quad T^+=I_{7\times1}$$

利用定理 6.2 和注 6.4，能够获得最大耗散率 η^*，并且其他参数矩阵的可行解为

$$K_1=(0.3223\quad 0.9076),\quad S_1=\begin{pmatrix}116.7157&-55.5429\\-55.5429&29.8557\end{pmatrix}$$

$$S_2=\begin{pmatrix}36.8122&-18.4732\\-18.4732&9.4198\end{pmatrix},\quad S_4=\begin{pmatrix}167.4946&-78.2253\\-78.2253&43.1303\end{pmatrix}$$

$$X_1=\begin{pmatrix}-10.5497&5.2299\\5.2299&-2.7085\end{pmatrix},\quad X_2=\begin{pmatrix}9.5462&-4.7280\\-4.6873&2.4231\end{pmatrix}$$

$$X_3 = \begin{pmatrix} 0.0046 & -0.0024 \\ 0.0082 & -0.0043 \\ 7.8814 & -3.9381 \\ -0.0520 & 0.0260 \\ -0.2342 & 0.1170 \\ 0.7821\times 10^{-14} & -0.4086\times 10^{-14} \\ 0.8940\times 10^{-4} & -0.4670\times 10^{-4} \end{pmatrix}$$

$$X_4 = \begin{pmatrix} 0.0035 & -0.0018 \\ -0.1904\times 10^{-3} & 0.9251\times 10^{-4} \\ -0.0036 & 0.0019 \\ 0.2553\times 10^{-4} & -0.1412\times 10^{-4} \\ 0.1076\times 10^{-3} & -0.5982\times 10^{-4} \\ 0.7022\times 10^{-14} & -0.3694\times 10^{-14} \\ 0.8056\times 10^{-4} & -0.4237\times 10^{-4} \end{pmatrix}$$

$$S_3 = \begin{pmatrix} a_1 & -0.0346 & 0.1009 & a_2 & -0.0030 & 0.6551\times 10^{-15} & 0.7571\times 10^{-5} \\ * & 0.1264 & 0.0085 & a_3 & -0.0005 & -0.7705\times 10^{-11} & -0.0884 \\ * & * & 54.7413 & a_4 & 0.4084 & 0.8553\times 10^{-13} & 0.9759\times 10^{-3} \\ * & * & * & a_5 & -0.0030 & -0.5334\times 10^{-15} & -0.6082\times 10^{-5} \\ * & * & * & * & 57.0959 & -0.2398\times 10^{-14} & -0.2734\times 10^{-4} \\ * & * & * & * & * & 57.0965 & -0.3451\times 10^{-14} \\ * & * & * & * & * & * & 57.0347 \end{pmatrix}$$

$a_1 = -0.0813$， $a_2 = -0.5817\times 10^{-4}$， $a_3 = -0.1164\times 10^{-3}$

$a_4 = 0.0907$， $a_5 = 57.0965$， $X_5 = 10^{-3}\times(-0.6655\quad 0.4775)$

$H_1 = \mathrm{diag}(0.1296,\ 0.3608,\ 158.5791,\ 123.9380,\ 123.9758,\ 123.9360,\ 123.7369)$

则状态反馈控制器增益 $K = K_1 S_1^{-1} = (0.1502\quad 0.3099)$，即系统(6.24)基于以下的状态反馈控制器是鲁棒无源的，且具有耗散度 $\eta^* = 0.4243$：

$$u(t) = (0.1502\quad 0.3099)x(t) \tag{6.26}$$

图 6.1 给出了非线性系统(6.24)基于状态反馈控制器(6.26)的状态响应轨迹，其中，初始条件为 $x(0) = (-0.2\quad 0)^{\mathrm{T}}$，外部扰动为 $\omega(t) = \gamma/2t+1$，γ 是[0,1]之间的随机数. 图 6.1 表明，无源控制器(6.26)保证了闭环系统(6.24)是鲁棒稳定的.

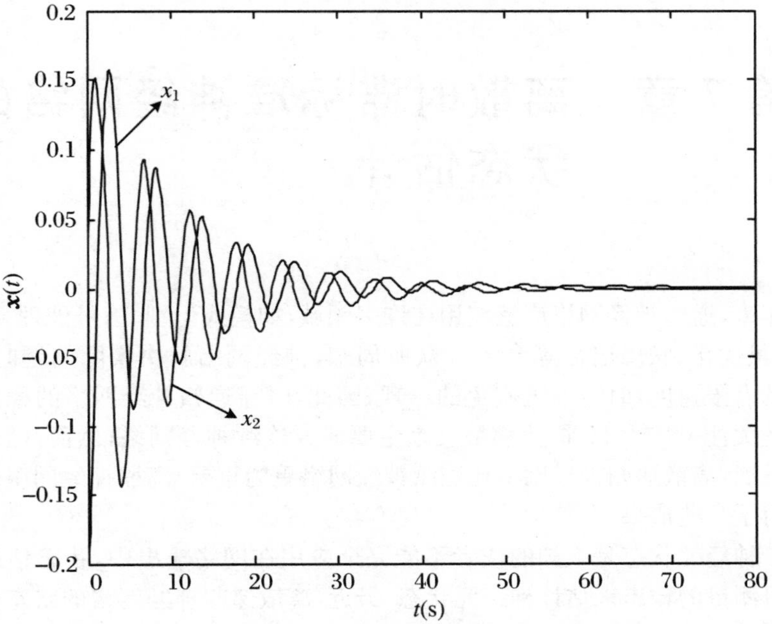

图 6.1　系统(6.24)的闭环系统的状态响应轨迹

6.4 小　　结

本章研究了用神经网络模拟的非线性系统的鲁棒无源控制问题. 通过使用 Lyapunov-Krasovskii 泛函和自由权矩阵的方法, 给出了具有耗散率 η 的时滞相关无源性准则, 并且提出了保证闭环系统鲁棒无源的状态反馈控制器的存在条件和设计方法. 我们所得到的准则具有线性矩阵不等式的形式. 耗散率 η 的最大值和仿真曲线图可以使用 MATLAB 中的线性矩阵不等式控制工具箱中的 gevp 求解器和 Simulink 工具箱而得到. 给出的仿真例子表明了提出的方法有效.

第 7 章 离散时滞标准神经网络的状态估计

近年来,递归神经网络广泛应用在许多领域,如模式识别、信号处理、固定点应用、组合最优化、联想记忆等[242-245].众所周知,神经网络解决实际问题时,由于信息处理的有限速度,时滞不可避免的出现,因此,时滞递归神经网络的稳定性分析受到广泛关注[246-255].目前,大多数文献主要研究连续神经网络,然而,随着计算机技术的发展,离散递归神经网络比连续神经网络更为重要.离散神经网络的稳定性研究取得了一些成果[256-265].

由于神经元状态是未知的或者不能完全应用在网络输出中,状态估计即是充分利用可测量的输出来估计神经元状态.最近,离散递归神经网络的状态估计问题被广泛讨论[266-271].文献[266]提出了离散神经网络状态估计器的设计方法,文中提出的准则与时滞范围相关,这种方法相比只依赖时滞的准则有较小的保守性.文献[267]中,作者研究了具有离散时滞、分布时滞和随机扰动的离散神经网络的状态估计问题.文献[268]讨论了离散混杂细胞神经网络的状态估计器设计方法,文中的时滞分割方法用来减小保守性.文献[269]研究了离散双向联想记忆神经网络的状态估计问题,提出了保证误差系统指数稳定的状态估计器的存在性.文献[270]探讨了离散神经网络 $H\infty$ 估计问题,提出了具有 $H\infty$ 性能的估计器设计方法.文献[271]研究了离散切换神经网络的 $H\infty$ 状态估计器设计问题,通过使用扇形分解方法来获得状态估计器.文献[272]提出了标准神经网络模型,标准神经网络模型的引入,使得大多数递归神经网络的稳定性分析以及神经网络模拟的非线性系统的控制器设计问题都能以统一的方法进行研究.

根据以上的讨论,本节研究了离散时滞标准神经网络模型的状态估计问题.首先,通过构造适当的 Lyapunov-Krasovskii 泛函,设计能够保证误差系统渐近稳定的状态反馈控制器以及控制器增益,给出的准则具有线性矩阵不等式形式,易于求解.其次,讨论了标称系统的状态估计器设计问题,提出了状态估计器存在的充分条件,所给出的定理可通过 MATLAB 线性矩阵不等式控制工具箱求解.最后,给出数值例子来表明提出的方法有效.

7.1 系统描述和预备知识

不确定离散时滞标准神经网络模型[271]能写成以下形式：

$$\boldsymbol{x}(k+1)=\boldsymbol{C}_1\boldsymbol{x}(k)+\boldsymbol{A}_1\boldsymbol{f}(\boldsymbol{\xi}(k-\tau(k)))+\boldsymbol{D}_1\boldsymbol{\omega}(k) \tag{7.1a}$$

$$\boldsymbol{\xi}(k)=\boldsymbol{C}_2\boldsymbol{x}(k)+\boldsymbol{A}_2\boldsymbol{f}(\boldsymbol{\xi}(k)+\boldsymbol{B}_2\boldsymbol{f}(\boldsymbol{\xi}(k-\tau(k)))+\boldsymbol{D}_2\boldsymbol{\omega}(k) \tag{7.1b}$$

$$\boldsymbol{z}(k)=\boldsymbol{C}_3\boldsymbol{x}(k)+\boldsymbol{A}_3\boldsymbol{f}(\boldsymbol{\xi}(k)+\boldsymbol{B}_3\boldsymbol{f}(\boldsymbol{\xi}(k-\tau(k)))+\boldsymbol{D}_3\boldsymbol{\omega}(k) \tag{7.1c}$$

其中，$\boldsymbol{x}(k)=(x_1(k),x_2(k),\cdots,x_n(k))^{\mathrm{T}}\in\mathbf{R}^n$，$x_i(k)$是第 i 个神经元在k 时刻的状态，$\boldsymbol{\omega}(k)\in\mathbf{R}^r$ 是扰动输入，$\boldsymbol{\mu}(k)\in\mathbf{R}^m$ 是外界输入，$\boldsymbol{z}(k)\in\mathbf{R}^r$ 是性能输出，$\tau(k)$是满足 $\tau_m\leqslant\tau(k)\leqslant\tau_M$ 的传输时滞，τ_m 和 τ_M 是非负常数，$\boldsymbol{C}_1\in\mathbf{R}^{n\times n}$，$\boldsymbol{A}_1\in\mathbf{R}^{n\times L}$，$\boldsymbol{B}_1\in\mathbf{R}^{n\times L}$，$\boldsymbol{D}_1\in\mathbf{R}^{n\times r}$，$\boldsymbol{C}_2\in\mathbf{R}^{L\times n}$，$\boldsymbol{A}_2\in\mathbf{R}^{L\times L}$，$\boldsymbol{B}_2\in\mathbf{R}^{L\times L}$，$\boldsymbol{D}_2\in\mathbf{R}^{L\times r}$，$\boldsymbol{A}_3\in\mathbf{R}^{r\times L}$，$\boldsymbol{B}_3\in\mathbf{R}^{r\times L}$，$\boldsymbol{D}_3\in\mathbf{R}^{r\times r}$是相应的状态空间矩阵，$\boldsymbol{f}\in\mathbf{C}(\boldsymbol{R}^L,\boldsymbol{R}^L)$满足，$\boldsymbol{f}(\mathbf{0})=\mathbf{0}$，$L\in\mathbf{R}$ 是非线性激活函数的个数，(5.1)式具有以下初始条件：

$$\boldsymbol{f}(\boldsymbol{\xi}(k_0+\theta))=\boldsymbol{f}(\boldsymbol{\xi}(k_0))\quad(\forall\,\theta\in[-\tau_M,0])$$

本章中，假设激活函数满足以下的扇形条件：

$$t_i^-\leqslant\frac{f_i(\xi_i(k))}{\xi_i(k)}\leqslant t_i^+\quad(t_i^+>t_i^-\geqslant 0;i=1,2,\cdots,L) \tag{7.2}$$

通过利用可测量的网络输出，构造以下的状态估计器：

$$\begin{aligned}
\hat{\boldsymbol{x}}(k+1)&=\boldsymbol{C}_1\hat{\boldsymbol{x}}(k)+\boldsymbol{A}_1 f(\hat{\boldsymbol{\xi}}(k))+\boldsymbol{B}_1 f(\hat{\boldsymbol{\xi}}(k-\tau(k)))+\boldsymbol{L}(\boldsymbol{y}(k)-\hat{\boldsymbol{y}}(k))\\
\hat{\boldsymbol{\xi}}(k)&=\boldsymbol{C}_2\hat{\boldsymbol{x}}(k)+\boldsymbol{A}_2\boldsymbol{f}(\hat{\boldsymbol{\xi}}(k))+\boldsymbol{B}_2\boldsymbol{f}(\hat{\boldsymbol{\xi}}(k-\tau(k)))\\
\hat{\boldsymbol{y}}(k)&=\boldsymbol{C}_3\hat{\boldsymbol{x}}(k)+\boldsymbol{A}_3\boldsymbol{f}(\hat{\boldsymbol{\xi}}(k))+\boldsymbol{B}_3\boldsymbol{f}(\hat{\boldsymbol{\xi}}(k-\tau(k)))
\end{aligned} \tag{7.3}$$

构造以下基于观测器的状态反馈控制器(7.4)：

$$\boldsymbol{u}(k)=\boldsymbol{K}\hat{\boldsymbol{x}}(k) \tag{7.4}$$

其中，$\hat{\boldsymbol{x}}(k)$，$\hat{\boldsymbol{\xi}}(k)$是状态 $\boldsymbol{x}(k)$和 $\boldsymbol{\xi}(k)$的估计器，$\hat{\boldsymbol{y}}(k)$是输出 $\boldsymbol{y}(k)$的估计器，$\boldsymbol{L}\in\mathbf{R}^{n\times r}$是观测器增益，$\boldsymbol{K}\in\mathbf{R}^{m\times n}$是控制器增益.

设计具有全阶状态估计器(7.3)和基于观测器的状态反馈控制器(7.4)，系统(7.1)可以写成以下形式：

$$\begin{pmatrix}\boldsymbol{x}(k+1)\\ \boldsymbol{e}(k+1)\end{pmatrix}=\begin{bmatrix}\boldsymbol{C}_{11} & \boldsymbol{C}_{12}\\ \boldsymbol{C}_{21} & \boldsymbol{C}_{22}\end{bmatrix}\begin{pmatrix}\boldsymbol{x}(k)\\ \boldsymbol{e}(k)\end{pmatrix}+\begin{bmatrix}\boldsymbol{A}_1 & \mathbf{0}\\ \mathbf{0} & \bar{\boldsymbol{A}}\end{bmatrix}\begin{bmatrix}\boldsymbol{f}(\boldsymbol{\xi}(k))\\ \boldsymbol{g}(\bar{\boldsymbol{\xi}}(k))\end{bmatrix}$$

$$+\begin{bmatrix} \boldsymbol{B}_1 & \boldsymbol{0} \\ \boldsymbol{0} & \bar{\boldsymbol{B}} \end{bmatrix}\begin{bmatrix} \boldsymbol{f}(\boldsymbol{\xi}(k-\tau(k))) \\ \boldsymbol{g}(\bar{\boldsymbol{\xi}}(k-\tau(k))) \end{bmatrix} \tag{7.5a}$$

$$\begin{bmatrix} \boldsymbol{\xi}(k) \\ \bar{\boldsymbol{\xi}}(k) \end{bmatrix} = \begin{bmatrix} \overline{\boldsymbol{C}_{11}} & \overline{\boldsymbol{C}_{12}} \\ \overline{\boldsymbol{C}_{21}} & \overline{\boldsymbol{C}_{22}} \end{bmatrix}\begin{pmatrix} \boldsymbol{x}(k) \\ \boldsymbol{e}(k) \end{pmatrix} + \begin{bmatrix} \boldsymbol{A}_2 & \boldsymbol{0} \\ \boldsymbol{0} & \boldsymbol{A}_2 \end{bmatrix}\begin{bmatrix} \boldsymbol{f}(\boldsymbol{\xi}(k)) \\ \boldsymbol{g}(\bar{\boldsymbol{\xi}}(k)) \end{bmatrix}$$

$$+\begin{bmatrix} \boldsymbol{B}_2 & \boldsymbol{0} \\ \boldsymbol{0} & \boldsymbol{B}_2 \end{bmatrix}\begin{bmatrix} \boldsymbol{f}(\boldsymbol{\xi}(k-\tau(k))) \\ \boldsymbol{g}(\bar{\boldsymbol{\xi}}(k-\tau(k))) \end{bmatrix} \tag{7.5b}$$

其中

$$\boldsymbol{e}(k) = \boldsymbol{x}(k) - \hat{\boldsymbol{x}}(k),\quad \bar{\boldsymbol{\xi}}(k) = \boldsymbol{\xi}(k) - \hat{\boldsymbol{\xi}}(k)$$

$$\boldsymbol{g}(\bar{\boldsymbol{\xi}}(k)) = \boldsymbol{f}(\boldsymbol{\xi}(k)) - \boldsymbol{f}(\hat{\boldsymbol{\xi}}(k)),\quad \bar{\boldsymbol{A}} = \boldsymbol{A}_1 - \boldsymbol{L}\boldsymbol{A}_3$$

$$\boldsymbol{C}_{11} = \boldsymbol{C}_1 + \boldsymbol{D}_1\boldsymbol{K}, \boldsymbol{C}_{12} = -\boldsymbol{D}_1\boldsymbol{K}$$

$$\boldsymbol{C}_{21} = \boldsymbol{D}_1\boldsymbol{K} - \boldsymbol{L}\boldsymbol{D}_3\boldsymbol{K},\quad \bar{\boldsymbol{B}} = \boldsymbol{B}_1 - \boldsymbol{L}\boldsymbol{B}_3, \overline{\boldsymbol{C}_{11}} = \boldsymbol{C}_2 + \boldsymbol{D}_2\boldsymbol{K}$$

$$\overline{\boldsymbol{C}_{12}} = -\boldsymbol{D}_2\boldsymbol{K}, \overline{\boldsymbol{C}_{21}} = \boldsymbol{D}_2\boldsymbol{K}$$

$$\overline{\boldsymbol{C}_{22}} = \boldsymbol{C}_2 - \boldsymbol{D}_2\boldsymbol{K}, \boldsymbol{C}_{22} = \boldsymbol{C}_1 - \boldsymbol{L}\boldsymbol{C}_3 - \boldsymbol{D}_1\boldsymbol{K} + \boldsymbol{L}\boldsymbol{D}_3\boldsymbol{K}$$

设

$$\tilde{\boldsymbol{e}}(k) = \begin{pmatrix} \boldsymbol{x}(k) \\ \boldsymbol{e}(k) \end{pmatrix},\quad \tilde{\boldsymbol{\xi}}(k) = \begin{bmatrix} \boldsymbol{\xi}(k) \\ \bar{\boldsymbol{\xi}}(k) \end{bmatrix}$$

$$\tilde{\boldsymbol{g}}(\tilde{\boldsymbol{\xi}}(k)) = \begin{bmatrix} \boldsymbol{f}(\boldsymbol{\xi}(k)) \\ \boldsymbol{g}(\bar{\boldsymbol{\xi}}(k)) \end{bmatrix},\quad \widetilde{\boldsymbol{A}_1} = \begin{bmatrix} \boldsymbol{A}_1 & \boldsymbol{0} \\ \boldsymbol{0} & \boldsymbol{A}_1 - \boldsymbol{L}\boldsymbol{A}_3 \end{bmatrix}$$

$$\widetilde{\boldsymbol{C}_1} = \begin{bmatrix} \boldsymbol{C}_1 + \boldsymbol{D}_1\boldsymbol{K} & -\boldsymbol{D}_1\boldsymbol{K} \\ \boldsymbol{D}_1\boldsymbol{K} - \boldsymbol{L}\boldsymbol{D}_3\boldsymbol{K} & \boldsymbol{C}_1 - \boldsymbol{L}\boldsymbol{C}_3 - \boldsymbol{D}_1\boldsymbol{K} + \boldsymbol{L}\boldsymbol{D}_3\boldsymbol{K} \end{bmatrix},\quad \widetilde{\boldsymbol{B}_1} = \begin{bmatrix} \boldsymbol{B}_2 & \boldsymbol{0} \\ \boldsymbol{0} & \boldsymbol{B}_1 - \boldsymbol{L}\boldsymbol{B}_3 \end{bmatrix}$$

$$\widetilde{\boldsymbol{C}_2} = \begin{bmatrix} \boldsymbol{C}_2 + \boldsymbol{D}_2\boldsymbol{K} & -\boldsymbol{D}_2\boldsymbol{K} \\ \boldsymbol{D}_2\boldsymbol{K} & \boldsymbol{C}_2 - \boldsymbol{D}_2\boldsymbol{K} \end{bmatrix},\quad \widetilde{\boldsymbol{A}_2} = \begin{bmatrix} \boldsymbol{A}_2 & \boldsymbol{0} \\ \boldsymbol{0} & \boldsymbol{A}_2 \end{bmatrix},\quad \widetilde{\boldsymbol{B}_2} = \begin{bmatrix} \boldsymbol{B}_2 & \boldsymbol{0} \\ \boldsymbol{0} & \boldsymbol{B}_2 \end{bmatrix}$$

系统 (7.5) 可写成

$$\tilde{\boldsymbol{e}}(k+1) = \widetilde{\boldsymbol{C}_1}\tilde{\boldsymbol{e}}(k) + \widetilde{\boldsymbol{A}_1}\tilde{\boldsymbol{g}}(\tilde{\boldsymbol{\xi}}(k)) + \widetilde{\boldsymbol{B}_1}\tilde{\boldsymbol{g}}(\tilde{\boldsymbol{\xi}}(k-\tau(k))) \tag{7.6a}$$

$$\tilde{\boldsymbol{\xi}}(k) = \widetilde{\boldsymbol{C}_2}\tilde{\boldsymbol{e}}(k) + \widetilde{\boldsymbol{A}_2}\tilde{\boldsymbol{g}}(\tilde{\boldsymbol{\xi}}(k)) + \widetilde{\boldsymbol{B}_2}\tilde{\boldsymbol{g}}(\tilde{\boldsymbol{\xi}}(k-\tau(k))) \tag{7.6b}$$

7.2 主要结果

定理 7.1 对于具有全阶状态观测器(7.3)的系统(7.1),基于控制器(7.4)是渐近稳定的.如果存在正定矩阵 $\boldsymbol{P}_1,\boldsymbol{P}_2,\boldsymbol{S}_1,\boldsymbol{S}_2,\boldsymbol{Q}_{11},\boldsymbol{Q}_{12},\boldsymbol{Q}_{21},\boldsymbol{Q}_{22},\boldsymbol{Q}_{31},\boldsymbol{Q}_{32},\boldsymbol{R}_{31},\boldsymbol{R}_{32}$,对角正定矩阵 $\boldsymbol{G}_1,\boldsymbol{G}_2$,任意矩阵 $\boldsymbol{X}_i,\boldsymbol{Y}_i,\boldsymbol{M}_i,\boldsymbol{N}_i$ ($i=1,2,\cdots,14$),使得以下的线性矩阵不等式成立:

$$\begin{bmatrix} \boldsymbol{\Omega}_{11} & \boldsymbol{\Omega}_{12} & \boldsymbol{\Omega}_{13} & \boldsymbol{\Omega}_{14} \\ * & \boldsymbol{\Omega}_{22} & \boldsymbol{\Omega}_{23} & \boldsymbol{\Omega}_{24} \\ * & * & \boldsymbol{\Omega}_{33} & \boldsymbol{\Omega}_{34} \\ * & * & * & \boldsymbol{\Omega}_{44} \end{bmatrix} < 0 \tag{7.7}$$

其中

$$\boldsymbol{\Omega}_{11}=\begin{bmatrix} \boldsymbol{\Pi}_{11} & \boldsymbol{\Pi}_{12} & \boldsymbol{\Pi}_{13} & \boldsymbol{\Pi}_{14} \\ * & \boldsymbol{\Pi}_{21} & \boldsymbol{\Pi}_{22} & \boldsymbol{\Pi}_{23} \\ * & * & \boldsymbol{P}_1+\tau_M\boldsymbol{S}_1-2\boldsymbol{I} & \boldsymbol{0} \\ * & * & * & \boldsymbol{P}_2+\tau_M\boldsymbol{S}_2-2\boldsymbol{I} \end{bmatrix}$$

$$\boldsymbol{\Omega}_{12}=\begin{bmatrix} \boldsymbol{\Lambda}_{11} & \boldsymbol{K}^{\mathrm{T}}\boldsymbol{D}_2^{\mathrm{T}}\overline{\boldsymbol{T}}+\overline{\boldsymbol{M}}_6^{\mathrm{T}}+\overline{\boldsymbol{Y}}_6 & \overline{\boldsymbol{M}}_7^{\mathrm{T}}+\overline{\boldsymbol{Y}}_7 & \overline{\boldsymbol{M}}_8^{\mathrm{T}}+\overline{\boldsymbol{Y}}_8 \\ -\boldsymbol{K}^{\mathrm{T}}\boldsymbol{D}_2^{\mathrm{T}}\overline{\boldsymbol{T}}+\overline{\boldsymbol{N}}_5^{\mathrm{T}}+\overline{\boldsymbol{X}}_5 & \boldsymbol{\Lambda}_{22} & \overline{\boldsymbol{N}}_7^{\mathrm{T}}+\overline{\boldsymbol{X}}_7 & \overline{\boldsymbol{N}}_8^{\mathrm{T}}+\overline{\boldsymbol{X}}_8 \\ \boldsymbol{A}_1\boldsymbol{H}_1 & \boldsymbol{0} & \boldsymbol{B}_1\boldsymbol{H}_1 & \boldsymbol{0} \\ \boldsymbol{0} & \boldsymbol{A}_1\boldsymbol{H}_2 & \boldsymbol{0} & \boldsymbol{B}_1\boldsymbol{H}_2 \end{bmatrix}$$

$$\boldsymbol{\Omega}_{13}=\begin{bmatrix} \boldsymbol{\Theta}_{11} & \boldsymbol{\Theta}_{12} & \boldsymbol{\Theta}_{13} & \boldsymbol{\Theta}_{14} & \boldsymbol{\Theta}_{15} & \boldsymbol{\Theta}_{16} \\ \boldsymbol{\Theta}_{21} & \boldsymbol{\Theta}_{22} & \boldsymbol{\Theta}_{23} & \boldsymbol{\Theta}_{24} & \boldsymbol{\Theta}_{25} & \boldsymbol{\Theta}_{26} \\ -\boldsymbol{M}_3 & -\boldsymbol{N}_3 & -\boldsymbol{Y}_3^{\mathrm{T}} & -\boldsymbol{X}_3^{\mathrm{T}} & -\boldsymbol{M}_3 & -\boldsymbol{N}_3 \\ -\boldsymbol{M}_4 & -\boldsymbol{N}_4 & -\boldsymbol{Y}_4^{\mathrm{T}} & -\boldsymbol{X}_4^{\mathrm{T}} & -\boldsymbol{M}_4 & -\boldsymbol{N}_4 \end{bmatrix}$$

$$\boldsymbol{\Omega}_{14}=\begin{bmatrix} \tau_M\boldsymbol{Y}_1^{\mathrm{T}} & \tau_M\boldsymbol{X}_1^{\mathrm{T}} & -\boldsymbol{K}^{\mathrm{T}}\boldsymbol{D}_3^{\mathrm{T}} & \boldsymbol{0} & \boldsymbol{0} & \boldsymbol{0} \\ \tau_M\boldsymbol{Y}_2^{\mathrm{T}} & \tau_M\boldsymbol{X}_2^{\mathrm{T}} & \boldsymbol{K}^{\mathrm{T}}\boldsymbol{D}_3^{\mathrm{T}} & \boldsymbol{0} & \boldsymbol{0} & \boldsymbol{0} \\ \tau_M\boldsymbol{Y}_3^{\mathrm{T}} & \tau_M\boldsymbol{X}_3^{\mathrm{T}} & \boldsymbol{0} & \boldsymbol{0} & \boldsymbol{0} & \boldsymbol{0} \\ \tau_M\boldsymbol{Y}_4^{\mathrm{T}} & \tau_M\boldsymbol{X}_4^{\mathrm{T}} & \boldsymbol{0} & \boldsymbol{L} & \boldsymbol{0} & \boldsymbol{L} \end{bmatrix}$$

$$\boldsymbol{\Omega}_{22}=\begin{pmatrix}-\boldsymbol{H}_1+\bar{\tau}\boldsymbol{R}_{31}+2\boldsymbol{H}_1\boldsymbol{A}_2^{\mathrm{T}}\overline{\boldsymbol{T}} & \boldsymbol{0} & \overline{\boldsymbol{T}}^{\mathrm{T}}\boldsymbol{B}_2\boldsymbol{H}_1 & \boldsymbol{0}\\ * & -\boldsymbol{H}_1+\bar{\tau}\boldsymbol{R}_{32}+2\boldsymbol{H}_2\boldsymbol{A}_2^{\mathrm{T}}\overline{\boldsymbol{T}} & \boldsymbol{0} & \overline{\boldsymbol{T}}^{\mathrm{T}}\boldsymbol{B}_2\boldsymbol{H}_2\\ * & * & -\boldsymbol{R}_{31} & \boldsymbol{0}\\ * & * & * & -\boldsymbol{R}_{32}\end{pmatrix}$$

$$\boldsymbol{\Omega}_{23}=\begin{pmatrix}-\overline{\boldsymbol{M}}_5 & -\overline{\boldsymbol{N}}_5 & -\overline{\boldsymbol{Y}}_5^{\mathrm{T}} & -\overline{\boldsymbol{X}}_5^{\mathrm{T}} & -\overline{\boldsymbol{M}}_5 & -\overline{\boldsymbol{N}}_5\\ -\overline{\boldsymbol{M}}_6 & -\overline{\boldsymbol{N}}_6 & -\overline{\boldsymbol{Y}}_6^{\mathrm{T}} & -\overline{\boldsymbol{X}}_6^{\mathrm{T}} & -\overline{\boldsymbol{M}}_6 & -\overline{\boldsymbol{N}}_6\\ -\overline{\boldsymbol{M}}_7 & -\overline{\boldsymbol{N}}_7 & -\overline{\boldsymbol{Y}}_7^{\mathrm{T}} & -\overline{\boldsymbol{X}}_7^{\mathrm{T}} & -\overline{\boldsymbol{M}}_7 & -\overline{\boldsymbol{N}}_7\\ -\overline{\boldsymbol{M}}_8 & -\overline{\boldsymbol{N}}_8 & -\overline{\boldsymbol{Y}}_8^{\mathrm{T}} & -\overline{\boldsymbol{X}}_8^{\mathrm{T}} & -\overline{\boldsymbol{M}}_8 & -\overline{\boldsymbol{N}}_8\end{pmatrix}$$

$$\boldsymbol{\Omega}_{24}=\begin{pmatrix}\tau_M\boldsymbol{Y}_5^{\mathrm{T}} & \tau_M\boldsymbol{X}_5^{\mathrm{T}} & \boldsymbol{0} & \boldsymbol{0} & \boldsymbol{0} & \boldsymbol{0}\\ \tau_M\boldsymbol{Y}_6^{\mathrm{T}} & \tau_M\boldsymbol{X}_6^{\mathrm{T}} & \boldsymbol{0} & \boldsymbol{0} & \boldsymbol{H}_2^{\mathrm{T}}\boldsymbol{A}_3^{\mathrm{T}} & \boldsymbol{0}\\ \tau_M\boldsymbol{Y}_7^{\mathrm{T}} & \tau_M\boldsymbol{X}_7^{\mathrm{T}} & \boldsymbol{0} & \boldsymbol{0} & \boldsymbol{0} & \boldsymbol{0}\\ \tau_M\boldsymbol{Y}_8^{\mathrm{T}} & \tau_M\boldsymbol{X}_8^{\mathrm{T}} & \boldsymbol{0} & \boldsymbol{0} & \boldsymbol{H}_2^{\mathrm{T}}\boldsymbol{B}_3^{\mathrm{T}} & \boldsymbol{0}\end{pmatrix}$$

$$\boldsymbol{\Omega}_{33}=\begin{pmatrix}\boldsymbol{\Delta}_{11} & \boldsymbol{\Delta}_{12} & -\boldsymbol{Y}_9^{\mathrm{T}}-\boldsymbol{M}_{11}^{\mathrm{T}} & -\boldsymbol{X}_9^{\mathrm{T}}-\boldsymbol{M}_{12}^{\mathrm{T}} & -\boldsymbol{M}_9-\boldsymbol{M}_{13}^{\mathrm{T}} & -\boldsymbol{N}_9-\boldsymbol{M}_{14}^{\mathrm{T}}\\ * & \boldsymbol{\Delta}_{21} & -\boldsymbol{Y}_{10}^{\mathrm{T}}-\boldsymbol{N}_{11}^{\mathrm{T}} & -\boldsymbol{X}_{10}^{\mathrm{T}}-\boldsymbol{N}_{12}^{\mathrm{T}} & -\boldsymbol{M}_{10}-\boldsymbol{N}_{13}^{\mathrm{T}} & -\boldsymbol{N}_{10}-\boldsymbol{N}_{14}^{\mathrm{T}}\\ * & * & \boldsymbol{\Delta}_{31} & -\boldsymbol{X}_{11}^{\mathrm{T}}-\boldsymbol{Y}_{12} & -\boldsymbol{M}_{11}-\boldsymbol{Y}_{13} & -\boldsymbol{N}_{11}-\boldsymbol{Y}_{14}\\ * & * & * & \boldsymbol{\Delta}_{41} & -\boldsymbol{M}_{12}-\boldsymbol{X}_{13} & -\boldsymbol{N}_{12}-\boldsymbol{X}_{14}\\ * & * & * & * & -\boldsymbol{M}_{13}-\boldsymbol{M}_{13}^{\mathrm{T}} & -\boldsymbol{N}_{13}-\boldsymbol{M}_{14}^{\mathrm{T}}\\ * & * & * & * & * & -\boldsymbol{N}_{14}-\boldsymbol{N}_{14}^{\mathrm{T}}\end{pmatrix}$$

$$\boldsymbol{\Omega}_{34}=\begin{pmatrix}\tau_M\boldsymbol{Y}_9^{\mathrm{T}} & \tau_M\boldsymbol{X}_9^{\mathrm{T}} & \boldsymbol{0} & \boldsymbol{0} & \boldsymbol{0} & \boldsymbol{0}\\ \tau_M\boldsymbol{Y}_{10}^{\mathrm{T}} & \tau_M\boldsymbol{X}_{10}^{\mathrm{T}} & \boldsymbol{0} & \boldsymbol{0} & \boldsymbol{0} & \boldsymbol{0}\\ \tau_M\boldsymbol{Y}_{11}^{\mathrm{T}} & \tau_M\boldsymbol{X}_{11}^{\mathrm{T}} & \boldsymbol{0} & \boldsymbol{0} & \boldsymbol{0} & \boldsymbol{0}\\ \tau_M\boldsymbol{Y}_{12}^{\mathrm{T}} & \tau_M\boldsymbol{X}_{12}^{\mathrm{T}} & \boldsymbol{0} & \boldsymbol{0} & \boldsymbol{0} & \boldsymbol{0}\\ \tau_M\boldsymbol{Y}_{13}^{\mathrm{T}} & \tau_M\boldsymbol{X}_{13}^{\mathrm{T}} & \boldsymbol{0} & \boldsymbol{0} & \boldsymbol{0} & \boldsymbol{0}\\ \tau_M\boldsymbol{Y}_{14}^{\mathrm{T}} & \tau_M\boldsymbol{X}_{14}^{\mathrm{T}} & \boldsymbol{0} & \boldsymbol{0} & \boldsymbol{0} & \boldsymbol{0}\end{pmatrix}$$

$$\boldsymbol{\Omega}_{44}=\operatorname{diag}(-\tau_M\boldsymbol{S}_1,-\tau_M\boldsymbol{S}_1,-\boldsymbol{I},-\boldsymbol{I},-\boldsymbol{I},-\boldsymbol{I})$$

$$\boldsymbol{\Delta}_{11}=-\boldsymbol{Q}_{11}-\boldsymbol{M}_9-\boldsymbol{M}_9^{\mathrm{T}}$$

$$\boldsymbol{\Delta}_{12}=-\boldsymbol{N}_9-\boldsymbol{M}_{10}^{\mathrm{T}}$$

$$\boldsymbol{\Delta}_{21}=-\boldsymbol{Q}_{12}-\boldsymbol{N}_{10}-\boldsymbol{N}_{10}^{\mathrm{T}}$$

$$\boldsymbol{\Delta}_{31}=-\boldsymbol{Q}_{21}-\boldsymbol{Y}_{11}-\boldsymbol{Y}_{11}^{\mathrm{T}}$$

$$\boldsymbol{\Delta}_{41}=-\boldsymbol{Q}_{22}-\boldsymbol{X}_{12}-\boldsymbol{X}_{12}^{\mathrm{T}}$$

$$\boldsymbol{\Theta}_{12} = -\boldsymbol{N}_1 + \boldsymbol{M}_{10}^{\mathrm{T}} + \boldsymbol{Y}_{10},\quad \boldsymbol{\Theta}_{13} = -\boldsymbol{Y}_1^{\mathrm{T}} + \boldsymbol{M}_{11}^{\mathrm{T}} + \boldsymbol{Y}_{11}$$
$$\boldsymbol{\Theta}_{14} = -\boldsymbol{X}_1^{\mathrm{T}} + \boldsymbol{M}_{12}^{\mathrm{T}} + \boldsymbol{X}_{12},\quad \boldsymbol{\Theta}_{15} = -\boldsymbol{M}_1^{\mathrm{T}} + \boldsymbol{M}_{13}^{\mathrm{T}} + \boldsymbol{Y}_{13}$$
$$\boldsymbol{\Theta}_{16} = -\boldsymbol{N}_1 + \boldsymbol{M}_{14}^{\mathrm{T}} + \boldsymbol{Y}_{14},\quad \boldsymbol{\Theta}_{21} = -\boldsymbol{M}_2 + \boldsymbol{N}_9^{\mathrm{T}} + \boldsymbol{X}_9$$
$$\boldsymbol{\Theta}_{22} = -\boldsymbol{N}_2 + \boldsymbol{N}_{10}^{\mathrm{T}} + \boldsymbol{X}_{10},\quad \boldsymbol{\Theta}_{23} = -\boldsymbol{Y}_2^{\mathrm{T}} + \boldsymbol{N}_{11}^{\mathrm{T}} + \boldsymbol{X}_{11}$$
$$\boldsymbol{\Theta}_{24} = -\boldsymbol{X}_2^{\mathrm{T}} + \boldsymbol{N}_{12}^{\mathrm{T}} + \boldsymbol{X}_{12},\quad \boldsymbol{\Theta}_{25} = -\boldsymbol{M}_2 + \boldsymbol{N}_{13}^{\mathrm{T}} + \boldsymbol{X}_{13}$$
$$\boldsymbol{\Theta}_{26} = -\boldsymbol{N}_2 + \boldsymbol{N}_{14}^{\mathrm{T}} + \boldsymbol{X}_{14}$$
$$\boldsymbol{\Pi}_{11} = -\boldsymbol{P}_1 + \bar{\tau}\boldsymbol{Q}_{11} + \boldsymbol{Q}_{21} + \tau_M\boldsymbol{S}_1 + \boldsymbol{M}_1 + \boldsymbol{M}_1^{\mathrm{T}} + \boldsymbol{Y}_1 + \boldsymbol{Y}_1^{\mathrm{T}}$$
$$\boldsymbol{\Pi}_{12} = \boldsymbol{M}_2^{\mathrm{T}} + \boldsymbol{N}_1 + \boldsymbol{X}_1^{\mathrm{T}} + \boldsymbol{Y}_2$$
$$\boldsymbol{\Pi}_{13} = (\boldsymbol{C}_1 + \boldsymbol{D}_1\boldsymbol{K})^{\mathrm{T}} - \tau_M\boldsymbol{S}_1 + \boldsymbol{M}_3^{\mathrm{T}} + \boldsymbol{Y}_3,\quad \boldsymbol{\Pi}_{14} = \boldsymbol{K}^{\mathrm{T}}\boldsymbol{D}_1^{\mathrm{T}} + \boldsymbol{M}_4^{\mathrm{T}} + \boldsymbol{Y}_4$$
$$\boldsymbol{\Pi}_{21} = -\boldsymbol{P}_2 + \bar{\tau}\boldsymbol{Q}_{12} + \boldsymbol{Q}_{22} + \tau_M\boldsymbol{S}_2 + \boldsymbol{N}_2 + \boldsymbol{N}_2^{\mathrm{T}} + \boldsymbol{X}_2 + \boldsymbol{X}_2^{\mathrm{T}}$$
$$\boldsymbol{\Pi}_{22} = -\boldsymbol{K}^{\mathrm{T}}\boldsymbol{D}_1^{\mathrm{T}} + \boldsymbol{N}_3^{\mathrm{T}} + \boldsymbol{X}_3$$
$$\boldsymbol{\Pi}_{23} = (\boldsymbol{C}_1 - \boldsymbol{D}_1\boldsymbol{K})^{\mathrm{T}} - \tau_M\boldsymbol{S}_2 + \boldsymbol{N}_4^{\mathrm{T}} + \boldsymbol{X}_4$$
$$\boldsymbol{\Lambda}_{11} = (\boldsymbol{C}_2 + \boldsymbol{D}_2\boldsymbol{K})^{\mathrm{T}}\overline{\boldsymbol{T}} + \overline{\boldsymbol{M}_5^{\mathrm{T}}} + \overline{\boldsymbol{Y}_5},\quad \boldsymbol{\Lambda}_{22} = (\boldsymbol{C}_2 - \boldsymbol{D}_2\boldsymbol{K})^{\mathrm{T}}\overline{\boldsymbol{T}} + \overline{\boldsymbol{N}_6^{\mathrm{T}}} + \overline{\boldsymbol{X}_6}$$
$$\boldsymbol{\Theta}_{11} = -\boldsymbol{M}_1 + \boldsymbol{M}_9^{\mathrm{T}} + \boldsymbol{Y}_9$$
$$\boldsymbol{T}^- = \mathrm{diag}(t_1^-, t_2^-, \cdots, t_L^-),\quad \boldsymbol{T}^+ = \mathrm{diag}(t_1^+, t_2^+, \cdots, t_L^+)$$

证明　为系统(7.6)构造以下的 Lyapunov-Krasovskii 泛函：

$$V(k) = \sum_{i=1}^{7} V_i(k)$$

其中

$$V_1(k) = \tilde{\boldsymbol{e}}^{\mathrm{T}}(k)\tilde{\boldsymbol{P}}\tilde{\boldsymbol{e}}(k),\quad V_2(k) = \sum_{i=k-\tau(k)}^{k-1} \tilde{\boldsymbol{e}}^{\mathrm{T}}(i)\,\tilde{\boldsymbol{Q}}_1\boldsymbol{e}(i)$$

$$V_3(k) = \sum_{j=-\tau_M+1}^{-\tau_m}\sum_{i=k+j}^{k-1} \tilde{\boldsymbol{e}}^{\mathrm{T}}(i)\,\tilde{\boldsymbol{Q}}_1\boldsymbol{e}(i),\quad V_4(k) = \sum_{i=k-\tau_m}^{k-1} \tilde{\boldsymbol{e}}^{\mathrm{T}}(i)\,\tilde{\boldsymbol{Q}}_2\tilde{\boldsymbol{e}}(i)$$

$$V_5(k) = \sum_{i=k-\tau(k)}^{k-1} \tilde{\boldsymbol{g}}^{\mathrm{T}}(\tilde{\boldsymbol{\xi}}(i))\,\tilde{\boldsymbol{Q}}_3\tilde{\boldsymbol{g}}(\tilde{\boldsymbol{\xi}}(i))$$

$$V_6(k) = \sum_{j=-\tau_M+1}^{-\tau_m}\sum_{i=k+j}^{k-1} \tilde{\boldsymbol{g}}^{\mathrm{T}}(\tilde{\boldsymbol{\xi}}(i))\,\tilde{\boldsymbol{Q}}_3\tilde{\boldsymbol{g}}(\tilde{\boldsymbol{\xi}}(i))$$

$$V_7(k) = \sum_{j=-\tau_M}^{-1}\sum_{i=k+j}^{k-1} \tilde{\boldsymbol{\eta}}^{\mathrm{T}}(i)\tilde{\boldsymbol{S}}\tilde{\boldsymbol{\eta}}(i),\quad \tilde{\boldsymbol{\eta}}(k) = \begin{bmatrix} \boldsymbol{\eta}_1(k) \\ \boldsymbol{\eta}_2(k) \end{bmatrix}$$

$$\boldsymbol{\eta}_1(i) = \boldsymbol{x}(i+1) - \boldsymbol{x}(i),\quad \boldsymbol{\eta}_2(i) = \boldsymbol{e}(i+1) - \boldsymbol{e}(i)$$

$$\tilde{\boldsymbol{P}} = \begin{bmatrix} \boldsymbol{P}_1 & \boldsymbol{0} \\ \boldsymbol{0} & \boldsymbol{P}_2 \end{bmatrix},\quad \tilde{\boldsymbol{S}} = \begin{bmatrix} \boldsymbol{S}_1 & \boldsymbol{0} \\ \boldsymbol{0} & \boldsymbol{S}_2 \end{bmatrix},\quad \tilde{\boldsymbol{Q}}_i = \begin{bmatrix} \boldsymbol{Q}_{i1} & \boldsymbol{0} \\ \boldsymbol{0} & \boldsymbol{Q}_{i2} \end{bmatrix}\quad (i = 1,2,3)$$

$V(k)$沿着系统(7.6)轨迹的差分为

$$\Delta V(k)=\Delta\sum_{i=1}^{7}V_i(k) \tag{7.8}$$

其中

$$\Delta V_1(k)=V_1(k+1)-V_1(k)=\tilde{\boldsymbol{e}}^{\mathrm{T}}(k+1)\widetilde{\boldsymbol{P}}\tilde{\boldsymbol{e}}(k+1)-\tilde{\boldsymbol{e}}^{\mathrm{T}}(k)\widetilde{\boldsymbol{P}}\tilde{\boldsymbol{e}}(k) \tag{7.9}$$

$$\begin{aligned}\Delta V_2(k)&=\sum_{i=k+1-\tau(k+1)}^{k}\tilde{\boldsymbol{e}}^{\mathrm{T}}(i)\widetilde{\boldsymbol{Q}}_1\tilde{\boldsymbol{e}}(i)-\sum_{i=k-\tau(k)}^{k-1}\tilde{\boldsymbol{e}}^{\mathrm{T}}(i)\widetilde{\boldsymbol{Q}}_1\tilde{\boldsymbol{e}}(i)\\&\leqslant\tilde{\boldsymbol{e}}^{\mathrm{T}}(k)\widetilde{\boldsymbol{Q}}_1\tilde{\boldsymbol{e}}(k)-\tilde{\boldsymbol{e}}^{\mathrm{T}}(k-\tau(k))\widetilde{\boldsymbol{Q}}_1\tilde{\boldsymbol{e}}(k-\tau(k))\\&\quad+\sum_{i=k-\tau_m+1}^{k-\tau_m}\tilde{\boldsymbol{e}}^{\mathrm{T}}(i)\widetilde{\boldsymbol{Q}}_1\tilde{\boldsymbol{e}}(i)\end{aligned} \tag{7.10}$$

$$\begin{aligned}\Delta V_3(k)&=\sum_{j=-\tau_M+1}^{-\tau_m}\sum_{i=k+j+1}^{k}\tilde{\boldsymbol{e}}^{\mathrm{T}}(i)\widetilde{\boldsymbol{Q}}_1\tilde{\boldsymbol{e}}(i)-\sum_{j=-\tau_M+1}^{-\tau_m}\sum_{i=k+j}^{k-1}\tilde{\boldsymbol{e}}^{\mathrm{T}}(i)\widetilde{\boldsymbol{Q}}_1\tilde{\boldsymbol{e}}(i)\\&=\sum_{j=-\tau_M+1}^{-\tau_m}\left[\tilde{\boldsymbol{e}}^{\mathrm{T}}(k)\widetilde{\boldsymbol{Q}}_1\tilde{\boldsymbol{e}}(k)-\tilde{\boldsymbol{e}}^{\mathrm{T}}(k+j)\widetilde{\boldsymbol{Q}}_1\tilde{\boldsymbol{e}}(k+j)\right]\\&=(\tau_M-\tau_m)\tilde{\boldsymbol{e}}^{\mathrm{T}}(k)\widetilde{\boldsymbol{Q}}_1\tilde{\boldsymbol{e}}(k)-\sum_{i=k-\tau_M+1}^{k-\tau_m}\left[\tilde{\boldsymbol{e}}^{\mathrm{T}}(i)\widetilde{\boldsymbol{Q}}_1\tilde{\boldsymbol{e}}(i)\right]\end{aligned} \tag{7.11}$$

$$\begin{aligned}\Delta V_4(k)&=\sum_{i=k-\tau_M+1}^{k}\tilde{\boldsymbol{e}}^{\mathrm{T}}(i)\widetilde{\boldsymbol{Q}}_2\tilde{\boldsymbol{e}}(i)-\sum_{i=k-\tau_M}^{k-1}\tilde{\boldsymbol{e}}^{\mathrm{T}}(i)\widetilde{\boldsymbol{Q}}_2\tilde{\boldsymbol{e}}(i)\\&=\tilde{\boldsymbol{e}}^{\mathrm{T}}(k)\widetilde{\boldsymbol{Q}}_2\tilde{\boldsymbol{e}}(k)-\tilde{\boldsymbol{e}}^{\mathrm{T}}(k-\tau_M)\widetilde{\boldsymbol{Q}}_2\tilde{\boldsymbol{e}}(k-\tau_M)\end{aligned} \tag{7.12}$$

$$\begin{aligned}\Delta V_5(k)&=\sum_{i=k+1-\tau(k+1)}^{k}\tilde{\boldsymbol{g}}^{\mathrm{T}}\big(\tilde{\boldsymbol{\xi}}(i)\big)\widetilde{\boldsymbol{Q}}_3\tilde{\boldsymbol{g}}\big(\tilde{\boldsymbol{\xi}}(i)\big)-\sum_{i=k-\tau(k)}^{k-1}\tilde{\boldsymbol{g}}^{\mathrm{T}}\big(\tilde{\boldsymbol{\xi}}(i)\big)\widetilde{\boldsymbol{Q}}_3\tilde{\boldsymbol{g}}\big(\tilde{\boldsymbol{\xi}}(i)\big)\\&\leqslant\tilde{\boldsymbol{g}}^{\mathrm{T}}\big(\tilde{\boldsymbol{\xi}}(k)\big)\widetilde{\boldsymbol{Q}}_3\tilde{\boldsymbol{g}}\big(\tilde{\boldsymbol{\xi}}(k)\big)-\tilde{\boldsymbol{g}}^{\mathrm{T}}\big(\tilde{\boldsymbol{\xi}}(k-\tau(k))\big)\widetilde{\boldsymbol{Q}}_3\tilde{\boldsymbol{g}}\big(\tilde{\boldsymbol{\xi}}(k-\tau(k))\big)\\&\quad+\sum_{i=k-\tau_M+1}^{k-\tau_m}\tilde{\boldsymbol{g}}^{\mathrm{T}}\big(\tilde{\boldsymbol{\xi}}(i)\big)\widetilde{\boldsymbol{Q}}_3\tilde{\boldsymbol{g}}\big(\tilde{\boldsymbol{\xi}}(i)\big)\end{aligned} \tag{7.13}$$

$$\begin{aligned}\Delta V_6(k)&=\sum_{j=-\tau_M+1}^{-\tau_m}\Big[\tilde{\boldsymbol{g}}^{\mathrm{T}}\big(\tilde{\boldsymbol{\xi}}(k)\big)\widetilde{\boldsymbol{Q}}_3\tilde{\boldsymbol{g}}\big(\tilde{\boldsymbol{\xi}}(k)\big)-\tilde{\boldsymbol{g}}^{\mathrm{T}}\big(\tilde{\boldsymbol{\xi}}(k+j)\big)\widetilde{\boldsymbol{Q}}_3\tilde{\boldsymbol{g}}\big(\tilde{\boldsymbol{\xi}}(k+j)\big)\Big]\\&=(\tau_M-\tau_m)\tilde{\boldsymbol{g}}^{\mathrm{T}}\big(\tilde{\boldsymbol{\xi}}(k)\big)\widetilde{\boldsymbol{Q}}_3\tilde{\boldsymbol{g}}\big(\tilde{\boldsymbol{\xi}}(k)\big)-\sum_{j=k-\tau_M+1}^{k-\tau_m}\Big[\tilde{\boldsymbol{g}}^{\mathrm{T}}\big(\tilde{\boldsymbol{\xi}}(j)\big)\widetilde{\boldsymbol{Q}}_3\tilde{\boldsymbol{g}}\big(\tilde{\boldsymbol{\xi}}(j)\big)\Big]\end{aligned} \tag{7.14}$$

根据引理 1.6,有以下不等式成立:

$$
\begin{aligned}
\Delta V_7(k) &= \tau_M \tilde{\boldsymbol{\eta}}^{\mathrm{T}}(k)\tilde{\boldsymbol{S}}\tilde{\boldsymbol{\eta}}(k) - \sum_{i=k-\tau_M}^{k-1} \tilde{\boldsymbol{\eta}}^{\mathrm{T}}(i)\tilde{\boldsymbol{S}}\tilde{\boldsymbol{\eta}}(i) \\
&\leqslant \tau_M \tilde{\boldsymbol{e}}^{\mathrm{T}}(k+1)\tilde{\boldsymbol{S}}\tilde{\boldsymbol{e}}(k+1) - 2\tau_M \tilde{\boldsymbol{e}}^{\mathrm{T}}(k)\tilde{\boldsymbol{S}}\tilde{\boldsymbol{e}}(k+1) + \tau_M \tilde{\boldsymbol{e}}^{\mathrm{T}}(k)\tilde{\boldsymbol{S}}\tilde{\boldsymbol{e}}(k) \\
&\quad + \tilde{\boldsymbol{P}}^{\mathrm{T}}(k)(\boldsymbol{I}_1\boldsymbol{Y} + \boldsymbol{Y}^{\mathrm{T}}\boldsymbol{I}_1^{\mathrm{T}})\tilde{\boldsymbol{P}}(k) + \tau_M \tilde{\boldsymbol{P}}^{\mathrm{T}}(k)\boldsymbol{Y}^{\mathrm{T}}\boldsymbol{S}_1^{-1}\boldsymbol{Y}\tilde{\boldsymbol{P}}(k) \\
&\quad + \tilde{\boldsymbol{P}}^{\mathrm{T}}(k)(\boldsymbol{I}_2\boldsymbol{X} + \boldsymbol{X}^{\mathrm{T}}\boldsymbol{I}_2^{\mathrm{T}})\tilde{\boldsymbol{P}}(k) + \tau_M \tilde{\boldsymbol{P}}^{\mathrm{T}}(k)\boldsymbol{X}^{\mathrm{T}}\boldsymbol{S}_2^{-1}\boldsymbol{X}\tilde{\boldsymbol{P}}(k)
\end{aligned}
\tag{7.15}
$$

根据(7.3)式，有以下不等式成立：

$$
\begin{aligned}
&\tilde{\boldsymbol{g}}^{\mathrm{T}}(\tilde{\boldsymbol{\xi}}(k))\tilde{\boldsymbol{G}}\tilde{\boldsymbol{g}}(\tilde{\boldsymbol{\xi}}(k)) - \tilde{\boldsymbol{\xi}}^{\mathrm{T}}(k)\tilde{\boldsymbol{G}}(\boldsymbol{T}^- + \boldsymbol{T}^+)\tilde{\boldsymbol{g}}(\tilde{\boldsymbol{\xi}}(k)) + \tilde{\boldsymbol{\xi}}^{\mathrm{T}}(k)\boldsymbol{T}^-\tilde{\boldsymbol{G}}\boldsymbol{T}^+\tilde{\boldsymbol{\xi}}(k) \\
&\quad = \tilde{\boldsymbol{g}}^{\mathrm{T}}(\tilde{\boldsymbol{\xi}}(k))\tilde{\boldsymbol{G}}\tilde{\boldsymbol{g}}(\tilde{\boldsymbol{\xi}}(k)) - [\tilde{\boldsymbol{C}}_2\tilde{\boldsymbol{e}}(k) + \tilde{\boldsymbol{A}}_2\tilde{\boldsymbol{g}}(\tilde{\boldsymbol{\xi}}(k)) + \tilde{\boldsymbol{B}}_2\tilde{\boldsymbol{g}}(\tilde{\boldsymbol{\xi}}(k-\tau(k)))]^{\mathrm{T}} \\
&\quad \times \tilde{\boldsymbol{G}}(\boldsymbol{T}^- + \boldsymbol{T}^+)\tilde{\boldsymbol{g}}(\tilde{\boldsymbol{\xi}}(k)) + [\tilde{\boldsymbol{C}}_2\tilde{\boldsymbol{e}}(k) + \tilde{\boldsymbol{A}}_2\tilde{\boldsymbol{g}}(\tilde{\boldsymbol{\xi}}(k)) + \tilde{\boldsymbol{B}}_2\tilde{\boldsymbol{g}}(\tilde{\boldsymbol{\xi}}(k-\tau(k)))]^{\mathrm{T}} \\
&\quad \times \boldsymbol{T}^-\tilde{\boldsymbol{G}}\boldsymbol{T}^+ [\tilde{\boldsymbol{C}}_2\tilde{\boldsymbol{e}}(k) + \tilde{\boldsymbol{A}}_2\tilde{\boldsymbol{g}}(\tilde{\boldsymbol{\xi}}(k)) + \tilde{\boldsymbol{B}}_2\tilde{\boldsymbol{g}}(\tilde{\boldsymbol{\xi}}(k-\tau(k)))] \leqslant 0
\end{aligned}
\tag{7.16}
$$

其中，$\tilde{\boldsymbol{G}} = \begin{pmatrix} \boldsymbol{G}_1 & \boldsymbol{0} \\ \boldsymbol{0} & \boldsymbol{G}_2 \end{pmatrix}$，$\boldsymbol{G}_i = \mathrm{diag}(d_{i1}, d_{i2}, \cdots, d_{in}) > 0$.

为了获得较小的保守性，引入自由权矩阵 $\boldsymbol{M}_i \in \mathbf{R}^{n\times n}(i=1,2,\cdots,14)$，$\boldsymbol{M}_3 \in \mathbf{R}^{L\times n}$，$\boldsymbol{M}_4 \in \mathbf{R}^{L\times n}$，$\boldsymbol{M}_8 \in \mathbf{R}^{r\times n}$ 和 $\boldsymbol{N} \in \mathbf{R}^{n\times n}$. 将以下的零方程加到 $\Delta V(k)$：

$$
2\tilde{\boldsymbol{P}}^{\mathrm{T}}(k)\tilde{\boldsymbol{M}}\Big[\tilde{\boldsymbol{e}}(k) - \tilde{\boldsymbol{e}}(k-\tau(k)) - \sum_{i=k-\tau(k)}^{k-1}\tilde{\boldsymbol{\eta}}(i)\Big] = 0 \tag{7.17}
$$

$$
2\tilde{\boldsymbol{e}}^{\mathrm{T}}(k+1)\tilde{\boldsymbol{I}}[\tilde{\boldsymbol{C}}_1\tilde{\boldsymbol{e}}(k) + \tilde{\boldsymbol{A}}_1\tilde{\boldsymbol{g}}(\tilde{\boldsymbol{\xi}}(k)) + \tilde{\boldsymbol{B}}_1\tilde{\boldsymbol{g}}(\tilde{\boldsymbol{\xi}}(k-\tau(k))) - \tilde{\boldsymbol{e}}(k+1)] = 0 \tag{7.18}
$$

其中

$$
\tilde{\boldsymbol{M}} = \begin{bmatrix} \boldsymbol{M}_1 & \boldsymbol{N}_1 \\ \boldsymbol{M}_2 & \boldsymbol{N}_2 \\ \vdots & \vdots \\ \boldsymbol{M}_{14} & \boldsymbol{N}_{14} \end{bmatrix}
$$

将(7.9)式～(7.18)式代入到 $\Delta V(k)$，可得

$$
\begin{aligned}
\Delta V(k) \leqslant{} & \tilde{\boldsymbol{e}}^{\mathrm{T}}(k)[-\tilde{\boldsymbol{P}} + (\tau_M - \tau_m + 1)\tilde{\boldsymbol{Q}}_1 - \tilde{\boldsymbol{C}}_2^{\mathrm{T}}\boldsymbol{T}^-\tilde{\boldsymbol{G}}\boldsymbol{T}^+\tilde{\boldsymbol{C}}_2 + \tilde{\boldsymbol{Q}}_2 + \tau_M\tilde{\boldsymbol{S}}]\tilde{\boldsymbol{e}}(k) \\
& + \tilde{\boldsymbol{e}}^{\mathrm{T}}(k)[-2\tilde{\boldsymbol{C}}_2^{\mathrm{T}}\boldsymbol{T}^-\tilde{\boldsymbol{G}}\boldsymbol{T}^+\tilde{\boldsymbol{A}}_2 + \tilde{\boldsymbol{C}}_2^{\mathrm{T}}(\boldsymbol{T}^- + \boldsymbol{T}^+)\tilde{\boldsymbol{G}}]\tilde{\boldsymbol{g}}(\tilde{\boldsymbol{\xi}}(k)) \\
& + 2\tilde{\boldsymbol{e}}^{\mathrm{T}}(k)[\tilde{\boldsymbol{C}}_1^{\mathrm{T}} - \tau_M\tilde{\boldsymbol{S}}]\tilde{\boldsymbol{e}}(k+1) + 2\tilde{\boldsymbol{e}}^{\mathrm{T}}(k+1)\tilde{\boldsymbol{B}}_1\tilde{\boldsymbol{g}}(\tilde{\boldsymbol{\xi}}(k-\tau(k))) \\
& + \tilde{\boldsymbol{g}}(\tilde{\boldsymbol{\xi}}(k))[-\boldsymbol{G} + \tilde{\boldsymbol{A}}_2^{\mathrm{T}}\boldsymbol{G}(\boldsymbol{T}^- + \boldsymbol{T}^+) + (\tau_M - \tau_m + 1)\tilde{\boldsymbol{Q}}_3 \\
& - \tilde{\boldsymbol{A}}_2^{\mathrm{T}}\boldsymbol{T}^-\boldsymbol{G}\boldsymbol{T}^+\tilde{\boldsymbol{A}}_2]\tilde{\boldsymbol{g}}(\tilde{\boldsymbol{\xi}}(k)) \\
& + \tilde{\boldsymbol{g}}(\tilde{\boldsymbol{\xi}}(k))[(\boldsymbol{T}^- + \boldsymbol{T}^+)^{\mathrm{T}}\boldsymbol{G}^{\mathrm{T}}\tilde{\boldsymbol{B}}_2 - 2\tilde{\boldsymbol{A}}_2^{\mathrm{T}}\boldsymbol{T}^-\boldsymbol{G}\boldsymbol{T}^+\tilde{\boldsymbol{B}}_2]\tilde{\boldsymbol{g}}(\tilde{\boldsymbol{\xi}}(k-\tau(k)))
\end{aligned}
$$

$$
\begin{aligned}
&-\widetilde{\boldsymbol{g}}^{\mathrm{T}}(\widetilde{\boldsymbol{\xi}}(k-\tau(k)))(\widetilde{\boldsymbol{B}}_2^{\mathrm{T}}\boldsymbol{T}^{-}\boldsymbol{G}\boldsymbol{T}^{+}\widetilde{\boldsymbol{B}}_2+\widetilde{\boldsymbol{Q}}_3)\widetilde{\boldsymbol{g}}(\widetilde{\boldsymbol{\xi}}(k-\tau(k)))\\
&-2\widetilde{\boldsymbol{e}}^{\mathrm{T}}(k)\widetilde{\boldsymbol{C}}_2^{\mathrm{T}}\boldsymbol{T}^{-}\boldsymbol{G}\boldsymbol{T}^{+}\widetilde{\boldsymbol{B}}_2\widetilde{\boldsymbol{g}}(\widetilde{\boldsymbol{\xi}}(k-\tau(k)))\\
&-\widetilde{\boldsymbol{e}}^{\mathrm{T}}(k-\tau_M)\widetilde{\boldsymbol{Q}}_2\widetilde{\boldsymbol{e}}(k-\tau_M)-\widetilde{\boldsymbol{e}}^{\mathrm{T}}(k-\tau(k))\widetilde{\boldsymbol{Q}}_1\widetilde{\boldsymbol{e}}^{\mathrm{T}}(k-\tau(k))\\
&+\widetilde{\boldsymbol{e}}^{\mathrm{T}}_{(}k+1)(\widetilde{\boldsymbol{P}}+\tau_M\widetilde{\boldsymbol{S}}-2\boldsymbol{I})\widetilde{\boldsymbol{e}}(k+1)\\
&+2\widetilde{\boldsymbol{P}}^{\mathrm{T}}(k)\widetilde{\boldsymbol{M}}[\widetilde{\boldsymbol{e}}(k)-\widetilde{\boldsymbol{e}}(k-\tau(k))-\sum_{i=k-\tau(k)}^{k-1}\boldsymbol{\eta}(i)]\\
=\;&\widetilde{\boldsymbol{P}}^{\mathrm{T}}(k)(\boldsymbol{\Omega}+\tau_M\boldsymbol{Y}^{\mathrm{T}}\boldsymbol{S}_1^{-1}\boldsymbol{Y}+\tau_M\boldsymbol{X}^{\mathrm{T}}\boldsymbol{S}_2^{-1}\boldsymbol{X}+\boldsymbol{a}^{\mathrm{T}}\boldsymbol{b}+\boldsymbol{b}^{\mathrm{T}}\boldsymbol{a}\\
&-\boldsymbol{\Xi}_1^{\mathrm{T}}(\boldsymbol{T}^{-}\boldsymbol{G}_1\boldsymbol{T}^{+})^{-1}\boldsymbol{\Xi}_1-\boldsymbol{\Xi}_2^{\mathrm{T}}(\boldsymbol{T}^{-}\boldsymbol{G}_1\boldsymbol{T}^{+})^{-1}\boldsymbol{\Xi}_2)\widetilde{\boldsymbol{P}}(k)
\end{aligned}
\tag{7.19}
$$

其中

$$
\begin{aligned}
&\boldsymbol{a}=(-\boldsymbol{D}_3\boldsymbol{K}\quad \boldsymbol{D}_3\boldsymbol{K}\quad 0\quad 0\quad 0\quad 0\quad 0\quad 0\quad 0\quad 0\quad 0\quad 0\quad 0\quad 0)\\
&\boldsymbol{b}=(0\quad 0\quad 0\quad \boldsymbol{L}^{\mathrm{T}}\quad 0\quad 0\quad 0\quad 0\quad 0\quad 0\quad 0\quad 0\quad 0\quad 0)\\
&\boldsymbol{\Xi}_1=(\boldsymbol{\gamma}_{11}\quad \boldsymbol{\gamma}_{12}\quad 0\quad 0\quad \boldsymbol{\gamma}_{13}\quad 0\quad \boldsymbol{\gamma}_{14})\\
&\boldsymbol{\Xi}_2=(\boldsymbol{\gamma}_{21}\quad \boldsymbol{\gamma}_{22}\quad 0\quad 0\quad 0\quad \boldsymbol{\gamma}_{23}\quad 0\quad \boldsymbol{\gamma}_{24}\quad 0_{1\times 6})\\
&\boldsymbol{\gamma}_{11}=(\boldsymbol{T}^{-}\boldsymbol{G}_1\boldsymbol{T}^{+})(\boldsymbol{C}_2+\boldsymbol{D}_2\boldsymbol{K}),\quad \boldsymbol{\gamma}_{12}=(\boldsymbol{T}^{-}\boldsymbol{G}_1\boldsymbol{T}^{+})\boldsymbol{D}_2\boldsymbol{K}\\
&\boldsymbol{\gamma}_{13}=(\boldsymbol{T}^{-}\boldsymbol{G}_1\boldsymbol{T}^{+})\boldsymbol{A}_2,\quad \boldsymbol{\gamma}_{14}=(\boldsymbol{T}^{-}\boldsymbol{G}_1\boldsymbol{T}^{+})\boldsymbol{B}_2\\
&\boldsymbol{\gamma}_{22}=(\boldsymbol{T}^{-}\boldsymbol{G}_2\boldsymbol{T}^{+})(\boldsymbol{C}_2-\boldsymbol{D}_2\boldsymbol{K}),\quad \boldsymbol{\gamma}_{23}=(\boldsymbol{T}^{-}\boldsymbol{G}_2\boldsymbol{T}^{+})\boldsymbol{A}_2\\
&\boldsymbol{\gamma}_{21}=(\boldsymbol{T}^{-}\boldsymbol{G}_2\boldsymbol{T}^{+})\boldsymbol{D}_2\boldsymbol{K},\quad \boldsymbol{\gamma}_{24}=(\boldsymbol{T}^{-}\boldsymbol{G}_2\boldsymbol{T}^{+})\boldsymbol{B}_2\\
&\boldsymbol{\Xi}_1^{\mathrm{T}}(\boldsymbol{T}^{-}\boldsymbol{G}_1\boldsymbol{T}^{+})\boldsymbol{\Xi}_1\geqslant 0,\quad \boldsymbol{\Xi}_2^{\mathrm{T}}(\boldsymbol{T}^{-}\boldsymbol{G}_2\boldsymbol{T}^{+})\boldsymbol{\Xi}_2\geqslant 0
\end{aligned}
$$

利用 Schur 补引理 1.3,以下不等式(7.20)等价于 $\boldsymbol{\Omega}+\tau_M\boldsymbol{Y}^{\mathrm{T}}\boldsymbol{S}_1^{-1}\boldsymbol{Y}+\tau_M\boldsymbol{X}^{\mathrm{T}}\boldsymbol{S}_1^{-1}\boldsymbol{X}<0$:

$$
\boldsymbol{\Omega}=\begin{pmatrix}
\boldsymbol{\Omega}_{11} & \overline{\boldsymbol{\Omega}}_{12} & \boldsymbol{\Omega}_{13} & \overline{\boldsymbol{\Omega}}_{14}\\
* & \overline{\boldsymbol{\Omega}}_{22} & \overline{\boldsymbol{\Omega}}_{23} & \overline{\boldsymbol{\Omega}}_{24}\\
* & * & \boldsymbol{\Omega}_{33} & \overline{\boldsymbol{\Omega}}_{34}\\
* & * & * & \overline{\boldsymbol{\Omega}}_{44}
\end{pmatrix}<0
\tag{7.20}
$$

$$
\overline{\boldsymbol{\Omega}}_{12}=\begin{pmatrix}
(C_2+D_2K)^{\mathrm{T}}\overline{T}G_1+M_5^{\mathrm{T}}+Y_5 & K^{\mathrm{T}}D_2^{\mathrm{T}}\overline{T}G_2+M_6^{\mathrm{T}}+Y_6 & M_7^{\mathrm{T}}+Y_7 & M_8^{\mathrm{T}}+Y_8\\
-K^{\mathrm{T}}D_2^{\mathrm{T}}\overline{T}G_2+N_5^{\mathrm{T}}+X_5 & (C_2-D_2K)^{\mathrm{T}}\overline{T}G_2+N_6^{\mathrm{T}}+X_6 & N_7^{\mathrm{T}}+X_7 & N_8^{\mathrm{T}}+X_8\\
A_1 & 0 & B_1 & 0\\
0 & A_1-LA_3 & 0 & B_1LB_3
\end{pmatrix}
$$

$$\bar{\boldsymbol{\Omega}}_{14} = \begin{bmatrix} \tau_M \boldsymbol{Y}_1^{\mathrm{T}} & \tau_M \boldsymbol{X}_1^{\mathrm{T}} & -\boldsymbol{K}^{\mathrm{T}}\boldsymbol{D}_3^{\mathrm{T}} & \boldsymbol{0} \\ \tau_M \boldsymbol{Y}_2^{\mathrm{T}} & \tau_M \boldsymbol{X}_2^{\mathrm{T}} & \boldsymbol{K}^{\mathrm{T}}\boldsymbol{D}_3^{\mathrm{T}} & \boldsymbol{0} \\ \tau_M \boldsymbol{Y}_3^{\mathrm{T}} & \tau_M \boldsymbol{X}_3^{\mathrm{T}} & \boldsymbol{0} & \boldsymbol{0} \\ \tau_M \boldsymbol{Y}_4^{\mathrm{T}} & \tau_M \boldsymbol{X}_4^{\mathrm{T}} & \boldsymbol{0} & \boldsymbol{L} \end{bmatrix}$$

$$\bar{\boldsymbol{\Omega}}_{22} = \begin{bmatrix} -\boldsymbol{G}_1 + \bar{\tau}\boldsymbol{Q}_{31} + \boldsymbol{A}_2\boldsymbol{G}_1\bar{\boldsymbol{T}} & \boldsymbol{0} & \bar{\boldsymbol{T}}\boldsymbol{G}_1\boldsymbol{B}_2 & \boldsymbol{0} \\ * & -\boldsymbol{G}_2 + \bar{\tau}\boldsymbol{Q}_{32} + \boldsymbol{A}_2\boldsymbol{G}_2\bar{\boldsymbol{T}} & \boldsymbol{0} & \bar{\boldsymbol{T}}\boldsymbol{G}_2\boldsymbol{B}_2 \\ * & * & -\boldsymbol{Q}_{31} & \boldsymbol{0} \\ * & * & * & -\boldsymbol{Q}_{32} \end{bmatrix}$$

$$\bar{\boldsymbol{\Omega}}_{23} = \begin{bmatrix} -\boldsymbol{M}_5 & -\boldsymbol{N}_5 & -\boldsymbol{Y}_5^{\mathrm{T}} & -\boldsymbol{X}_5^{\mathrm{T}} & -\boldsymbol{M}_5 & -\boldsymbol{N}_5 \\ -\boldsymbol{M}_6 & -\boldsymbol{N}_6 & -\boldsymbol{Y}_6^{\mathrm{T}} & -\boldsymbol{X}_6^{\mathrm{T}} & -\boldsymbol{M}_6 & -\boldsymbol{N}_6 \\ -\boldsymbol{M}_7 & -\boldsymbol{N}_7 & -\boldsymbol{Y}_7^{\mathrm{T}} & -\boldsymbol{X}_7^{\mathrm{T}} & -\boldsymbol{M}_7 & -\boldsymbol{N}_7 \\ -\boldsymbol{M}_8 & -\boldsymbol{N}_8 & -\boldsymbol{Y}_8^{\mathrm{T}} & -\boldsymbol{X}_8^{\mathrm{T}} & -\boldsymbol{M}_8 & -\boldsymbol{N}_8 \end{bmatrix}$$

$$\bar{\boldsymbol{\Omega}}_{24} = \begin{bmatrix} \tau_M \boldsymbol{Y}_5^{\mathrm{T}} & \tau_M \boldsymbol{X}_5^{\mathrm{T}} & \boldsymbol{0} & \boldsymbol{0} \\ \tau_M \boldsymbol{Y}_6^{\mathrm{T}} & \tau_M \boldsymbol{X}_6^{\mathrm{T}} & \boldsymbol{0} & \boldsymbol{0} \\ \tau_M \boldsymbol{Y}_7^{\mathrm{T}} & \tau_M \boldsymbol{X}_7^{\mathrm{T}} & \boldsymbol{0} & \boldsymbol{0} \\ \tau_M \boldsymbol{Y}_8^{\mathrm{T}} & \tau_M \boldsymbol{X}_8^{\mathrm{T}} & \boldsymbol{0} & \boldsymbol{0} \end{bmatrix}, \quad \bar{\boldsymbol{\Omega}}_{34} = \begin{bmatrix} \tau_M \boldsymbol{Y}_9^{\mathrm{T}} & \tau_M \boldsymbol{X}_9^{\mathrm{T}} & \boldsymbol{0} & \boldsymbol{0} \\ \tau_M \boldsymbol{Y}_{10}^{\mathrm{T}} & \tau_M \boldsymbol{X}_{10}^{\mathrm{T}} & \boldsymbol{0} & \boldsymbol{0} \\ \tau_M \boldsymbol{Y}_{11}^{\mathrm{T}} & \tau_M \boldsymbol{X}_{11}^{\mathrm{T}} & \boldsymbol{0} & \boldsymbol{0} \\ \tau_M \boldsymbol{Y}_{12}^{\mathrm{T}} & \tau_M \boldsymbol{X}_{12}^{\mathrm{T}} & \boldsymbol{0} & \boldsymbol{0} \\ \tau_M \boldsymbol{Y}_{13}^{\mathrm{T}} & \tau_M \boldsymbol{X}_{13}^{\mathrm{T}} & \boldsymbol{0} & \boldsymbol{0} \\ \tau_M \boldsymbol{Y}_{14}^{\mathrm{T}} & \tau_M \boldsymbol{X}_{14}^{\mathrm{T}} & \boldsymbol{0} & \boldsymbol{0} \end{bmatrix}$$

$$\bar{\boldsymbol{\Omega}}_{44} = \mathrm{diag}(-\tau_M \boldsymbol{S}_1,\quad \tau_M \boldsymbol{S}_2,\quad -\boldsymbol{I},\quad -\boldsymbol{I})$$

(7.20)式左右两端同乘对角矩阵 $\mathrm{diag}(\boldsymbol{I}_{n\times n},\quad \boldsymbol{G}_{L\times L}^{-1},\quad \boldsymbol{I}_{n\times n}\quad \boldsymbol{I}_{n\times n})$,设

$$\boldsymbol{H}_1 = \boldsymbol{G}_1^{-1},\quad \boldsymbol{H}_2 = \boldsymbol{G}_2^{-1},\quad \bar{\boldsymbol{M}}_5 = \boldsymbol{G}_1^{-1}\boldsymbol{M}_5,\quad \bar{\boldsymbol{M}}_6 = \boldsymbol{G}_2^{-1}\boldsymbol{M}_6$$

$$\bar{\boldsymbol{M}}_7 = \boldsymbol{G}_1^{-1}\boldsymbol{M}_7,\quad \bar{\boldsymbol{M}}_8 = \boldsymbol{G}_2^{-1}\boldsymbol{M}_8$$

$$\bar{\boldsymbol{N}}_5 = \boldsymbol{G}_1^{-1}\boldsymbol{N}_5,\quad \bar{\boldsymbol{N}}_6 = \boldsymbol{G}_2^{-1}\boldsymbol{N}_6,\quad \bar{\boldsymbol{N}}_7 = \boldsymbol{G}_1^{-1}\boldsymbol{N}_7,\quad \bar{\boldsymbol{N}}_8 = \boldsymbol{G}_2^{-1}\boldsymbol{N}_8$$

$$\bar{\boldsymbol{Y}}_5 = \boldsymbol{Y}_5\boldsymbol{G}_1^{-1},\quad \bar{\boldsymbol{Y}}_6 = \boldsymbol{Y}_6\boldsymbol{G}_2^{-1}$$

$$\bar{\boldsymbol{Y}}_7 = \boldsymbol{Y}_7\boldsymbol{G}_1^{-1},\quad \bar{\boldsymbol{Y}}_8 = \boldsymbol{Y}_8\boldsymbol{G}_2^{-1},\quad \bar{\boldsymbol{X}}_5 = \boldsymbol{X}_5\boldsymbol{G}_1^{-1},\quad \bar{\boldsymbol{X}}_6 = \boldsymbol{X}_6\boldsymbol{G}_2^{-1}$$

$$\bar{\boldsymbol{X}}_7 = \boldsymbol{X}_7\boldsymbol{G}_1^{-1},\quad \bar{\boldsymbol{X}}_8 = \boldsymbol{X}_8\boldsymbol{G}_2^{-1}$$

$$\boldsymbol{G}_1^{-1}\boldsymbol{Q}_{31}\boldsymbol{G}_1^{-1} = \boldsymbol{R}_{31},\quad \boldsymbol{G}_2^{-1}\boldsymbol{Q}_{32}\boldsymbol{G}_2^{-1} = \boldsymbol{R}_{32}$$

则(7.20)式可以写成(7.6)式.证毕.

7.3 数值例子

在这一节中，给出一个例子来验证提出的方法有效.

例 7.3.1 考虑以下的离散非线性系统：

$$x_1(k+1) = -0.1x_1(k) + 0.3x_2(k) + f_1(\boldsymbol{x}(k-2)) + f_1(\boldsymbol{x}(k)) + u_1(k) \tag{7.21a}$$

$$x_2(k+1) = 0.1x_1(k) + x_2(k) + f_2(u_2(k)) + 0.8u_2(k) \tag{7.21b}$$

$$y(k) = 0.6x_1(k) + u_1(k) + 0.2u_2(k) \tag{7.21c}$$

其中，$\boldsymbol{x}(k) = (x_1(k)\quad x_2(k))^{\mathrm{T}}$，$\boldsymbol{x}(k-2) = (x_1(k-2)\quad x_2(k-2))^{\mathrm{T}}$，$f_1(\boldsymbol{x}(k)) = \exp(-(x_1(k)+x_2(k)))\cos(x_1(k)+x_2(k))-1$，$f_2(u_2(k)) = 1.5\cos^2(u_2(k))\sin^2(u_2(k))$.

正如文献[272]所提到的，通过利用双层感知器系统(7.21)能够被转化成以下形式：

$$x_1(k+1) = -0.1x_1(k) + 0.3x_2(k) + g_1 + \bar{g}_1 + u_1(k) \tag{7.22a}$$

$$x_2(k+1) = 0.1x_1(k) + x_2(k) + \tanh(\boldsymbol{V}_2\tanh(\boldsymbol{V}_1(u_2(k)))) + 0.8u_2(k) \tag{7.22b}$$

$$y(k) = 0.6x_1(k) + \mu_1(k) + 0.2u_2(k) \tag{7.22c}$$

$$g_1 = \tanh(\boldsymbol{W}_2\tanh(\boldsymbol{W}_1(\boldsymbol{x}(k)))),\quad \bar{g}_1 = \tanh(\boldsymbol{W}_2\tanh(\boldsymbol{W}_1(\boldsymbol{x}(k-2))))$$

系统(7.22)能够转化成系统(7.1)的标准形式，其中

$$\boldsymbol{C}_1 = \begin{pmatrix} -0.1 & 0.3 \\ 0.1 & 1 \end{pmatrix},\quad \boldsymbol{A}_1 = \begin{bmatrix} 1 & 0 & \boldsymbol{0}_{1\times 3} & \boldsymbol{0}_{1\times 2} \\ 0 & 1 & \boldsymbol{0}_{1\times 3} & \boldsymbol{0}_{1\times 2} \end{bmatrix},\quad \boldsymbol{B}_1 = \begin{bmatrix} 1 & 0 & \boldsymbol{0}_{1\times 3} & \boldsymbol{0}_{1\times 2} \\ 0 & 0 & \boldsymbol{0}_{1\times 3} & \boldsymbol{0}_{1\times 2} \end{bmatrix}$$

$$\boldsymbol{D}_1 = \begin{pmatrix} 1 & 0 \\ 0 & 0.8 \end{pmatrix},\quad \boldsymbol{C}_2 = \begin{bmatrix} 0 \\ 0 \\ \boldsymbol{W}_1 \\ \boldsymbol{0}_{2\times 2} \end{bmatrix},\quad \boldsymbol{A}_2 = \begin{bmatrix} 0 & 0 & \boldsymbol{W}_2 & \boldsymbol{0}_{1\times 2} \\ 0 & 0 & \boldsymbol{0}_{1\times 3} & \boldsymbol{V}_2 \\ 0 & 0 & \boldsymbol{0}_{3\times 3} & \boldsymbol{0}_{3\times 2} \\ 0 & 0 & \boldsymbol{0}_{2\times 3} & \boldsymbol{0}_{2\times 2} \end{bmatrix}$$

$$\boldsymbol{B}_2 = \boldsymbol{0}_{7\times 7},\quad \boldsymbol{D}_2 = \begin{bmatrix} 0 & 0 \\ 0 & 0 \\ \boldsymbol{0}_{3\times 1} & \boldsymbol{0}_{3\times 1} \\ \boldsymbol{0}_{2\times 1} & \boldsymbol{V}_1 \end{bmatrix}$$

$$\boldsymbol{C}_3 = (0.6\quad 0),\quad \boldsymbol{A}_3 = \boldsymbol{B}_3 = \boldsymbol{0}_{1\times 7},\quad \boldsymbol{D}_3 = (1\quad 0.2),\quad \boldsymbol{T}^- = \boldsymbol{0}_{7\times 7},\quad \boldsymbol{T}^+ = \boldsymbol{I}_{7\times 7}$$

$$W_1=\begin{pmatrix}-0.59 & -0.14\times10^{-1}\\ 0.40\times10^{-2} & 0.10\times10^{-3}\\ 0.18\times10^{-1} & 0.40\times10^{-3}\end{pmatrix},\quad V_1=\begin{pmatrix}0.27\times10^{-12}\\ 0.31\times10^{-2}\end{pmatrix}$$

$$W_2=(-0.3\times10^{-2}\quad 0.12\times10^{-5}\quad 0.10\times10^{-3})$$

$$V_2=(0.27\times10^{-12}\quad 0.31\times10^{-2})$$

通过利用本书的定理,可以获得以下的状态反馈控制器增益:

$$K=\begin{pmatrix}0.2455 & 0.1684\\ 93.7498 & 250.5532\end{pmatrix}\tag{7.23}$$

因此,基于状态反馈控制器 $\boldsymbol{u}(k)=\boldsymbol{K}\boldsymbol{x}(k)$,系统(7.21)是渐近稳定的.

7.4 小　结

本章研究了离散时滞标准神经网络模型的状态估计问题.为系统设计一全阶状态观测器,通过构造适当的 Lyapunov-Krasovskii 泛函,给出能够保证误差系统渐近稳定的状态反馈控制器存在的充分条件,所给出的准则具有线性矩阵不等式形式,易于求解,同时获得了控制器增益的求解方法,最后,给出的数值例子验证了结论有效.

第 8 章　时滞标准神经网络的状态估计

众所周知，由于放大器的有限切换速度以及神经元之间的传输时间，时滞不可避免的存在，时滞将会引起系统的振荡和不稳定. 因此，时滞递归神经网络的稳定性分析受到广泛关注[273-289].

由于神经元状态是未知的或者不能完全应用在网络输出中，因此，有必要利用可测量的输出来估计神经元状态. 最近，递归神经网络的时滞依赖状态估计问题获得许多成果[290-299]. 文献[290]通过利用自由矩阵积分不等式获得了时滞依赖状态估计准则，该准则具有矩阵不等式形式而不是线性矩阵不等式. 文献[291]中，作者研究了具有未知时滞的神经网络 $L\infty$ 状态估计问题，文中的泰勒序列用来解决非线性项. 文献[268]讨论了离散混杂细胞神经网络的状态估计器设计方法，文中的时滞分割方法用来减小保守性. 文献[269]研究了离散双向联想记忆神经网络的状态估计问题，文中提出了保证误差系统指数稳定的状态估计器的存在性. 文献[270]探讨离散神经网络 $H\infty$ 估计问题，提出了具有 $H\infty$ 性能的估计器设计方法. [271]研究离散切换神经网络的 $H\infty$ 状态估计器设计问题，文中通过使用扇形分解方法来获得状态估计器. 文献[272]提出了标准神经网络模型，标准神经网络模型的引入，使得大多数递归神经网络的稳定性分析以及神经网络模拟的非线性系统的控制器设计问题都能以统一的方法进行研究.

根据以上的讨论，本节研究了离散时滞标准神经网络模型的状态估计问题. 首先，通过构造适当的 Lyapunov-Krasovskii 泛函，设计能够保证误差系统渐近稳定的状态反馈控制器以及控制器增益，给出的准则具有线性矩阵不等式形式，易于求解. 其次，讨论了标称系统的状态估计器设计问题，提出了状态估计器存在的充分条件，所给出的定理可通过 MATLAB 线性矩阵不等式控制工具箱求解. 最后，给出数值例子来表明提出的方法有效.

8.1　系统描述和预备知识

不确定连续时滞标准神经网络模型[271]能写成以下形式：

$$\dot{\boldsymbol{x}}(t) = \boldsymbol{A}_1\boldsymbol{x}(t) + \boldsymbol{B}_1\boldsymbol{f}(\boldsymbol{\xi}(t)) + \boldsymbol{C}_1\boldsymbol{f}(\boldsymbol{\xi}(t-d(t))) + \boldsymbol{D}_1\boldsymbol{u}(t) \tag{8.1a}$$

$$\boldsymbol{\xi}(t) = \boldsymbol{A}_2\boldsymbol{x}(t) + \boldsymbol{B}_2\boldsymbol{f}(\boldsymbol{\xi}(t)) + \boldsymbol{C}_2\boldsymbol{f}(\boldsymbol{\xi}(t-d(t))) + \boldsymbol{D}_2\boldsymbol{u}(t) \tag{8.1b}$$

$$\boldsymbol{y}(t) = \boldsymbol{A}_3\boldsymbol{x}(t) + \boldsymbol{B}_3\boldsymbol{f}(\boldsymbol{\xi}(t)) + \boldsymbol{C}_3\boldsymbol{f}(\boldsymbol{\xi}(t-d(t))) + \boldsymbol{D}_3\boldsymbol{u}(t) \tag{8.1c}$$

其中，$\boldsymbol{x}(t)\in\mathbf{R}^n$ 是神经元状态，$\boldsymbol{u}(t)\in\mathbf{R}^m$ 是外界输入，$\boldsymbol{y}(t)\in\mathbf{R}^r$ 是测量输出，$d(t)$是满足 $d_1\leqslant d(t)\leqslant d_2$ 的传输时滞，d_1 和 d_2 是非负常数，$\boldsymbol{A}_1\in\mathbf{R}^{n\times n}$，$\boldsymbol{B}_1\in\mathbf{R}^{n\times L}$，$\boldsymbol{C}_1\in\mathbf{R}^{n\times L}$，$\boldsymbol{D}_1\in\mathbf{R}^{n\times m}$，$\boldsymbol{A}_2\in\mathbf{R}^{L\times n}$，$\boldsymbol{B}_2\in\mathbf{R}^{L\times L}$，$\boldsymbol{C}_2\in\mathbf{R}^{L\times L}$，$\boldsymbol{D}_2\in\mathbf{R}^{L\times m}$，$\boldsymbol{A}_3\in\mathbf{R}^{r\times n}$，$\boldsymbol{B}_3\in\mathbf{R}^{r\times L}$，$\boldsymbol{C}_3\in\mathbf{R}^{r\times L}$，$\boldsymbol{D}_3\in\mathbf{R}^{r\times m}$是相应的状态空间矩阵，$\boldsymbol{f}\in\mathbf{C}(\mathbf{R}^L;\mathbf{R}^L)$满足 $\boldsymbol{f}(\boldsymbol{0})=\boldsymbol{0}$，$L\in\mathbf{R}$ 是非线性激活函数的个数，(8.1)式具有以下初始条件：

$$\boldsymbol{f}(\boldsymbol{\xi}(t_0+\theta)) = \boldsymbol{f}(\boldsymbol{\xi}(t_0)) \quad (\forall\theta\in[-\tau_M,0])$$

本章中，假设激活函数满足以下的扇形条件：

$$t_i^- \leqslant \frac{f_i(\xi_i(t))}{\xi_i(t)} \leqslant t_i^+ \quad (t_i^+ > t_i^- \geqslant 0;\ i=1,2,\cdots,L) \tag{8.2}$$

8.2 主要结果

首先，讨论系统(8.1)在 $\boldsymbol{u}(t)=\boldsymbol{0}$，$d(t)=d$ 时的状态估计问题. 构造以下的状态观测器：

$$\dot{\hat{\boldsymbol{x}}}(t) = \boldsymbol{A}_1\hat{\boldsymbol{x}}(t) + \boldsymbol{B}_1\boldsymbol{f}(\hat{\boldsymbol{\xi}}(t)) + \boldsymbol{C}_1\boldsymbol{f}(\hat{\boldsymbol{\xi}}(t-d)) + \boldsymbol{L}\tilde{\boldsymbol{y}}(t) \tag{8.3a}$$

$$\hat{\boldsymbol{\xi}}(t) = \boldsymbol{A}_2\hat{\boldsymbol{x}}(t) + \boldsymbol{B}_2\boldsymbol{f}(\hat{\boldsymbol{\xi}}(t)) + \boldsymbol{C}_2\boldsymbol{f}(\hat{\boldsymbol{\xi}}(t-d)) \tag{8.3b}$$

$$\hat{\boldsymbol{y}}(t) = \boldsymbol{A}_3\hat{\boldsymbol{x}}(t) + \boldsymbol{B}_3\boldsymbol{f}(\hat{\boldsymbol{\xi}}(t)) + \boldsymbol{C}_3\boldsymbol{f}(\hat{\boldsymbol{\xi}}(t-d)) \tag{8.3c}$$

其中，$\hat{\boldsymbol{x}}(t)$，$\hat{\boldsymbol{\xi}}(t)$分别是状态 $\boldsymbol{x}(t)$ 和 $\boldsymbol{\xi}(t)$的估计，$\hat{\boldsymbol{y}}(t)$是输出 $\boldsymbol{y}(t)$的估计，$\boldsymbol{L}\in\mathbf{R}^{n\times r}$是观测器增益. 此时系统(8.1)可以写成如下形式：

$$\dot{\boldsymbol{e}}(t) = (\boldsymbol{A}_1-\boldsymbol{L}\boldsymbol{A}_3)\boldsymbol{e}(t) + (\boldsymbol{B}_1-\boldsymbol{L}\boldsymbol{B}_3)\boldsymbol{g}(\tilde{\boldsymbol{\xi}}(t)) + (\boldsymbol{C}_1-\boldsymbol{L}\boldsymbol{C}_3)\boldsymbol{g}(\tilde{\boldsymbol{\xi}}(t-d)) \tag{8.4a}$$

$$\tilde{\boldsymbol{\xi}}(t) = \boldsymbol{A}_2\boldsymbol{e}(t) + \boldsymbol{B}_2\boldsymbol{g}(\tilde{\boldsymbol{\xi}}(t)) + \boldsymbol{C}_2\boldsymbol{g}(\tilde{\boldsymbol{\xi}}(t-d)) \tag{8.4b}$$

其中，$\boldsymbol{e}(t)=\boldsymbol{x}(t)-\hat{\boldsymbol{x}}(t)$，$\tilde{\boldsymbol{\xi}}(t)=\boldsymbol{\xi}(t)-\hat{\boldsymbol{\xi}}(t)$，$\boldsymbol{g}(\tilde{\boldsymbol{\xi}}(t))=\boldsymbol{f}(\boldsymbol{\xi}(t))-\boldsymbol{f}(\hat{\boldsymbol{\xi}}(t))$.

定理 8.1　对于具有全阶状态观测器(8.3)的系统(8.1)是渐近稳定的. 如果存在正定矩阵 $\boldsymbol{P}_{11}$，$\boldsymbol{P}_{22}$，$\boldsymbol{Q}_{11}$，$\boldsymbol{Q}_{22}$，$\boldsymbol{U}_{11}$，$\boldsymbol{U}_{22}$，$\boldsymbol{R}$，$\boldsymbol{P}_{22}$，对角正定矩阵 $\boldsymbol{\Lambda}$，$\boldsymbol{P}_{22}$，任意矩阵 $\boldsymbol{P}_{12}$，$\boldsymbol{Q}_{12}$，$\boldsymbol{U}_{12}$，$\boldsymbol{X}$，$\boldsymbol{M}_{ij}\in\mathbf{R}^{n\times n}$，$\boldsymbol{M}_{3j}\in\mathbf{R}^{n\times n}$，$\boldsymbol{N}_{ji}\in\mathbf{R}^{n\times n}$，$\boldsymbol{Y}_{ji}\in\mathbf{R}^{n\times n}$ $(i=1,2;\ j=1,2,\cdots,14)$，使得以下的线性矩阵不等式成立：

$$\boldsymbol{\Psi} = \begin{pmatrix} \boldsymbol{\Psi}_1 & \boldsymbol{\Psi}_2 \\ * & \boldsymbol{\Psi}_3 \end{pmatrix} < 0 \tag{8.5}$$

$$\boldsymbol{\Psi}_1 = \begin{pmatrix} \boldsymbol{\Omega}_{11} & \boldsymbol{\Omega}_{12} & \boldsymbol{\Omega}_{13} \\ * & \boldsymbol{\Omega}_{14} & \boldsymbol{\Omega}_{15} \\ * & * & \boldsymbol{\Omega}_{16} \end{pmatrix},\quad \boldsymbol{\Psi}_2 = \begin{pmatrix} \boldsymbol{\Omega}_{17} & \boldsymbol{\Omega}_{18} & \boldsymbol{\Omega}_{19} \\ \boldsymbol{\Omega}_{20} & \boldsymbol{\Omega}_{21} & \boldsymbol{\Omega}_{22} \\ \boldsymbol{\Omega}_{23} & \boldsymbol{\Omega}_{24} & \boldsymbol{\Omega}_{25} \end{pmatrix},\quad \boldsymbol{\Psi}_3 = \begin{pmatrix} \boldsymbol{\Omega}_{26} & \boldsymbol{\Omega}_{27} & \boldsymbol{\Omega}_{27} \\ * & \boldsymbol{\Omega}_{28} & \boldsymbol{\Omega}_{29} \\ * & * & \boldsymbol{\Omega}_{30} \end{pmatrix}$$

$$\boldsymbol{\Omega}_{11} = \begin{pmatrix} \boldsymbol{\Lambda}_{11} & \boldsymbol{\Lambda}_{12} & \boldsymbol{\Lambda}_{13} \\ * & \boldsymbol{\Lambda}_{14} & \boldsymbol{\Lambda}_{15} \\ * & * & \boldsymbol{\Lambda}_{16} \end{pmatrix},\quad \boldsymbol{\Omega}_{12} = \begin{pmatrix} \boldsymbol{\Lambda}_{17} & \boldsymbol{\Lambda}_{18} \\ \boldsymbol{\Lambda}_{19} & \boldsymbol{\Lambda}_{20} \\ \boldsymbol{\Lambda}_{21} & \boldsymbol{\Lambda}_{22} \end{pmatrix},\quad \boldsymbol{\Omega}_{13} = \begin{pmatrix} \boldsymbol{\Lambda}_{23} & \boldsymbol{\Lambda}_{24} \\ \boldsymbol{\Lambda}_{25} & \boldsymbol{\Lambda}_{26} \\ \boldsymbol{\Lambda}_{27} & \boldsymbol{\Lambda}_{28} \end{pmatrix}$$

$$\boldsymbol{\Omega}_{14} = \begin{pmatrix} \boldsymbol{\Lambda}_{29} & \boldsymbol{\Lambda}_{30} \\ * & \boldsymbol{\Lambda}_{31} \end{pmatrix},\quad \boldsymbol{\Omega}_{15} = \begin{pmatrix} \boldsymbol{\Lambda}_{32} & \boldsymbol{\Lambda}_{33} \\ \boldsymbol{\Lambda}_{34} & \boldsymbol{\Lambda}_{35} \end{pmatrix},\quad \boldsymbol{\Omega}_{16} = \begin{pmatrix} \boldsymbol{\Lambda}_{36} & \boldsymbol{\Lambda}_{37} \\ * & \boldsymbol{\Lambda}_{38} \end{pmatrix}$$

$$\boldsymbol{\Omega}_{17} = \begin{pmatrix} \boldsymbol{M}_{11} & \boldsymbol{M}_{21} & \boldsymbol{M}_{31} \\ \boldsymbol{M}_{12} & \boldsymbol{M}_{22} & \boldsymbol{M}_{32} \\ \boldsymbol{M}_{13} & \boldsymbol{M}_{23} & \boldsymbol{M}_{33} \end{pmatrix},\quad \boldsymbol{\Omega}_{18} = \begin{pmatrix} \boldsymbol{N}_{11} & \boldsymbol{N}_{12} \\ \boldsymbol{N}_{21} & \boldsymbol{N}_{22} \\ \boldsymbol{N}_{31} & \boldsymbol{N}_{32} \end{pmatrix},\quad \boldsymbol{\Omega}_{19} = \begin{pmatrix} \boldsymbol{Y}_{11} & \boldsymbol{Y}_{12} \\ \boldsymbol{Y}_{21} & \boldsymbol{Y}_{22} \\ \boldsymbol{Y}_{31} & \boldsymbol{Y}_{32} \end{pmatrix}$$

$$\boldsymbol{\Omega}_{20} = \begin{pmatrix} \boldsymbol{M}_{14} & \boldsymbol{M}_{24} & \boldsymbol{M}_{34} \\ \boldsymbol{M}_{15} & \boldsymbol{M}_{25} & \boldsymbol{M}_{35} \end{pmatrix},\quad \boldsymbol{\Omega}_{21} = \begin{pmatrix} \boldsymbol{N}_{41} & \boldsymbol{N}_{42} \\ \boldsymbol{N}_{51} & \boldsymbol{N}_{52} \end{pmatrix},\quad \boldsymbol{\Omega}_{22} = \begin{pmatrix} \boldsymbol{Y}_{41} & \boldsymbol{Y}_{42} \\ \boldsymbol{Y}_{51} & \boldsymbol{Y}_{52} \end{pmatrix}$$

$$\boldsymbol{\Omega}_{23} = \begin{pmatrix} \boldsymbol{M}_{16} & \boldsymbol{M}_{26} & \boldsymbol{M}_{36} \\ \boldsymbol{M}_{17} & \boldsymbol{M}_{27} & \boldsymbol{M}_{37} \end{pmatrix},\quad \boldsymbol{\Omega}_{24} = \begin{pmatrix} \boldsymbol{N}_{61} & \boldsymbol{N}_{62} \\ \boldsymbol{N}_{71} & \boldsymbol{N}_{72} \end{pmatrix},\quad \boldsymbol{\Omega}_{25} = \begin{pmatrix} \boldsymbol{Y}_{61} & \boldsymbol{Y}_{62} \\ \boldsymbol{Y}_{71} & \boldsymbol{Y}_{72} \end{pmatrix}$$

$$\boldsymbol{\Omega}_{26} = \mathrm{diag}\left(\frac{1}{d}\boldsymbol{R}, \frac{3}{d}\boldsymbol{R}, \frac{5}{d}\boldsymbol{R}\right),\quad \boldsymbol{\Omega}_{27} = \boldsymbol{0}_{3\times 2},\quad \boldsymbol{\Omega}_{28} = -\frac{1}{d}\boldsymbol{U}$$

$$\boldsymbol{\Omega}_{29} = \boldsymbol{0}_{2\times 2},\quad \boldsymbol{\Omega}_{30} = -\frac{3}{d}\boldsymbol{U}$$

$$\begin{aligned}
\boldsymbol{\Lambda}_{11} = {} & \boldsymbol{P}_{12} + \boldsymbol{P}_{12}^{\mathrm{T}} + \boldsymbol{Q}_{11} + \boldsymbol{M}_{11} + \boldsymbol{M}_{11}^{\mathrm{T}} + \boldsymbol{M}_{21} + \boldsymbol{M}_{21}^{\mathrm{T}} + \boldsymbol{M}_{31} + \boldsymbol{M}_{31}^{\mathrm{T}} \\
& + \boldsymbol{N}_{12} + \boldsymbol{N}_{12}^{\mathrm{T}} + \boldsymbol{Y}_{12} + \boldsymbol{Y}_{12}^{\mathrm{T}} + d\boldsymbol{U}_{11}
\end{aligned}$$

$$\boldsymbol{\Lambda}_{12} = -\boldsymbol{P}_{12} - \boldsymbol{M}_{11} + \boldsymbol{M}_{12}^{\mathrm{T}} + \boldsymbol{M}_{21} + \boldsymbol{M}_{22}^{\mathrm{T}} - \boldsymbol{M}_{31} + \boldsymbol{M}_{32}^{\mathrm{T}} - \boldsymbol{N}_{12} + \boldsymbol{N}_{22}^{\mathrm{T}} + \boldsymbol{Y}_{12} + \boldsymbol{Y}_{22}^{\mathrm{T}}$$

$$\boldsymbol{\Lambda}_{13} = \boldsymbol{Q}_{12} + \boldsymbol{M}_{13}^{\mathrm{T}} + \boldsymbol{M}_{23}^{\mathrm{T}} + \boldsymbol{M}_{33}^{\mathrm{T}} + \boldsymbol{N}_{32}^{\mathrm{T}} + \boldsymbol{Y}_{32}^{\mathrm{T}} + \boldsymbol{A}_2^{\mathrm{T}}(\boldsymbol{T}_1 + \boldsymbol{T}_2)\boldsymbol{\Lambda}$$

$$\boldsymbol{\Lambda}_{14} = -\boldsymbol{Q}_{11} - \boldsymbol{M}_{12} - \boldsymbol{M}_{12}^{\mathrm{T}} + \boldsymbol{M}_{22} + \boldsymbol{M}_{22}^{\mathrm{T}} - \boldsymbol{M}_{32} - \boldsymbol{M}_{32}^{\mathrm{T}} - \boldsymbol{N}_{22} - \boldsymbol{N}_{22}^{\mathrm{T}} + \boldsymbol{Y}_{22} + \boldsymbol{Y}_{22}^{\mathrm{T}}$$

$$\boldsymbol{\Lambda}_{15} = -\boldsymbol{M}_{13}^{\mathrm{T}} + \boldsymbol{M}_{23}^{\mathrm{T}} - \boldsymbol{M}_{33}^{\mathrm{T}} - \boldsymbol{N}_{32}^{\mathrm{T}} + \boldsymbol{Y}_{32}^{\mathrm{T}}$$

$$\boldsymbol{\Lambda}_{16} = \boldsymbol{Q}_{22} + \boldsymbol{B}_2^{\mathrm{T}}(\boldsymbol{T}_1 + \boldsymbol{T}_2)\boldsymbol{\Lambda} - \boldsymbol{\Lambda} - \boldsymbol{\Lambda}^{\mathrm{T}} + \boldsymbol{\Lambda}(\boldsymbol{T}_1 + \boldsymbol{T}_2)\boldsymbol{B}_2$$

$$\boldsymbol{\Lambda}_{17} = \boldsymbol{M}_{14}^{\mathrm{T}} + \boldsymbol{M}_{24}^{\mathrm{T}} + \boldsymbol{M}_{34}^{\mathrm{T}} + \boldsymbol{N}_{42}^{\mathrm{T}} + \boldsymbol{Y}_{42}^{\mathrm{T}}$$

$$\begin{aligned}
\boldsymbol{\Lambda}_{18} = {} & \boldsymbol{P}_{22} + \boldsymbol{M}_{15}^{\mathrm{T}} - \frac{2}{d}\boldsymbol{M}_{21} + \boldsymbol{M}_{25}^{\mathrm{T}} + \frac{6}{d}\boldsymbol{M}_{31} + \boldsymbol{M}_{35}^{\mathrm{T}} + \boldsymbol{N}_{11} + \boldsymbol{N}_{52}^{\mathrm{T}} - \boldsymbol{Y}_{11} \\
& - \frac{2}{d}\boldsymbol{Y}_{12} + \boldsymbol{Y}_{52}^{\mathrm{T}}
\end{aligned}$$

$$\boldsymbol{\Lambda}_{19} = -\boldsymbol{Q}_{12} - \boldsymbol{M}_{14}^{\mathrm{T}} + \boldsymbol{M}_{24}^{\mathrm{T}} - \boldsymbol{M}_{34}^{\mathrm{T}} - \boldsymbol{N}_{42}^{\mathrm{T}} + \boldsymbol{Y}_{42}^{\mathrm{T}}$$

$$\boldsymbol{\Lambda}_{20} = -\boldsymbol{P}_{22}^{\mathrm{T}} - \frac{2}{d}\boldsymbol{M}_{22} - \boldsymbol{M}_{15}^{\mathrm{T}} + \frac{6}{d}\boldsymbol{M}_{32} + \boldsymbol{M}_{25}^{\mathrm{T}} + \boldsymbol{N}_{21} - \boldsymbol{M}_{35}^{\mathrm{T}} - \boldsymbol{Y}_{21} - \boldsymbol{N}_{52}^{\mathrm{T}} - \frac{2}{d}\boldsymbol{Y}_{22} + \boldsymbol{Y}_{52}^{\mathrm{T}}$$

$$\boldsymbol{\Lambda}_{21} = \boldsymbol{\Lambda}(\boldsymbol{T}_1 + \boldsymbol{T}_2)\boldsymbol{C}_2$$

$$\boldsymbol{\Lambda}_{22} = -\frac{2}{d}\boldsymbol{M}_{23} + \frac{6}{d}\boldsymbol{M}_{33} + \boldsymbol{N}_{31} - \boldsymbol{Y}_{31} - \frac{2}{d}\boldsymbol{Y}_{32}$$

$$\boldsymbol{\Lambda}_{23} = \boldsymbol{M}_{16}^{\mathrm{T}} + \boldsymbol{M}_{26}^{\mathrm{T}} - \frac{12}{d^2}\boldsymbol{M}_{31} + \boldsymbol{M}_{36}^{\mathrm{T}} + \boldsymbol{N}_{62}^{\mathrm{T}} + \frac{2}{d}\boldsymbol{Y}_{11} + \boldsymbol{Y}_{62}^{\mathrm{T}}$$

$$\boldsymbol{\Lambda}_{24} = \boldsymbol{P}_{11} + \boldsymbol{M}_{17}^{\mathrm{T}} + \boldsymbol{M}_{27}^{\mathrm{T}} + \boldsymbol{M}_{37}^{\mathrm{T}} + \boldsymbol{N}_{72}^{\mathrm{T}} + \boldsymbol{Y}_{72}^{\mathrm{T}} + (\boldsymbol{A}_1 - \boldsymbol{L}\boldsymbol{A}_3)^{\mathrm{T}}\boldsymbol{X}^{\mathrm{T}} + d\boldsymbol{U}_{12}$$

$$\boldsymbol{\Lambda}_{25} = -\boldsymbol{M}_{16}^{\mathrm{T}} + \boldsymbol{M}_{26}^{\mathrm{T}} - \frac{12}{d^2}\boldsymbol{M}_{32} - \boldsymbol{M}_{36}^{\mathrm{T}} - \boldsymbol{N}_{62}^{\mathrm{T}} + \frac{2}{d}\boldsymbol{Y}_{21} + \boldsymbol{Y}_{62}^{\mathrm{T}}$$

$$\boldsymbol{\Lambda}_{26} = -\boldsymbol{M}_{17}^{\mathrm{T}} + \boldsymbol{M}_{27}^{\mathrm{T}} - \boldsymbol{M}_{37}^{\mathrm{T}} - \boldsymbol{N}_{72}^{\mathrm{T}} + \boldsymbol{Y}_{72}^{\mathrm{T}}$$

$$\boldsymbol{\Lambda}_{27} = -\frac{12}{d^2}\boldsymbol{M}_{33} + \frac{2}{d}\boldsymbol{Y}_{31}$$

$$\boldsymbol{\Lambda}_{28} = (\boldsymbol{B}_1 - \boldsymbol{L}\boldsymbol{B}_3)^{\mathrm{T}}\boldsymbol{X}^{\mathrm{T}}$$

$$\boldsymbol{\Lambda}_{29} = -\boldsymbol{Q}_{22}$$

$$\boldsymbol{\Lambda}_{30} = -\frac{2}{d}\boldsymbol{M}_{24} + \frac{6}{d}\boldsymbol{M}_{34} + \boldsymbol{N}_{41} - \boldsymbol{Y}_{41} - \frac{2}{d}\boldsymbol{Y}_{42}$$

$$\boldsymbol{\Lambda}_{31} = -\frac{2}{d}\boldsymbol{M}_{25} - \frac{2}{d}\boldsymbol{M}_{25}^{\mathrm{T}} + \frac{6}{d}\boldsymbol{M}_{35} + \frac{6}{d}\boldsymbol{M}_{35}^{\mathrm{T}} + \boldsymbol{N}_{51} + \boldsymbol{N}_{51}^{\mathrm{T}} - \boldsymbol{Y}_{51} - \boldsymbol{Y}_{51}^{\mathrm{T}} - \frac{2}{d}\boldsymbol{Y}_{52} - \frac{2}{d}\boldsymbol{Y}_{52}^{\mathrm{T}}$$

$$\boldsymbol{\Lambda}_{32} = -\frac{12}{d^2}\boldsymbol{M}_{34} + \frac{2}{d}\boldsymbol{Y}_{41}$$

$$\boldsymbol{\Lambda}_{33} = (\boldsymbol{C}_1 - \boldsymbol{L}\boldsymbol{C}_3)^{\mathrm{T}}\boldsymbol{X}^{\mathrm{T}}$$

$$\boldsymbol{\Lambda}_{34} = -\frac{2}{d}\boldsymbol{M}_{26}^{\mathrm{T}} - \frac{12}{d^2}\boldsymbol{M}_{35} + \frac{6}{d}\boldsymbol{M}_{36}^{\mathrm{T}} + \boldsymbol{N}_{61}^{\mathrm{T}} + \frac{2}{d}\boldsymbol{Y}_{51} - \boldsymbol{Y}_{61}^{\mathrm{T}} - \frac{2}{d}\boldsymbol{Y}_{62}^{\mathrm{T}}$$

$$\boldsymbol{\Lambda}_{35} = \boldsymbol{P}_{12}^{\mathrm{T}} - \frac{2}{d}\boldsymbol{M}_{27}^{\mathrm{T}} + \frac{6}{d}\boldsymbol{M}_{37}^{\mathrm{T}} + \boldsymbol{N}_{71}^{\mathrm{T}} - \boldsymbol{Y}_{71}^{\mathrm{T}} - \frac{2}{d}\boldsymbol{Y}_{72}^{\mathrm{T}}$$

$$\boldsymbol{\Lambda}_{36} = -\frac{12}{d^2}\boldsymbol{M}_{36}^{\mathrm{T}} - \frac{12}{d^2}\boldsymbol{M}_{36} + \frac{2}{d}\boldsymbol{Y}_{61} + \frac{2}{d}\boldsymbol{Y}_{61}^{\mathrm{T}}$$

$$\boldsymbol{\Lambda}_{37} = -\frac{12}{d^2}\boldsymbol{M}_{37}^{\mathrm{T}} + \frac{2}{d}\boldsymbol{Y}_{71}^{\mathrm{T}}$$

$$\boldsymbol{\Lambda}_{38} = -d\boldsymbol{U}_{22} + d\boldsymbol{R} - \boldsymbol{X} - \boldsymbol{X}^{\mathrm{T}}$$

$$\boldsymbol{T}^{-} = \mathrm{diag}(t_1^{-}, t_2^{-}, \cdots, t_L^{-})$$

$$\boldsymbol{T}^{+} = \mathrm{diag}(t_1^{+}, t_2^{+}, \cdots, t_L^{+})$$

证明　构造以下的 Lyapunov-Krasovskii 函数：

$$V(t) = \sum_{i=1}^{4} V_i(t)$$

其中

$$V_1(t) = \boldsymbol{\varepsilon}_0^{\mathrm{T}}(t)\boldsymbol{P}\boldsymbol{\varepsilon}_0(t)$$

$$V_2(t) = \int_{t-d}^{t} \boldsymbol{\varepsilon}_1^{\mathrm{T}}(s)\boldsymbol{Q}\boldsymbol{\varepsilon}_1(s)\mathrm{d}s$$

$$V_3(t) = \int_{t-d}^{t}\int_{t+\theta}^{t} \dot{\boldsymbol{e}}^{\mathrm{T}}(s)\boldsymbol{R}\dot{\boldsymbol{e}}(s)\mathrm{d}s$$

$$V_4(t) = \int_{-d}^{0}\int_{t+\theta}^{t} \boldsymbol{\varepsilon}_2^{\mathrm{T}}(s)\boldsymbol{U}\boldsymbol{\varepsilon}_2(s)\mathrm{d}s\mathrm{d}\theta$$

$$\boldsymbol{\varepsilon}_0(t) = \begin{pmatrix} \boldsymbol{e}(t) \\ \int_{t-d}^{t} \boldsymbol{e}(s)\mathrm{d}s \end{pmatrix},\quad \boldsymbol{\varepsilon}_1(t) = \begin{pmatrix} \boldsymbol{e}(t) \\ \boldsymbol{g}(\widetilde{\boldsymbol{\xi}}(t)) \end{pmatrix},\quad \boldsymbol{\varepsilon}_2(t) = \begin{pmatrix} \boldsymbol{e}(t) \\ \dot{\boldsymbol{e}}(t) \end{pmatrix}$$

$$\boldsymbol{P} = \begin{pmatrix} \boldsymbol{P}_{11} & \boldsymbol{P}_{12} \\ \boldsymbol{P}_{12}^{\mathrm{T}} & \boldsymbol{P}_{22} \end{pmatrix},\quad \boldsymbol{Q} = \begin{pmatrix} \boldsymbol{Q}_{11} & \boldsymbol{Q}_{12} \\ \boldsymbol{Q}_{12}^{\mathrm{T}} & \boldsymbol{Q}_{22} \end{pmatrix},\quad \boldsymbol{U} = \begin{pmatrix} \boldsymbol{U}_{11} & \boldsymbol{U}_{12} \\ \boldsymbol{U}_{12}^{\mathrm{T}} & \boldsymbol{U}_{22} \end{pmatrix}$$

Lyapunov-Krasovskii 函数沿着系统(8.4)轨迹的导数为

$$\begin{aligned}
\dot{V}_1(t) &= 2\boldsymbol{\varepsilon}_0^{\mathrm{T}}(t)\boldsymbol{P}\dot{\boldsymbol{\varepsilon}}_0(t) = 2\boldsymbol{\varepsilon}_0^{\mathrm{T}}(t)\boldsymbol{P}\begin{pmatrix} \dot{\boldsymbol{e}}(t) \\ \boldsymbol{e}(t) - \boldsymbol{e}(t-d) \end{pmatrix} \\
&= 2\boldsymbol{\eta}^{\mathrm{T}}(t)(\boldsymbol{e}_1 \quad \boldsymbol{e}_5)\boldsymbol{P}(\boldsymbol{e}_7 \quad \boldsymbol{e}_1 - \boldsymbol{e}_2)^{\mathrm{T}}\boldsymbol{\eta}(t) \\
&= \boldsymbol{\eta}^{\mathrm{T}}(t)\boldsymbol{\Phi}_1\boldsymbol{\eta}(t)
\end{aligned} \tag{8.6}$$

$$\begin{aligned}
\dot{V}_2(t) &= \boldsymbol{\varepsilon}_1^{\mathrm{T}}(t)\boldsymbol{Q}\boldsymbol{\varepsilon}_1(t) - \boldsymbol{\varepsilon}_1^{\mathrm{T}}(t-d)\boldsymbol{Q}\boldsymbol{\varepsilon}_1(t-d) \\
&= \boldsymbol{\eta}^{\mathrm{T}}(t)(\boldsymbol{e}_1 \quad \boldsymbol{e}_3)\boldsymbol{Q}\,(\boldsymbol{e}_1 \quad \boldsymbol{e}_3)^{\mathrm{T}}\boldsymbol{\eta}(t) - \boldsymbol{\eta}^{\mathrm{T}}(t)(\boldsymbol{e}_2 \quad \boldsymbol{e}_4)\boldsymbol{Q}\,(\boldsymbol{e}_2 \quad \boldsymbol{e}_4)^{\mathrm{T}}\boldsymbol{\eta}(t) \\
&= \boldsymbol{\eta}^{\mathrm{T}}(t)\boldsymbol{\Phi}_2\boldsymbol{\eta}(t)
\end{aligned} \tag{8.7}$$

引入自由权矩阵 $\boldsymbol{M}_{ij} \in \mathbf{R}^{n\times n}, \boldsymbol{M}_{3j} \in \mathbf{R}^{n\times n}, \boldsymbol{N}_{ji} \in \mathbf{R}^{n\times n}, \boldsymbol{Y}_{ji} \in \mathbf{R}^{n\times n}$ $(i=1,2;\ j=1,2,\cdots,14)$，利用引理(1.7)得

$$\begin{aligned}
\dot{V}_3(t) &= d\dot{\boldsymbol{e}}^{\mathrm{T}}(t)\boldsymbol{R}\dot{\boldsymbol{e}}(t) - \int_{t-d}^{t} \dot{\boldsymbol{e}}^{\mathrm{T}}(s)\boldsymbol{R}\dot{\boldsymbol{e}}(s)\mathrm{d}s \\
&\leqslant d\dot{\boldsymbol{e}}^{\mathrm{T}}(t)\boldsymbol{R}\dot{\boldsymbol{e}}(t) + 2\boldsymbol{\eta}^{\mathrm{T}}(t)\boldsymbol{M}_1(\boldsymbol{e}(t) - \boldsymbol{e}(t-d)) \\
&\quad + 2\boldsymbol{\eta}^{\mathrm{T}}(t)\boldsymbol{M}_3\boldsymbol{\Pi}_1 + \boldsymbol{\eta}^{\mathrm{T}}(t)\boldsymbol{\Pi}_2\boldsymbol{\eta}(t) \\
&\quad + 2\boldsymbol{\eta}^{\mathrm{T}}(t)\boldsymbol{M}_2\left(\boldsymbol{e}(t) - \boldsymbol{e}(t-d) - \frac{2}{d}\int_{t-d}^{t} \boldsymbol{e}(s)\mathrm{d}s\right) \\
&= d\dot{\boldsymbol{e}}^{\mathrm{T}}(t)\boldsymbol{R}\dot{\boldsymbol{e}}(t) + \boldsymbol{\eta}^{\mathrm{T}}(t)\boldsymbol{\Pi}_2\boldsymbol{\eta}(t) + 2\boldsymbol{\eta}^{\mathrm{T}}(t)\boldsymbol{M}_1(\boldsymbol{e}_1 - \boldsymbol{e}_2)^{\mathrm{T}}\boldsymbol{\eta}(t) \\
&\quad + 2\boldsymbol{\eta}^{\mathrm{T}}(t)\boldsymbol{M}_2\left(\boldsymbol{e}_1 + \boldsymbol{e}_2 - \frac{2}{d}\boldsymbol{e}_5\right)^{\mathrm{T}}\boldsymbol{\eta}(t)
\end{aligned}$$

$$+ 2\boldsymbol{\eta}^{\mathrm{T}}(t)\boldsymbol{M}_3\left(\boldsymbol{e}_1 + \boldsymbol{e}_2 + \frac{6}{d}\boldsymbol{e}_5 - \frac{12}{d^2}\boldsymbol{e}_6\right)^{\mathrm{T}}\boldsymbol{\eta}(t)$$

$$= d\dot{\boldsymbol{e}}^{\mathrm{T}}(t)\boldsymbol{R}\dot{\boldsymbol{e}}(t) + \boldsymbol{\eta}^{\mathrm{T}}(t)\boldsymbol{\Pi}_2\boldsymbol{\eta}(t) + \boldsymbol{\eta}^{\mathrm{T}}(t)(\boldsymbol{\Phi}_{31} + \boldsymbol{\Phi}_{32} + \boldsymbol{\Phi}_{33})\boldsymbol{\eta}(t) \tag{8.8}$$

$$\dot{V}_4(t) = d\boldsymbol{\varepsilon}_2^{\mathrm{T}}(t)\boldsymbol{U}\boldsymbol{\varepsilon}_2(t) - \int_{t-d}^{t}\boldsymbol{\varepsilon}_2^{\mathrm{T}}(s)\boldsymbol{U}\boldsymbol{\varepsilon}_2(s)\mathrm{d}s$$

$$\leqslant d\begin{pmatrix}\boldsymbol{e}^{\mathrm{T}}(t) & \dot{\boldsymbol{e}}^{\mathrm{T}}(t)\end{pmatrix}\boldsymbol{U}\begin{pmatrix}\boldsymbol{e}(t)\\ \dot{\boldsymbol{e}}(t)\end{pmatrix} + 2\boldsymbol{\eta}^{\mathrm{T}}(t)\boldsymbol{N}\int_{t-d}^{t}\boldsymbol{\varepsilon}_2(s)\mathrm{d}s$$

$$+ 2\boldsymbol{\eta}^{\mathrm{T}}(t)\boldsymbol{Y}\boldsymbol{\Pi}_3 + \boldsymbol{\eta}^{\mathrm{T}}(t)\boldsymbol{\Pi}_4\boldsymbol{\eta}(t)$$

$$= d\boldsymbol{\eta}^{\mathrm{T}}(t)(\boldsymbol{e}_1 \quad \boldsymbol{e}_7)\boldsymbol{U}(\boldsymbol{e}_1 \quad \boldsymbol{e}_7)^{\mathrm{T}}\boldsymbol{\eta}(t) + \boldsymbol{\eta}^{\mathrm{T}}(t)\boldsymbol{\Pi}_4\boldsymbol{\eta}(t)$$

$$+ 2\boldsymbol{\eta}^{\mathrm{T}}(t)(\boldsymbol{N}_1 \quad \boldsymbol{N}_2)(\boldsymbol{e}_5 \quad \boldsymbol{e}_1 - \boldsymbol{e}_2)^{\mathrm{T}}\boldsymbol{\eta}(t)$$

$$+ 2\boldsymbol{\eta}^{\mathrm{T}}(t)(\boldsymbol{Y}_1 \quad \boldsymbol{Y}_2)\left(\boldsymbol{e}_5 + \frac{2}{d}\boldsymbol{e}_6 \quad \boldsymbol{e}_1 + \boldsymbol{e}_2 - \frac{2}{d}\boldsymbol{e}_5\right)^{\mathrm{T}}\boldsymbol{\eta}(t)$$

$$= d\boldsymbol{\eta}^{\mathrm{T}}(t)\boldsymbol{\Phi}_{41}\boldsymbol{\eta}(t) + \boldsymbol{\eta}^{\mathrm{T}}(t)\boldsymbol{\Pi}_4\boldsymbol{\eta}(t) + \boldsymbol{\eta}^{\mathrm{T}}(t)(\boldsymbol{\Phi}_{42} + \boldsymbol{\Phi}_{43})\boldsymbol{\eta}(t) \tag{8.9}$$

根据(8.2)式可得以下不等式：

$$2\boldsymbol{g}^{\mathrm{T}}(\tilde{\boldsymbol{\xi}}(t))\boldsymbol{\Lambda}\boldsymbol{T}_2\tilde{\boldsymbol{\xi}}(t) - 2\tilde{\boldsymbol{\xi}}^{\mathrm{T}}(t)\boldsymbol{T}_1\boldsymbol{\Lambda}\boldsymbol{T}_2\tilde{\boldsymbol{\xi}}(t)$$

$$- 2\boldsymbol{g}^{\mathrm{T}}(\tilde{\boldsymbol{\xi}}(t))\boldsymbol{\Lambda}\boldsymbol{g}(\tilde{\boldsymbol{\xi}}(t)) + 2\tilde{\boldsymbol{\xi}}^{\mathrm{T}}(t)\boldsymbol{T}_1\boldsymbol{\Lambda}\boldsymbol{g}(\tilde{\boldsymbol{\xi}}(t))$$

$$= 2\boldsymbol{\eta}^{\mathrm{T}}(t)\boldsymbol{e}_3\boldsymbol{\Lambda}(\boldsymbol{T}_1 + \boldsymbol{T}_2)\boldsymbol{\Pi}_5\boldsymbol{\eta}(t) - 2\boldsymbol{\eta}^{\mathrm{T}}(t)\boldsymbol{\Pi}_5^{\mathrm{T}}\boldsymbol{T}_1\boldsymbol{\Lambda}\boldsymbol{T}_2\boldsymbol{\Pi}_5\boldsymbol{\eta}(t)$$

$$- 2\boldsymbol{g}^{\mathrm{T}}(\tilde{\boldsymbol{\xi}}(t))\boldsymbol{\Lambda}\boldsymbol{g}(\tilde{\boldsymbol{\xi}}(t)) \geqslant 0 \tag{8.10}$$

其中

$$\boldsymbol{\Pi}_1 = \boldsymbol{e}(t) + \boldsymbol{e}(t-d) + \frac{6}{d}\int_{t-d}^{t}\boldsymbol{e}(s)\mathrm{d}s - \frac{12}{d^2}\int_{-d}^{0}\int_{t+\theta}^{t}\boldsymbol{e}(s)\mathrm{d}s\mathrm{d}\theta$$

$$\boldsymbol{\Pi}_2 = d\boldsymbol{M}_1\boldsymbol{R}^{-1}\boldsymbol{M}_1^{\mathrm{T}} + \frac{1}{3}d\boldsymbol{M}_2\boldsymbol{R}^{-1}\boldsymbol{M}_2^{\mathrm{T}} + \frac{1}{5}d\boldsymbol{M}_3\boldsymbol{R}^{-1}\boldsymbol{M}_3^{\mathrm{T}}$$

$$\boldsymbol{\Pi}_3 = -\int_{t-d}^{t}\boldsymbol{\varepsilon}_2(s)\mathrm{d}s + \frac{2}{d}\int_{-d}^{0}\int_{t+\theta}^{t}\boldsymbol{\varepsilon}_2(s)\mathrm{d}s\mathrm{d}\theta$$

$$\boldsymbol{\Pi}_4 = d\boldsymbol{N}\boldsymbol{U}^{-1}\boldsymbol{N}^{\mathrm{T}} + \frac{1}{3}d\boldsymbol{Y}\boldsymbol{U}^{-1}\boldsymbol{Y}^{\mathrm{T}}$$

$$\boldsymbol{\Pi}_5 = (\boldsymbol{A}_2 \quad \boldsymbol{0} \quad \boldsymbol{B}_2 \quad \boldsymbol{C}_2 \quad \boldsymbol{0} \quad \boldsymbol{0} \quad \boldsymbol{0})$$

$$\boldsymbol{e}_i^{\mathrm{T}}(t) = (\boldsymbol{0}_{n\times(i-1)n} \quad \boldsymbol{I}_n \quad \boldsymbol{0}_{n\times(7-i)n})$$

$$\boldsymbol{\eta}(t)=\begin{pmatrix}\boldsymbol{e}(t)\\ \boldsymbol{e}(t-d)\\ \boldsymbol{g}(\widetilde{\boldsymbol{\xi}}(t))\\ \boldsymbol{g}(\widetilde{\boldsymbol{\xi}}(t-d))\\ \int_{t-d}^{t}\boldsymbol{e}(s)\mathrm{d}s\\ \int_{-d}^{0}\int_{t+\theta}^{t}\boldsymbol{e}(s)\mathrm{d}s\mathrm{d}\theta\\ \dot{\boldsymbol{e}}(t)\end{pmatrix},\quad \boldsymbol{M}_i=\begin{pmatrix}\boldsymbol{M}_{i1}\\ \boldsymbol{M}_{i2}\\ \vdots\\ \boldsymbol{M}_{i7}\end{pmatrix},\quad \boldsymbol{N}_j=\begin{pmatrix}\boldsymbol{N}_{1j}\\ \boldsymbol{N}_{2j}\\ \vdots\\ \boldsymbol{N}_{7j}\end{pmatrix},\boldsymbol{Y}_j=\begin{pmatrix}\boldsymbol{Y}_{1j}\\ \boldsymbol{Y}_{2j}\\ \vdots\\ \boldsymbol{Y}_{7j}\end{pmatrix}$$

$$\boldsymbol{\Phi}_1=\begin{pmatrix}\boldsymbol{P}_{12}+\boldsymbol{P}_{12}^{\mathrm{T}} & -\boldsymbol{P}_{12} & \boldsymbol{0} & \boldsymbol{0} & \boldsymbol{P}_{22}^{\mathrm{T}} & \boldsymbol{0} & \boldsymbol{P}_{11}\\ * & \boldsymbol{0} & \boldsymbol{0} & \boldsymbol{0} & -\boldsymbol{P}_{22}^{\mathrm{T}} & \boldsymbol{0} & \boldsymbol{0}\\ * & * & \boldsymbol{0} & \boldsymbol{0} & \boldsymbol{0} & \boldsymbol{0} & \boldsymbol{0}\\ * & * & * & \boldsymbol{0} & \boldsymbol{0} & \boldsymbol{0} & \boldsymbol{0}\\ * & * & * & * & \boldsymbol{0} & \boldsymbol{0} & \boldsymbol{P}_{12}^{\mathrm{T}}\\ * & * & * & * & * & \boldsymbol{0} & \boldsymbol{0}\\ * & * & * & * & * & * & \boldsymbol{0}\end{pmatrix}$$

$$\boldsymbol{\Phi}_2=\begin{pmatrix}\boldsymbol{Q}_{11} & \boldsymbol{0} & \boldsymbol{Q}_{12} & \boldsymbol{0} & \boldsymbol{0} & \boldsymbol{0} & \boldsymbol{0}\\ * & -\boldsymbol{Q}_{11} & \boldsymbol{0} & -\boldsymbol{Q}_{12} & \boldsymbol{0} & \boldsymbol{0} & \boldsymbol{0}\\ * & * & \boldsymbol{Q}_{22} & \boldsymbol{0} & \boldsymbol{0} & \boldsymbol{0} & \boldsymbol{0}\\ * & * & * & -\boldsymbol{Q}_{22} & \boldsymbol{0} & \boldsymbol{0} & \boldsymbol{0}\\ * & * & * & * & \boldsymbol{0} & \boldsymbol{0} & \boldsymbol{0}\\ * & * & * & * & * & \boldsymbol{0} & \boldsymbol{0}\\ * & * & * & * & * & * & \boldsymbol{0}\end{pmatrix}$$

$$\boldsymbol{\Phi}_{31}=\begin{pmatrix}\boldsymbol{\Delta}_1 & -\boldsymbol{M}_{11}+\boldsymbol{M}_{12}^{\mathrm{T}} & \boldsymbol{M}_{13}^{\mathrm{T}} & \boldsymbol{M}_{14}^{\mathrm{T}} & \boldsymbol{M}_{15}^{\mathrm{T}} & \boldsymbol{M}_{16}^{\mathrm{T}} & \boldsymbol{M}_{17}^{\mathrm{T}}\\ * & -\boldsymbol{M}_{12}-\boldsymbol{M}_{12}^{\mathrm{T}} & -\boldsymbol{M}_{13}^{\mathrm{T}} & -\boldsymbol{M}_{14}^{\mathrm{T}} & -\boldsymbol{M}_{15}^{\mathrm{T}} & -\boldsymbol{M}_{16}^{\mathrm{T}} & -\boldsymbol{M}_{17}^{\mathrm{T}}\\ * & * & \boldsymbol{0} & \boldsymbol{0} & \boldsymbol{0} & \boldsymbol{0} & \boldsymbol{0}\\ * & * & * & \boldsymbol{0} & \boldsymbol{0} & \boldsymbol{0} & \boldsymbol{0}\\ * & * & * & * & \boldsymbol{0} & \boldsymbol{0} & \boldsymbol{0}\\ * & * & * & * & * & \boldsymbol{0} & \boldsymbol{0}\\ * & * & * & * & * & * & \boldsymbol{0}\end{pmatrix}$$

$$\boldsymbol{\Phi}_{32}=\begin{bmatrix}\boldsymbol{\Delta}_2 & \boldsymbol{M}_{21}+\boldsymbol{M}_{22}^{\mathrm{T}} & \boldsymbol{M}_{23}^{\mathrm{T}} & \boldsymbol{M}_{24}^{\mathrm{T}} & \boldsymbol{M}_{25}^{\mathrm{T}}-\dfrac{2}{d}\boldsymbol{M}_{21} & \boldsymbol{M}_{26}^{\mathrm{T}} & \boldsymbol{M}_{27}^{\mathrm{T}}\\ * & \boldsymbol{M}_{22}+\boldsymbol{M}_{22}^{\mathrm{T}} & \boldsymbol{M}_{23}^{\mathrm{T}} & \boldsymbol{M}_{24}^{\mathrm{T}} & \boldsymbol{M}_{25}^{\mathrm{T}}-\dfrac{2}{d}\boldsymbol{M}_{22} & \boldsymbol{M}_{26}^{\mathrm{T}} & \boldsymbol{M}_{27}^{\mathrm{T}}\\ * & * & \boldsymbol{0} & \boldsymbol{0} & -\dfrac{2}{d}\boldsymbol{M}_{23} & \boldsymbol{0} & \boldsymbol{0}\\ * & * & * & \boldsymbol{0} & -\dfrac{2}{d}\boldsymbol{M}_{24} & \boldsymbol{0} & \boldsymbol{0}\\ * & * & * & * & -\dfrac{2}{d}\boldsymbol{M}_{25}^{\mathrm{T}}-\dfrac{2}{d}\boldsymbol{M}_{25} & -\dfrac{2}{d}\boldsymbol{M}_{26}^{\mathrm{T}} & -\dfrac{2}{d}\boldsymbol{M}_{27}^{\mathrm{T}}\\ * & * & * & * & * & \boldsymbol{0} & \boldsymbol{0}\\ * & * & * & * & * & * & \boldsymbol{0}\end{bmatrix}$$

$$\boldsymbol{\Phi}_{33}=\begin{bmatrix}\boldsymbol{\Delta}_3 & -\boldsymbol{M}_{31}+\boldsymbol{M}_{32}^{\mathrm{T}} & \boldsymbol{M}_{33}^{\mathrm{T}} & \boldsymbol{M}_{34}^{\mathrm{T}} & \boldsymbol{M}_{35}^{\mathrm{T}}+\dfrac{6}{d}\boldsymbol{M}_{31} & \boldsymbol{\Delta}_4 & \boldsymbol{M}_{37}^{\mathrm{T}}\\ * & -\boldsymbol{M}_{32}-\boldsymbol{M}_{32}^{\mathrm{T}} & -\boldsymbol{M}_{33}^{\mathrm{T}} & -\boldsymbol{M}_{34}^{\mathrm{T}} & -\boldsymbol{M}_{35}^{\mathrm{T}}+\dfrac{6}{d}\boldsymbol{M}_{32} & \boldsymbol{\Delta}_5 & -\boldsymbol{M}_{37}^{\mathrm{T}}\\ * & * & \boldsymbol{0} & \boldsymbol{0} & \dfrac{6}{d}\boldsymbol{M}_{33} & -\dfrac{12}{d^2}\boldsymbol{M}_{33} & \boldsymbol{0}\\ * & * & * & \boldsymbol{0} & \dfrac{6}{d}\boldsymbol{M}_{34} & -\dfrac{12}{d^2}\boldsymbol{M}_{34} & \boldsymbol{0}\\ * & * & * & * & \boldsymbol{\Delta}_6 & \boldsymbol{\Delta}_7 & \dfrac{6}{d}\boldsymbol{M}_{37}^{\mathrm{T}}\\ * & * & * & * & * & \boldsymbol{\Delta}_8 & -\dfrac{12}{d^2}\boldsymbol{M}_{37}^{\mathrm{T}}\\ * & * & * & * & * & * & \boldsymbol{0}\end{bmatrix}$$

$$\boldsymbol{\Phi}_{42}=\begin{bmatrix}\boldsymbol{\Delta}_9 & -\boldsymbol{N}_{12}+\boldsymbol{N}_{22}^{\mathrm{T}} & \boldsymbol{N}_{32}^{\mathrm{T}} & \boldsymbol{N}_{42}^{\mathrm{T}} & \boldsymbol{N}_{52}^{\mathrm{T}}+\boldsymbol{N}_{11} & \boldsymbol{N}_{62}^{\mathrm{T}} & \boldsymbol{N}_{72}^{\mathrm{T}}\\ * & -\boldsymbol{N}_{22}-\boldsymbol{N}_{22}^{\mathrm{T}} & -\boldsymbol{N}_{32}^{\mathrm{T}} & -\boldsymbol{N}_{42}^{\mathrm{T}} & -\boldsymbol{N}_{52}^{\mathrm{T}}+\boldsymbol{N}_{21} & -\boldsymbol{N}_{62}^{\mathrm{T}} & -\boldsymbol{N}_{72}^{\mathrm{T}}\\ * & * & \boldsymbol{0} & \boldsymbol{0} & \boldsymbol{N}_{31} & \boldsymbol{0} & \boldsymbol{0}\\ * & * & * & \boldsymbol{0} & \boldsymbol{N}_{41} & \boldsymbol{0} & \boldsymbol{0}\\ * & * & * & * & \boldsymbol{N}_{51}^{\mathrm{T}}+\boldsymbol{N}_{51} & \boldsymbol{N}_{61}^{\mathrm{T}} & \boldsymbol{N}_{71}^{\mathrm{T}}\\ * & * & * & * & * & \boldsymbol{0} & \boldsymbol{0}\\ * & * & * & * & * & * & \boldsymbol{0}\end{bmatrix}$$

$$\boldsymbol{\Phi}_{43}=\begin{bmatrix}\boldsymbol{\Delta}_{10} & \boldsymbol{Y}_{12}+\boldsymbol{Y}_{22}^{\mathrm{T}} & \boldsymbol{Y}_{32}^{\mathrm{T}} & \boldsymbol{Y}_{42}^{\mathrm{T}} & \boldsymbol{Y}_{52}^{\mathrm{T}}-\boldsymbol{Y}_{11}-\frac{2}{d}\boldsymbol{Y}_{12} & \frac{2}{d}\boldsymbol{Y}_{11}+\boldsymbol{Y}_{62}^{\mathrm{T}} & \boldsymbol{Y}_{72}^{\mathrm{T}}\\ * & \boldsymbol{Y}_{22}+\boldsymbol{Y}_{22}^{\mathrm{T}} & \boldsymbol{Y}_{32}^{\mathrm{T}} & \boldsymbol{Y}_{42}^{\mathrm{T}} & \boldsymbol{Y}_{52}^{\mathrm{T}}-\boldsymbol{Y}_{21}-\frac{2}{d}\boldsymbol{Y}_{22} & \frac{2}{d}\boldsymbol{Y}_{21}+\boldsymbol{Y}_{62}^{\mathrm{T}} & \boldsymbol{Y}_{72}^{\mathrm{T}}\\ * & * & \boldsymbol{0} & \boldsymbol{0} & -\boldsymbol{Y}_{31}-\frac{2}{d}\boldsymbol{Y}_{32} & \frac{2}{d}\boldsymbol{Y}_{31} & \boldsymbol{0}\\ * & * & * & \boldsymbol{0} & -\boldsymbol{Y}_{41}-\frac{2}{d}\boldsymbol{Y}_{42} & \frac{2}{d}\boldsymbol{Y}_{41} & \boldsymbol{0}\\ * & * & * & * & \boldsymbol{\Delta}_{11} & \boldsymbol{\Delta}_{12} & -\boldsymbol{Y}_{71}^{\mathrm{T}}-\frac{2}{d}\boldsymbol{Y}_{72}^{\mathrm{T}}\\ * & * & * & * & * & \frac{2}{d}\boldsymbol{Y}_{61}+\frac{2}{d}\boldsymbol{Y}_{61}^{\mathrm{T}} & \frac{2}{d}\boldsymbol{Y}_{71}^{\mathrm{T}}\\ * & * & * & * & * & * & \boldsymbol{0}\end{bmatrix}$$

$$\boldsymbol{\Phi}_{51}=\begin{bmatrix}\boldsymbol{0} & \boldsymbol{0} & \boldsymbol{A}_2^{\mathrm{T}}(\boldsymbol{T}_1+\boldsymbol{T}_2)\boldsymbol{\Lambda} & \boldsymbol{0} & \boldsymbol{0} & \boldsymbol{0} & \boldsymbol{0}\\ * & \boldsymbol{0} & \boldsymbol{0} & \boldsymbol{0} & \boldsymbol{0} & \boldsymbol{0} & \boldsymbol{0}\\ * & * & \boldsymbol{\Delta}_{13} & \boldsymbol{\Lambda}(\boldsymbol{T}_1+\boldsymbol{T}_2)\boldsymbol{C}_2 & \boldsymbol{0} & \boldsymbol{0} & \boldsymbol{0}\\ * & * & * & \boldsymbol{0} & \boldsymbol{0} & \boldsymbol{0} & \boldsymbol{0}\\ * & * & * & * & \boldsymbol{0} & \boldsymbol{0} & \boldsymbol{0}\\ * & * & * & * & * & \boldsymbol{0} & \boldsymbol{0}\\ * & * & * & * & * & * & \boldsymbol{0}\end{bmatrix}$$

$\boldsymbol{\Delta}_1=\boldsymbol{M}_{11}+\boldsymbol{M}_{11}^{\mathrm{T}}$， $\boldsymbol{\Delta}_2=\boldsymbol{M}_{21}+\boldsymbol{M}_{21}^{\mathrm{T}}$， $\boldsymbol{\Delta}_3=\boldsymbol{M}_{31}+\boldsymbol{M}_{31}^{\mathrm{T}}$

$\boldsymbol{\Delta}_4=\boldsymbol{M}_{36}^{\mathrm{T}}-\frac{12}{d^2}\boldsymbol{M}_{31}$， $\boldsymbol{\Delta}_5=-\boldsymbol{M}_{36}^{\mathrm{T}}-\frac{12}{d^2}\boldsymbol{M}_{32}$， $\boldsymbol{\Delta}_6=\frac{6}{d}\boldsymbol{M}_{35}^{\mathrm{T}}+\frac{6}{d}\boldsymbol{M}_{35}$

$\boldsymbol{\Delta}_7=\frac{6}{d}\boldsymbol{M}_{36}^{\mathrm{T}}-\frac{12}{d^2}\boldsymbol{M}_{35}$， $\boldsymbol{\Delta}_8=-\frac{12}{d^2}\boldsymbol{M}_{36}^{\mathrm{T}}-\frac{12}{d^2}\boldsymbol{M}_{36}$， $\boldsymbol{\Delta}_9=\boldsymbol{N}_{12}+\boldsymbol{N}_{12}^{\mathrm{T}}$

$\boldsymbol{\Delta}_{10}=\boldsymbol{Y}_{12}+\boldsymbol{Y}_{12}^{\mathrm{T}}$， $\boldsymbol{\Delta}_{11}=\boldsymbol{Y}_{51}-\boldsymbol{Y}_{51}^{\mathrm{T}}-\frac{2}{d}\boldsymbol{Y}_{52}-\frac{2}{d}\boldsymbol{Y}_{52}^{\mathrm{T}}$

$\boldsymbol{\Delta}_{12}=\frac{2}{d}\boldsymbol{Y}_{51}-\boldsymbol{Y}_{61}^{\mathrm{T}}-\frac{2}{d}\boldsymbol{Y}_{62}^{\mathrm{T}}$

$\boldsymbol{\Delta}_{13}=\boldsymbol{B}_2^{\mathrm{T}}(\boldsymbol{T}_1+\boldsymbol{T}_2)\boldsymbol{\Lambda}+\boldsymbol{\Lambda}(\boldsymbol{T}_1+\boldsymbol{T}_2)\boldsymbol{B}_2-\boldsymbol{\Lambda}-\boldsymbol{\Lambda}^{\mathrm{T}}$

将以下的方程代入 $\dot{V}(t)$中：

$$2\dot{\boldsymbol{e}}^{\mathrm{T}}(t)\boldsymbol{X}[\boldsymbol{A}_{1l}\boldsymbol{e}(t)+\boldsymbol{B}_{1l}\boldsymbol{g}(\tilde{\boldsymbol{\xi}}(t))+\boldsymbol{C}_{1l}\boldsymbol{g}(\tilde{\boldsymbol{\xi}}(t-d))-\dot{\boldsymbol{e}}(t)]=0 \quad (8.11)$$

将(8.6)式～(8.11)式代入到 $\dot{V}(t)$可得

$$\begin{aligned}\dot{V}(t)\leqslant\ & d\boldsymbol{\eta}^{\mathrm{T}}(t)(\boldsymbol{\Phi}_1+\boldsymbol{\Phi}_2+\boldsymbol{\Phi}_{31}+\boldsymbol{\Phi}_{32}+\boldsymbol{\Phi}_{33}+\boldsymbol{\Phi}_{41}+\boldsymbol{\Phi}_{42}+\boldsymbol{\Phi}_{43}+\boldsymbol{\Phi}_{51}+\boldsymbol{\Pi}_2+\boldsymbol{\Pi}_4\\ & -2\boldsymbol{\Pi}_5^{\mathrm{T}}\boldsymbol{T}_1\boldsymbol{\Lambda}\boldsymbol{T}_1\boldsymbol{\Pi}_5)\boldsymbol{\eta}(t)+\dot{\boldsymbol{e}}^{\mathrm{T}}(t)d\boldsymbol{R}\dot{\boldsymbol{e}}(t)+2\dot{\boldsymbol{e}}^{\mathrm{T}}(t)\boldsymbol{X}[\tilde{\boldsymbol{A}}_1\boldsymbol{e}(t)+\tilde{\boldsymbol{B}}_1\boldsymbol{g}(\tilde{\boldsymbol{\xi}}(t))\end{aligned}$$

$$+ \widetilde{\boldsymbol{C}}_1 \boldsymbol{g}(\widetilde{\boldsymbol{\xi}}(t-d)) - \dot{\boldsymbol{e}}(t)]$$

$$= \boldsymbol{\eta}^{\mathrm{T}}(t)(\boldsymbol{\Psi}_1 + d\boldsymbol{N}\boldsymbol{U}^{-1}\boldsymbol{N}^{\mathrm{T}} + \frac{1}{3}d\boldsymbol{Y}\boldsymbol{U}^{-1}\boldsymbol{Y}^{\mathrm{T}} + d\boldsymbol{M}_1\boldsymbol{R}^{-1}\boldsymbol{M}_1^{\mathrm{T}}$$

$$+ \frac{1}{3}d\boldsymbol{M}_2\boldsymbol{R}^{-1}\boldsymbol{M}_2^{\mathrm{T}} + \frac{1}{5}d\boldsymbol{M}_3\boldsymbol{R}^{-1}\boldsymbol{M}_3^{\mathrm{T}})\boldsymbol{\eta}(t)$$

$$= \boldsymbol{\eta}^{\mathrm{T}}(t)\hat{\boldsymbol{\Psi}}_1\boldsymbol{\eta}(t)$$

根据 Schur 补引理，$\hat{\boldsymbol{\Psi}}_1<0$ 当且仅当(8.5)式成立，系统(8.4)是渐近稳定的.证毕.

接下来，当 $d(t)=d$ 时，讨论系统(8.1)基于观测器(8.3)的状态估计问题.为系统(8.1)设计以下基于观测器的状态反馈控制器：

$$\boldsymbol{u}(t) = \boldsymbol{K}\hat{\boldsymbol{x}}(t) \tag{8.12}$$

则系统(8.1)可以写成

$$\dot{\bar{\boldsymbol{e}}}(t) = \bar{\boldsymbol{A}}_1\bar{\boldsymbol{e}}(t) + \bar{\boldsymbol{B}}_1\bar{\boldsymbol{g}}(\bar{\boldsymbol{\xi}}(t)) + \bar{\boldsymbol{C}}_1\bar{\boldsymbol{g}}(\bar{\boldsymbol{\xi}}(t-d)) \tag{8.13a}$$

$$\bar{\boldsymbol{\xi}}(t) = \bar{\boldsymbol{A}}_2\bar{\boldsymbol{e}}(t) + \bar{\boldsymbol{B}}_2\bar{\boldsymbol{g}}(\bar{\boldsymbol{\xi}}(t)) + \bar{\boldsymbol{C}}_2\bar{\boldsymbol{g}}(\bar{\boldsymbol{\xi}}(t-d)) \tag{8.13b}$$

其中

$$\bar{\boldsymbol{A}}_1 = \begin{bmatrix} \boldsymbol{A}_1 + \boldsymbol{D}_1\boldsymbol{K} & -\boldsymbol{D}_1\boldsymbol{K} \\ \boldsymbol{0} & \boldsymbol{A}_1 - \boldsymbol{L}\boldsymbol{A}_3 \end{bmatrix}, \quad \bar{\boldsymbol{B}}_1 = \begin{bmatrix} \boldsymbol{B}_1 & \boldsymbol{0} \\ \boldsymbol{0} & \boldsymbol{B}_1 - \boldsymbol{L}\boldsymbol{B}_3 \end{bmatrix}$$

$$\bar{\boldsymbol{C}}_1 = \begin{bmatrix} \boldsymbol{C}_1 & \boldsymbol{0} \\ \boldsymbol{0} & \boldsymbol{C}_1 - \boldsymbol{L}\boldsymbol{C}_3 \end{bmatrix}$$

$$\bar{\boldsymbol{A}}_2 = \begin{bmatrix} \boldsymbol{A}_2 + \boldsymbol{D}_2\boldsymbol{K} & -\boldsymbol{D}_2\boldsymbol{K} \\ \boldsymbol{0} & \boldsymbol{A}_2 \end{bmatrix}, \quad \bar{\boldsymbol{B}}_2 = \begin{bmatrix} \boldsymbol{B}_2 & \boldsymbol{0} \\ \boldsymbol{0} & \boldsymbol{B}_2 \end{bmatrix}, \quad \bar{\boldsymbol{C}}_2 = \begin{bmatrix} \boldsymbol{C}_2 & \boldsymbol{0} \\ \boldsymbol{0} & \boldsymbol{C}_2 \end{bmatrix}$$

$$\bar{\boldsymbol{\xi}}(t) = \begin{bmatrix} \boldsymbol{\xi}(t) \\ \widetilde{\boldsymbol{\xi}}(t) \end{bmatrix}, \quad \bar{\boldsymbol{e}}(t) = \begin{pmatrix} \boldsymbol{x}(t) \\ \boldsymbol{e}(t) \end{pmatrix}, \quad \bar{\boldsymbol{g}}(\bar{\boldsymbol{\xi}}(t)) = \left(\boldsymbol{f}^{\mathrm{T}}(\boldsymbol{\xi}(t)) \quad \boldsymbol{g}^{\mathrm{T}}(\widetilde{\boldsymbol{\xi}}(t))\right)$$

定理 8.2　系统(8.13)是渐近稳定的.如果存在正定矩阵 $\hat{\boldsymbol{P}}_{11},\hat{\boldsymbol{P}}_{22},\hat{\boldsymbol{P}}_{33},\hat{\boldsymbol{P}}_{44}$，$\hat{\boldsymbol{Q}}_{11},\hat{\boldsymbol{Q}}_{22},\hat{\boldsymbol{Q}}_{33},\hat{\boldsymbol{Q}}_{44},\hat{\boldsymbol{U}}_{11},\hat{\boldsymbol{U}}_{22},\hat{\boldsymbol{U}}_{33},\hat{\boldsymbol{U}}_{44},\hat{\boldsymbol{R}}_1,\hat{\boldsymbol{R}}_2,\boldsymbol{S}$，对角正定矩阵 $\boldsymbol{G}_1,\boldsymbol{G}_2$，任意矩阵 $\hat{\boldsymbol{P}}_{12},\hat{\boldsymbol{P}}_{13},\hat{\boldsymbol{P}}_{14},\hat{\boldsymbol{P}}_{23},\hat{\boldsymbol{P}}_{24},,\hat{\boldsymbol{P}}_{34},\hat{\boldsymbol{Q}}_{12},\hat{\boldsymbol{Q}}_{13},\hat{\boldsymbol{Q}}_{14},\hat{\boldsymbol{Q}}_{23},\hat{\boldsymbol{Q}}_{24},\hat{\boldsymbol{Q}}_{34},\hat{\boldsymbol{U}}_{12},\hat{\boldsymbol{U}}_{13},\hat{\boldsymbol{U}}_{14},\hat{\boldsymbol{U}}_{23}$，$\hat{\boldsymbol{U}}_{24},\hat{\boldsymbol{U}}_{34},\hat{\boldsymbol{M}}_{lm}(l=1,2,\cdots,6;m=1,2,\cdots,14),\hat{\boldsymbol{N}}_{ij},\hat{\boldsymbol{Y}}_{ij}(i=1,2,\cdots,7;j=1,2,\cdots,8)$，使得以下的线性矩阵不等式成立：

$$\boldsymbol{\Psi} = \begin{bmatrix} \bar{\boldsymbol{\Psi}}_1 & \bar{\boldsymbol{\Psi}}_2 & \bar{\boldsymbol{\Psi}}_4 \\ * & \bar{\boldsymbol{\Psi}}_3 & \bar{\boldsymbol{\Psi}}_5 \\ * & * & \bar{\boldsymbol{\Psi}}_6 \end{bmatrix} < 0 \tag{8.14}$$

且状态观测器增益为 $\boldsymbol{L}=\frac{1}{\varepsilon}\bar{\boldsymbol{L}}$ 和状态反馈增益为 $\boldsymbol{K}=\bar{\boldsymbol{K}}\boldsymbol{S}^{-1}$.

其中

$$\bar{\boldsymbol{\Psi}}_1=\begin{bmatrix}\bar{\boldsymbol{\Omega}}_{11} & \bar{\boldsymbol{\Omega}}_{12} & \bar{\boldsymbol{\Omega}}_{13}\\ * & \bar{\boldsymbol{\Omega}}_{14} & \bar{\boldsymbol{\Omega}}_{15}\\ * & * & \bar{\boldsymbol{\Omega}}_{16}\end{bmatrix},\quad \bar{\boldsymbol{\Psi}}_2=\begin{bmatrix}\bar{\boldsymbol{\Omega}}_{17} & \bar{\boldsymbol{\Omega}}_{18} & \bar{\boldsymbol{\Omega}}_{19}\\ \bar{\boldsymbol{\Omega}}_{20} & \bar{\boldsymbol{\Omega}}_{21} & \bar{\boldsymbol{\Omega}}_{22}\\ \bar{\boldsymbol{\Omega}}_{23} & \bar{\boldsymbol{\Omega}}_{24} & \bar{\boldsymbol{\Omega}}_{25}\end{bmatrix},\quad \bar{\boldsymbol{\Psi}}_3=\begin{bmatrix}\bar{\boldsymbol{\Omega}}_{26} & \bar{\boldsymbol{\Omega}}_{27} & \bar{\boldsymbol{\Omega}}_{27}\\ * & \bar{\boldsymbol{\Omega}}_{28} & \bar{\boldsymbol{\Omega}}_{29}\\ * & * & \bar{\boldsymbol{\Omega}}_{30}\end{bmatrix}$$

$$\bar{\boldsymbol{\Psi}}_4=\begin{bmatrix}\bar{\boldsymbol{\Omega}}_{41}\\ \bar{\boldsymbol{\Omega}}_{42}\\ \bar{\boldsymbol{\Omega}}_{43}\end{bmatrix},\quad \bar{\boldsymbol{\Psi}}_5=\begin{bmatrix}\bar{\boldsymbol{\Omega}}_{51}\\ \bar{\boldsymbol{\Omega}}_{52}\\ \bar{\boldsymbol{\Omega}}_{53}\end{bmatrix},\quad \bar{\boldsymbol{\Omega}}_{11}=\begin{bmatrix}\bar{\boldsymbol{\Lambda}}_{11} & \bar{\boldsymbol{\Lambda}}_{12} & \bar{\boldsymbol{\Lambda}}_{13}\\ * & \bar{\boldsymbol{\Lambda}}_{14} & \bar{\boldsymbol{\Lambda}}_{15}\\ * & * & \bar{\boldsymbol{\Lambda}}_{16}\end{bmatrix}$$

$$\bar{\boldsymbol{\Omega}}_{12}=\begin{bmatrix}\bar{\boldsymbol{\Lambda}}_{17} & \bar{\boldsymbol{\Lambda}}_{18}\\ \bar{\boldsymbol{\Lambda}}_{19} & \bar{\boldsymbol{\Lambda}}_{20}\\ \bar{\boldsymbol{\Lambda}}_{21} & \bar{\boldsymbol{\Lambda}}_{22}\end{bmatrix},\quad \bar{\boldsymbol{\Omega}}_{13}=\begin{bmatrix}\bar{\boldsymbol{\Lambda}}_{23} & \bar{\boldsymbol{\Lambda}}_{24}\\ \bar{\boldsymbol{\Lambda}}_{25} & \bar{\boldsymbol{\Lambda}}_{26}\\ \bar{\boldsymbol{\Lambda}}_{27} & \bar{\boldsymbol{\Lambda}}_{28}\end{bmatrix},\quad \bar{\boldsymbol{\Omega}}_{14}=\begin{bmatrix}-\bar{\boldsymbol{Q}}_{22} & \bar{\boldsymbol{\Lambda}}_{30}\\ * & \bar{\boldsymbol{\Lambda}}_{31}\end{bmatrix}$$

$$\bar{\boldsymbol{\Omega}}_{15}=\begin{bmatrix}\bar{\boldsymbol{\Lambda}}_{32} & \bar{\boldsymbol{\Lambda}}_{33}\\ \bar{\boldsymbol{\Lambda}}_{34} & \bar{\boldsymbol{\Lambda}}_{35}\end{bmatrix},\quad \bar{\boldsymbol{\Omega}}_{16}=\begin{bmatrix}\bar{\boldsymbol{\Lambda}}_{36} & \bar{\boldsymbol{\Lambda}}_{37}\\ * & \bar{\boldsymbol{\Lambda}}_{38}\end{bmatrix},\quad \bar{\boldsymbol{\Omega}}_{17}=\begin{bmatrix}\bar{\boldsymbol{M}}_{11} & \bar{\boldsymbol{M}}_{21} & \bar{\boldsymbol{M}}_{31}\\ \bar{\boldsymbol{M}}_{12} & \bar{\boldsymbol{M}}_{22} & \bar{\boldsymbol{M}}_{32}\\ \bar{\boldsymbol{M}}_{13} & \bar{\boldsymbol{M}}_{23} & \bar{\boldsymbol{M}}_{33}\end{bmatrix}$$

$$\bar{\boldsymbol{\Omega}}_{18}=\begin{bmatrix}\bar{\boldsymbol{N}}_{11} & \bar{\boldsymbol{N}}_{12}\\ \bar{\boldsymbol{N}}_{21} & \bar{\boldsymbol{N}}_{22}\\ \bar{\boldsymbol{N}}_{31} & \bar{\boldsymbol{N}}_{32}\end{bmatrix},\quad \bar{\boldsymbol{\Omega}}_{19}=\begin{bmatrix}\bar{\boldsymbol{Y}}_{11} & \bar{\boldsymbol{Y}}_{12}\\ \bar{\boldsymbol{Y}}_{21} & \bar{\boldsymbol{Y}}_{22}\\ \bar{\boldsymbol{Y}}_{31} & \bar{\boldsymbol{Y}}_{32}\end{bmatrix},\quad \bar{\boldsymbol{\Omega}}_{20}=\begin{bmatrix}\bar{\boldsymbol{M}}_{14} & \bar{\boldsymbol{M}}_{24} & \bar{\boldsymbol{M}}_{34}\\ \bar{\boldsymbol{M}}_{15} & \bar{\boldsymbol{M}}_{25} & \bar{\boldsymbol{M}}_{35}\end{bmatrix}$$

$$\bar{\boldsymbol{\Omega}}_{21}=\begin{bmatrix}\bar{\boldsymbol{N}}_{41} & \bar{\boldsymbol{N}}_{42}\\ \bar{\boldsymbol{N}}_{51} & \bar{\boldsymbol{N}}_{52}\end{bmatrix},\quad \bar{\boldsymbol{\Omega}}_{22}=\begin{bmatrix}\bar{\boldsymbol{Y}}_{41} & \bar{\boldsymbol{Y}}_{42}\\ \bar{\boldsymbol{Y}}_{51} & \bar{\boldsymbol{Y}}_{52}\end{bmatrix},\quad \bar{\boldsymbol{\Omega}}_{23}=\begin{bmatrix}\bar{\boldsymbol{M}}_{16} & \bar{\boldsymbol{M}}_{26} & \bar{\boldsymbol{M}}_{36}\\ \bar{\boldsymbol{M}}_{17} & \bar{\boldsymbol{M}}_{27} & \bar{\boldsymbol{M}}_{37}\end{bmatrix}$$

$$\bar{\boldsymbol{\Omega}}_{24}=\begin{bmatrix}\bar{\boldsymbol{N}}_{61} & \bar{\boldsymbol{N}}_{62}\\ \bar{\boldsymbol{N}}_{71} & \bar{\boldsymbol{N}}_{72}\end{bmatrix},\quad \bar{\boldsymbol{\Omega}}_{25}=\begin{bmatrix}\bar{\boldsymbol{Y}}_{61} & \bar{\boldsymbol{Y}}_{62}\\ \bar{\boldsymbol{Y}}_{71} & \bar{\boldsymbol{Y}}_{72}\end{bmatrix},\quad \bar{\boldsymbol{\Omega}}_{26}=-\operatorname{diag}\left(\frac{1}{d}\bar{\boldsymbol{R}},\frac{3}{d}\bar{\boldsymbol{R}},\frac{5}{d}\bar{\boldsymbol{R}}\right)$$

$$\bar{\boldsymbol{\Omega}}_{27}=\boldsymbol{0}_{3\times 2},\quad \bar{\boldsymbol{\Omega}}_{28}=-\frac{1}{d}\bar{\boldsymbol{U}},\quad \bar{\boldsymbol{\Omega}}_{29}=\boldsymbol{0}_{2\times 2},\quad \bar{\boldsymbol{\Omega}}_{30}=-\frac{3}{d}\bar{\boldsymbol{U}}$$

$$\bar{\boldsymbol{\Omega}}_{41} = \begin{bmatrix} \bar{\boldsymbol{\Lambda}}_{41} \\ \bar{\boldsymbol{\Lambda}}_{42} \\ \bar{\boldsymbol{\Lambda}}_{43} \end{bmatrix}, \quad \bar{\boldsymbol{\Omega}}_{42} = \begin{bmatrix} \bar{\boldsymbol{\Lambda}}_{44} \\ \bar{\boldsymbol{\Lambda}}_{42} \end{bmatrix}, \quad \bar{\boldsymbol{\Omega}}_{43} = \begin{bmatrix} \bar{\boldsymbol{\Lambda}}_{42} \\ \bar{\boldsymbol{\Lambda}}_{45} \end{bmatrix}$$

$$\bar{\boldsymbol{\Omega}}_{51} = \boldsymbol{0}_{6\times 6}, \quad \bar{\boldsymbol{\Omega}}_{52} = \boldsymbol{0}_{4\times 6}, \quad \bar{\boldsymbol{\Psi}}_{6} = -\operatorname{diag}(\varepsilon \boldsymbol{I}, \varepsilon \boldsymbol{I}, \varepsilon \boldsymbol{I}, \varepsilon \boldsymbol{I}, \varepsilon \boldsymbol{I}, \varepsilon \boldsymbol{I})$$

$$\bar{\boldsymbol{\Lambda}}_{11} = \bar{\boldsymbol{P}}_{12} + \bar{\boldsymbol{P}}_{12}^{\mathrm{T}} + \bar{\boldsymbol{Q}}_{11} + \bar{\boldsymbol{M}}_{11} + \bar{\boldsymbol{M}}_{11}^{\mathrm{T}} + \bar{\boldsymbol{M}}_{21} + \bar{\boldsymbol{M}}_{21}^{\mathrm{T}} + \bar{\boldsymbol{M}}_{31} + \bar{\boldsymbol{M}}_{31}^{\mathrm{T}} + \bar{\boldsymbol{N}}_{12} + \bar{\boldsymbol{N}}_{12}^{\mathrm{T}} + \bar{\boldsymbol{Y}}_{12} + \bar{\boldsymbol{Y}}_{12}^{\mathrm{T}} + d\bar{\boldsymbol{U}}_{11} - \bar{\boldsymbol{\Theta}}_{1}$$

$$\bar{\boldsymbol{\Lambda}}_{12} = -\bar{\boldsymbol{P}}_{12} - \bar{\boldsymbol{M}}_{11} + \bar{\boldsymbol{M}}_{12}^{\mathrm{T}} + \bar{\boldsymbol{M}}_{21} + \bar{\boldsymbol{M}}_{22}^{\mathrm{T}} - \bar{\boldsymbol{M}}_{31} + \bar{\boldsymbol{M}}_{32}^{\mathrm{T}} - \bar{\boldsymbol{N}}_{12} + \bar{\boldsymbol{N}}_{22}^{\mathrm{T}} + \bar{\boldsymbol{Y}}_{12} + \bar{\boldsymbol{Y}}_{22}^{\mathrm{T}}$$

$$\bar{\boldsymbol{\Lambda}}_{13} = \bar{\boldsymbol{Q}}_{12} + \bar{\boldsymbol{M}}_{13}^{\mathrm{T}} + \bar{\boldsymbol{M}}_{23}^{\mathrm{T}} + \bar{\boldsymbol{M}}_{33}^{\mathrm{T}} + \bar{\boldsymbol{N}}_{32}^{\mathrm{T}} + \bar{\boldsymbol{Y}}_{32}^{\mathrm{T}} + \bar{\boldsymbol{\Theta}}_{2}$$

$$\bar{\boldsymbol{\Lambda}}_{14} = -\bar{\boldsymbol{Q}}_{11} - \bar{\boldsymbol{M}}_{12} - \bar{\boldsymbol{M}}_{12}^{\mathrm{T}} + \bar{\boldsymbol{M}}_{22} + \bar{\boldsymbol{M}}_{22}^{\mathrm{T}} - \bar{\boldsymbol{M}}_{32} - \bar{\boldsymbol{M}}_{32}^{\mathrm{T}} - \bar{\boldsymbol{N}}_{22} - \bar{\boldsymbol{N}}_{22}^{\mathrm{T}} + \bar{\boldsymbol{Y}}_{22} + \bar{\boldsymbol{Y}}_{22}^{\mathrm{T}}$$

$$\bar{\boldsymbol{\Lambda}}_{15} = -\bar{\boldsymbol{M}}_{13}^{\mathrm{T}} + \bar{\boldsymbol{M}}_{23}^{\mathrm{T}} - \bar{\boldsymbol{M}}_{33}^{\mathrm{T}} - \bar{\boldsymbol{N}}_{32}^{\mathrm{T}} + \bar{\boldsymbol{Y}}_{32}^{\mathrm{T}}$$

$$\bar{\boldsymbol{\Lambda}}_{16} = \bar{\boldsymbol{Q}}_{22} + \boldsymbol{G}\bar{\boldsymbol{B}}_{2}^{\mathrm{T}}\boldsymbol{T} - \boldsymbol{G} - \boldsymbol{G}^{\mathrm{T}} + \boldsymbol{T}\bar{\boldsymbol{B}}_{2}\boldsymbol{G}$$

$$\bar{\boldsymbol{\Lambda}}_{17} = \bar{\boldsymbol{M}}_{14}^{\mathrm{T}} + \bar{\boldsymbol{M}}_{24}^{\mathrm{T}} + \bar{\boldsymbol{M}}_{34}^{\mathrm{T}} + \bar{\boldsymbol{N}}_{42}^{\mathrm{T}} + \bar{\boldsymbol{Y}}_{42}^{\mathrm{T}} + \bar{\boldsymbol{\Theta}}_{3}$$

$$\bar{\boldsymbol{\Lambda}}_{18} = \bar{\boldsymbol{P}}_{22} + \bar{\boldsymbol{M}}_{15}^{\mathrm{T}} - \frac{2}{d}\bar{\boldsymbol{M}}_{21} + \bar{\boldsymbol{M}}_{25}^{\mathrm{T}} + \frac{6}{d}\bar{\boldsymbol{M}}_{31} + \bar{\boldsymbol{M}}_{35}^{\mathrm{T}} + \bar{\boldsymbol{N}}_{11} + \bar{\boldsymbol{N}}_{52}^{\mathrm{T}} - \bar{\boldsymbol{Y}}_{11} - \frac{2}{d}\bar{\boldsymbol{Y}}_{12} + \bar{\boldsymbol{Y}}_{52}^{\mathrm{T}}$$

$$\bar{\boldsymbol{\Lambda}}_{19} = -\bar{\boldsymbol{Q}}_{12} - \bar{\boldsymbol{M}}_{14}^{\mathrm{T}} + \bar{\boldsymbol{M}}_{24}^{\mathrm{T}} - \bar{\boldsymbol{M}}_{34}^{\mathrm{T}} - \bar{\boldsymbol{N}}_{42}^{\mathrm{T}} + \bar{\boldsymbol{Y}}_{42}^{\mathrm{T}}$$

$$\bar{\boldsymbol{\Lambda}}_{20} = -\bar{\boldsymbol{P}}_{22}^{\mathrm{T}} - \frac{2}{d}\bar{\boldsymbol{M}}_{22} - \bar{\boldsymbol{M}}_{15}^{\mathrm{T}} + \frac{6}{d}\bar{\boldsymbol{M}}_{32} + \bar{\boldsymbol{M}}_{25}^{\mathrm{T}} + \bar{\boldsymbol{N}}_{21} - \bar{\boldsymbol{M}}_{35}^{\mathrm{T}} - \bar{\boldsymbol{Y}}_{21} - \bar{\boldsymbol{N}}_{52}^{\mathrm{T}} - \frac{2}{d}\bar{\boldsymbol{Y}}_{22} + \bar{\boldsymbol{Y}}_{52}^{\mathrm{T}}$$

$$\bar{\boldsymbol{\Lambda}}_{21} = \boldsymbol{T}\bar{\boldsymbol{C}}_{2}\boldsymbol{G}$$

$$\bar{\boldsymbol{\Lambda}}_{22} = -\frac{2}{d}\bar{\boldsymbol{M}}_{23} + \frac{6}{d}\bar{\boldsymbol{M}}_{33} + \bar{\boldsymbol{N}}_{31} - \bar{\boldsymbol{Y}}_{31} - \frac{2}{d}\bar{\boldsymbol{Y}}_{32}$$

$$\bar{\boldsymbol{\Lambda}}_{23} = \bar{\boldsymbol{M}}_{16}^{\mathrm{T}} + \bar{\boldsymbol{M}}_{26}^{\mathrm{T}} - \frac{12}{d^{2}}\bar{\boldsymbol{M}}_{31} + \bar{\boldsymbol{M}}_{36}^{\mathrm{T}} + \bar{\boldsymbol{N}}_{62}^{\mathrm{T}} + \frac{2}{d}\bar{\boldsymbol{Y}}_{11} + \bar{\boldsymbol{Y}}_{62}^{\mathrm{T}}$$

$$\bar{\boldsymbol{\Lambda}}_{24} = \bar{\boldsymbol{P}}_{11} + \bar{\boldsymbol{M}}_{17}^{\mathrm{T}} + \bar{\boldsymbol{M}}_{27}^{\mathrm{T}} + \boldsymbol{M}_{37}^{\mathrm{T}} + \boldsymbol{N}_{72}^{\mathrm{T}} + \boldsymbol{Y}_{72}^{\mathrm{T}} + (\boldsymbol{A}_{1} - \boldsymbol{L}\boldsymbol{A}_{3})^{\mathrm{T}}\boldsymbol{X}^{\mathrm{T}} + d\boldsymbol{U}_{12}$$

$$\bar{\boldsymbol{\Lambda}}_{25} = -\bar{\boldsymbol{M}}_{16}^{\mathrm{T}} + \bar{\boldsymbol{M}}_{26}^{\mathrm{T}} - \frac{12}{d^{2}}\bar{\boldsymbol{M}}_{32} - \bar{\boldsymbol{M}}_{36}^{\mathrm{T}} - \bar{\boldsymbol{N}}_{62}^{\mathrm{T}} + \frac{2}{d}\bar{\boldsymbol{Y}}_{21} + \bar{\boldsymbol{Y}}_{62}^{\mathrm{T}}$$

$$\bar{\boldsymbol{\Lambda}}_{26} = -\bar{\boldsymbol{M}}_{17}^{\mathrm{T}} + \bar{\boldsymbol{M}}_{27}^{\mathrm{T}} - \bar{\boldsymbol{M}}_{37}^{\mathrm{T}} - \bar{\boldsymbol{N}}_{72}^{\mathrm{T}} + \bar{\boldsymbol{Y}}_{72}^{\mathrm{T}}$$

$$\bar{\boldsymbol{\Lambda}}_{27} = -\frac{12}{d^{2}}\bar{\boldsymbol{M}}_{33} + \frac{2}{d}\bar{\boldsymbol{Y}}_{31}, \quad \bar{\boldsymbol{\Lambda}}_{28} = \begin{bmatrix} \boldsymbol{G}_{1}^{\mathrm{T}}\boldsymbol{B}_{1}^{\mathrm{T}} & \boldsymbol{0} \\ \boldsymbol{0} & \boldsymbol{0} \end{bmatrix}$$

$$\bar{\boldsymbol{\Lambda}}_{30} = -\frac{2}{d}\bar{\boldsymbol{M}}_{24} + \frac{6}{d}\bar{\boldsymbol{M}}_{34} + \bar{\boldsymbol{N}}_{41} - \bar{\boldsymbol{Y}}_{41} - \frac{2}{d}\bar{\boldsymbol{Y}}_{42}$$

$$\bar{\boldsymbol{\Lambda}}_{31} = -\frac{2}{d}\bar{\boldsymbol{M}}_{25} - \frac{2}{d}\bar{\boldsymbol{M}}_{25}^{\mathrm{T}} + \frac{6}{d}\bar{\boldsymbol{M}}_{35} + \frac{6}{d}\bar{\boldsymbol{M}}_{35}^{\mathrm{T}} + \bar{\boldsymbol{N}}_{51} + \bar{\boldsymbol{N}}_{51}^{\mathrm{T}} - \bar{\boldsymbol{Y}}_{51} - \bar{\boldsymbol{Y}}_{51}^{\mathrm{T}} - \frac{2}{d}\bar{\boldsymbol{Y}}_{52} - \frac{2}{d}\bar{\boldsymbol{Y}}_{52}^{\mathrm{T}}$$

$$\bar{\boldsymbol{\Lambda}}_{32} = -\frac{12}{d^2}\bar{\boldsymbol{M}}_{34} + \frac{2}{d}\bar{\boldsymbol{Y}}_{41}, \quad \bar{\boldsymbol{\Lambda}}_{33} = \begin{pmatrix} \boldsymbol{G}_1^{\mathrm{T}}\boldsymbol{C}_1^{\mathrm{T}} & \boldsymbol{0} \\ \boldsymbol{0} & \boldsymbol{0} \end{pmatrix}$$

$$\bar{\boldsymbol{\Lambda}}_{34} = -\frac{2}{d}\bar{\boldsymbol{M}}_{26}^{\mathrm{T}} - \frac{12}{d^2}\bar{\boldsymbol{M}}_{35} + \frac{6}{d}\bar{\boldsymbol{M}}_{36}^{\mathrm{T}} + \bar{\boldsymbol{N}}_{61}^{\mathrm{T}} + \frac{2}{d}\bar{\boldsymbol{Y}}_{51} - \bar{\boldsymbol{Y}}_{61}^{\mathrm{T}} - \frac{2}{d}\bar{\boldsymbol{Y}}_{62}^{\mathrm{T}}$$

$$\bar{\boldsymbol{\Lambda}}_{35} = \bar{\boldsymbol{P}}_{12}^{\mathrm{T}} - \frac{2}{d}\bar{\boldsymbol{M}}_{27}^{\mathrm{T}} + \frac{6}{d}\bar{\boldsymbol{M}}_{37}^{\mathrm{T}} + \bar{\boldsymbol{N}}_{71}^{\mathrm{T}} - \bar{\boldsymbol{Y}}_{71}^{\mathrm{T}} - \frac{2}{d}\bar{\boldsymbol{Y}}_{72}^{\mathrm{T}}$$

$$\bar{\boldsymbol{\Lambda}}_{36} = -\frac{12}{d^2}\bar{\boldsymbol{M}}_{36}^{\mathrm{T}} - \frac{12}{d^2}\bar{\boldsymbol{M}}_{36} + \frac{2}{d}\bar{\boldsymbol{Y}}_{61} + \frac{2}{d}\bar{\boldsymbol{Y}}_{61}^{\mathrm{T}}$$

$$\bar{\boldsymbol{\Lambda}}_{37} = -\frac{12}{d^2}\bar{\boldsymbol{M}}_{37}^{\mathrm{T}} + \frac{2}{d}\bar{\boldsymbol{Y}}_{71}^{\mathrm{T}}, \quad \bar{\boldsymbol{\Lambda}}_{38} = d\bar{\boldsymbol{U}}_{22} + d\bar{\boldsymbol{R}} - \bar{\boldsymbol{X}} - \bar{\boldsymbol{X}}^{\mathrm{T}}$$

$$\bar{\boldsymbol{\Lambda}}_{41} = \begin{pmatrix} \boldsymbol{0} & \boldsymbol{0} & \boldsymbol{0} & \boldsymbol{0} & \boldsymbol{0} & \boldsymbol{0} \\ \boldsymbol{S}^{\mathrm{T}} & \boldsymbol{0} & \boldsymbol{0} & \boldsymbol{0} & \boldsymbol{0} & \boldsymbol{0} \end{pmatrix}, \quad \bar{\boldsymbol{\Lambda}}_{42} = \begin{pmatrix} \boldsymbol{0} & \boldsymbol{0} & \boldsymbol{0} & \boldsymbol{0} & \boldsymbol{0} & \boldsymbol{0} \\ \boldsymbol{0} & \boldsymbol{0} & \boldsymbol{0} & \boldsymbol{0} & \boldsymbol{0} & \boldsymbol{0} \end{pmatrix}$$

$$\bar{\boldsymbol{\Lambda}}_{43} = \begin{bmatrix} \boldsymbol{0} & \boldsymbol{0} & \boldsymbol{0} & \boldsymbol{0} & \boldsymbol{0} & \boldsymbol{0} \\ \boldsymbol{0} & \boldsymbol{G}_2^{\mathrm{T}} & \boldsymbol{0} & \boldsymbol{0} & \boldsymbol{0} & \boldsymbol{0} \end{bmatrix}, \quad \bar{\boldsymbol{\Lambda}}_{44} = \begin{bmatrix} \boldsymbol{0} & \boldsymbol{0} & \boldsymbol{0} & \boldsymbol{0} & \boldsymbol{0} & \boldsymbol{0} \\ \boldsymbol{0} & \boldsymbol{0} & \boldsymbol{G}_2^{\mathrm{T}} & \boldsymbol{0} & \boldsymbol{0} & \boldsymbol{0} \end{bmatrix}$$

$$\bar{\boldsymbol{\Lambda}}_{45} = \begin{pmatrix} \boldsymbol{0} & \boldsymbol{0} & \boldsymbol{0} & \boldsymbol{0} & \boldsymbol{0} & \boldsymbol{0} \\ \boldsymbol{0} & \boldsymbol{0} & \boldsymbol{0} & \varepsilon(\boldsymbol{A}_1 - \boldsymbol{L}\boldsymbol{A}_3) & \varepsilon(\boldsymbol{B}_1 - \boldsymbol{L}\boldsymbol{B}_3) & \varepsilon(\boldsymbol{C}_1 - \boldsymbol{L}\boldsymbol{C}_3) \end{pmatrix}$$

$$\bar{\boldsymbol{P}}_{11} = \begin{bmatrix} \hat{\boldsymbol{P}}_{11} & \hat{\boldsymbol{P}}_{12} \\ \hat{\boldsymbol{P}}_{12}^{\mathrm{T}} & \hat{\boldsymbol{P}}_{22} \end{bmatrix}, \quad \bar{\boldsymbol{P}}_{12} = \begin{bmatrix} \hat{\boldsymbol{P}}_{13} & \hat{\boldsymbol{P}}_{14} \\ \hat{\boldsymbol{P}}_{23} & \hat{\boldsymbol{P}}_{24} \end{bmatrix}, \quad \bar{\boldsymbol{P}}_{22} = \begin{bmatrix} \hat{\boldsymbol{P}}_{33} & \hat{\boldsymbol{P}}_{34} \\ \hat{\boldsymbol{P}}_{34}^{\mathrm{T}} & \hat{\boldsymbol{P}}_{44} \end{bmatrix}$$

$$\bar{\boldsymbol{Q}}_{11} = \begin{bmatrix} \hat{\boldsymbol{Q}}_{11} & \hat{\boldsymbol{Q}}_{12} \\ \hat{\boldsymbol{Q}}_{12}^{\mathrm{T}} & \hat{\boldsymbol{Q}}_{22} \end{bmatrix}, \quad \bar{\boldsymbol{Q}}_{12} = \begin{bmatrix} \hat{\boldsymbol{Q}}_{13} & \hat{\boldsymbol{Q}}_{14} \\ \hat{\boldsymbol{Q}}_{23} & \hat{\boldsymbol{Q}}_{24} \end{bmatrix}, \quad \bar{\boldsymbol{Q}}_{22} = \begin{bmatrix} \hat{\boldsymbol{Q}}_{33} & \hat{\boldsymbol{Q}}_{34} \\ \hat{\boldsymbol{Q}}_{34}^{\mathrm{T}} & \hat{\boldsymbol{Q}}_{44} \end{bmatrix}$$

$$\bar{\boldsymbol{U}}_{11} = \begin{bmatrix} \hat{\boldsymbol{U}}_{11} & \hat{\boldsymbol{U}}_{12} \\ \hat{\boldsymbol{U}}_{12}^{\mathrm{T}} & \hat{\boldsymbol{U}}_{22} \end{bmatrix}, \quad \bar{\boldsymbol{U}}_{12} = \begin{bmatrix} \hat{\boldsymbol{U}}_{13} & \hat{\boldsymbol{U}}_{14} \\ \hat{\boldsymbol{U}}_{23} & \hat{\boldsymbol{U}}_{24} \end{bmatrix}, \quad \bar{\boldsymbol{U}}_{22} = \begin{bmatrix} \hat{\boldsymbol{U}}_{33} & \hat{\boldsymbol{U}}_{34} \\ \hat{\boldsymbol{U}}_{34}^{\mathrm{T}} & \hat{\boldsymbol{U}}_{44} \end{bmatrix}$$

$$\bar{\boldsymbol{X}} = \begin{pmatrix} \boldsymbol{S} & \boldsymbol{0} \\ \boldsymbol{0} & \boldsymbol{S} \end{pmatrix}, \quad \bar{\boldsymbol{R}} = \begin{bmatrix} \hat{\boldsymbol{R}}_1 & \boldsymbol{0} \\ \boldsymbol{0} & \hat{\boldsymbol{R}}_2 \end{bmatrix}, \quad \bar{\boldsymbol{G}} = \begin{bmatrix} \boldsymbol{G}_1 & \boldsymbol{0} \\ \boldsymbol{0} & \boldsymbol{G}_2 \end{bmatrix}$$

$$\bar{\boldsymbol{N}}_{j1} = \begin{bmatrix} \hat{\boldsymbol{N}}_{j1} & \hat{\boldsymbol{N}}_{j2} \\ \hat{\boldsymbol{N}}_{j3} & \hat{\boldsymbol{N}}_{j4} \end{bmatrix}, \quad \bar{\boldsymbol{N}}_{j2} = \begin{bmatrix} \hat{\boldsymbol{N}}_{j5} & \hat{\boldsymbol{N}}_{j6} \\ \hat{\boldsymbol{N}}_{j7} & \hat{\boldsymbol{N}}_{j8} \end{bmatrix}, \quad \bar{\boldsymbol{Y}}_{j1} = \begin{bmatrix} \hat{\boldsymbol{Y}}_{j1} & \hat{\boldsymbol{Y}}_{j2} \\ \hat{\boldsymbol{Y}}_{j3} & \hat{\boldsymbol{Y}}_{j4} \end{bmatrix}$$

$$\overline{\boldsymbol{Y}}_{j2} = \begin{bmatrix} \hat{\boldsymbol{Y}}_{j5} & \hat{\boldsymbol{Y}}_{j6} \\ \hat{\boldsymbol{Y}}_{j7} & \hat{\boldsymbol{Y}}_{j8} \end{bmatrix}, \quad \overline{\boldsymbol{M}}_{ij} = \begin{bmatrix} \hat{\boldsymbol{M}}_{(2i-1)(2j-1)} & \hat{\boldsymbol{M}}_{(2i)(2j-1)} \\ \hat{\boldsymbol{M}}_{(2i-1)(2j)} & \hat{\boldsymbol{M}}_{(2i)(2j)} \end{bmatrix}$$

$(i = 1,2,3;j = 1,2,\cdots,7)$

$$\overline{\boldsymbol{\Theta}}_1 = \begin{bmatrix} \overline{\boldsymbol{A}}_{1k} + \overline{\boldsymbol{A}}_{1k}^{\mathrm{T}} & \overline{\boldsymbol{A}}_{1k}^{\mathrm{T}} - \boldsymbol{D}_1\overline{\boldsymbol{K}} \\ * & -\boldsymbol{D}_1\overline{\boldsymbol{K}} - \overline{\boldsymbol{K}}^{\mathrm{T}}\boldsymbol{D}_1^{\mathrm{T}} \end{bmatrix}, \quad \overline{\boldsymbol{\Theta}}_2 = \begin{bmatrix} \overline{\boldsymbol{A}}_{2k}^{\mathrm{T}}\overline{\boldsymbol{T}} + \boldsymbol{B}_1\boldsymbol{G}_1 & \boldsymbol{0} \\ -\overline{\boldsymbol{K}}^{\mathrm{T}}\boldsymbol{D}_2^{\mathrm{T}}\overline{\boldsymbol{T}} + \boldsymbol{B}_1\boldsymbol{G}_1 & \boldsymbol{S}^{\mathrm{T}}\overline{\boldsymbol{A}}_2^{\mathrm{T}}\overline{\boldsymbol{T}} \end{bmatrix}$$

$$\overline{\boldsymbol{\Theta}}_3 = \begin{bmatrix} \boldsymbol{C}_1\boldsymbol{G}_1 & \boldsymbol{0} \\ \boldsymbol{C}_1\boldsymbol{G}_1 & \boldsymbol{0} \end{bmatrix}, \quad \overline{\boldsymbol{\Theta}}_4 = \begin{bmatrix} \overline{\boldsymbol{A}}_{1k}^{\mathrm{T}} - \boldsymbol{S} & \boldsymbol{0} \\ -\overline{\boldsymbol{K}}^{\mathrm{T}}\boldsymbol{D}_1^{\mathrm{T}}\overline{\boldsymbol{T}} - \boldsymbol{S} & \boldsymbol{A}_1^{\mathrm{T}}\boldsymbol{S}^{\mathrm{T}} \end{bmatrix}$$

证明　为系统(8.13)构造以下的 Lyapunov-Krasovskii 函数：

$$\widetilde{V}(t) = \sum_{i=1}^{4}\widetilde{V}_i(t)$$

其中

$$\widetilde{V}_1(t) = \widetilde{\boldsymbol{\varepsilon}}_0^{\mathrm{T}}(t)\widetilde{\boldsymbol{P}}\widetilde{\boldsymbol{\varepsilon}}_0(t)$$

$$\widetilde{V}_2(t) = \int_{t-d}^{t}\widetilde{\boldsymbol{\varepsilon}}_1^{\mathrm{T}}(s)\widetilde{\boldsymbol{Q}}\widetilde{\boldsymbol{\varepsilon}}_1(s)\mathrm{d}s$$

$$\widetilde{V}_3(t) = \int_{t-d}^{t}\int_{t+\theta}^{t}\dot{\bar{\boldsymbol{e}}}^{\mathrm{T}}(s)\widetilde{\boldsymbol{R}}\,\dot{\bar{\boldsymbol{e}}}(s)\mathrm{d}s$$

$$\widetilde{V}_4(t) = \int_{-d}^{0}\int_{t+\theta}^{t}\widetilde{\boldsymbol{\varepsilon}}_2^{\mathrm{T}}(s)\widetilde{\boldsymbol{U}}\widetilde{\boldsymbol{\varepsilon}}_2(s)\mathrm{d}s\mathrm{d}\theta$$

$$\widetilde{\boldsymbol{\varepsilon}}_0(t) = \begin{bmatrix} \bar{\boldsymbol{e}}(t) \\ \int_{t-d}^{t}\bar{\boldsymbol{e}}(s)\mathrm{d}s \end{bmatrix}, \quad \widetilde{\boldsymbol{\varepsilon}}_1(t) = \begin{bmatrix} \bar{\boldsymbol{e}}(t) \\ \bar{\boldsymbol{g}}(\bar{\boldsymbol{\xi}}(t)) \end{bmatrix}, \quad \widetilde{\boldsymbol{\varepsilon}}_2(t) = \begin{bmatrix} \bar{\boldsymbol{e}}(t) \\ \dot{\bar{\boldsymbol{e}}}(t) \end{bmatrix}$$

$$\widetilde{\boldsymbol{P}} = \begin{bmatrix} \widetilde{\boldsymbol{P}}_{11} & \widetilde{\boldsymbol{P}}_{12} \\ \widetilde{\boldsymbol{P}}_{12}^{\mathrm{T}} & \widetilde{\boldsymbol{P}}_{22} \end{bmatrix}, \quad \widetilde{\boldsymbol{Q}} = \begin{bmatrix} \widetilde{\boldsymbol{Q}}_{11} & \widetilde{\boldsymbol{Q}}_{12} \\ \widetilde{\boldsymbol{Q}}_{12}^{\mathrm{T}} & \widetilde{\boldsymbol{Q}}_{22} \end{bmatrix}, \quad \widetilde{\boldsymbol{U}} = \begin{bmatrix} \widetilde{\boldsymbol{U}}_{11} & \widetilde{\boldsymbol{U}}_{12} \\ \widetilde{\boldsymbol{U}}_{12}^{\mathrm{T}} & \widetilde{\boldsymbol{U}}_{22} \end{bmatrix}$$

$$\widetilde{\boldsymbol{P}}_{11} = \begin{bmatrix} \boldsymbol{P}_{11} & \boldsymbol{P}_{12} \\ \boldsymbol{P}_{12}^{\mathrm{T}} & \boldsymbol{P}_{22} \end{bmatrix}, \quad \widetilde{\boldsymbol{P}}_{12} = \begin{bmatrix} \boldsymbol{P}_{13} & \boldsymbol{P}_{14} \\ \boldsymbol{P}_{23} & \boldsymbol{P}_{24} \end{bmatrix}, \quad \widetilde{\boldsymbol{P}}_{22} = \begin{bmatrix} \boldsymbol{P}_{33} & \boldsymbol{P}_{34} \\ \boldsymbol{P}_{34}^{\mathrm{T}} & \boldsymbol{P}_{44} \end{bmatrix}$$

$$\widetilde{\boldsymbol{Q}}_{11} = \begin{bmatrix} \boldsymbol{Q}_{11} & \boldsymbol{Q}_{12} \\ \boldsymbol{Q}_{12}^{\mathrm{T}} & \boldsymbol{Q}_{22} \end{bmatrix}, \quad \widetilde{\boldsymbol{Q}}_{12} = \begin{bmatrix} \boldsymbol{Q}_{13} & \boldsymbol{Q}_{14} \\ \boldsymbol{Q}_{23} & \boldsymbol{Q}_{24} \end{bmatrix}, \quad \widetilde{\boldsymbol{Q}}_{22} = \begin{bmatrix} \boldsymbol{Q}_{33} & \boldsymbol{Q}_{34} \\ \boldsymbol{Q}_{34}^{\mathrm{T}} & \boldsymbol{Q}_{44} \end{bmatrix}$$

$$\widetilde{\boldsymbol{U}}_{11} = \begin{bmatrix} \boldsymbol{U}_{11} & \boldsymbol{U}_{12} \\ \boldsymbol{U}_{12}^{\mathrm{T}} & \boldsymbol{U}_{22} \end{bmatrix}, \quad \widetilde{\boldsymbol{U}}_{12} = \begin{bmatrix} \boldsymbol{U}_{13} & \boldsymbol{U}_{14} \\ \boldsymbol{U}_{23} & \boldsymbol{U}_{24} \end{bmatrix}, \quad \widetilde{\boldsymbol{U}}_{22} = \begin{bmatrix} \boldsymbol{U}_{33} & \boldsymbol{U}_{34} \\ \boldsymbol{U}_{34}^{\mathrm{T}} & \boldsymbol{U}_{44} \end{bmatrix}$$

$$\widetilde{\boldsymbol{R}} = \begin{bmatrix} \boldsymbol{R}_1 & \boldsymbol{0} \\ \boldsymbol{0} & \boldsymbol{R}_2 \end{bmatrix}$$

相似定理 8.1 的证明，以下不等式等价于$\dot{\widetilde{V}}(t)<0$：

$$\widetilde{\boldsymbol{\Psi}}=\begin{bmatrix}\widetilde{\boldsymbol{\Psi}}_1 & \widetilde{\boldsymbol{\Psi}}_2\\ * & \widetilde{\boldsymbol{\Psi}}_3\end{bmatrix}<0 \tag{8.15}$$

$$\widetilde{\boldsymbol{\Psi}}_1=\begin{bmatrix}\widetilde{\boldsymbol{\Omega}}_{11} & \widetilde{\boldsymbol{\Omega}}_{12} & \widetilde{\boldsymbol{\Omega}}_{13}\\ * & \widetilde{\boldsymbol{\Omega}}_{14} & \widetilde{\boldsymbol{\Omega}}_{15}\\ * & * & \widetilde{\boldsymbol{\Omega}}_{16}\end{bmatrix},\quad \widetilde{\boldsymbol{\Psi}}_2=\begin{bmatrix}\widetilde{\boldsymbol{\Omega}}_{17} & \widetilde{\boldsymbol{\Omega}}_{18} & \widetilde{\boldsymbol{\Omega}}_{19}\\ \widetilde{\boldsymbol{\Omega}}_{20} & \widetilde{\boldsymbol{\Omega}}_{21} & \widetilde{\boldsymbol{\Omega}}_{22}\\ \widetilde{\boldsymbol{\Omega}}_{23} & \widetilde{\boldsymbol{\Omega}}_{24} & \widetilde{\boldsymbol{\Omega}}_{25}\end{bmatrix}$$

$$\widetilde{\boldsymbol{\Psi}}_3=\begin{bmatrix}\widetilde{\boldsymbol{\Omega}}_{26} & \mathbf{0}_{3\times 2} & \mathbf{0}_{3\times 2}\\ * & -\dfrac{1}{d}\widetilde{\boldsymbol{U}} & \mathbf{0}_{2\times 2}\\ * & * & -\dfrac{3}{d}\widetilde{\boldsymbol{U}}\end{bmatrix}$$

$$\widetilde{\boldsymbol{\Omega}}_{11}=\begin{bmatrix}\widetilde{\boldsymbol{\Lambda}}_{11} & \widetilde{\boldsymbol{\Lambda}}_{12} & \widetilde{\boldsymbol{\Lambda}}_{13}\\ * & \widetilde{\boldsymbol{\Lambda}}_{14} & \widetilde{\boldsymbol{\Lambda}}_{15}\\ * & * & \widetilde{\boldsymbol{\Lambda}}_{16}\end{bmatrix},\quad \widetilde{\boldsymbol{\Omega}}_{12}=\begin{bmatrix}\widetilde{\boldsymbol{\Lambda}}_{17} & \widetilde{\boldsymbol{\Lambda}}_{18}\\ \widetilde{\boldsymbol{\Lambda}}_{19} & \widetilde{\boldsymbol{\Lambda}}_{20}\\ \widetilde{\boldsymbol{\Lambda}}T\overline{C}_2 & \widetilde{\boldsymbol{\Lambda}}_{22}\end{bmatrix}$$

$$\widetilde{\boldsymbol{\Omega}}_{13}=\begin{bmatrix}\widetilde{\boldsymbol{\Lambda}}_{23} & \widetilde{\boldsymbol{\Lambda}}_{24}\\ \widetilde{\boldsymbol{\Lambda}}_{25} & \widetilde{\boldsymbol{\Lambda}}_{26}\\ -\dfrac{12}{d^2}\widetilde{\boldsymbol{M}}_{33}+\dfrac{2}{d}\widetilde{\boldsymbol{Y}}_{31} & \overline{\boldsymbol{B}}_1^{\mathrm{T}}\widetilde{\boldsymbol{X}}^{\mathrm{T}}\end{bmatrix}$$

$$\widetilde{\boldsymbol{\Omega}}_{14}=\begin{bmatrix}-\widetilde{Q}_{22} & \widetilde{\boldsymbol{\Lambda}}_{30}\\ * & \widetilde{\boldsymbol{\Lambda}}_{31}\end{bmatrix},\quad \widetilde{\boldsymbol{\Omega}}_{15}=\begin{bmatrix}-\dfrac{12}{d^2}\widetilde{\boldsymbol{M}}_{34}+\dfrac{2}{d}\widetilde{\boldsymbol{Y}}_{41} & \overline{\boldsymbol{C}}_1^{\mathrm{T}}\widetilde{\boldsymbol{X}}^{\mathrm{T}}\\ \widetilde{\boldsymbol{\Lambda}}_{34} & \widetilde{\boldsymbol{\Lambda}}_{35}\end{bmatrix}$$

$$\widetilde{\boldsymbol{\Omega}}_{16}=\begin{bmatrix}\widetilde{\boldsymbol{\Lambda}}_{36} & \widetilde{\boldsymbol{\Lambda}}_{37}\\ * & \widetilde{\boldsymbol{\Lambda}}_{38}\end{bmatrix}$$

$$\widetilde{\boldsymbol{\Omega}}_{17}=\begin{bmatrix}\widetilde{\boldsymbol{M}}_{11} & \widetilde{\boldsymbol{M}}_{21} & \widetilde{\boldsymbol{M}}_{31}\\ \widetilde{\boldsymbol{M}}_{12} & \widetilde{\boldsymbol{M}}_{22} & \widetilde{\boldsymbol{M}}_{32}\\ \widetilde{\boldsymbol{M}}_{13} & \widetilde{\boldsymbol{M}}_{23} & \widetilde{\boldsymbol{M}}_{33}\end{bmatrix},\quad \widetilde{\boldsymbol{\Omega}}_{18}=\begin{bmatrix}\widetilde{\boldsymbol{N}}_{11} & \widetilde{\boldsymbol{N}}_{12}\\ \widetilde{\boldsymbol{N}}_{21} & \widetilde{\boldsymbol{N}}_{22}\\ \widetilde{\boldsymbol{N}}_{31} & \widetilde{\boldsymbol{N}}_{32}\end{bmatrix},\quad \widetilde{\boldsymbol{\Omega}}_{19}=\begin{bmatrix}\widetilde{\boldsymbol{Y}}_{11} & \widetilde{\boldsymbol{Y}}_{12}\\ \widetilde{\boldsymbol{Y}}_{21} & \widetilde{\boldsymbol{Y}}_{22}\\ \widetilde{\boldsymbol{Y}}_{31} & \widetilde{\boldsymbol{Y}}_{32}\end{bmatrix}$$

$$\widetilde{\boldsymbol{\Omega}}_{20}=\begin{bmatrix}\widetilde{\boldsymbol{M}}_{14} & \widetilde{\boldsymbol{M}}_{24} & \widetilde{\boldsymbol{M}}_{34}\\ \widetilde{\boldsymbol{M}}_{15} & \widetilde{\boldsymbol{M}}_{25} & \widetilde{\boldsymbol{M}}_{35}\end{bmatrix},\quad \widetilde{\boldsymbol{\Omega}}_{21}=\begin{bmatrix}\widetilde{\boldsymbol{N}}_{41} & \widetilde{\boldsymbol{N}}_{42}\\ \widetilde{\boldsymbol{N}}_{51} & \widetilde{\boldsymbol{N}}_{52}\end{bmatrix},\quad \widetilde{\boldsymbol{\Omega}}_{22}=\begin{bmatrix}\widetilde{\boldsymbol{Y}}_{41} & \widetilde{\boldsymbol{Y}}_{42}\\ \widetilde{\boldsymbol{Y}}_{51} & \widetilde{\boldsymbol{Y}}_{52}\end{bmatrix}$$

$$\widetilde{\boldsymbol{\Omega}}_{23}=\begin{bmatrix}\widetilde{\boldsymbol{M}}_{16} & \widetilde{\boldsymbol{M}}_{26} & \widetilde{\boldsymbol{M}}_{36}\\ \widetilde{\boldsymbol{M}}_{17} & \widetilde{\boldsymbol{M}}_{27} & \widetilde{\boldsymbol{M}}_{37}\end{bmatrix},\quad \widetilde{\boldsymbol{\Omega}}_{24}=\begin{bmatrix}\widetilde{\boldsymbol{N}}_{61} & \widetilde{\boldsymbol{N}}_{62}\\ \widetilde{\boldsymbol{N}}_{71} & \widetilde{\boldsymbol{N}}_{72}\end{bmatrix},\quad \widetilde{\boldsymbol{\Omega}}_{25}=\begin{bmatrix}\widetilde{\boldsymbol{Y}}_{61} & \widetilde{\boldsymbol{Y}}_{62}\\ \widetilde{\boldsymbol{Y}}_{71} & \widetilde{\boldsymbol{Y}}_{72}\end{bmatrix}$$

$$\widetilde{\boldsymbol{\Omega}}_{26}=-\operatorname{diag}\left(\frac{1}{d}\widetilde{\boldsymbol{R}},\frac{3}{d}\widetilde{\boldsymbol{R}},\frac{5}{d}\widetilde{\boldsymbol{R}}\right)$$

$$\begin{aligned}\widetilde{\boldsymbol{\Lambda}}_{11}=&\ \widetilde{\boldsymbol{P}}_{12}+\widetilde{\boldsymbol{P}}_{12}^{\mathrm{T}}+\widetilde{\boldsymbol{Q}}_{11}+\widetilde{\boldsymbol{M}}_{11}+\widetilde{\boldsymbol{M}}_{11}^{\mathrm{T}}+\widetilde{\boldsymbol{M}}_{21}+\widetilde{\boldsymbol{M}}_{21}^{\mathrm{T}}+\widetilde{\boldsymbol{M}}_{31}+\widetilde{\boldsymbol{M}}_{31}^{\mathrm{T}}+\widetilde{\boldsymbol{N}}_{12}+\widetilde{\boldsymbol{N}}_{12}^{\mathrm{T}}\\ &+\widetilde{\boldsymbol{Y}}_{12}+\widetilde{\boldsymbol{Y}}_{12}^{\mathrm{T}}+d\widetilde{\boldsymbol{U}}_{11}-\widetilde{\boldsymbol{\Theta}}_{1}\end{aligned}$$

$$\widetilde{\boldsymbol{\Lambda}}_{12}=-\widetilde{\boldsymbol{P}}_{12}-\widetilde{\boldsymbol{M}}_{11}+\widetilde{\boldsymbol{M}}_{12}^{\mathrm{T}}+\widetilde{\boldsymbol{M}}_{21}+\widetilde{\boldsymbol{M}}_{22}^{\mathrm{T}}-\widetilde{\boldsymbol{M}}_{31}+\widetilde{\boldsymbol{M}}_{32}^{\mathrm{T}}-\widetilde{\boldsymbol{N}}_{12}+\widetilde{\boldsymbol{N}}_{22}^{\mathrm{T}}+\widetilde{\boldsymbol{Y}}_{12}+\widetilde{\boldsymbol{Y}}_{22}^{\mathrm{T}}$$

$$\widetilde{\boldsymbol{\Lambda}}_{13}=\widetilde{\boldsymbol{Q}}_{12}+\widetilde{\boldsymbol{M}}_{13}^{\mathrm{T}}+\widetilde{\boldsymbol{M}}_{23}^{\mathrm{T}}+\widetilde{\boldsymbol{M}}_{33}^{\mathrm{T}}+\widetilde{\boldsymbol{N}}_{32}^{\mathrm{T}}+\widetilde{\boldsymbol{Y}}_{32}^{\mathrm{T}}+\overline{\boldsymbol{A}}_{2}^{\mathrm{T}}\boldsymbol{T}\widetilde{\boldsymbol{\Lambda}}+\widetilde{\boldsymbol{\Theta}}_{2}$$

$$\widetilde{\boldsymbol{\Lambda}}_{14}=-\widetilde{\boldsymbol{Q}}_{11}-\widetilde{\boldsymbol{M}}_{12}-\widetilde{\boldsymbol{M}}_{12}^{\mathrm{T}}+\widetilde{\boldsymbol{M}}_{22}+\widetilde{\boldsymbol{M}}_{22}^{\mathrm{T}}-\widetilde{\boldsymbol{M}}_{32}-\widetilde{\boldsymbol{M}}_{32}^{\mathrm{T}}-\widetilde{\boldsymbol{N}}_{22}-\widetilde{\boldsymbol{N}}_{22}^{\mathrm{T}}+\widetilde{\boldsymbol{Y}}_{22}+\widetilde{\boldsymbol{Y}}_{22}^{\mathrm{T}}$$

$$\widetilde{\boldsymbol{\Lambda}}_{15}=-\widetilde{\boldsymbol{M}}_{13}^{\mathrm{T}}+\widetilde{\boldsymbol{M}}_{23}^{\mathrm{T}}-\widetilde{\boldsymbol{M}}_{33}^{\mathrm{T}}-\widetilde{\boldsymbol{N}}_{32}^{\mathrm{T}}+\widetilde{\boldsymbol{Y}}_{32}^{\mathrm{T}}$$

$$\widetilde{\boldsymbol{\Lambda}}_{16}=\widetilde{\boldsymbol{Q}}_{22}+\overline{\boldsymbol{B}}_{2}^{\mathrm{T}}\boldsymbol{T}\widetilde{\boldsymbol{\Lambda}}-\widetilde{\boldsymbol{\Lambda}}-\widetilde{\boldsymbol{\Lambda}}^{\mathrm{T}}+\widetilde{\boldsymbol{\Lambda}}\boldsymbol{T}\overline{\boldsymbol{B}}_{2}$$

$$\widetilde{\boldsymbol{\Lambda}}_{17}=\widetilde{\boldsymbol{M}}_{14}^{\mathrm{T}}+\widetilde{\boldsymbol{M}}_{24}^{\mathrm{T}}+\widetilde{\boldsymbol{M}}_{34}^{\mathrm{T}}+\widetilde{\boldsymbol{N}}_{42}^{\mathrm{T}}+\widetilde{\boldsymbol{Y}}_{42}^{\mathrm{T}}+\widetilde{\boldsymbol{\Theta}}_{3}$$

$$\widetilde{\boldsymbol{\Lambda}}_{18}=\widetilde{\boldsymbol{P}}_{22}+\widetilde{\boldsymbol{M}}_{15}^{\mathrm{T}}-\frac{2}{d}\widetilde{\boldsymbol{M}}_{21}+\widetilde{\boldsymbol{M}}_{25}^{\mathrm{T}}+\frac{6}{d}\widetilde{\boldsymbol{M}}_{31}+\widetilde{\boldsymbol{M}}_{35}^{\mathrm{T}}+\widetilde{\boldsymbol{N}}_{11}+\widetilde{\boldsymbol{N}}_{52}^{\mathrm{T}}-\widetilde{\boldsymbol{Y}}_{11}-\frac{2}{d}\widetilde{\boldsymbol{Y}}_{12}+\widetilde{\boldsymbol{Y}}_{52}^{\mathrm{T}}$$

$$\widetilde{\boldsymbol{\Lambda}}_{19}=-\widetilde{\boldsymbol{Q}}_{12}-\widetilde{\boldsymbol{M}}_{14}^{\mathrm{T}}+\widetilde{\boldsymbol{M}}_{24}^{\mathrm{T}}-\widetilde{\boldsymbol{M}}_{34}^{\mathrm{T}}-\widetilde{\boldsymbol{N}}_{42}^{\mathrm{T}}+\widetilde{\boldsymbol{Y}}_{42}^{\mathrm{T}}$$

$$\widetilde{\boldsymbol{\Lambda}}_{20}=-\widetilde{\boldsymbol{P}}_{22}^{\mathrm{T}}-\frac{2}{d}\widetilde{\boldsymbol{M}}_{22}-\widetilde{\boldsymbol{M}}_{15}^{\mathrm{T}}+\frac{6}{d}\widetilde{\boldsymbol{M}}_{32}+\widetilde{\boldsymbol{M}}_{25}^{\mathrm{T}}+\widetilde{\boldsymbol{N}}_{21}-\widetilde{\boldsymbol{M}}_{35}^{\mathrm{T}}-\widetilde{\boldsymbol{Y}}_{21}-\widetilde{\boldsymbol{N}}_{52}^{\mathrm{T}}-\frac{2}{d}\widetilde{\boldsymbol{Y}}_{22}+\widetilde{\boldsymbol{Y}}_{52}^{\mathrm{T}}$$

$$\widetilde{\boldsymbol{\Lambda}}_{22}=-\frac{2}{d}\widetilde{\boldsymbol{M}}_{23}+\frac{6}{d}\widetilde{\boldsymbol{M}}_{33}+\widetilde{\boldsymbol{N}}_{31}-\widetilde{\boldsymbol{Y}}_{31}-\frac{2}{d}\widetilde{\boldsymbol{Y}}_{32}$$

$$\widetilde{\boldsymbol{\Lambda}}_{23}=\widetilde{\boldsymbol{M}}_{16}^{\mathrm{T}}+\widetilde{\boldsymbol{M}}_{26}^{\mathrm{T}}-\frac{12}{d^{2}}\widetilde{\boldsymbol{M}}_{31}+\widetilde{\boldsymbol{M}}_{36}^{\mathrm{T}}+\widetilde{\boldsymbol{N}}_{62}^{\mathrm{T}}+\frac{2}{d}\widetilde{\boldsymbol{Y}}_{11}+\widetilde{\boldsymbol{Y}}_{62}^{\mathrm{T}}$$

$$\widetilde{\boldsymbol{\Lambda}}_{24}=\widetilde{\boldsymbol{P}}_{11}+\widetilde{\boldsymbol{M}}_{17}^{\mathrm{T}}+\widetilde{\boldsymbol{M}}_{27}^{\mathrm{T}}+\widetilde{\boldsymbol{M}}_{37}^{\mathrm{T}}+\widetilde{\boldsymbol{N}}_{72}^{\mathrm{T}}+\widetilde{\boldsymbol{Y}}_{72}^{\mathrm{T}}+(\boldsymbol{A}_{1}-\boldsymbol{L}\boldsymbol{A}_{3})^{\mathrm{T}}\boldsymbol{X}^{\mathrm{T}}+d\widetilde{\boldsymbol{U}}_{12}+\widetilde{\boldsymbol{\Theta}}_{4}$$

$$\widetilde{\boldsymbol{\Lambda}}_{25}=-\widetilde{\boldsymbol{M}}_{16}^{\mathrm{T}}+\widetilde{\boldsymbol{M}}_{26}^{\mathrm{T}}-\frac{12}{d^{2}}\widetilde{\boldsymbol{M}}_{32}-\widetilde{\boldsymbol{M}}_{36}^{\mathrm{T}}-\widetilde{\boldsymbol{N}}_{62}^{\mathrm{T}}+\frac{2}{d}\widetilde{\boldsymbol{Y}}_{21}+\widetilde{\boldsymbol{Y}}_{62}^{\mathrm{T}}$$

$$\widetilde{\boldsymbol{\Lambda}}_{26}=-\widetilde{\boldsymbol{M}}_{17}^{\mathrm{T}}+\widetilde{\boldsymbol{M}}_{27}^{\mathrm{T}}-\widetilde{\boldsymbol{M}}_{37}^{\mathrm{T}}-\widetilde{\boldsymbol{N}}_{72}^{\mathrm{T}}+\widetilde{\boldsymbol{Y}}_{72}^{\mathrm{T}}$$

$$\widetilde{\boldsymbol{\Lambda}}_{30}=-\frac{2}{d}\widetilde{\boldsymbol{M}}_{24}+\frac{6}{d}\widetilde{\boldsymbol{M}}_{34}+\widetilde{\boldsymbol{N}}_{41}-\widetilde{\boldsymbol{Y}}_{41}-\frac{2}{d}\widetilde{\boldsymbol{Y}}_{42}$$

$$\widetilde{\boldsymbol{\Lambda}}_{31}=-\frac{2}{d}\widetilde{\boldsymbol{M}}_{25}-\frac{2}{d}\widetilde{\boldsymbol{M}}_{25}^{\mathrm{T}}+\frac{6}{d}\widetilde{\boldsymbol{M}}_{35}+\frac{6}{d}\widetilde{\boldsymbol{M}}_{35}^{\mathrm{T}}+\widetilde{\boldsymbol{N}}_{51}+\widetilde{\boldsymbol{N}}_{51}^{\mathrm{T}}-\widetilde{\boldsymbol{Y}}_{51}-\widetilde{\boldsymbol{Y}}_{51}^{\mathrm{T}}-\frac{2}{d}\widetilde{\boldsymbol{Y}}_{52}-\frac{2}{d}\widetilde{\boldsymbol{Y}}_{52}^{\mathrm{T}}$$

$$\widetilde{\boldsymbol{\Lambda}}_{34}=-\frac{2}{d}\widetilde{\boldsymbol{M}}_{26}^{\mathrm{T}}-\frac{12}{d^2}\widetilde{\boldsymbol{M}}_{35}+\frac{6}{d}\widetilde{\boldsymbol{M}}_{36}^{\mathrm{T}}+\widetilde{\boldsymbol{N}}_{61}^{\mathrm{T}}+\frac{2}{d}\widetilde{\boldsymbol{Y}}_{51}-\widetilde{\boldsymbol{Y}}_{61}^{\mathrm{T}}-\frac{2}{d}\widetilde{\boldsymbol{Y}}_{62}^{\mathrm{T}}$$

$$\widetilde{\boldsymbol{\Lambda}}_{35}=\widetilde{\boldsymbol{P}}_{12}^{\mathrm{T}}-\frac{2}{d}\widetilde{\boldsymbol{M}}_{27}^{\mathrm{T}}+\frac{6}{d}\widetilde{\boldsymbol{M}}_{37}^{\mathrm{T}}+\widetilde{\boldsymbol{N}}_{71}^{\mathrm{T}}-\widetilde{\boldsymbol{Y}}_{71}^{\mathrm{T}}-\frac{2}{d}\widetilde{\boldsymbol{Y}}_{72}^{\mathrm{T}}$$

$$\widetilde{\boldsymbol{\Lambda}}_{36}=-\frac{12}{d^2}\widetilde{\boldsymbol{M}}_{36}^{\mathrm{T}}-\frac{12}{d^2}\widetilde{\boldsymbol{M}}_{36}+\frac{2}{d}\widetilde{\boldsymbol{Y}}_{61}+\frac{2}{d}\widetilde{\boldsymbol{Y}}_{61}^{\mathrm{T}}$$

$$\widetilde{\boldsymbol{\Lambda}}_{37}=-\frac{12}{d^2}\widetilde{\boldsymbol{M}}_{37}^{\mathrm{T}}+\frac{2}{d}\widetilde{\boldsymbol{Y}}_{71}^{\mathrm{T}}$$

$$\widetilde{\boldsymbol{\Lambda}}_{38}=d\widetilde{\boldsymbol{U}}_{22}+d\widetilde{\boldsymbol{R}}-\widetilde{\boldsymbol{X}}-\widetilde{\boldsymbol{X}}^{\mathrm{T}}$$

$$\widetilde{\boldsymbol{X}}=\begin{pmatrix}\boldsymbol{S}_1 & \boldsymbol{0}\\ \boldsymbol{0} & \boldsymbol{S}_1\end{pmatrix},\quad \widetilde{\boldsymbol{T}}=\begin{pmatrix}\boldsymbol{T}_1+\boldsymbol{T}_2 & \boldsymbol{0}\\ \boldsymbol{0} & \boldsymbol{T}_1+\boldsymbol{T}_2\end{pmatrix},\quad \widetilde{\boldsymbol{\Lambda}}=\begin{pmatrix}\boldsymbol{\Lambda}_1 & \boldsymbol{0}\\ \boldsymbol{0} & \boldsymbol{\Lambda}_2\end{pmatrix}$$

$$\widetilde{\boldsymbol{N}}_{j1}=\begin{pmatrix}\boldsymbol{N}_{i1} & \boldsymbol{N}_{i2}\\ \boldsymbol{N}_{i3} & \boldsymbol{N}_{i4}\end{pmatrix},\quad \widetilde{\boldsymbol{N}}_{j2}=\begin{pmatrix}\boldsymbol{N}_{i5} & \boldsymbol{N}_{i6}\\ \boldsymbol{N}_{i7} & \boldsymbol{N}_{i8}\end{pmatrix},\quad \widetilde{\boldsymbol{Y}}_{j1}=\begin{pmatrix}\boldsymbol{Y}_{i1} & \boldsymbol{Y}_{i2}\\ \boldsymbol{Y}_{i3} & \boldsymbol{Y}_{i4}\end{pmatrix}$$

$$\widetilde{\boldsymbol{Y}}_{j2}=\begin{pmatrix}\boldsymbol{Y}_{i5} & \boldsymbol{Y}_{i6}\\ \boldsymbol{Y}_{i7} & \boldsymbol{Y}_{i8}\end{pmatrix},\quad \widetilde{\boldsymbol{M}}_{ij}=\begin{pmatrix}\boldsymbol{M}_{(2i-1)(2j-1)} & \boldsymbol{M}_{(2i)(2j-1)}\\ \boldsymbol{M}_{(2i-1)(2j)} & \boldsymbol{M}_{(2i)(2j)}\end{pmatrix}$$

$(i=1,2,3;j=1,2,\cdots,7)$

$$\widetilde{\boldsymbol{\Theta}}_1=\begin{pmatrix}\boldsymbol{S}_1\boldsymbol{A}_{1k}+\boldsymbol{A}_{1k}^{\mathrm{T}}\boldsymbol{S}_1^{\mathrm{T}} & \overline{\boldsymbol{A}}_{1k}^{\mathrm{T}}\boldsymbol{S}_1^{\mathrm{T}}-\boldsymbol{S}_1\boldsymbol{D}_1\boldsymbol{K}\\ * & -\boldsymbol{S}_1\boldsymbol{D}_1\boldsymbol{K}-\boldsymbol{K}^{\mathrm{T}}\boldsymbol{D}_1^{\mathrm{T}}\boldsymbol{S}_1^{\mathrm{T}}\end{pmatrix}$$

$$\widetilde{\boldsymbol{\Theta}}_2=\begin{pmatrix}\boldsymbol{A}_{2k}^{\mathrm{T}}\overline{\boldsymbol{T}}\boldsymbol{\Lambda}_1+\boldsymbol{S}_1\boldsymbol{B}_1 & \boldsymbol{0}\\ -\boldsymbol{K}^{\mathrm{T}}\boldsymbol{D}_2^{\mathrm{T}}\overline{\boldsymbol{T}}\boldsymbol{\Lambda}_1+\boldsymbol{S}_1\boldsymbol{B}_1 & \boldsymbol{A}_2^{\mathrm{T}}\overline{\boldsymbol{T}}\boldsymbol{\Lambda}_2\end{pmatrix}$$

$$\widetilde{\boldsymbol{\Theta}}_3=\begin{pmatrix}\boldsymbol{S}_1\boldsymbol{C}_1 & \boldsymbol{0}\\ \boldsymbol{S}_1\boldsymbol{C}_1 & \boldsymbol{0}\end{pmatrix},\quad \widetilde{\boldsymbol{\Theta}}_4=\begin{pmatrix}\boldsymbol{A}_{1k}^{\mathrm{T}}\boldsymbol{S}_1^{\mathrm{T}}-\boldsymbol{S}_1 & \boldsymbol{0}\\ -\boldsymbol{K}^{\mathrm{T}}\boldsymbol{D}_1^{\mathrm{T}}\boldsymbol{S}_1^{\mathrm{T}}-\boldsymbol{S}_1 & \boldsymbol{A}_{1l}^{\mathrm{T}}\boldsymbol{S}_1^{\mathrm{T}}\end{pmatrix}$$

将(8.15)式两端同乘以$\begin{pmatrix}\boldsymbol{\Sigma}_1^{-1} & \boldsymbol{0}\\ \boldsymbol{0} & \boldsymbol{\Sigma}_2^{-1}\end{pmatrix}$,其中

$$\boldsymbol{\Sigma}_1=\mathrm{diag}(\boldsymbol{\Sigma}_{11},\boldsymbol{\Sigma}_{12},\boldsymbol{\Sigma}_{13}),\quad \boldsymbol{\Sigma}_2=\mathrm{diag}(\boldsymbol{\Sigma}_{14},\boldsymbol{\Sigma}_{13},\boldsymbol{\Sigma}_{13})$$

$$\boldsymbol{\Sigma}_{11}=\mathrm{diag}(\boldsymbol{S}_1,\boldsymbol{S}_1,\boldsymbol{S}_1,\boldsymbol{S}_1,\boldsymbol{\Lambda}_1,\boldsymbol{\Lambda}_2),\quad \boldsymbol{\Sigma}_{12}=\mathrm{diag}(\boldsymbol{\Lambda}_1,\boldsymbol{\Lambda}_2,\boldsymbol{S}_1,\boldsymbol{S}_1)$$

$$\boldsymbol{\Sigma}_{13}=\mathrm{diag}(\boldsymbol{S}_1,\boldsymbol{S}_1,\boldsymbol{S}_1,\boldsymbol{S}_1),\quad \boldsymbol{\Sigma}_{14}=\mathrm{diag}(\boldsymbol{S}_1,\boldsymbol{S}_1,\boldsymbol{S}_1,\boldsymbol{S}_1,\boldsymbol{S}_1,\boldsymbol{S}_1)$$

设

$$G_1 = \Lambda_1^{-1},\quad G_2 = \Lambda_2^{-1},\quad S = S_1^{-1}$$

$$\bar{K} = KS_1^{-1},\quad \bar{A}_{1k} = A_1 S + D_1 \bar{K},\quad \bar{A}_{2k} = A_2 S + D_2 \bar{K}$$

$$\hat{Q}_{11} = SQ_{11}S,\quad \hat{Q}_{12} = SQ_{12}S,\quad \hat{Q}_{13} = SQ_{13}G_1$$

$$\hat{Q}_{14} = SQ_{13}G_2,\quad \hat{Q}_{22} = SQ_{22}S,\quad \hat{Q}_{23} = SQ_{23}G_1$$

$$\hat{Q}_{24} = SQ_{23}G_2,\quad \hat{Q}_{33} = G_1 Q_{33} G_1,\quad \hat{Q}_{34} = G_1 Q_{34} G_2$$

$$\hat{Q}_{44} = G_2 Q_{44} G_2,\quad \hat{P}_{33} = SP_{33}S,\quad \hat{P}_{34} = SP_{34}S$$

$$\hat{P}_{44} = SP_{44}S,\quad \hat{U}_{44} = SU_{44}S,\quad \hat{U}_{33} = SU_{33}S$$

$$\hat{U}_{34} = SU_{34}S,\quad \hat{R}_1 = SR_1S,\quad \hat{R}_2 = SR_2S$$

$$\hat{N}_{35} = G_1 N_{35} S,\quad \hat{N}_{36} = G_1 N_{36} S,\quad \hat{N}_{45} = G_1 N_{45} S$$

$$\hat{N}_{46} = G_1 N_{46} S,\quad \hat{N}_{37} = G_2 N_{37} S,\quad \hat{N}_{38} = G_2 N_{38} S$$

$$\hat{N}_{47} = G_2 N_{47} S,\quad \hat{N}_{48} = G_2 N_{48} S,\quad \hat{Y}_{35} = G_1 Y_{35} S$$

$$\hat{Y}_{36} = G_1 Y_{36} S,\quad \hat{Y}_{45} = G_1 Y_{45} S,\quad \hat{Y}_{46} = G_1 Y_{46} S$$

$$\hat{Y}_{37} = G_2 Y_{37} S,\quad \hat{Y}_{38} = G_2 Y_{38} S,\quad \hat{Y}_{47} = G_2 Y_{47} S,\quad \hat{Y}_{48} = G_2 Y_{48} S$$

$$\hat{M}_{lm} = SM_{lm}S\quad (l = 1,2,\cdots,6;m = 1,2,3,4,9,\cdots,14)$$

$$\hat{P}_{1i} = SP_{1i}S,\quad \hat{U}_{1i} = SU_{1i}S\quad (i = 1,2,3,4)$$

$$\hat{P}_{2i} = SP_{2i}S,\quad \hat{U}_{2i} = SU_{2i}S\quad (i = 2,3,4)$$

$$\hat{M}_{i5} = G_1 M_{i5} S,\quad \hat{M}_{i7} = G_1 M_{i7} S,\quad \hat{M}_{i6} = G_2 M_{i6} S$$

$$\hat{M}_{i8} = G_2 M_{i8} S\quad (i = 1,2,\cdots,7)$$

$$\hat{N}_{ij} = SN_{ij}S,\quad Y_{ij} = SY_{ij}S\quad (i = 1,2,\cdots,7;j = 1,2,3,4)$$

$$\hat{N}_{ij} = SN_{ij}S,\quad Y_{ij} = SY_{ij}S\quad (i = 1,2,5,6,7;j = 5,6,7,8)$$

则以下不等式等价于(8.15)成立：

$$\begin{pmatrix} \bar{\Psi}_1 & \bar{\Psi}_2 \\ * & \bar{\Psi}_3 \end{pmatrix} + 2\begin{pmatrix} \Omega_1^{\mathrm{T}} \\ 0_{14\times 1} \end{pmatrix}(\Omega_2 \quad 0_{1\times 14}) + 2\begin{pmatrix} \Omega_3^{\mathrm{T}} \\ 0_{14\times 1} \end{pmatrix}(\Omega_4 \quad 0_{1\times 14}) + 2\begin{pmatrix} \Omega_5^{\mathrm{T}} \\ 0_{14\times 1} \end{pmatrix}(\Omega_6 \quad 0_{1\times 14}) < 0 \tag{8.16}$$

$$\Omega_1 = (0 \quad S \quad 0_{1\times 12}),\quad \Omega_2 = (0 \quad 0_{1\times 12} \quad (A_1 - LA_3)^{\mathrm{T}})$$

$$\Omega_3 = (0_{1\times 5} \quad G_2 \quad 0_{1\times 8})$$

$$\boldsymbol{\Omega}_4 = (\mathbf{0}_{1\times5} \quad \mathbf{0}_{1\times8} \quad (\boldsymbol{B}_1 - \boldsymbol{L}\boldsymbol{B}_3)^{\mathrm{T}}), \quad \boldsymbol{\Omega}_5 = (\mathbf{0}_{1\times7} \quad \boldsymbol{G}_2 \quad \mathbf{0}_{1\times6})$$

$$\boldsymbol{\Omega}_6 = (\mathbf{0}_{1\times7} \quad \mathbf{0}_{1\times6} \quad (\boldsymbol{C}_1 - \boldsymbol{L}\boldsymbol{C}_3)^{\mathrm{T}})$$

根据引理 1.1,(8.15)式成立当且仅当(8.14)式成立.证毕.

当 $d_1 \leqslant d(t) \leqslant d_2$ 时,可以得到系统(8.1)基于状态全阶状态观测器(8.3)的稳定性定理.

定理 8.3 对于具有全阶状态观测器(8.3)的系统(8.1)是渐近稳定的.如果存在正定矩阵 $\boldsymbol{P}_{11},\boldsymbol{P}_{22},\boldsymbol{Q}_{11},\boldsymbol{Q}_{22},\boldsymbol{U}_{11},\boldsymbol{U}_{22},\boldsymbol{R},\boldsymbol{P}_{22}$,对角正定矩阵 $\boldsymbol{\Lambda},\boldsymbol{P}_{22}$,任意矩阵 $\boldsymbol{P}_{12},\boldsymbol{Q}_{12},\boldsymbol{U}_{12},\boldsymbol{X},\boldsymbol{M}_{ij}\in\mathbf{R}^{n\times n},\boldsymbol{M}_{3j}\in\mathbf{R}^{n\times n},\boldsymbol{N}_{ji}\in\mathbf{R}^{n\times n},\boldsymbol{Y}_{ji}\in\mathbf{R}^{n\times n}(i=1,2;j=1,2,\cdots,14)$,使得以下的线性矩阵不等式成立:

$$\boldsymbol{\gamma} = \begin{pmatrix} \boldsymbol{\gamma}_1 & \boldsymbol{\gamma}_2 \\ * & \boldsymbol{\gamma}_3 \end{pmatrix} < 0 \tag{8.16}$$

$$\bar{\boldsymbol{\gamma}} = \begin{pmatrix} \bar{\boldsymbol{\gamma}}_1 & \bar{\boldsymbol{\gamma}}_2 \\ * & \boldsymbol{\gamma}_3 \end{pmatrix} < 0 \tag{8.17}$$

$$\boldsymbol{\gamma}_1 = \begin{pmatrix} \boldsymbol{\Xi}_{11} & \boldsymbol{\Xi}_{12} \\ * & \boldsymbol{\Xi}_{13} \end{pmatrix}, \quad \boldsymbol{\gamma}_2 = \begin{pmatrix} \boldsymbol{\Xi}_{14} & \boldsymbol{\Xi}_{15} \\ \boldsymbol{\Xi}_{16} & \boldsymbol{\Xi}_{17} \end{pmatrix}$$

$$\boldsymbol{\gamma}_3 = (\boldsymbol{\Xi}_{18} \quad \boldsymbol{\Xi}_{19}), \quad \bar{\boldsymbol{\gamma}}_1 = \begin{pmatrix} \boldsymbol{\Xi}_{11} & \bar{\boldsymbol{\Xi}}_{12} \\ * & \bar{\boldsymbol{\Xi}}_{13} \end{pmatrix}, \quad \bar{\boldsymbol{\gamma}}_2 = \begin{pmatrix} \bar{\boldsymbol{\Xi}}_{14} & \bar{\boldsymbol{\Xi}}_{15} \\ \bar{\boldsymbol{\Xi}}_{16} & \bar{\boldsymbol{\Xi}}_{17} \end{pmatrix}$$

$$\boldsymbol{\Xi}_{11} = \begin{pmatrix} \boldsymbol{\Pi}_1 & \boldsymbol{\Pi}_2 & \boldsymbol{\Pi}_3 & \boldsymbol{\Pi}_4 & \boldsymbol{\Pi}_5 & \boldsymbol{\Pi}_6 \\ * & \boldsymbol{\Pi}_7 & \boldsymbol{\Pi}_8 & \boldsymbol{\Pi}_9 & \boldsymbol{\Pi}_{10} & \boldsymbol{\Pi}_{11} \\ * & * & \boldsymbol{\Pi}_{12} & \boldsymbol{\Pi}_{13} & \boldsymbol{\Pi}_{14} & \boldsymbol{\Pi}_{15} \\ * & * & * & \boldsymbol{\Pi}_{16} & \boldsymbol{\Pi}_{17} & \boldsymbol{\Pi}_{18} \\ * & * & * & * & \boldsymbol{\Pi}_{19} & \boldsymbol{\Pi}_{20} \\ * & * & * & * & * & \boldsymbol{\Pi}_{21} \end{pmatrix}, \quad \boldsymbol{\Xi}_{12} = \begin{pmatrix} \boldsymbol{\Pi}_{22} & \boldsymbol{\Pi}_{23} & \boldsymbol{\Pi}_{24} & \boldsymbol{\Pi}_{25} & \boldsymbol{\Pi}_{26} \\ \boldsymbol{\Pi}_{27} & \boldsymbol{\Pi}_{28} & \boldsymbol{\Pi}_{29} & \boldsymbol{\Pi}_{30} & \boldsymbol{\Pi}_{31} \\ \boldsymbol{\Pi}_{32} & \boldsymbol{\Pi}_{33} & \boldsymbol{\Pi}_{34} & \boldsymbol{\Pi}_{35} & \boldsymbol{\Pi}_{36} \\ \boldsymbol{\Pi}_{37} & \boldsymbol{\Pi}_{38} & \boldsymbol{\Pi}_{39} & \boldsymbol{\Pi}_{40} & \boldsymbol{\Pi}_{41} \\ \boldsymbol{\Pi}_{42} & \boldsymbol{\Pi}_{43} & \boldsymbol{\Pi}_{44} & \boldsymbol{\Pi}_{45} & \boldsymbol{\Pi}_{46} \\ \boldsymbol{\Pi}_{47} & \boldsymbol{\Pi}_{48} & \boldsymbol{\Pi}_{49} & \boldsymbol{\Pi}_{50} & \boldsymbol{\Pi}_{51} \end{pmatrix}$$

$$\boldsymbol{\Xi}_{13} = \begin{pmatrix} \boldsymbol{\Pi}_{52} & \boldsymbol{\Pi}_{53} & \boldsymbol{\Pi}_{54} & \boldsymbol{\Pi}_{55} & \boldsymbol{\Pi}_{56} \\ * & \boldsymbol{\Pi}_{57} & \boldsymbol{\Pi}_{58} & \boldsymbol{\Pi}_{59} & \boldsymbol{\Pi}_{60} \\ * & * & \boldsymbol{\Pi}_{61} & \boldsymbol{\Pi}_{62} & \boldsymbol{\Pi}_{63} \\ * & * & * & \boldsymbol{\Pi}_{64} & \boldsymbol{\Pi}_{65} \\ * & * & * & * & \boldsymbol{\Pi}_{66} \end{pmatrix}, \quad \boldsymbol{\Xi}_{14} = (d_2 - d_1)\begin{pmatrix} \boldsymbol{E}_{11} & \boldsymbol{E}_{21} & \boldsymbol{E}_{31} \\ \boldsymbol{E}_{12} & \boldsymbol{E}_{22} & \boldsymbol{E}_{32} \\ \boldsymbol{E}_{13} & \boldsymbol{E}_{23} & \boldsymbol{E}_{33} \\ \boldsymbol{E}_{14} & \boldsymbol{E}_{24} & \boldsymbol{E}_{34} \\ \boldsymbol{E}_{15} & \boldsymbol{E}_{25} & \boldsymbol{E}_{35} \\ \boldsymbol{E}_{16} & \boldsymbol{E}_{26} & \boldsymbol{E}_{36} \end{pmatrix}$$

$$\boldsymbol{\Xi}_{15}=(d_2-d_1)\begin{pmatrix}\boldsymbol{F}_{11} & \boldsymbol{F}_{21} & \boldsymbol{X}_{11} & \boldsymbol{X}_{21}\\ \boldsymbol{F}_{12} & \boldsymbol{F}_{22} & \boldsymbol{X}_{12} & \boldsymbol{X}_{22}\\ \boldsymbol{F}_{13} & \boldsymbol{F}_{23} & \boldsymbol{X}_{13} & \boldsymbol{X}_{23}\\ \boldsymbol{F}_{14} & \boldsymbol{F}_{24} & \boldsymbol{X}_{14} & \boldsymbol{X}_{24}\\ \boldsymbol{F}_{15} & \boldsymbol{F}_{25} & \boldsymbol{X}_{15} & \boldsymbol{X}_{25}\\ \boldsymbol{F}_{16} & \boldsymbol{F}_{26} & \boldsymbol{X}_{16} & \boldsymbol{X}_{26}\end{pmatrix},\quad \boldsymbol{\Xi}_{16}=(d_2-d_1)\begin{pmatrix}\boldsymbol{E}_{17} & \boldsymbol{E}_{27} & \boldsymbol{E}_{37}\\ \boldsymbol{E}_{18} & \boldsymbol{E}_{28} & \boldsymbol{E}_{38}\\ \boldsymbol{E}_{19} & \boldsymbol{E}_{29} & \boldsymbol{E}_{39}\\ \boldsymbol{E}_{110} & \boldsymbol{E}_{210} & \boldsymbol{E}_{310}\\ \boldsymbol{E}_{111} & \boldsymbol{E}_{211} & \boldsymbol{E}_{311}\end{pmatrix}$$

$$\boldsymbol{\Xi}_{17}=(d_2-d_1)\begin{pmatrix}\boldsymbol{F}_{17} & \boldsymbol{F}_{27} & \boldsymbol{X}_{17} & \boldsymbol{X}_{27}\\ \boldsymbol{F}_{18} & \boldsymbol{F}_{28} & \boldsymbol{X}_{18} & \boldsymbol{X}_{28}\\ \boldsymbol{F}_{19} & \boldsymbol{F}_{29} & \boldsymbol{X}_{19} & \boldsymbol{X}_{29}\\ \boldsymbol{F}_{110} & \boldsymbol{F}_{210} & \boldsymbol{X}_{110} & \boldsymbol{X}_{210}\\ \boldsymbol{F}_{111} & \boldsymbol{F}_{211} & \boldsymbol{X}_{111} & \boldsymbol{X}_{211}\end{pmatrix},\quad \boldsymbol{\Xi}_{18}=(d_2-d_1)\begin{pmatrix}-\boldsymbol{R} & \boldsymbol{0} & \boldsymbol{0}\\ \boldsymbol{0} & -3\boldsymbol{R} & \boldsymbol{0}\\ \boldsymbol{0} & \boldsymbol{0} & -5\boldsymbol{R}\\ \boldsymbol{0} & \boldsymbol{0} & \boldsymbol{0}\\ \boldsymbol{0} & \boldsymbol{0} & \boldsymbol{0}\\ \boldsymbol{0} & \boldsymbol{0} & \boldsymbol{0}\\ \boldsymbol{0} & \boldsymbol{0} & \boldsymbol{0}\end{pmatrix}$$

$$\boldsymbol{\Xi}_{19}=-(d_2-d_1)\begin{pmatrix}\boldsymbol{0} & \boldsymbol{0} & \boldsymbol{0} & \boldsymbol{0}\\ \boldsymbol{0} & \boldsymbol{0} & \boldsymbol{0} & \boldsymbol{0}\\ \boldsymbol{0} & \boldsymbol{0} & \boldsymbol{0} & \boldsymbol{0}\\ \boldsymbol{U}_{11} & \boldsymbol{U}_{12} & \boldsymbol{0} & \boldsymbol{0}\\ \boldsymbol{U}_{12}^{\mathrm{T}} & \boldsymbol{U}_{22} & \boldsymbol{0} & \boldsymbol{0}\\ \boldsymbol{0} & \boldsymbol{0} & 3\boldsymbol{U}_{11} & 3\boldsymbol{U}_{12}\\ \boldsymbol{0} & \boldsymbol{0} & 3\boldsymbol{U}_{12}^{\mathrm{T}} & 3\boldsymbol{U}_{22}\end{pmatrix},\quad \overline{\boldsymbol{\Xi}}_{12}=\begin{pmatrix}\overline{\boldsymbol{\Pi}}_{22} & \overline{\boldsymbol{\Pi}}_{23} & \overline{\boldsymbol{\Pi}}_{24} & \overline{\boldsymbol{\Pi}}_{25} & \boldsymbol{\Pi}_{26}\\ \overline{\boldsymbol{\Pi}}_{27} & \overline{\boldsymbol{\Pi}}_{28} & \overline{\boldsymbol{\Pi}}_{29} & \overline{\boldsymbol{\Pi}}_{30} & \boldsymbol{\Pi}_{31}\\ \overline{\boldsymbol{\Pi}}_{32} & \overline{\boldsymbol{\Pi}}_{33} & \overline{\boldsymbol{\Pi}}_{34} & \overline{\boldsymbol{\Pi}}_{35} & \boldsymbol{\Pi}_{36}\\ \overline{\boldsymbol{\Pi}}_{37} & \overline{\boldsymbol{\Pi}}_{38} & \overline{\boldsymbol{\Pi}}_{39} & \overline{\boldsymbol{\Pi}}_{40} & \boldsymbol{\Pi}_{41}\\ \overline{\boldsymbol{\Pi}}_{42} & \overline{\boldsymbol{\Pi}}_{43} & \overline{\boldsymbol{\Pi}}_{44} & \overline{\boldsymbol{\Pi}}_{45} & \boldsymbol{\Pi}_{46}\\ \overline{\boldsymbol{\Pi}}_{47} & \overline{\boldsymbol{\Pi}}_{48} & \overline{\boldsymbol{\Pi}}_{49} & \overline{\boldsymbol{\Pi}}_{50} & \boldsymbol{\Pi}_{51}\end{pmatrix}$$

$$\overline{\boldsymbol{\Xi}}_{13}=\begin{pmatrix}\overline{\boldsymbol{\Pi}}_{52} & \overline{\boldsymbol{\Pi}}_{53} & \overline{\boldsymbol{\Pi}}_{54} & \overline{\boldsymbol{\Pi}}_{55} & \overline{\boldsymbol{\Pi}}_{56}\\ * & \overline{\boldsymbol{\Pi}}_{57} & \overline{\boldsymbol{\Pi}}_{58} & \overline{\boldsymbol{\Pi}}_{59} & \overline{\boldsymbol{\Pi}}_{60}\\ * & * & \overline{\boldsymbol{\Pi}}_{61} & \overline{\boldsymbol{\Pi}}_{62} & \overline{\boldsymbol{\Pi}}_{63}\\ * & * & * & \overline{\boldsymbol{\Pi}}_{64} & \boldsymbol{\Pi}_{65}\\ * & * & * & * & \boldsymbol{\Pi}_{66}\end{pmatrix},\quad \overline{\boldsymbol{\Xi}}_{14}=(d_2-d_1)\begin{pmatrix}\overline{\boldsymbol{E}}_{11} & \overline{\boldsymbol{E}}_{21} & \overline{\boldsymbol{E}}_{31}\\ \overline{\boldsymbol{E}}_{12} & \overline{\boldsymbol{E}}_{22} & \overline{\boldsymbol{E}}_{32}\\ \overline{\boldsymbol{E}}_{13} & \overline{\boldsymbol{E}}_{23} & \overline{\boldsymbol{E}}_{33}\\ \overline{\boldsymbol{E}}_{14} & \overline{\boldsymbol{E}}_{24} & \overline{\boldsymbol{E}}_{34}\\ \overline{\boldsymbol{E}}_{15} & \overline{\boldsymbol{E}}_{25} & \overline{\boldsymbol{E}}_{35}\\ \overline{\boldsymbol{E}}_{16} & \overline{\boldsymbol{E}}_{26} & \overline{\boldsymbol{E}}_{36}\end{pmatrix}$$

$$\bar{\boldsymbol{\Xi}}_{15} = (d_2 - d_1)\begin{pmatrix} \bar{\boldsymbol{F}}_{11} & \bar{\boldsymbol{F}}_{21} & \bar{\boldsymbol{X}}_{11} & \bar{\boldsymbol{X}}_{21} \\ \bar{\boldsymbol{F}}_{12} & \bar{\boldsymbol{F}}_{22} & \bar{\boldsymbol{X}}_{12} & \bar{\boldsymbol{X}}_{22} \\ \bar{\boldsymbol{F}}_{13} & \bar{\boldsymbol{F}}_{23} & \bar{\boldsymbol{X}}_{13} & \bar{\boldsymbol{X}}_{23} \\ \bar{\boldsymbol{F}}_{14} & \bar{\boldsymbol{F}}_{24} & \bar{\boldsymbol{X}}_{14} & \bar{\boldsymbol{X}}_{24} \\ \bar{\boldsymbol{F}}_{15} & \bar{\boldsymbol{F}}_{25} & \bar{\boldsymbol{X}}_{15} & \bar{\boldsymbol{X}}_{25} \\ \bar{\boldsymbol{F}}_{16} & \bar{\boldsymbol{F}}_{26} & \bar{\boldsymbol{X}}_{16} & \bar{\boldsymbol{X}}_{26} \end{pmatrix}, \quad \bar{\boldsymbol{\Xi}}_{16} = (d_2 - d_1)\begin{pmatrix} \bar{\boldsymbol{E}}_{17} & \bar{\boldsymbol{E}}_{27} & \bar{\boldsymbol{E}}_{37} \\ \bar{\boldsymbol{E}}_{18} & \bar{\boldsymbol{E}}_{28} & \bar{\boldsymbol{E}}_{38} \\ \bar{\boldsymbol{E}}_{19} & \bar{\boldsymbol{E}}_{29} & \bar{\boldsymbol{E}}_{39} \\ \bar{\boldsymbol{E}}_{110} & \bar{\boldsymbol{E}}_{210} & \bar{\boldsymbol{E}}_{310} \\ \bar{\boldsymbol{E}}_{111} & \bar{\boldsymbol{E}}_{211} & \bar{\boldsymbol{E}}_{311} \end{pmatrix}$$

$$\bar{\boldsymbol{\Xi}}_{17} = (d_2 - d_1)\begin{pmatrix} \bar{\boldsymbol{F}}_{17} & \bar{\boldsymbol{F}}_{27} & \bar{\boldsymbol{X}}_{17} & \bar{\boldsymbol{X}}_{27} \\ \bar{\boldsymbol{F}}_{18} & \bar{\boldsymbol{F}}_{28} & \bar{\boldsymbol{X}}_{18} & \bar{\boldsymbol{X}}_{28} \\ \bar{\boldsymbol{F}}_{19} & \bar{\boldsymbol{F}}_{29} & \bar{\boldsymbol{X}}_{19} & \bar{\boldsymbol{X}}_{29} \\ \bar{\boldsymbol{F}}_{110} & \bar{\boldsymbol{F}}_{210} & \bar{\boldsymbol{X}}_{110} & \bar{\boldsymbol{X}}_{210} \\ \bar{\boldsymbol{F}}_{111} & \bar{\boldsymbol{F}}_{211} & \bar{\boldsymbol{X}}_{111} & \bar{\boldsymbol{X}}_{211} \end{pmatrix}$$

$$\boldsymbol{\Pi}_1 = \boldsymbol{Q}_{11} + 2\boldsymbol{X}_{21} + 2\boldsymbol{X}_{21}^{\mathrm{T}} + 2\bar{\boldsymbol{X}}_{21} + 2\bar{\boldsymbol{X}}_{21}^{\mathrm{T}} - 2\boldsymbol{A}_2^{\mathrm{T}}\boldsymbol{T}_1\boldsymbol{\Lambda}\boldsymbol{T}_2\boldsymbol{A}_2 + (d_2 - d_1)\boldsymbol{U}_{11}$$

$$\boldsymbol{\Pi}_2 = \boldsymbol{E}_{11} + \boldsymbol{E}_{21} + \boldsymbol{E}_{31} - \bar{\boldsymbol{E}}_{11} + \bar{\boldsymbol{E}}_{21} + \bar{\boldsymbol{E}}_{31} - \boldsymbol{X}_{21} + 2\bar{\boldsymbol{X}}_{22}^{\mathrm{T}} + \bar{\boldsymbol{X}}_{21} + \bar{\boldsymbol{X}}_{22}^{\mathrm{T}} + \boldsymbol{F}_{21} - \bar{\boldsymbol{F}}_{21}$$

$$\boldsymbol{\Pi}_3 = -\boldsymbol{E}_{11} + \boldsymbol{E}_{21} + \boldsymbol{E}_{31} + \boldsymbol{X}_{21} + 2\boldsymbol{X}_{23}^{\mathrm{T}} + 2\bar{\boldsymbol{X}}_{23}^{\mathrm{T}} - \boldsymbol{F}_{21} - \boldsymbol{P}_{12}$$

$$\boldsymbol{\Pi}_4 = \bar{\boldsymbol{E}}_{11} + \bar{\boldsymbol{E}}_{21} + \bar{\boldsymbol{E}}_{31} - \bar{\boldsymbol{X}}_{21} + 2\boldsymbol{X}_{24}^{\mathrm{T}} + 2\bar{\boldsymbol{X}}_{24}^{\mathrm{T}} + \bar{\boldsymbol{F}}_{21} + \boldsymbol{P}_{12}$$

$$\boldsymbol{\Pi}_5 = \boldsymbol{Q}_{12} + 2\boldsymbol{X}_{25} + \bar{\boldsymbol{X}}_{25}^{\mathrm{T}} + \boldsymbol{Y}_{32}^{\mathrm{T}} + \boldsymbol{A}_2^{\mathrm{T}}(\boldsymbol{T}_1 + \boldsymbol{T}_2)\boldsymbol{\Lambda} - 2\boldsymbol{A}_2^{\mathrm{T}}\boldsymbol{T}_1\boldsymbol{\Lambda}\boldsymbol{T}_2\boldsymbol{B}_2$$

$$\boldsymbol{\Pi}_6 = 2\boldsymbol{X}_{26} + \bar{\boldsymbol{X}}_{26}^{\mathrm{T}} - 2\boldsymbol{A}_2^{\mathrm{T}}\boldsymbol{T}_1\boldsymbol{\Lambda}\boldsymbol{T}_2\boldsymbol{C}_2$$

$$\begin{aligned}\boldsymbol{\Pi}_7 = &-(1-\mu)\boldsymbol{Q}_{11} + \boldsymbol{E}_{12} + \boldsymbol{E}_{12}^{\mathrm{T}} + \boldsymbol{E}_{22} + \boldsymbol{E}_{22}^{\mathrm{T}} + \boldsymbol{E}_{32} + \boldsymbol{E}_{32}^{\mathrm{T}} - \bar{\boldsymbol{E}}_{12} - \bar{\boldsymbol{E}}_{12}^{\mathrm{T}} + \bar{\boldsymbol{E}}_{22} \\ &+ \bar{\boldsymbol{E}}_{22}^{\mathrm{T}} + \bar{\boldsymbol{E}}_{32} + \bar{\boldsymbol{E}}_{32}^{\mathrm{T}} - \boldsymbol{X}_{22} - \boldsymbol{X}_{22}^{\mathrm{T}} + \bar{\boldsymbol{X}}_{22} + \bar{\boldsymbol{X}}_{22}^{\mathrm{T}} + \boldsymbol{F}_{22} + \boldsymbol{F}_{22}^{\mathrm{T}} - \bar{\boldsymbol{F}}_{22} - \bar{\boldsymbol{F}}_{22}^{\mathrm{T}}\end{aligned}$$

$$\begin{aligned}\boldsymbol{\Pi}_8 = &-\boldsymbol{E}_{12} + \boldsymbol{E}_{13}^{\mathrm{T}} + \boldsymbol{E}_{22} + \boldsymbol{E}_{23}^{\mathrm{T}} + \boldsymbol{E}_{32} + \boldsymbol{E}_{33}^{\mathrm{T}} - \bar{\boldsymbol{E}}_{13}^{\mathrm{T}} + \bar{\boldsymbol{E}}_{23}^{\mathrm{T}} + \bar{\boldsymbol{E}}_{33}^{\mathrm{T}} + \boldsymbol{X}_{22} - \boldsymbol{X}_{23}^{\mathrm{T}} \\ &+ \bar{\boldsymbol{X}}_{23}^{\mathrm{T}} - \boldsymbol{F}_{22} + \boldsymbol{F}_{23}^{\mathrm{T}} - \bar{\boldsymbol{F}}_{23}^{\mathrm{T}}\end{aligned}$$

$$\begin{aligned}\boldsymbol{\Pi}_9 = &\ \boldsymbol{E}_{14}^{\mathrm{T}} + \boldsymbol{E}_{24}^{\mathrm{T}} + \boldsymbol{E}_{34}^{\mathrm{T}} + \bar{\boldsymbol{E}}_{12} - \bar{\boldsymbol{E}}_{14}^{\mathrm{T}} + \bar{\boldsymbol{E}}_{22} + \bar{\boldsymbol{E}}_{24}^{\mathrm{T}} + \bar{\boldsymbol{E}}_{32} + \bar{\boldsymbol{E}}_{34}^{\mathrm{T}} - \bar{\boldsymbol{X}}_{22} - \boldsymbol{X}_{24}^{\mathrm{T}} \\ &+ \bar{\boldsymbol{X}}_{24}^{\mathrm{T}} + \boldsymbol{F}_{24}^{\mathrm{T}} - \bar{\boldsymbol{F}}_{24}^{\mathrm{T}} + \bar{\boldsymbol{F}}_{22}\end{aligned}$$

$$\boldsymbol{\Pi}_{10} = \boldsymbol{E}_{15}^{\mathrm{T}} + \boldsymbol{E}_{25}^{\mathrm{T}} + \boldsymbol{E}_{35}^{\mathrm{T}} - \bar{\boldsymbol{E}}_{15}^{\mathrm{T}} + \bar{\boldsymbol{E}}_{25}^{\mathrm{T}} + \bar{\boldsymbol{E}}_{35}^{\mathrm{T}} - \boldsymbol{X}_{25}^{\mathrm{T}} + \bar{\boldsymbol{X}}_{25}^{\mathrm{T}} + \boldsymbol{F}_{25}^{\mathrm{T}} - \bar{\boldsymbol{F}}_{25}^{\mathrm{T}}$$

$$\begin{aligned}\boldsymbol{\Pi}_{11} = &-(1-\mu)\boldsymbol{Q}_{11} + \boldsymbol{E}_{16}^{\mathrm{T}} + \boldsymbol{E}_{26}^{\mathrm{T}} + \boldsymbol{E}_{36}^{\mathrm{T}} - \bar{\boldsymbol{E}}_{16}^{\mathrm{T}} + \bar{\boldsymbol{E}}_{26}^{\mathrm{T}} + \bar{\boldsymbol{E}}_{36}^{\mathrm{T}} - \boldsymbol{X}_{26}^{\mathrm{T}} + \bar{\boldsymbol{X}}_{26}^{\mathrm{T}} \\ &+ \boldsymbol{F}_{26}^{\mathrm{T}} - \bar{\boldsymbol{F}}_{26}^{\mathrm{T}}\end{aligned}$$

$$\boldsymbol{\Pi}_{12} = -\boldsymbol{E}_{13} - \boldsymbol{E}_{13}^{\mathrm{T}} + \boldsymbol{E}_{23} + \boldsymbol{E}_{23}^{\mathrm{T}} + \boldsymbol{E}_{33} + \boldsymbol{E}_{33}^{\mathrm{T}} + \boldsymbol{X}_{23} + \boldsymbol{X}_{23}^{\mathrm{T}} - \boldsymbol{F}_{23} - \boldsymbol{F}_{23}^{\mathrm{T}}$$

$$\boldsymbol{\Pi}_{13} = -\boldsymbol{E}_{14}^{\mathrm{T}} + \boldsymbol{E}_{24}^{\mathrm{T}} + \boldsymbol{E}_{34}^{\mathrm{T}} + \overline{\boldsymbol{E}}_{13} - \overline{\boldsymbol{E}}_{23}^{\mathrm{T}} + \overline{\boldsymbol{E}}_{33} + \boldsymbol{X}_{24}^{\mathrm{T}} - \overline{\boldsymbol{X}}_{23} - \boldsymbol{F}_{24}^{\mathrm{T}} + \overline{\boldsymbol{F}}_{23}$$

$$\boldsymbol{\Pi}_{14} = -\boldsymbol{E}_{15}^{\mathrm{T}} + \boldsymbol{E}_{25}^{\mathrm{T}} + \boldsymbol{E}_{35}^{\mathrm{T}} + \boldsymbol{X}_{25}^{\mathrm{T}} - \boldsymbol{F}_{25}^{\mathrm{T}}$$

$$\boldsymbol{\Pi}_{15} = -\boldsymbol{E}_{16}^{\mathrm{T}} + \boldsymbol{E}_{26}^{\mathrm{T}} + \boldsymbol{E}_{36}^{\mathrm{T}} + \boldsymbol{X}_{26}^{\mathrm{T}} - \boldsymbol{F}_{26}^{\mathrm{T}}$$

$$\boldsymbol{\Pi}_{16} = \overline{\boldsymbol{E}}_{14} + \overline{\boldsymbol{E}}_{14}^{\mathrm{T}} + \overline{\boldsymbol{E}}_{24} + \overline{\boldsymbol{E}}_{24}^{\mathrm{T}} + \overline{\boldsymbol{E}}_{34} + \overline{\boldsymbol{E}}_{34}^{\mathrm{T}} - \overline{\boldsymbol{X}}_{24} - \overline{\boldsymbol{X}}_{24}^{\mathrm{T}} + \overline{\boldsymbol{F}}_{24} + \overline{\boldsymbol{F}}_{24}^{\mathrm{T}}$$

$$\boldsymbol{\Pi}_{17} = \overline{\boldsymbol{E}}_{15}^{\mathrm{T}} + \overline{\boldsymbol{E}}_{25}^{\mathrm{T}} + \overline{\boldsymbol{E}}_{35}^{\mathrm{T}} - \overline{\boldsymbol{X}}_{25}^{\mathrm{T}} + \overline{\boldsymbol{F}}_{25}^{\mathrm{T}}$$

$$\boldsymbol{\Pi}_{18} = \overline{\boldsymbol{E}}_{16}^{\mathrm{T}} + \overline{\boldsymbol{E}}_{26}^{\mathrm{T}} + \overline{\boldsymbol{E}}_{36}^{\mathrm{T}} - \overline{\boldsymbol{X}}_{26}^{\mathrm{T}} + \overline{\boldsymbol{F}}_{26}^{\mathrm{T}}$$

$$\boldsymbol{\Pi}_{19} = \boldsymbol{Q}_{22} + 2\boldsymbol{\Lambda}\boldsymbol{T}_1 + \boldsymbol{T}_2\boldsymbol{B}_2 - 2\boldsymbol{\Lambda} - 2\boldsymbol{B}_2^{\mathrm{T}}\boldsymbol{T}_1\boldsymbol{\Lambda}\boldsymbol{T}_2\boldsymbol{B}_2$$

$$\boldsymbol{\Pi}_{20} = \boldsymbol{\Lambda}\boldsymbol{T}_1 + \boldsymbol{T}_2\boldsymbol{C}_2 - 2\boldsymbol{\Lambda}\boldsymbol{B}_2^{\mathrm{T}}\boldsymbol{T}_1\boldsymbol{\Lambda}\boldsymbol{T}_2\boldsymbol{C}_2$$

$$\boldsymbol{\Pi}_{21} = -(1-\mu)\boldsymbol{Q}_{22} - 2\boldsymbol{\Lambda}\boldsymbol{C}_2^{\mathrm{T}}\boldsymbol{T}_1\boldsymbol{\Lambda}\boldsymbol{T}_2\boldsymbol{C}_2$$

$$\boldsymbol{\Pi}_{22} = -2\boldsymbol{E}_{21} + 6\boldsymbol{E}_{31} - 2\boldsymbol{X}_{21} + 2\boldsymbol{X}_{27}^{\mathrm{T}} + 2\overline{\boldsymbol{X}}_{27}^{\mathrm{T}} - \bar{d}\boldsymbol{X}_{11} + \bar{d}\boldsymbol{F}_{11}$$

$$\boldsymbol{\Pi}_{23} = -2\overline{\boldsymbol{E}}_{21} + 6\overline{\boldsymbol{E}}_{31} - 2\overline{\boldsymbol{X}}_{21} + 2\boldsymbol{X}_{28}^{\mathrm{T}} + 2\overline{\boldsymbol{X}}_{28}^{\mathrm{T}}$$

$$\boldsymbol{\Pi}_{24} = -12\boldsymbol{E}_{31} + 2\boldsymbol{X}_{29}^{\mathrm{T}} + 2\overline{\boldsymbol{X}}_{29}^{\mathrm{T}} + 2\bar{d}\boldsymbol{X}_{11}$$

$$\boldsymbol{\Pi}_{25} = -12\overline{\boldsymbol{E}}_{31} + 2\boldsymbol{X}_{210}^{\mathrm{T}} + 2\overline{\boldsymbol{X}}_{210}^{\mathrm{T}}$$

$$\boldsymbol{\Pi}_{26} = \boldsymbol{P}_{11} + 2\boldsymbol{X}_{211}^{\mathrm{T}} + 2\overline{\boldsymbol{X}}_{211}^{\mathrm{T}} + (\boldsymbol{A}_1 - \boldsymbol{L}\boldsymbol{A}_3)^{\mathrm{T}}\boldsymbol{X}^{\mathrm{T}} + \bar{d}\boldsymbol{U}_{12}$$

$$\begin{aligned}\boldsymbol{\Pi}_{27} = {} & \boldsymbol{E}_{17}^{\mathrm{T}} - 2\boldsymbol{E}_{22} + \boldsymbol{E}_{27}^{\mathrm{T}} + 6\boldsymbol{E}_{32} + \boldsymbol{E}_{37}^{\mathrm{T}} - \overline{\boldsymbol{E}}_{17}^{\mathrm{T}} + \overline{\boldsymbol{E}}_{27}^{\mathrm{T}} + \overline{\boldsymbol{E}}_{37}^{\mathrm{T}} - 2\boldsymbol{X}_{22} - \boldsymbol{X}_{27}^{\mathrm{T}} + \overline{\boldsymbol{X}}_{27}^{\mathrm{T}} \\ & + \bar{d}\boldsymbol{X}_{12}^{\mathrm{T}} + \boldsymbol{F}_{27}^{\mathrm{T}} - \bar{d}\boldsymbol{F}_{12} - \overline{\boldsymbol{F}}_{27}^{\mathrm{T}}\end{aligned}$$

$$\begin{aligned}\boldsymbol{\Pi}_{28} = {} & \boldsymbol{E}_{18}^{\mathrm{T}} + \boldsymbol{E}_{28}^{\mathrm{T}} + \boldsymbol{E}_{38}^{\mathrm{T}} - \overline{\boldsymbol{E}}_{18}^{\mathrm{T}} + \overline{\boldsymbol{E}}_{28}^{\mathrm{T}} + \overline{\boldsymbol{E}}_{38}^{\mathrm{T}} - 2\overline{\boldsymbol{E}}_{22} - \boldsymbol{X}_{28}^{\mathrm{T}} + 6\overline{\boldsymbol{E}}_{32} - 2\overline{\boldsymbol{X}}_{22} \\ & + \overline{\boldsymbol{X}}_{28}^{\mathrm{T}} + \boldsymbol{F}_{28}^{\mathrm{T}} - \overline{\boldsymbol{F}}_{28}^{\mathrm{T}}\end{aligned}$$

$$\begin{aligned}\boldsymbol{\Pi}_{29} = {} & \boldsymbol{E}_{19}^{\mathrm{T}} + \boldsymbol{E}_{29}^{\mathrm{T}} + \boldsymbol{E}_{39}^{\mathrm{T}} - \overline{\boldsymbol{E}}_{19}^{\mathrm{T}} + \overline{\boldsymbol{E}}_{29}^{\mathrm{T}} + \overline{\boldsymbol{E}}_{39}^{\mathrm{T}} - 12\boldsymbol{E}_{32} - \boldsymbol{X}_{29}^{\mathrm{T}} + 6\overline{\boldsymbol{E}}_{32} + 2\bar{d}\boldsymbol{X}_{12} \\ & - 2\overline{\boldsymbol{X}}_{22} + \overline{\boldsymbol{X}}_{29}^{\mathrm{T}} - \overline{\boldsymbol{F}}_{29}^{\mathrm{T}}\end{aligned}$$

$$\begin{aligned}\boldsymbol{\Pi}_{30} = {} & \boldsymbol{E}_{110}^{\mathrm{T}} + \boldsymbol{E}_{210}^{\mathrm{T}} + \boldsymbol{E}_{310}^{\mathrm{T}} - \overline{\boldsymbol{E}}_{110}^{\mathrm{T}} + \overline{\boldsymbol{E}}_{210}^{\mathrm{T}} + \overline{\boldsymbol{E}}_{310}^{\mathrm{T}} - 12\overline{\boldsymbol{E}}_{32} - \boldsymbol{X}_{210}^{\mathrm{T}} + \overline{\boldsymbol{X}}_{210}^{\mathrm{T}} \\ & + \boldsymbol{F}_{210}^{\mathrm{T}} - \overline{\boldsymbol{F}}_{210}^{\mathrm{T}}\end{aligned}$$

$$\boldsymbol{\Pi}_{31} = \boldsymbol{E}_{111}^{\mathrm{T}} + \boldsymbol{E}_{211}^{\mathrm{T}} + \boldsymbol{E}_{311}^{\mathrm{T}} - \overline{\boldsymbol{E}}_{111}^{\mathrm{T}} + \overline{\boldsymbol{E}}_{211}^{\mathrm{T}} + \overline{\boldsymbol{E}}_{311}^{\mathrm{T}} - \boldsymbol{X}_{211}^{\mathrm{T}} + \overline{\boldsymbol{X}}_{211}^{\mathrm{T}} + \boldsymbol{F}_{211}^{\mathrm{T}} - \overline{\boldsymbol{F}}_{211}^{\mathrm{T}}$$

$$\boldsymbol{\Pi}_{32} = -\boldsymbol{E}_{17}^{\mathrm{T}} + \boldsymbol{E}_{27}^{\mathrm{T}} + \boldsymbol{E}_{37}^{\mathrm{T}} - 2\boldsymbol{E}_{23} + 6\boldsymbol{E}_{33} - 2\boldsymbol{X}_{23} + \overline{\boldsymbol{X}}_{27}^{\mathrm{T}} - \bar{d}\boldsymbol{X}_{13} - \bar{d}\boldsymbol{P}_{22} + \bar{d}\boldsymbol{F}_{13} - \boldsymbol{F}_{27}^{\mathrm{T}}$$

$$\boldsymbol{\Pi}_{33} = -\boldsymbol{E}_{18}^{\mathrm{T}} + \boldsymbol{E}_{28}^{\mathrm{T}} + \boldsymbol{E}_{38}^{\mathrm{T}} - 2\overline{\boldsymbol{E}}_{23} + 6\overline{\boldsymbol{E}}_{33} - 2\overline{\boldsymbol{X}}_{23} + \boldsymbol{X}_{28}^{\mathrm{T}} - \bar{d}\boldsymbol{P}_{22}^{\mathrm{T}} + \bar{d}\boldsymbol{F}_{13} - \boldsymbol{F}_{28}^{\mathrm{T}}$$

$$\boldsymbol{\Pi}_{34} = -\boldsymbol{E}_{19}^{\mathrm{T}} + \boldsymbol{E}_{29}^{\mathrm{T}} + \boldsymbol{E}_{39}^{\mathrm{T}} - 12\boldsymbol{E}_{33} + \overline{\boldsymbol{X}}_{29}^{\mathrm{T}} + 2\bar{d}\boldsymbol{X}_{13} - \boldsymbol{F}_{29}^{\mathrm{T}}$$

$$\boldsymbol{\Pi}_{35}=-\boldsymbol{E}_{110}^{\mathrm{T}}+\boldsymbol{E}_{210}^{\mathrm{T}}+\boldsymbol{E}_{310}^{\mathrm{T}}-12\overline{\boldsymbol{E}}_{33}+\boldsymbol{X}_{210}^{\mathrm{T}}-\boldsymbol{F}_{210}^{\mathrm{T}}$$

$$\boldsymbol{\Pi}_{36}=-\boldsymbol{E}_{111}^{\mathrm{T}}+\boldsymbol{E}_{211}^{\mathrm{T}}+\boldsymbol{E}_{311}^{\mathrm{T}}+\boldsymbol{X}_{211}^{\mathrm{T}}-\boldsymbol{F}_{211}^{\mathrm{T}}$$

$$\boldsymbol{\Pi}_{37}=-2\boldsymbol{E}_{24}+6\boldsymbol{E}_{34}+\overline{\boldsymbol{E}}_{17}^{\mathrm{T}}+\overline{\boldsymbol{E}}_{27}^{\mathrm{T}}+\overline{\boldsymbol{E}}_{37}^{\mathrm{T}}-2\boldsymbol{X}_{24}-\overline{\boldsymbol{X}}_{27}^{\mathrm{T}}-\bar{d}\boldsymbol{X}_{14}+\bar{d}\boldsymbol{F}_{14}+\overline{\boldsymbol{F}}_{27}^{\mathrm{T}}+\bar{d}\boldsymbol{P}_{22}^{\mathrm{T}}$$

$$\boldsymbol{\Pi}_{38}=\overline{\boldsymbol{E}}_{18}^{\mathrm{T}}+\overline{\boldsymbol{E}}_{28}^{\mathrm{T}}+\overline{\boldsymbol{E}}_{38}^{\mathrm{T}}-2\overline{\boldsymbol{E}}_{24}+6\overline{\boldsymbol{E}}_{34}-\overline{\boldsymbol{X}}_{28}^{\mathrm{T}}-2\overline{\boldsymbol{X}}_{24}+\overline{\boldsymbol{F}}_{28}^{\mathrm{T}}$$

$$\boldsymbol{\Pi}_{39}=-12\boldsymbol{E}_{34}+\overline{\boldsymbol{E}}_{19}^{\mathrm{T}}+\overline{\boldsymbol{E}}_{29}^{\mathrm{T}}+\overline{\boldsymbol{E}}_{39}^{\mathrm{T}}-\overline{\boldsymbol{X}}_{29}^{\mathrm{T}}+2\bar{d}\boldsymbol{X}_{14}+\overline{\boldsymbol{F}}_{29}^{\mathrm{T}}$$

$$\boldsymbol{\Pi}_{40}=-12\overline{\boldsymbol{E}}_{34}+\overline{\boldsymbol{E}}_{110}^{\mathrm{T}}+\overline{\boldsymbol{E}}_{210}^{\mathrm{T}}+\overline{\boldsymbol{E}}_{310}^{\mathrm{T}}-\overline{\boldsymbol{X}}_{210}^{\mathrm{T}}+\overline{\boldsymbol{F}}_{210}^{\mathrm{T}}$$

$$\boldsymbol{\Pi}_{41}=\overline{\boldsymbol{E}}_{111}^{\mathrm{T}}+\overline{\boldsymbol{E}}_{211}^{\mathrm{T}}+\overline{\boldsymbol{E}}_{311}^{\mathrm{T}}-\overline{\boldsymbol{X}}_{211}^{\mathrm{T}}+\overline{\boldsymbol{F}}_{211}^{\mathrm{T}}$$

$$\boldsymbol{\Pi}_{42}=-2\boldsymbol{E}_{25}+6\boldsymbol{E}_{35}-\bar{d}\boldsymbol{X}_{15}+\bar{d}\boldsymbol{F}_{15}-2\boldsymbol{X}_{25}$$

$$\boldsymbol{\Pi}_{43}=-2\overline{\boldsymbol{E}}_{25}+6\overline{\boldsymbol{E}}_{35}-2\overline{\boldsymbol{X}}_{25}$$

$$\boldsymbol{\Pi}_{44}=-12\boldsymbol{E}_{35}+2\bar{d}\boldsymbol{X}_{15}$$

$$\boldsymbol{\Pi}_{45}=-12\overline{\boldsymbol{E}}_{35}$$

$$\boldsymbol{\Pi}_{46}=(\boldsymbol{B}_1-\boldsymbol{L}\boldsymbol{B}_3)^{\mathrm{T}}\boldsymbol{X}^{\mathrm{T}}$$

$$\boldsymbol{\Pi}_{47}=-2\boldsymbol{E}_{26}+6\boldsymbol{E}_{36}-\bar{d}\boldsymbol{X}_{16}+\bar{d}\boldsymbol{F}_{16}-2\boldsymbol{X}_{26}$$

$$\boldsymbol{\Pi}_{48}=-2\overline{\boldsymbol{E}}_{26}+6\overline{\boldsymbol{E}}_{36}-2\overline{\boldsymbol{X}}_{26}$$

$$\boldsymbol{\Pi}_{49}=-12\boldsymbol{E}_{36}+2\bar{d}\boldsymbol{X}_{16}$$

$$\boldsymbol{\Pi}_{50}=-12\overline{\boldsymbol{E}}_{36}$$

$$\boldsymbol{\Pi}_{51}=(\boldsymbol{C}_1-\boldsymbol{L}\boldsymbol{C}_3)^{\mathrm{T}}\boldsymbol{X}^{\mathrm{T}}$$

$$\boldsymbol{\Pi}_{52}=-2\boldsymbol{E}_{27}-2\boldsymbol{E}_{27}^{\mathrm{T}}+6\boldsymbol{E}_{37}+6\boldsymbol{E}_{37}^{\mathrm{T}}-2\boldsymbol{X}_{27}-2\boldsymbol{X}_{27}^{\mathrm{T}}-\bar{d}\boldsymbol{X}_{17}-\bar{d}\boldsymbol{X}_{17}^{\mathrm{T}}-\bar{d}\boldsymbol{F}_{17}-\bar{d}\boldsymbol{F}_{17}^{\mathrm{T}}$$

$$\boldsymbol{\Pi}_{53}=-2\overline{\boldsymbol{E}}_{27}+6\overline{\boldsymbol{E}}_{37}-2\boldsymbol{E}_{28}^{\mathrm{T}}+6\boldsymbol{E}_{38}^{\mathrm{T}}-2\overline{\boldsymbol{X}}_{27}^{\mathrm{T}}-2\boldsymbol{X}_{28}^{\mathrm{T}}-\bar{d}\boldsymbol{X}_{18}^{\mathrm{T}}+\bar{d}\boldsymbol{F}_{18}^{\mathrm{T}}$$

$$\boldsymbol{\Pi}_{54}=-2\boldsymbol{E}_{29}^{\mathrm{T}}-12\boldsymbol{E}_{37}+6\boldsymbol{E}_{39}^{\mathrm{T}}-2\boldsymbol{X}_{29}^{\mathrm{T}}+2\bar{d}\boldsymbol{X}_{17}-\bar{d}\boldsymbol{X}_{19}^{\mathrm{T}}+\bar{d}\boldsymbol{F}_{19}^{\mathrm{T}}$$

$$\boldsymbol{\Pi}_{55}=-2\boldsymbol{E}_{210}^{\mathrm{T}}+6\boldsymbol{E}_{310}^{\mathrm{T}}-12\overline{\boldsymbol{E}}_{37}-2\boldsymbol{X}_{210}^{\mathrm{T}}-\bar{d}\boldsymbol{X}_{110}^{\mathrm{T}}+\bar{d}\boldsymbol{F}_{110}^{\mathrm{T}}$$

$$\boldsymbol{\Pi}_{56}=-2\boldsymbol{E}_{211}^{\mathrm{T}}+6\boldsymbol{E}_{311}^{\mathrm{T}}-2\boldsymbol{X}_{211}^{\mathrm{T}}-\bar{d}\boldsymbol{X}_{111}^{\mathrm{T}}+\bar{d}\boldsymbol{F}_{111}^{\mathrm{T}}+\bar{d}\boldsymbol{P}_{12}^{\mathrm{T}}$$

$$\boldsymbol{\Pi}_{57}=-2\overline{\boldsymbol{E}}_{28}-2\overline{\boldsymbol{E}}_{28}^{\mathrm{T}}+6\overline{\boldsymbol{E}}_{38}+6\overline{\boldsymbol{E}}_{38}^{\mathrm{T}}-2\overline{\boldsymbol{X}}_{28}-2\overline{\boldsymbol{X}}_{28}^{\mathrm{T}}$$

$$\boldsymbol{\Pi}_{58}=-12\boldsymbol{E}_{38}-2\overline{\boldsymbol{E}}_{29}^{\mathrm{T}}+6\overline{\boldsymbol{E}}_{39}^{\mathrm{T}}+2\bar{d}\boldsymbol{X}_{18}-2\overline{\boldsymbol{X}}_{29}^{\mathrm{T}}$$

$$\boldsymbol{\Pi}_{59}=-12\overline{\boldsymbol{E}}_{38}-2\overline{\boldsymbol{E}}_{210}^{\mathrm{T}}+6\overline{\boldsymbol{E}}_{310}^{\mathrm{T}}-2\overline{\boldsymbol{X}}_{210}^{\mathrm{T}}$$

$$\boldsymbol{\Pi}_{60}=-2\overline{\boldsymbol{E}}_{211}^{\mathrm{T}}+6\overline{\boldsymbol{E}}_{311}^{\mathrm{T}}-2\overline{\boldsymbol{X}}_{211}^{\mathrm{T}}$$

$$\boldsymbol{\Pi}_{61}=-12\boldsymbol{E}_{39}-12\boldsymbol{E}_{39}^{\mathrm{T}}+6\boldsymbol{E}_{37}+2\bar{d}\boldsymbol{X}_{19}+2\bar{d}\boldsymbol{X}_{19}^{\mathrm{T}}$$

$$\boldsymbol{\Pi}_{62} = -12\bar{\boldsymbol{E}}_{39} - 12\boldsymbol{E}_{310}^{\mathrm{T}} + 6\boldsymbol{E}_{37} + 2\bar{d}\boldsymbol{X}_{110}^{\mathrm{T}}$$

$$\boldsymbol{\Pi}_{63} = -12\boldsymbol{E}_{311}^{\mathrm{T}} + 2\bar{d}\boldsymbol{X}_{111}^{\mathrm{T}}$$

$$\boldsymbol{\Pi}_{64} = -12\bar{\boldsymbol{E}}_{310} - 12\bar{\boldsymbol{E}}_{310}^{\mathrm{T}}$$

$$\boldsymbol{\Pi}_{65} = -12\bar{\boldsymbol{E}}_{311}^{\mathrm{T}}$$

$$\boldsymbol{\Pi}_{66} = \bar{d}\boldsymbol{R} + \bar{d}\boldsymbol{U}_{22} - \boldsymbol{X} - \boldsymbol{X}^{\mathrm{T}}$$

$$\bar{\boldsymbol{\Pi}}_{22} = -2\boldsymbol{E}_{21} + 6\boldsymbol{E}_{31} - 2\boldsymbol{X}_{21} + 2\boldsymbol{X}_{27}^{\mathrm{T}} + 2\bar{\boldsymbol{X}}_{27}^{\mathrm{T}}$$

$$\bar{\boldsymbol{\Pi}}_{23} = -2\bar{\boldsymbol{E}}_{21} + 6\bar{\boldsymbol{E}}_{31} - 2\bar{\boldsymbol{X}}_{21} + 2\boldsymbol{X}_{28}^{\mathrm{T}} + 2\bar{\boldsymbol{X}}_{28}^{\mathrm{T}} - \bar{d}\bar{\boldsymbol{X}}_{11} + \bar{d}\bar{\boldsymbol{F}}_{11}$$

$$\bar{\boldsymbol{\Pi}}_{24} = -12\boldsymbol{E}_{31} + 2\boldsymbol{X}_{29}^{\mathrm{T}} + 2\bar{\boldsymbol{X}}_{29}^{\mathrm{T}}$$

$$\bar{\boldsymbol{\Pi}}_{25} = -12\bar{\boldsymbol{E}}_{31} + 2\boldsymbol{X}_{210}^{\mathrm{T}} + 2\bar{\boldsymbol{X}}_{210}^{\mathrm{T}} + 2\bar{d}\bar{\boldsymbol{X}}_{11}$$

$$\bar{\boldsymbol{\Pi}}_{27} = \boldsymbol{E}_{17}^{\mathrm{T}} - 2\boldsymbol{E}_{22} + \boldsymbol{E}_{27}^{\mathrm{T}} + 6\boldsymbol{E}_{32} + \boldsymbol{E}_{37}^{\mathrm{T}} - \bar{\boldsymbol{E}}_{17}^{\mathrm{T}} + \bar{\boldsymbol{E}}_{27}^{\mathrm{T}} + \bar{\boldsymbol{E}}_{37}^{\mathrm{T}} - 2\boldsymbol{X}_{22} - \boldsymbol{X}_{27}^{\mathrm{T}} + \bar{\boldsymbol{X}}_{27}^{\mathrm{T}} - \bar{\boldsymbol{F}}_{27}^{\mathrm{T}}$$

$$\bar{\boldsymbol{\Pi}}_{28} = \boldsymbol{E}_{18}^{\mathrm{T}} + \boldsymbol{E}_{28}^{\mathrm{T}} + \boldsymbol{E}_{38}^{\mathrm{T}} - \bar{\boldsymbol{E}}_{18}^{\mathrm{T}} + \bar{\boldsymbol{E}}_{28}^{\mathrm{T}} + \bar{\boldsymbol{E}}_{38}^{\mathrm{T}} - 2\bar{\boldsymbol{E}}_{22} - \boldsymbol{X}_{28}^{\mathrm{T}} + 6\bar{\boldsymbol{E}}_{32} - 2\bar{\boldsymbol{X}}_{22} + \bar{\boldsymbol{X}}_{28}^{\mathrm{T}}$$
$$- \bar{d}\bar{\boldsymbol{X}}_{12} - \bar{d}\bar{\boldsymbol{F}}_{12} + \boldsymbol{F}_{27}^{\mathrm{T}} + \boldsymbol{F}_{28}^{\mathrm{T}} - \bar{\boldsymbol{F}}_{28}^{\mathrm{T}}$$

$$\bar{\boldsymbol{\Pi}}_{29} = \boldsymbol{E}_{19}^{\mathrm{T}} + \boldsymbol{E}_{29}^{\mathrm{T}} + \boldsymbol{E}_{39}^{\mathrm{T}} - \bar{\boldsymbol{E}}_{19}^{\mathrm{T}} + \bar{\boldsymbol{E}}_{29}^{\mathrm{T}} + \bar{\boldsymbol{E}}_{39}^{\mathrm{T}} - 12\boldsymbol{E}_{32} - \boldsymbol{X}_{29}^{\mathrm{T}} - 2\bar{\boldsymbol{X}}_{22} + \bar{\boldsymbol{X}}_{29}^{\mathrm{T}} - \bar{\boldsymbol{F}}_{29}^{\mathrm{T}}$$

$$\bar{\boldsymbol{\Pi}}_{30} = \boldsymbol{E}_{110}^{\mathrm{T}} + \boldsymbol{E}_{210}^{\mathrm{T}} + \boldsymbol{E}_{310}^{\mathrm{T}} - \bar{\boldsymbol{E}}_{110}^{\mathrm{T}} + \bar{\boldsymbol{E}}_{210}^{\mathrm{T}} + \bar{\boldsymbol{E}}_{310}^{\mathrm{T}} - 12\bar{\boldsymbol{E}}_{32} - \boldsymbol{X}_{210}^{\mathrm{T}} + \bar{\boldsymbol{X}}_{210}^{\mathrm{T}} + \boldsymbol{F}_{210}^{\mathrm{T}}$$
$$- \bar{\boldsymbol{F}}_{210}^{\mathrm{T}} + 2\bar{d}\bar{\boldsymbol{X}}_{12}$$

$$\bar{\boldsymbol{\Pi}}_{32} = -\boldsymbol{E}_{17}^{\mathrm{T}} + \boldsymbol{E}_{27}^{\mathrm{T}} + \boldsymbol{E}_{37}^{\mathrm{T}} - 2\boldsymbol{E}_{23} + 6\boldsymbol{E}_{33} - 2\boldsymbol{X}_{23} + \bar{\boldsymbol{X}}_{27}^{\mathrm{T}}$$

$$\bar{\boldsymbol{\Pi}}_{33} = -\boldsymbol{E}_{18}^{\mathrm{T}} + \boldsymbol{E}_{28}^{\mathrm{T}} + \boldsymbol{E}_{38}^{\mathrm{T}} - 2\bar{\boldsymbol{E}}_{23} + 6\bar{\boldsymbol{E}}_{33} - 2\bar{\boldsymbol{X}}_{23} + \boldsymbol{X}_{28}^{\mathrm{T}} - \boldsymbol{F}_{28}^{\mathrm{T}} + \bar{d}\boldsymbol{F}_{13} - \bar{d}\boldsymbol{P}_{22}^{\mathrm{T}} - \bar{d}\bar{\boldsymbol{X}}_{13}$$

$$\bar{\boldsymbol{\Pi}}_{34} = -\boldsymbol{E}_{19}^{\mathrm{T}} + \boldsymbol{E}_{29}^{\mathrm{T}} + \boldsymbol{E}_{39}^{\mathrm{T}} - 12\boldsymbol{E}_{33} + \bar{\boldsymbol{X}}_{29}^{\mathrm{T}} - \boldsymbol{F}_{29}^{\mathrm{T}}$$

$$\bar{\boldsymbol{\Pi}}_{35} = -\boldsymbol{E}_{110}^{\mathrm{T}} + \boldsymbol{E}_{210}^{\mathrm{T}} + \boldsymbol{E}_{310}^{\mathrm{T}} - 12\bar{\boldsymbol{E}}_{33} + \boldsymbol{X}_{210}^{\mathrm{T}} - \boldsymbol{F}_{210}^{\mathrm{T}} + 2\bar{d}\bar{\boldsymbol{X}}_{13}$$

$$\bar{\boldsymbol{\Pi}}_{37} = -2\boldsymbol{E}_{24} + 6\boldsymbol{E}_{34} + \bar{\boldsymbol{E}}_{17}^{\mathrm{T}} + \bar{\boldsymbol{E}}_{27}^{\mathrm{T}} + \bar{\boldsymbol{E}}_{37}^{\mathrm{T}} - 2\boldsymbol{X}_{24} - \bar{\boldsymbol{X}}_{27}^{\mathrm{T}} + \bar{\boldsymbol{F}}_{27}^{\mathrm{T}}$$

$$\bar{\boldsymbol{\Pi}}_{38} = \bar{\boldsymbol{E}}_{18}^{\mathrm{T}} + \bar{\boldsymbol{E}}_{28}^{\mathrm{T}} + \bar{\boldsymbol{E}}_{38}^{\mathrm{T}} - 2\bar{\boldsymbol{E}}_{24} + 6\bar{\boldsymbol{E}}_{34} - \bar{\boldsymbol{X}}_{28}^{\mathrm{T}} - 2\bar{\boldsymbol{X}}_{24} + \bar{\boldsymbol{F}}_{28}^{\mathrm{T}} - \bar{d}\bar{\boldsymbol{X}}_{14} + \bar{d}\bar{\boldsymbol{F}}_{14} + \bar{d}\boldsymbol{P}_{22}^{\mathrm{T}}$$

$$\bar{\boldsymbol{\Pi}}_{39} = -12\boldsymbol{E}_{34} + \bar{\boldsymbol{E}}_{19}^{\mathrm{T}} + \bar{\boldsymbol{E}}_{29}^{\mathrm{T}} + \bar{\boldsymbol{E}}_{39}^{\mathrm{T}} - \bar{\boldsymbol{X}}_{29}^{\mathrm{T}} + \bar{\boldsymbol{F}}_{29}^{\mathrm{T}}$$

$$\bar{\boldsymbol{\Pi}}_{40} = -12\bar{\boldsymbol{E}}_{34} + \bar{\boldsymbol{E}}_{110}^{\mathrm{T}} + \bar{\boldsymbol{E}}_{210}^{\mathrm{T}} + \bar{\boldsymbol{E}}_{310}^{\mathrm{T}} - \bar{\boldsymbol{X}}_{210}^{\mathrm{T}} + \bar{\boldsymbol{F}}_{210}^{\mathrm{T}} + 2\bar{d}\bar{\boldsymbol{X}}_{14}$$

$$\bar{\boldsymbol{\Pi}}_{42} = -2\boldsymbol{E}_{25} + 6\boldsymbol{E}_{35} - 2\boldsymbol{X}_{25}$$

$$\bar{\boldsymbol{\Pi}}_{43} = -2\bar{\boldsymbol{E}}_{25} + 6\bar{\boldsymbol{E}}_{35} - 2\bar{\boldsymbol{X}}_{25} - \bar{d}\bar{\boldsymbol{X}}_{15} + \bar{d}\bar{\boldsymbol{F}}_{15}$$

$$\bar{\boldsymbol{\Pi}}_{44} = -12\boldsymbol{E}_{35}$$

$$\bar{\boldsymbol{\Pi}}_{45} = -12\bar{\boldsymbol{E}}_{35} + 2\bar{d}\bar{\boldsymbol{X}}_{15}$$

$$\bar{\boldsymbol{\Pi}}_{47} = -2\boldsymbol{E}_{26} + 6\boldsymbol{E}_{36} - 2\boldsymbol{X}_{26}$$

$$\bar{\boldsymbol{\Pi}}_{48} = -2\bar{\boldsymbol{E}}_{26} + 6\bar{\boldsymbol{E}}_{36} - 2\bar{\boldsymbol{X}}_{26} - \bar{d}\bar{\boldsymbol{X}}_{16} + \bar{d}\bar{\boldsymbol{F}}_{16}$$

$$\bar{\boldsymbol{\Pi}}_{49} = -12\boldsymbol{E}_{36}$$

$$\bar{\boldsymbol{\Pi}}_{50} = -12\bar{\boldsymbol{E}}_{36} + 2\bar{d}\bar{\boldsymbol{X}}_{16}$$

$$\bar{\boldsymbol{\Pi}}_{52} = -2\boldsymbol{E}_{27} - 2\boldsymbol{E}_{27}^{\mathrm{T}} + 6\boldsymbol{E}_{37} + 6\boldsymbol{E}_{37}^{\mathrm{T}} - 2\boldsymbol{X}_{27} - 2X_{27}^{\mathrm{T}}$$

$$\bar{\boldsymbol{\Pi}}_{53} = -2\bar{\boldsymbol{E}}_{27} + 6\bar{\boldsymbol{E}}_{37} - 2\boldsymbol{E}_{28}^{\mathrm{T}} + 6\boldsymbol{E}_{38}^{\mathrm{T}} - 2\bar{\boldsymbol{X}}_{27}^{\mathrm{T}} - 2\boldsymbol{X}_{28}^{\mathrm{T}} - \bar{d}\bar{\boldsymbol{X}}_{17} + \bar{d}\bar{\boldsymbol{F}}_{17}$$

$$\bar{\boldsymbol{\Pi}}_{54} = -2\boldsymbol{E}_{29}^{\mathrm{T}} - 12\boldsymbol{E}_{37} + 6\boldsymbol{E}_{39}^{\mathrm{T}} - 2\boldsymbol{X}_{29}^{\mathrm{T}}$$

$$\bar{\boldsymbol{\Pi}}_{55} = -2\boldsymbol{E}_{210}^{\mathrm{T}} + 6\boldsymbol{E}_{310}^{\mathrm{T}} - 12\bar{\boldsymbol{E}}_{37} - 2\boldsymbol{X}_{210}^{\mathrm{T}} + 2\bar{d}\bar{\boldsymbol{X}}_{17}$$

$$\bar{\boldsymbol{\Pi}}_{56} = -2\boldsymbol{E}_{211}^{\mathrm{T}} + 6\boldsymbol{E}_{311}^{\mathrm{T}} - 2\boldsymbol{X}_{211}^{\mathrm{T}}$$

$$\bar{\boldsymbol{\Pi}}_{57} = -2\bar{\boldsymbol{E}}_{28} - 2\bar{\boldsymbol{E}}_{28}^{\mathrm{T}} + 6\bar{\boldsymbol{E}}_{38} + 6\bar{\boldsymbol{E}}_{38}^{\mathrm{T}} - 2\bar{\boldsymbol{X}}_{28} - 2\bar{\boldsymbol{X}}_{28}^{\mathrm{T}} - \bar{d}\boldsymbol{X}_{18} - \bar{d}\boldsymbol{F}_{18} - \bar{d}\bar{\boldsymbol{X}}_{18}^{\mathrm{T}} + \bar{d}\bar{\boldsymbol{F}}_{18}^{\mathrm{T}}$$

$$\bar{\boldsymbol{\Pi}}_{58} = -12\boldsymbol{E}_{38} - 2\bar{\boldsymbol{E}}_{29}^{\mathrm{T}} + 6\bar{\boldsymbol{E}}_{39}^{\mathrm{T}} - \bar{d}\bar{\boldsymbol{X}}_{19}^{\mathrm{T}} + \bar{d}\bar{\boldsymbol{F}}_{19}^{\mathrm{T}} - 2\bar{\boldsymbol{X}}_{29}^{\mathrm{T}}$$

$$\bar{\boldsymbol{\Pi}}_{59} = -12\bar{\boldsymbol{E}}_{38} - 2\bar{\boldsymbol{E}}_{210}^{\mathrm{T}} + 6\bar{\boldsymbol{E}}_{310}^{\mathrm{T}} - 2\bar{\boldsymbol{X}}_{210}^{\mathrm{T}} - \bar{d}\bar{\boldsymbol{X}}_{110}^{\mathrm{T}} + \bar{d}\bar{\boldsymbol{F}}_{110}^{\mathrm{T}} + 2\bar{d}\bar{\boldsymbol{X}}_{18}^{\mathrm{T}}$$

$$\bar{\boldsymbol{\Pi}}_{60} = -2\bar{\boldsymbol{E}}_{211}^{\mathrm{T}} + 6\bar{\boldsymbol{E}}_{311}^{\mathrm{T}} - 2\bar{\boldsymbol{X}}_{211}^{\mathrm{T}} - \bar{d}\bar{\boldsymbol{X}}_{111}^{\mathrm{T}} + \bar{d}\bar{\boldsymbol{F}}_{111}^{\mathrm{T}} + 2\bar{d}\boldsymbol{P}_{12}^{\mathrm{T}}$$

$$\bar{\boldsymbol{\Pi}}_{61} = -12\boldsymbol{E}_{39} - 12\boldsymbol{E}_{39}^{\mathrm{T}} + 6\boldsymbol{E}_{37}$$

$$\bar{\boldsymbol{\Pi}}_{62} = -12\bar{\boldsymbol{E}}_{39} - 12\boldsymbol{E}_{310}^{\mathrm{T}} + 6\boldsymbol{E}_{37} + 2\bar{d}\bar{\boldsymbol{X}}_{19}$$

$$\bar{\boldsymbol{\Pi}}_{63} = -12\boldsymbol{E}_{311}^{\mathrm{T}}$$

$$\bar{\boldsymbol{\Pi}}_{64} = -12\bar{\boldsymbol{E}}_{310} - 12\bar{\boldsymbol{E}}_{310}^{\mathrm{T}} + 2\bar{d}\bar{\boldsymbol{X}}_{110} + 2\bar{d}\bar{\boldsymbol{X}}_{110}^{\mathrm{T}}$$

8.3 数值例子

在这一节中,给出两个例子来验证提出的方法有效.

例 8.3.1 考虑以下的非线性时滞系统:

$$\begin{cases} \dot{x}_1(t) = -0.7x_1(t) + 0.3x_2(t) \\ \dot{x}_2(t) = 0.1x_1(t) - 0.8x_2(t) + f_1(\boldsymbol{x}(t)) + f_1(\boldsymbol{x}(t-2)) + f_2(\boldsymbol{u}(t)) + 2\boldsymbol{u}(t) \\ y(t) = 0.5x_1(t) - 0.2x_2(t) \end{cases} \tag{8.18}$$

其中,$f_1(\boldsymbol{x}(t)) = \exp(-x_1(t) - x_2(t))\cos(x_1(t) + x_2(t)) - 1$,$f_2(\boldsymbol{u}(t)) =$

$1.5\cos^2(\boldsymbol{u}(t))\sin^2(\boldsymbol{u}(t))$.

正如文献[272]所提到的，通过利用双层感知器，系统(8.18)能够被转化成以下形式：

$$\begin{cases}\dot{x}_1(t)=-0.7x_1(t)+0.3x_2(t)\\ \dot{x}_2(t)=0.1x_1(t)-0.8x_2(t)+g(\boldsymbol{x}(t))+2\boldsymbol{u}(t)\\ y(t)=0.5x_1(t)-0.2x_2(t)\end{cases}\tag{8.19}$$

$$\begin{aligned}g(\boldsymbol{x}(t))=&\tanh(\boldsymbol{W}_2\tanh(\boldsymbol{W}_1(\boldsymbol{x}(t))))+\tanh(\boldsymbol{W}_2\tanh(\boldsymbol{W}_1(\boldsymbol{x}(t-2))))\\&+\tanh(\boldsymbol{V}_2\tanh(\boldsymbol{V}_1(\boldsymbol{u}(t))))\end{aligned}$$

系统(8.19)能够写成系统(8.1)的标准形式，其中

$$\boldsymbol{A}_1=\begin{pmatrix}-0.7 & 0.3\\ 0.1 & -0.8\end{pmatrix},\quad \boldsymbol{B}_1=\begin{pmatrix}0 & 0 & \boldsymbol{0}_{1\times3} & \boldsymbol{0}_{1\times2}\\ 1 & 1 & \boldsymbol{0}_{1\times3} & \boldsymbol{0}_{1\times2}\end{pmatrix},\quad \boldsymbol{C}_1=\begin{pmatrix}0 & 0 & \boldsymbol{0}_{1\times3} & \boldsymbol{0}_{1\times2}\\ 1 & 0 & \boldsymbol{0}_{1\times3} & \boldsymbol{0}_{1\times2}\end{pmatrix}$$

$$\boldsymbol{A}_2=\begin{pmatrix}0\\ 0\\ \boldsymbol{W}_1\\ \boldsymbol{0}_{2\times2}\end{pmatrix},\quad \boldsymbol{B}_2=\begin{pmatrix}0 & 0 & \boldsymbol{W}_2 & \boldsymbol{0}_{1\times2}\\ 0 & 0 & \boldsymbol{0}_{1\times3} & \boldsymbol{V}_2\\ 0 & 0 & \boldsymbol{0}_{3\times3} & \boldsymbol{0}_{3\times2}\\ 0 & 0 & \boldsymbol{0}_{2\times3} & \boldsymbol{0}_{2\times2}\end{pmatrix},\quad \boldsymbol{D}_2=\begin{pmatrix}0 & 0\\ 0 & 0\\ \boldsymbol{0}_{3\times1} & \boldsymbol{0}_{3\times1}\\ \boldsymbol{0}_{2\times1} & \boldsymbol{V}_1\end{pmatrix}$$

$$\boldsymbol{D}_1=\begin{pmatrix}0\\ 2\end{pmatrix},\quad \boldsymbol{V}_1=\begin{pmatrix}-0.27\times10^{-12}\\ -0.31\times10^{-2}\end{pmatrix},\quad \boldsymbol{W}_1=\begin{pmatrix}-0.59 & -0.14\times10^{-1}\\ 0.4\times10^{-2} & 0.1\times10^{-3}\\ 0.18\times10^{-1} & 0.4\times10^{-3}\end{pmatrix}$$

$$\boldsymbol{V}_2=(0.27\times10^{-12}\quad 0.31\times10^{-2})$$

$$\boldsymbol{W}_2=(-0.3\times10^{-2}\quad 0.12\times10^{-5}\quad 0.1\times10^{-3})$$

$$\boldsymbol{A}_3=(0.5\quad -0.2),\quad \boldsymbol{B}_3=\boldsymbol{C}_3=\boldsymbol{0}_{1\times7},\quad \boldsymbol{D}_3=\boldsymbol{0}_{1\times1}$$

$$\boldsymbol{C}_2=\boldsymbol{T}^-=\boldsymbol{0}_{7\times7},\quad \boldsymbol{T}^+=\boldsymbol{I}_{7\times7}$$

通过利用定理 8.2，可以获得以下的观测器增益和状态反馈控制器增益分别为

$$\boldsymbol{L}=\begin{pmatrix}-1.3513\\ 0.8611\end{pmatrix},\quad \boldsymbol{K}=(-0.1149\quad 0.2361)\tag{8.20}$$

设初始条件 $\boldsymbol{x}(0)=(0.7\quad -0.6)^{\mathrm{T}}$，$\boldsymbol{e}(0)=(-0.4\quad 0.6)^{\mathrm{T}}$，相应的仿真如图 8.1 和图 8.2 所示. 图 8.1 描述了系统(8.18)基于观测器参数(8.20)的状态轨迹，图 8.2 描述了系统(8.18)基于观测器参数(8.20)的状态误差轨迹. 仿真表明了本书定理的有效性.

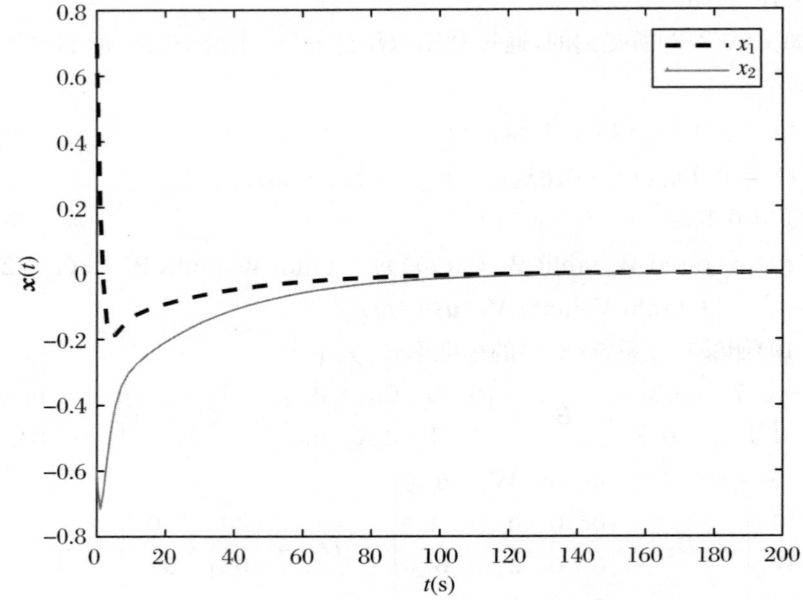

图 8.1 系统(8.18)的状态轨迹

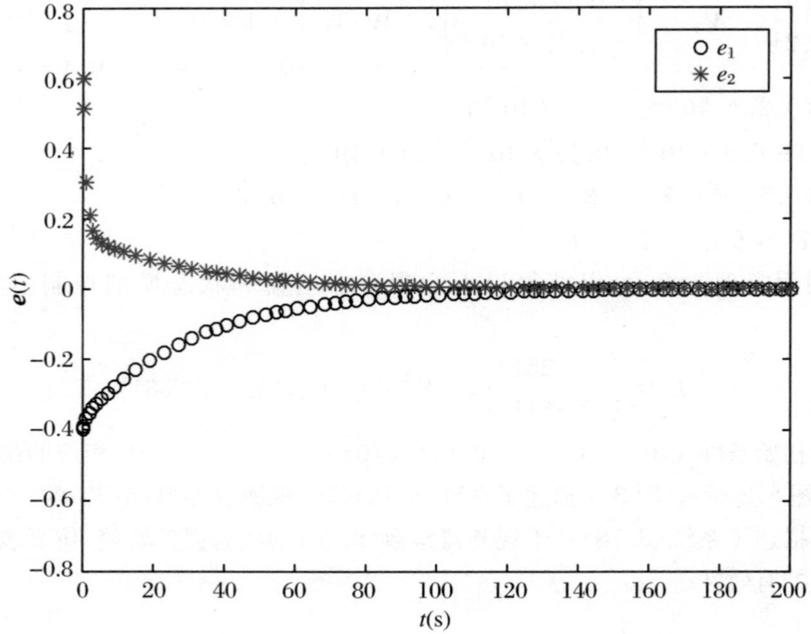

图 8.2 系统(8.18)的状态误差轨迹

例 8.3.2　考虑具有以下参数的局部神经网络[296]：

$$B_1=\begin{pmatrix}-0.0373 & 0.4852 & -0.3351 & 0.2336\\ -1.6033 & 0.5988 & -0.3224 & 1.2352\\ 0.3394 & -0.086 & -0.3824 & -0.5785\\ -0.1311 & 0.3253 & -0.9534 & -0.5015\end{pmatrix}$$

$$C_1=\begin{pmatrix}0.8674 & -1.2405 & -0.5325 & 0.022\\ 0.0474 & -0.9164 & 0.036 & 0.9816\\ 1.8495 & 2.6117 & -0.3788 & 0.8428\\ -2.0413 & 0.5179 & 1.1734 & -0.2775\end{pmatrix}$$

$$A_1=\mathrm{diag}(1.2769,0.6231,0.9230,0.4480)$$

$$T_1=\mathrm{diag}(-0.4,0.1,0,-0.3),A_2=A_3=I$$

$$T_2=\mathrm{diag}(0.1137,0.1279,0.7994,0.2368)$$

通过利用定理 8.3，$d_1=1$，对于 μ 取不同值时，相应的最大时滞 d_2 如表 8.1 所示.

表 8.1　时滞的上界

方法	$\mu=0.1$	$\mu=0.5$	$\mu=0.9$
定理 4.1[296]	2.7884	2.4325	2.1347
定理 8.3	4.9287	4.1652	2.5540

8.4　小　结

本章研究了时滞标准神经网络模型的状态估计问题，所考虑的系统具有时变时滞. 通过构造适当的 Lyapunov-Krasovskii 泛函，给出了能够保证误差系统渐近稳定的充分条件，所给出的准则具有较小的保守性，给出的数值例子验证了提出的方法有效.

参 考 文 献

[1] McCullon W, Pitts W. A logical calculus of the ideas immanent in nervous activity [J]. Bulletin of Mathematical Biophsics, 1943, 5(4): 115-133.

[2] Hebb D O. The Organization of Behavior [M]. New York: Wiley, 1949.

[3] Rosenblatt F. The perception: A probabilistic model for information storage and organization in the brain [J]. Psychological Review, 1958, 65(6): 386-408.

[4] Widrow B, Hoff M E, Adaptive switching circuits [J]. IRE Western Electric Show and Convention Record, Part 4, 1960, 96 - 104.

[5] 韩力群. 人工神经网络理论、设计及应用[M]. 北京：科学出版社，2008.

[6] Minsky M, Papert S. Perceptron [M]. Boston: MIT Press, 1969.

[7] Grossberg S. Adaptive pattern classification and universal recoding: Ⅰ. Parallel development and coding of neural feature detectors [J]. Biological Cybernetics, 1976, 23(3): 121-134.

[8] Kohonen T. Correlation matrix memories [J]. IEEE Transactions on Computers, 1972, 21(4): 353-359.

[9] Anderson J A. A simple neural network generating an interactive memory [J]. Mathematical Biosciences, 1972, 14: 197-220.

[10] 王林山. 时滞递归神经网络[M]. 北京：科学出版社，1980.

[11] Hopfield J J. Neural networks and physical systems with emergent collective computational abilities [J]. Proceedings of the National Academy of Sciences, 1982, 79(8): 2554-2558.

[12] Rumelhart D, Maclelland J. Parallel distributed processing: Explorations in microstructure of cognition [M]. Boston: MIT press, 1986.

[13] 涂序彦. 生物控制论[M]. 北京：科学出版社，1980.

[14] Sejnowski T J. Higher order Boltzmann machines [C]//AIP Conference Proceeding, 1987:398-403.

[15] 维纳. 控制论[M]. 郝季仁，译. 北京：科学出版社，1963.

[16] Mublenbein H. Parallel genetic algorithms, population genetics and combinatorial optimization [C]// Proceedings of the Third International Conference on Genetic Algorithms, 1989: 398-406.

［17］ Miller W T. Real-time application of neural networks for sensor-based control of robots with vision［J］. IEEE Transactions on Man,Systems and Cybernetics,1989,19(4)：825-831.

［18］ Mcaulay A D,Wang J. Optical heteroassociative memory using spatial light rebroad casters［J］. Applied Optics,1990,29(14)：2067-2073.

［19］ Anthony M,Biggs N. Computational learning theory［M］. Cambridge:Cambridge University press,1992.

［20］ Hajelap P,Berk L. Neural networks in structural analysis and design：an overview［J］. Computing Systems in Engineering,1992,3(1/2/3/4)：525-538.

［21］ 张立明.人工神经网络的模型及其应用［M］. 上海：复旦大学出版社,1993.

［22］ Bulsaria. Some analytical solutions to the general approximation problem for feedforward neural networks［J］. Neural Networks,1993,6(7)：991-996.

［23］ Pidaparti R M,Palakal M J. Material model for composites using neural networks［J］. AIAA Journal,1993,31(8)：1533-1535.

［24］ Manning R A. Structural damage detection using active members and neural networks［J］. AIAA Journal,1994,32(6)：1331-1333.

［25］ 阎平凡.人工神经网络的容量、学习与计算复杂性［J］. 电子学报,1995,23(4)：63-67.

［26］ Jenkins B K,Tanguay J R. Optical architectures for neural network implementation［M］// Handbook of Neural Computing and Neural Networks,Boston：MIT press,1995：673-677.

［27］ 董聪,郦正能,夏人伟. 多层前向网络研究进展及若干问题［J］. 力学进展,1995,25(2)：186-195.

［28］ Adeli H,Park H S. Optimization of space structures by neural dynamics［J］. Neural Networks,1995,8(5)：769-781.

［29］ 袁曾任. 人工神经元网络及其应用［M］. 北京：清华大学出版社,1999.

［30］ Liang Y C,Lin W Z,Lee H P,et al. A neural network based method of model reduction for dynamic simulation of mems［J］. Journal of Micromechanics and Microeneimeerina,2001,11(3)：226-233.

［31］ 杨建刚. 人工神经网络实用教程［M］. 杭州：浙江大学出版社,2001.

［32］ Jewel J L,Lee Y H,Scherer A,et al. Surface-emitting microlasers for photonic switching and interchip connections［J］. Optical Engineering,1990,29(3)：210-214.

［33］ Narendra K,Parthasarathy K. Identification and control of dynamical systems using neural networks［J］. IEEE Transactions on Neural Networks,1990,1(1)：4-27.

［34］ 陈允平,王旭蕊,韩宝亮. 人工神经网络及其应用［M］. 北京:中国电力出版社,2002.

［35］ 王洪元,史国栋. 人工神经网络技术及其应用［M］. 北京:中国石化出版社,2002.

［36］ Hertz J,Krogh A S,Palmer R G. Introduction to theory of neural computaion［J］. Sant

Fee Complexity Science Series,1991:156-159.

[37] Lane S H, Handelman D A, Gelfand J J. Theory and development of higher order CMAC neural networks [J]. IEEE Control Systems Magazine,1992,12(2):23-30.

[38] 焦李成. 神经网络计算[M]. 西安:西安电子科技大学出版社,1993.

[39] Papadrakakis M,Papadopoulos V. A computationally efficient method for the limit elasto plastic analysis of space frames [J]. Computational Mechanics,1995,16(2):132-141.

[40] 吴佑寿,赵明生,丁晓青. 一种激励函数可调的新人工神经网络及应用[J]. 中国科学(E辑),1997,27(1):55-60.

[41] 张兴全,彭颖红,阮雪榆. 在数值模拟基础上利用神经网络进行缺陷预测[J]. 锻压技术,1998,23(3):15-17.

[42] Haykin S. Neural networks: a comprehensive foundation [M]. Uppersaddle River NJ: Prentice Hall,1999.

[43] 阎平凡,张长水. 人工神经网络与模拟进化计算[M]. 北京:清华大学出版社,2000.

[44] Michel A N,刘德荣. 递归人工神经网络的定性分析和综合[M]. 张化光,王占山译. 北京:科学出版社,2004.

[45] Marcus C M, Westervelt R M. Stability of analog neural networks with delay [J]. Physical Review A,1989,39(1):347-359.

[46] Hopfield J J. Neurons with graded response have collective computational properties like those of two-state neurons [J]. Proceeding of the National Academy of Sciences, USA, 1984,81:3088-3092.

[47] Hopfield J J, Feinstein D I, Palmer R E. 'Unlearning' has a stabilizing effect in collective memories [J]. Nature,1983,304:158-159.

[48] Li J H, Michel A N, Porod W. Qualitative analysis and synthesis of a class of neural networks [J]. IEEE Transactions on Circuits and Systems,1988,35:976-987.

[49] Li J H, Michel A N, Porod W. Analysis and synthesis of a class of neural networks: linear systems operating on closed hypercube [J]. IEEE Transactions on Circuits and Systems,1989,36(11):1405-1422.

[50] Michel A N, Farrell J A. Associative memories via neural networks [J]. IEEE Control System Magazine,1990,10(3):6-17.

[51] Michel A N, Farrell J A, Porod W. Qualitative analysis of neural networks [J]. IEEE Transactions on Circuits and Systems,1988,2:989-992.

[52] Hopfield J J, Tank D W. Neural computation of decision in optimization problems [J]. Biological Cybernetics,1985,52(3):141-154.

[53] Tank D W, Hopfield J J. Simple "neural" optimization networks: An A/D converter signal decision circuit, and a linear programming circuit [J]. IEEE Transactions on Circuits and Systems,1986,33(5):533-541.

［54］ Lee B W, Shen B J. Design of a neural-based A/D converter using modified Hopfield network [J]. IEEE Journal of Solid-State Circuits, 1989, 24(4): 1129-1135.

［55］ 朱大奇，史慧．人工神经网络原理及应用[M]．北京：科学出版社，2005.

［56］ Lou X Y, Cui B T. New LMI conditions for delay-dependent asymptotic stability of delayed Hopfield neural networks [J]. Neurocomputing, 2006, 69(16-18): 2374-2378.

［57］ Chen A, Cao J, Huang L. An estimation of upperbound of delays for golbal asymptotic stability of delayed Hopfield neural networks [J]. IEEE Transactions on Circuits Systems I: Fundamental Theory and Applications, 2002, 49(7): 1028-1032.

［58］ Zhang Q, Wei X P, Xu J. Delay-dependent global stability results for delayed Hopfield neural networks [J]. Chaos, Solitons and Fractals, 2007, 34(2): 662-668.

［59］ Zhang Q, Wei X P, Xu J. Delay-dependent global stability condition for delayed Hopfield neural networks [J]. Nonlinear Analysis: Real World Applications, 2007, 8(3): 997-1002.

［60］ Lou X Y, Cui B T. Comments and further improvements on "New LMI conditions for delay-dependent asymptotic stability of delayed Hopfield neural networks" [J]. Neurocomputing, 2007, 70(13-15): 2566-2571.

［61］ Yang D G, Liao X F, Chen Y. New delay-dependent asymptotic stability criteria of delayed Hopfield neural networks [J]. Nonlinear Analysis: Real World Applications, 2008, 9(5): 1894-1904.

［62］ Jiang Y H, Yang B, Wang J C. Delay-dependent stability criterion for delayed Hopfield neural networks [J]. Chaos, Solitons and Fractals, 2009, 39(5): 2133-2137.

［63］ Zhang Q, Wei X P, Xu J. Global asymptotic stability of Hopfield neural networks with transmission delays [J]. Physics Letters A, 2003, 318(4-5): 399-405.

［64］ Wang L S, Gao Y Y. On global robust stability for interval Hopfield neural networks with delay [J]. Annals of Differential Equations, 2003, 19(3): 421-426.

［65］ Kosko B. Adaptive Bidirectional Associative Memories [J]. Applied Optics, 1987, 26(23): 4947-4960.

［66］ Kosko B. Bidirectional associative memories [J]. IEEE Transactions on Man, Systems and Cybernet, 1988, 18(1): 49-60.

［67］ Gopalsamy K, He X Z. Delay-independent stability in bidirectional associative memory networks [J]. IEEE Transactions on Neural Networks, 1994, 5(6): 998-1002.

［68］ 廖晓峰，刘光远，虞厥邦．具有突出信号传输延迟的双向联想记忆神经网络[J]．电子科学学刊，1997，19(7)：119-121.

［69］ 周冬梅．具有时滞的双向联想记忆神经网络的全局渐近稳定性[J]．生物数学学报，2000，15(1)：88-92.

［70］ 张强，马润年．具有连续分布时滞的双向联想记忆神经网络的全局稳定性[J]．中国科学

(E辑),2003,33(6):481-487.

[71] Wang L S,Xu D Y. Global asymptotic stability of bidirectional associative memory neural networks with S-type distributed delays [J]. International Journal of System Science, 2002,33(11):869-877.

[72] Liao X F,Yu J B,Chen G R. Novel stability criteria for bidirectional associative memory neural networks with time delays [J]. International Journal of Circuit Theory and Application,2002,30(5):519-546.

[73] Park J H. Robust stability of bidirectional associative memory networks with delays [J]. Physics Letters A,2006,349(6):494-499.

[74] Park J H. A novel criterion for global asymptotic stability of BAM neural networks with time delays [J]. Chaos,Solitons and Fractals,2006,29(2):446-453.

[75] Cao J C,Ho D W C,Huang X. LMI-based criteria for global robust stability of bidirectional associative memory networks with time delay [J]. Nonlinear Analysis, 2007, 66(7):1558-1572.

[76] Yang D G,Hu C Y,Chen Y. New delay-dependent global asymptotic stability criteria of delayed BAM neural networks [J]. Chaos,Solitons and Fractals,2009,42(2):854-864.

[77] Lou X,Cui B. On the global robust asymptotic stability of BAM neural networks with time-varying delays [J]. Neurocomputing,2006,70(1-3):273-279.

[78] Park J H,Kwon O M. On improved delay-dependent criterion for global stability of bidirectional associative memory networks with time-varying delays [J]. Applied Mathematics and Computation,2008,199(2):435-446.

[79] Ozcan N,Arik S. A new sufficient condition for global robust stability of bidirectional associative memory neural networks with multiple time delays [J]. Nonlinear Analysis: Real World Applications,2009,10(5):3312-3320.

[80] Hu L,Liu H,Zhao Y B. New stability criteria for BAM neural networks with time-varying delays [J]. Neurocomputing,2009,72(13-15):3245-3252.

[81] Park J H, Lee S M, Kwon O M. On exponential stability of bidirectional associative memory neural networks with time-varying delays [J]. Chaos, Solitons and Fractals, 2009,39(3):1083-1091.

[82] Sheng L, Yang H Z. Novel global robust exponential stability criterion for uncertain BAM neural networks with time-varying delays [J]. Chaos,Solitons and Fractals,2009, 40(5):2102-2113.

[83] Chua L O,Yang L. Cellular neural networks: Theory [J]. IEEE Transactions on Circuits and Systems,1988,35(10):1257-1272.

[84] Roska T,Chua L. Cellular neural networks with nonlinear and delay-type templates elements [J]. IEEE Transactions on Circuits Sysstems Ⅰ: Fundamental Theory and Appli-

cations,1990:12-25.

[85] Chua L O,Yang L. Cellular neural networks: Applications [J]. IEEE Transactions on Circuits and Systems,1988,35(10): 1273-1290.

[86] Matsumoto T,Chua L O,Furukawa R. CNN cloning template: Hole-filler [J]. IEEE Transactions on Circuits and Systems,1990,37(5): 635-638.

[87] Matsumoto T,Chua L O,Suzuki H. CNN cloning template: connected component detector [J]. IEEE Transactions on Circuits and Systems,1990,37(5): 633-635.

[88] Matsumoto T,Chua L O,Suzuki H. CNN cloning template: shadow detector [J]. IEEE Transactions on Circuits and Systems,1990,37(8): 1070-1073.

[89] Matsumoto T,Chua L O,Yokohama T. Image thinning with a cellular neural network [J]. IEEE Transactions on Circuits and Systems,1990,37(5): 638-640.

[90] Arik S. On the global asymptotic stability of delayed cellular neural networks [J]. IEEE Transactions on Circuits Systems I: Fundamental Theory and Applications,2000,47(4): 571-574.

[91] Liao T L,Wang F C. Global stability for cellular neural networks with time delay [J]. IEEE Transactions on Neural Networks,2000,11(6): 1481-1484.

[92] Arik S. An analysis of global asymptotic stability of delayed cellular neural networks [J]. IEEE Transactions on Neural Networks,2002,13(5): 1239-1242.

[93] Yu G J,Lu C Y,Tsai S,et al. Stability of cellular neural networks with time-varying delay [J]. IEEE Transactions on Circuits Systems I: Fundamental Theory and Applications,2003,50(5): 677-679.

[94] Chen A P,Cao J D,Huang L H. Global robust stability of interval cellular neural networks with time-varying delay [J]. Chaos,Solitons and Fractals,2005,23(3): 787-799.

[95] Zhang Y,Yu J B,Wu Y. Global stability analysis on a class of cellular neural networks [J]. Science in China (series E),2001,44(1): 1-11.

[96] Hu J,Zhong S,Liang L. Exponential stability analysis of stochastic delayed cellular neural networks [J]. Chaos,Solitons and Fractals,2006,27(4): 1006-1010.

[97] Yang J,Zhong S,Yan K. Exponential stability for delayed cellular neural networks [J]. Journal of Electronic Science and Technology of China,2005,3(3): 238-240.

[98] Zhong S,Liu X. Exponential stability and periodicity of cellular neural networks with time delay [J]. Mathematical and Computer Modelling,2007,45(9-10): 1231-1240.

[99] Zhong S,Long Y,Liu X. Exponential stability criteria of fuzzy cellular neural networks with time-varying delay [J]. Proceedings of the Fifth International Conference on Machine Learning and Cybernetics,2006(13/14/15/16): 4144-4148.

[100] Singh V. Robust stability of cellular neural networks with delay: linear matrix inequality approach [J]. IEE Proceedings Control Theory and Applications, 2004, 151: 125-129.

[101] Xu S Y, Lam J. Novel global asymptotic stability criteria for delayed cellular neural networks [J]. IEEE Transactions on Circuits Systems Ⅱ: Express Briefs, 2005, 52(6): 349-353.

[102] Park J H. A new stability analysis of delayed cellular neural networks [J]. Applied Mathematics and Computation, 2006, 181(1): 200-205.

[103] Cohen M, Grossberg S. Absolute stability of global pattern formation and parallel memory storage by competitive neural networks [J]. IEEE Transactions on Systems, Man and Cybernetics, 1983, 13: 815-826.

[104] Ye H, Michel A, Wang K. Qualitative analysis of Cohen-Grossberg neural networks with multiple delays [J]. Physical Review E, 1995, 51(3): 2611-2618.

[105] Huang H, Cao J. On global asymptotic stability of recurrent neural networks with time-varying delay [J]. Applied Mathematics and Computation, 2003, 142(1): 143-154.

[106] 廖晓昕,杨叔子,程时杰,等. 具有反应扩散的广义神经网络的稳定性[J]. 中国科学(E辑),2002,32(1):87-94.

[107] Li Y. Existence and stability of periodic solutions for Cohen-Grossberg neural networks with multiple delays [J]. Chaos, Solitons and Fractals, 2004, 20(3): 459-466.

[108] Takahashi Y. Solving optimization problems with variable-constraint by an extended Cohen-Grossberg model [J]. Theoretical Computer Science, 1996, 158(1/2): 279-341.

[109] Chen T, Rong L. Robust global exponential stability of Cohen-Grossberg neural networks with time delays [J]. IEEE Transactions on Neural Networks, 2004, 15(1): 203-206.

[110] Chen T P, Rong L B. Delay-independent stability analysis of Cohen-Grossberg neural networks [J]. Physics Letters A, 2003, 317(5/6): 436-449.

[111] Lu W, Chen T. New conditions on global stability of Cohen-Grossberg neural networks [J]. Neural Computation, 2003, 15(5): 1173-1189.

[112] Wang L, Zou X F. Exponential stability of Cohen-Grossberg neural networks [J]. Neural Networks, 2002, 15(3): 415-422.

[113] 季策,张化光,关焕新. 多时滞神经网络鲁棒稳定性的新判据[J]. 电子学报,2007,35(1):135-139.

[114] Zhang H G, Ji C. Delay-independent globally asymptotic stability of Cohen-Grossberg neural networks [J]. International Journal of Information and Systems Sciences, 2005, 1(3/4): 221-228.

[115] Ji C, Zhang H G, Wei Y. LMI approach for global robust stability of Cohen-Grossberg

neural networks with multiple delays [J]. Neurocomputing, 2008, 71(4/5/6): 475-485.

[116] Ji C, Zhang H G, Song C H. LMI approach to robust stability of Cohen-Grossberg neural networks with multiple delays [J]. Lecture Notes in Science Computer, 2006, 3971: 198-203.

[117] Rong L B. LMI-based criteria for robust stability of Cohen-Grossberg neural networks with delay [J]. Physics Letters A, 2005, 339(1/2): 63-73.

[118] Zhang J, Jin S. Global stability analysis in delayed Hopfield neural network models [J]. Neural Networks, 2000, 13(7): 745-753.

[119] Qiao H, Peng J G, Xu Z B. Nonlinear measure: A new approach to exponential stability analysis for Hopfield type neural network [J]. IEEE Transactions on Neural Networks, 2001, 12(2): 360-370.

[120] 季策，张化光，王占山．一类具有时滞的广义 Hopfield 神经网络的全局稳定性[J]．控制与决策，2004，19(8)：935-938.

[121] 季策，张化光，王占山．一类具有时滞的广义 Hopfield 神经网络的动态分析[J]．东北大学学报(自然科学版)，2004，25(3)：205-208.

[122] Wang Z S, Zhang H G. Global asymptotic stability of cellular neural networks with multiple delays [J]. Progress in Natural Science, 2006, 16(2): 163-168.

[123] Zhang H G, Wang Z S. Globally exponential stability analysis and estimation of the exponential convergence rate for neural networks with multiple time varying delays [J]. Lecture Notes in Computer Science, 2005, 3610: 61-70.

[124] Liao X X, Wang J. Algebraic crieria for global exponential stability of cellular neural networks with multiple delays [J]. IEEE Transactions on Circuits and Systems Ⅰ: Fundamental Theory and Applications, 2003, 50(2): 268-275.

[125] 张化光．递归时滞神经网络的综合分析与动态特性研究[M]．北京：科学出版社，2008.

[126] Ye H, Michel A N, Wang K. Global stability and local stability of Hopfield neural networks with time delays [J]. Physical Review E, 1994, 50(5): 4206-4213.

[127] Pakdaman K, Grotta C, Malta C P, et al. Effect of delay on the boundary of the attraction in a system of two neurons [J]. Neural Networks, 1998, 11(3): 509-519.

[128] Civalleri P P, Gilli M, Pandolfi I. On stability of cellular neural networks with time delay [J]. IEEE Transactions on Circuits and Systems, 1993, 40(3): 157-165.

[129] Marcus C M, Westerveit R M. Stability of analog neural networks [J]. Physics Review A, 1989, 39(1): 347-359.

[130] Michel A N, Wang K, Hu B. Qualitative limitations incurred in implementations of recurrent neural networks [J]. IEEE Control Systems Magazine, 1995, 15: 52-65.

[131] Joy M. Results concerning the absolute stability of delayed neural networks [J]. Neural Networks, 2000, 13(6): 613-616.

[132] Zhang J Y. Absolute stability of a class of neural networks with unbounded delay [J]. International Journal of Circuit Theory and Applications, 2004, 32(1): 11-21.

[133] Zhang J Y. Absolute stability analysis in cellular neural networks with variable delays and unbounded delay [J]. Computers and Mathematics with Applications, 2004, 47(2/3): 183-194.

[134] Chu T G, Zhang C S. New necessary and sufficient conditions for absolute stability of neural networks [J]. Neural Networks, 2007, 20(1): 94-101.

[135] Gilli M. Stability of cellular neural networks and delayed cellular neural networks with nonpositive templates and nonmonotonic output function [J]. IEEE Transactions on Circuits and Systems Ⅰ: Fundamental Theory and Applications, 1994, 41(8): 518-528.

[136] Savaci F A, Vandewalle J. On the stability of cellular neural networks [J]. IEEE Transactions on Circuits and Systems Ⅰ: Fundamental Theory and Applications, 1993, 40(3): 213-215.

[137] Arik S, Tavsanoglu V. Equilibrium analysis of non-symmetric CNNs [J]. International Journal of Circuit Theory and Applications, 1996, 24(3): 269-274.

[138] Takahashi N, Chua L O. On the complete stability of nonsymmetric cellular neural networks [J]. IEEE Transactions on Circuits and Systems Ⅰ: Fundamental Theory and Applications, 1998, 45(7): 745-753.

[139] Cao J. Global exponential stability of Hopfield neural networks [J]. International Journal of Systems Science, 2001, 32(2): 233-236.

[140] Chen T. Global exponential stability of delayed Hopfield neural networks [J]. Neural Networks, 2001, 14(8): 977-980.

[141] Hu S, Wang J. Global asymptotic stability and global exponential stability of continuous-time recurrent neural networks [J]. IEEE Transactions on Automatic Control, 2002, 47(5): 802-807.

[142] Liao X, Chen G, Sanchez E N. Delay-dependent exponential stability analysis of delayed neural networks: an LMI approach [J]. Neural Networks, 2002, 15(7): 855-866.

[143] Zhou D, Cao J. Global exponential stability conditions for cellular neural networks with time-varying delays [J]. Applied Mathematics and Computation, 2002, 131(2): 487-496.

[144] Mohamad S, Gopalsamy K. Exponential stability of continuous-time and discrete-time cellular neural networks with time delays [J]. Applied Mathematics and Computation, 2003, 135(1): 17-38.

[145] Zeng Z, Wang J, Liao X. Global exponential stability of a general class of recurrent neural networks with time-varying delays [J]. IEEE Transactions on Circuits and Systems I: Fundamental Theory and Applications, 2003, 50(10): 1353-1358.

［146］ Cao J, Liang J, Lam J. Exponential stability of high-order bidirectional associative memory neural networks with time delays ［J］. Physica D：Nonlinear phenomena, 2004,199(3/4)：425-436.

［147］ Li C,Liao X,Zhang R. Delay-dependent exponential stability analysis of bi-directional associative memory neural networks with time delay：an LMI approach ［J］. Chao, Solitons and Fractals,2005,24(4)：1119-1134.

［148］ Suykens J,Moory B D,Vandewalle J. Nonlinear system identification using neural state space models applicable to robust control design ［J］. International Journal of Control, 1995,62(1)：129-152.

［149］ Moore J B,Anderson B D O. A generalization of the popov criterion ［J］. Journal of the Franklin Institute,1968,285(6)：488-492.

［150］ Rios-Patron E. A general framework for the control of nonlinear systems ［D］. University of Illinois,2000.

［151］ Rios-Patron E,Braatz R D. Robust nonlinear control of a PH neutralization process ［J］. American Control Conference,1999,1：119-123.

［152］ 刘妹琴. 时滞标准神经网络模型及其应用［J］. 自动化学报,2004,31(5)：750-758.

［153］ Liu M Q. Discrete-time delayed standard neural network model and its application ［J］. Science in China：Series F Information Sciences,2006,49(2)：137-154.

［154］ Liu M Q. Delayed standard neural network models for control systems ［J］. IEEE Transactions on Neural Networks,2007,18(5)：1376-1391.

［155］ 冯纯伯,张侃健. 非线性系统的鲁棒控制［M］. 北京：科学出版社,2004.

［156］ Popov V M. Hyperstability of control systems ［M］. New York：Spring-Verlag,1973.

［157］ Desoer C A, Vidyasagar M. Feedback System：Input-Output Properties ［M］. New York：Acadamic press,1975.

［158］ Willems J C. Dissipative dynamical systems-Part 1：general theory ［J］. Archives of Rational Mechanics Analysis,1972,45(5)：321-351.

［159］ Willems J C. Dissipative dynamical systems-Part 2：linear systems with quadratic supply rates ［J］. Archives of Rational Mechanics Analysis,1972,45(5)：352-393.

［160］ Moylan P J. Implications of passivity in a class of nonlinear systems ［J］. IEEE Transactions on Automatic Control,1974,19(4)：373-381.

［161］ Hill D J,Moylan P J. The stability of nonlinear dissipative systems ［J］. IEEE Transactions on Automatic Control,1976,21(3)：708-711.

［162］ Popov V M. The solution of a new stability problem for controlled systems ［J］. Automation and Remote Control,1963,24：1-23.

［163］ Zames G. On the input-output stability of time-varying nonlinear feedback systems Part Ⅰ：Conditions derived using concepts of loop gain, conicity, and posivity ［J］.

IEEE Transactions on Automatic Control,1966,11(2):228-239.
[164] Bymes C I,Isidori A,Willems J. Passivity feedback equivalence,and the global stabilization of minimum phase nonlinear systems [J]. IEEE Transactions on Automatic Control,1991,36(11):1228-1240.
[165] Sepulchre R,Jankovic M,Kokotovic P V. Costructive nonlinear control [M]. London: Springer-Verlag,1997.
[166] Shiriaev A S. The notion of V-detectability and stabilization of invariant sets of nonlinear systems [J]. Systems and Control Letters,1998,3:2509-2514.
[167] Kokotovic P V,Krstic M,Kanellakopoulos I. Backstepping to passivity: recursive design of adaptive systems [J]. Proceedings of the 31st IEEE Conference on Decision and Control,1992,4:3276-3280.
[168] Jiang Z P,Hill D J,Fradkov A L. A passification approach to adaptive nonlinear stabilization [J]. Systems and Control Letters,1996,28(2):73-84.
[169] Jiang Z P,Hill D J. Passivity and disturbance attenuation via output feedback for uncertain nonlinear systems [J]. IEEE Transactions on Automatic Control,1998,43(7):992-997.
[170] Alessandro D D. On passivity and adaptive stabilization of nonlinear systems [J]. IEEE Transactions on Automatic Control,1996,41(7):1083-1086.
[171] Kalman R. When is a linear control system optimal? [J]. Transaction of the ASME, 1964,86:1-10.
[172] Freeman R A,Kokotovic P V. Robust control of nonlinear systems [M]. Boston: Birkhauser,1996.
[173] Chellaboina V,Haddad W M. Exponentially dissipative nonlinear dynamical systems: A nonlinear extension of strict positive realness [J]. Mathematical problems in Engineer,2003,1:25-45.
[174] 李桂芳,刘星,马艳琴,等. 一类非线性系统的鲁棒无源性综合问题[J]. 系统工程与电子技术,2008,30(10):1938-1943.
[175] Lin W,Bymes C I. Passivity and absolute stabilization of a class of discrete-time nonlinear systems [J]. Automatica,1995,31(2):263-267.
[176] Fradkov A L,Hill D J. Exponential feedback passivity and stabilizability of nonlinear systems [J]. Automatica,1998,34(6):697-703.
[177] Lin W,Shen T L. Robust passivity and feedback design for minimum-phase nonlinear systems with structural uncertainty [J]. Automatica,1999,35(1):35-47.
[178] Navarro-Lopez E M,Fossas-Colet E. Feedback passivity of nonlinear discrete-time systems with direct input-output link [J]. Automatica,2004,40(8):1423-1428.
[179] Liao X,Chen G,Sanchez E N. LMI-based approach for asymptotically stability analysis

of delayed neural networks [J]. IEEE Transactions on Circuits and Systems Ⅰ,2002, 49(7): 1033-1039.

[180] Li T, Guo L, Sun C Y. Further result on asymptotic stability criterion of neural networks with time-varying delays [J]. Neurocomputing,2007,71(1/2/3): 439-447.

[181] Arik S. Global asymptotic stability of a larger class of neural networks with constant time delay [J]. Physics Letters A,2003,311(6): 504-511.

[182] Zhao H, Wang G. Delay-independent exponential stability of recurrent neural networks [J]. Physics Letters A,2004,333(5/6): 399-407.

[183] Yang H, Chu T, Zhang C. Exponential stability of neural networks with variable delays via LMI approach [J]. Chaos, Solitons and Fractals,2007,30(1): 133-139.

[184] Cao J D, Wang J. Global exponential stability and periodicity of recurrent neural networks with time delays [J]. IEEE Transactions on Circuits and Systems Ⅰ,2005,52 (5): 920-931.

[185] Liu H L, Chen G H. Delay-dependent stability for neural networks with time-varying delay [J]. Chaos, Solitons and Fractals,2007,33(1): 171-177.

[186] Hua C C, Long C N, Guan X P. New results on stability analysis of neural networks with time-varying delays [J]. Physics Letters A,2006,352(4/5): 335-340.

[187] Qiu J Q, Yang H J, Zhang J H. New robust stability criteria for uncertain neural networks with interval time-varying delays [J]. Chaos, Solitons and Fractals,2009,39(2): 579-585.

[188] Souza F O, Pallares R M, Ekel P Y. Asymptotic stability in uncertain multi-delayed state neural networks via Lyapunov-Krasovskii theory [J]. Mathematical and Computer Modelling,2007,45(11/12): 1350-1362.

[189] He Y, Wang Q G, Wu M. LMI-based stability criteria for neural networks with multiple time-varying delays [J]. Physica D,2005,212(1/2): 126-136.

[190] Hou Y Y, Liao T L, Yan J J. Global asymptotic stability for a class of nonlinear neural networks with multiple delays [J]. Nonlinear Analysis,2007,67(11): 3037-3040.

[191] Singh V. Novel LMI condition for global robust stability of delayed neural networks [J]. Chaos, Solitons and Fractals,2007,34(2): 503-508.

[192] Li T, Guo L, Sun C Y. Robust stability for neural networks with time-varying delays and linear fractional uncertainties [J]. Neurocomputing,2007,71(1/2/3): 421-427.

[193] Liao X F, Li C D. An LMI approach to asymptotical stability of multi-delayed neural networks [J]. Physica D,2005,200(1/2):139-155.

[194] Song Q K, Wang Z D. Neural networks with discrete and distributed time-varying delays: A general stability analysis [J]. Chaos, Solitons and Fractals, 2008, 37 (5): 1538-1547.

[195] Zhang Z, Li C D, Liao X F. Delay-dependent robust stability analysis for interval linear time-variant systems with delays and application to delayed neural networks [J]. Neurocomputing, 2007, 70(16/17/18): 2980-2995.

[196] Park J H, Kwon O M, Lee S M. LMI optimization approach on stability for delayed neural networks of neutral-type [J]. Applied Mathematics and Computation, 2008, 196 (1): 236-244.

[197] Xu S Y, Lam J, Ho D W C, et al. Delay-dependent exponential stability for a class of neural networks with time delays [J]. Journal of Computational and Applied Mathematics, 2005, 183(1): 16-28.

[198] Rakkiyappan R, Balasubramaniam P. New global exponential stability results for neutral type neural networks with distributed time delays [J]. Neurocomputing, 2008, 71 (4/5/6): 1039-1045.

[199] Qiu J, Cao J. Delay-dependent robust stability of neutral-type neural networks with time delays [J]. Mathematical Control Science and Applications, 2007, 1(1): 179-188.

[200] Park J H, Park C H, Kwon O M, et al. A new stability criterion for bidirectional associative memory neural networks of neutral-type [J]. Applied Mathematics and Computation, 2008, 199(2): 716-722.

[201] Gu K, Niculescu S I. Additional dynamics in transformed time-delay systems [J]. IEEE Transactions Automat Control, 2000, 45(3): 572-575.

[202] Fridman E, Shaked U. An improved stabilization method for linear time-delay systems [J]. IEEE Transactions Automat Control, 2002, 47(11): 1931-1937.

[203] Xu S, Lam J, Zou Y. Simplified descriptor system approach to delay-dependent stability and performance analyses for time-delay systems [J]. IEE Proceedings Control Theory and Applications, 2005, 152(2): 147-151.

[204] Han Q L. A descriptor system approach to robust stability of uncertain neutral systems with discrete and distributed delays [J]. Automatica, 2004, 40(10): 1791-1796.

[205] Liu L P, Han Z Z, Li W L. Global stability analysis of interval neural networks with discrete and distributed delays of neutral-type [J]. Expert System with Application, 2009, 36(3): 7328-7331.

[206] Samli R Y, Arik S. New results for global stability for a class of neutral-type neural systems with time delays [J]. Applied Mathematics and Computation, 2009, 210 (2): 564-570.

[207] Park J H, Park C H, Kwon O M, et al. A new stability criterion for bidirectional associative memory neural networks of neutral-type [J]. Applied Mathematics and Computation, 2008, 199(2): 716-722.

[208] Liu J, Zong G D. New delay-dependent asymptotic stability conditions concerning

BAM neural networks of neutral type [J]. Neurocomputing, 2009, 72(10/11/12): 2549-2555.

[209] Li C G, Liao X F. Passivity analysis of neural networks with time delay [J]. IEEE Transactions on Circuits and Systems II, 2005, 52(8): 471-475.

[210] Lou X Y, Cui B T. Passivity analysis of integro-differential neural networks with time-varying delays [J]. Neurocomputing, 2007, 70(4/5/6): 1071-1078.

[211] Park J H. Further results on passivity analysis of delayed cellular neural networks [J]. Chaos, Solitons and Fractals, 2007, 34(5): 1546-1551.

[212] Chen B, Li H Y, Lin C, et al. Passivity analysis for uncertain neural networks with discrete and distributed time-varying delays [J]. Physics Letters A, 2009, 373(14): 1242-1248.

[213] Yu W, Li X O. Some stability properties of dynamic neural networks [J]. IEEE Transactions on Circuits and Systems I, 2001, 48(2): 256-259.

[214] Niculescu S I, Lozano R. On the passivity of linear delay systems [J]. IEEE Transactions on Automat Control, 2002, 46(4): 460-464.

[215] 邵汉永. 不确定系统的鲁棒耗散控制研究[D]. 广州:华南理工大学, 2005.

[216] 李桂芳. 不确定系统的耗散性与无源性问题研究[D]. 南京:南京理工大学, 2006.

[217] Li G F, Li Y H, Yang C W. Delay-dependent robust passivity control for uncertain time-delay systems [J]. Journal of Systems Engineering and Electronics, 2007, 18(4): 879-884.

[218] Lozano R, Brogliato B, Egeland O, et al. Dissipative systems analysis and control: Theory and applications [M]. New York: Springer, 2000.

[219] Chen W H, Lu X, Liang D Y. Global exponential stability for discrete-time neural networks with variable delays [J]. Physics Letters A, 2006, 358(3): 186-198.

[220] Gao H, Chen T. New results on stability of discrete-time systems with time-varying state delay [J]. IEEE Transactions on Automat Control, 2007, 52(2): 328-334.

[221] Liu Y R, Wang Z D, Alan S, et al. Discrete-time recurrent neural networks with time-varying delays: Exponential stability analysis [J]. Physics Letters A, 2007, 362(5/6): 480-488.

[222] Song Q K, Wang Z D. A delay-dependent LMI approach to dynamics analysis of discrete-time recurrent neural networks with time-varying delays [J]. Neurocomputing, 2007, 368(1/2): 134-145.

[223] Zhang B Y, Xu S Y, Zou Y. Improved delay-dependent exponential stability criteria for discrete-time recurrent neural networks with time-varying delays [J]. Neurocomputing, 2008, 72(1/2/3): 321-330.

[224] Liu Y R, Wang Z D, Liu X H. Robust stability of discrete-time stochastic neural net-

works with time-varying delays [J]. Neurocomputing,2008,71(4/5/6):823-833.

[225] Zhang W A,Zhang G J. Delay-dependent robust stability analysis for discrete-time systems with multiple delays [J]. Control Theory and Applications,2006,23(4):636-648.

[226] Chen J L,Lee L. Passivity approach to feedback connection stability for discrete-time descriptor systems [J]. Proceedings of the 40th IEEE Conference on Decision and Control,2001,3:2865-2866.

[227] Cui B T,Hua M G. Robust passive control for uncertain discrete-time systems with time-varying delays [J]. Chaos,Solitons and Fractals,2006,29(2):331-341.

[228] Shao H Y,Feng C B. Output feedback dissipative control for linear discrete-time systems with time-delay [J]. Control Theory and Applications,2005,22(4):627-631.

[229] Guan X P,Long C N,Duan G R. Robust passive control for discrete time-delay systems [J]. Automatica,2002,28:146-149.

[230] Song Q K,Liang J L,Wang Z D. Passivity analysis of discrete-time stochastic neural networks with time-varying delays [J]. Neurocomputing,2009,72(7/8/9):1782-1788.

[231] Liu M Q. Robust $H\infty$ control for uncertain delayed nonlinear systems based on standard neural network models [J]. Neurocomputing,2008,71(16/17/18):3469-3492.

[232] Suykens J A K,Vandewalle J P L,De Moor B L R. Artificial neural networks for modelling and control of non-linear systems [M]. MA:Kluwer Academic Publishers,1996.

[233] Lin C L,Lin J Y. An $H\infty$ design approach for neural net-based control schemes [J]. IEEE Transactions on Automatic Control,2001,46(10):1599-1605.

[234] Xu H J,Ioannou P A. Robust adaptive control for a class of mimo nonlinear systems with guaranteed error bounds [J]. IEEE Transactions on Automatic Control,2003,48(5):728-742.

[235] 杨小军,李俊民. 一类非线性系统基于 backstepping 的自适应鲁棒神经网络控制[J]. 控制理论与应用,2003,20(4):589-592.

[236] Liu M Q. Dynamic output feedback stabilization for nonlinear systems based on standard neural network models [J]. International Journal of Neural Systems,2006,16(4):305-317.

[237] Liu M Q,Wang H F. A novel stabilizing control for neural nonlinear systems with time delays by state and dynamic output feedback [J]. International Journal of Neural Systems,2008,6(1):24-34.

[238] 张侃健. 基于无源性分析的非线性系统的鲁棒控制[D]. 南京:东南大学,2000.

[239] Uang H J. On the dissipativity of nonlinear systems:Fuzzy control approach [J]. Fuzzy Sets and Systems,2006,156(2):185-207.

[240] Li C N,Cui B T. Delay-dependent passive control of linear systems with nonlinear perturbation [J]. Journal of Systems Engineering and Electronics,2008,19(2):346-350.

[241] Cui B T, Hua M G. Observer-based passive control of linear time-delay systems with parametric uncertainty [J]. Chaos, Solitons and Fractals, 2007, 32(1): 160-167.

[242] Chua L, Yang L. Cellular neural networks: application[J]. IEEE Transaction Circuits Systems I: Fundamental Theory Application, 1998, 35(10): 1273-1290.

[243] Suganthan P, Teoh E, Mital D. Hopfield network with constraint parameter adaptation for overlapped shape recognition[J]. IEEE Trans. Neural Networks, 1999, 10(2): 444-449.

[244] Liu G P. Nonlinear identification and control: A neural network approach[M]. New York: Springer-Verlag, 2001.

[245] Waszczyszyn Z, Ziemianski L. Neural networks in mechanics of structures and materials new results and prospects of application[J]. Computers Structures, 2001, 79 (22/23/24/25): 2261-2276.

[246] Shi K B, Zhong S M, Zhu H, et al. New delay-dependent stability criteria for neutral-type neural networks with mixed random time-varying delays[J]. Neurocomputing, 2015, 168 (5): 896-907.

[247] Shu Y J, Liu X G. Improved results on $H\infty$ state estimation of static neural networks with interval time-varying delay[J]. Inequalities and Applications, 2016, 48, http://dx.doi.org/10.1155/2016/1759650.

[248] Ji M D, He Y, Wu M, et al. Further results on exponential stability of neural networks with time-varying delay [J]. Applied Mathematics Computation, 2015, 256 (1): 175-182.

[249] Zeng H B, He Y, Wu M, et al. Stability analysis of generalized neural networks with time-varying delays via a new integral inequality[J]. Neurocomputing, 2015, 161(2): 148-154.

[250] Ge C, Hua C, Guan X. New delay-dependent stability criteria for neural networks with time-varying delay using delay-decomposition approach[J]. IEEE Transaction Neural Networks Learning Systems, 2014, 25: 1378-1383.

[251] Yang B, Wang R, Shi P, et al. New delay-dependent stability criteria for recurrent neural networks with time-varying delays[J]. Neurocomputing, 2015, 151: 1414-1422.

[252] Zhang Z Q, Quan Z Y. Global exponential stability via inequality technique for intertial BAM neural networks with time delays [J]. Neurocomputing, 2015, 151: 1316-1326.

[253] Samli R, Yucel E. Global robust stability analysis of uncertain neural networks with time varying delays[J]. Neurocomputing, 2015, 167: 371-377.

[254] Arik S. An improved robust stability result for uncertain neural networks with multiple time delays[J]. Neural Networks, 2014, 54: 1-10.

[255] Zhang Z, Cao J, Zhou D. Novel LMI-based condition on global asymptotic stability for a class of Cohen-Grossberg BAM networks with extended activation function[J]. IEEE Trans. Neural Networks Learning Systems, 2014, 25(6): 1161-1172.

[256] Lin D H, Wu J, Li J N. Less conservative stability condition for uncertain discrete-time recurrent neural networks with time-varying delays[J]. Neurocomputing, 2016, 173: 1578-1588.

[257] Li J, Pan Y, Su H. Stochastic reliable control of a class of networked control systems with actuator faults and input saturation[J]. International Journal of Control Automation and Systems, 2014, 12(3): 564-571.

[258] Wang H, Song Q. Synchronization for an array of coupled stochastic discrete-time neural networks with mixed delays[J]. Neurocomputing, 2011, 74(10): 1572-1584.

[259] Ou Y, Liu H, Si Y, et al. Stability analysis of discrete-time stochastic neural networks with time-varying delays[J]. Neurocomputing, 2010, 73(4/5/6): 740-748.

[260] Li H Y, Wang C, Shi P, et al. New passivity results for uncertain discrete-time stochastic neural networks with mixed time delays[J]. Neurocomputing, 2010, 73(16/17/18): 3291-3299.

[261] Park M J, Kwon O M, Li S M, et al. On synchronization criterion for coupled discrete-time neural networks with interval time-varying delays[J]. Neurocomputing, 2013, 99(1): 188-196.

[262] Wu Z G, Shi P, Su H Y, et al. Dissipativity analysis for discrete-time stochastic neural networks with time-varying delays[J]. IEEE Trans. Neural Networks Learning Systems, 2013, 24(3): 345-355.

[263] Kwon O M, Park M J, Lee S M, et al. New criteria on delay-dependent stability for discrete-time neural networks with time-varying delays[J]. Neurocomputing, 2013, 121: 185-194.

[264] Wu L, Su X, Shi P, et al. A new approach to stability analysis and stabilization of discrete-time TS fuzzy time-varying delay systems[J]. IEEE Transactions Systems Man Cybernetics Part B, 2011, 41: 273-286.

[265] Wang T, Xue M, Fei S, et al. Triple Lyapunov functional technique on delay dependent stability for discrete-time dynamical networks [J]. Neurocomputing, 2013, 122: 221-228.

[266] Wu Z G, Shi P, Su H Y, et al. State estimation for discrete-time neural networks with time-varying delay[J]. International Journal of Systems Science, 2012, 43(4): 647-655.

[267] Hou L Y, Zhu H, Zhong S M, et al. State estimation for discrete-time stochastic neural networks with mixed delays[J]. Journal of Applied Mathematics, 2014: 1-14.

[268] Geng L J, Li H Y, Zhao B C, et al. State estimation for discrete-time Fuzzy cellular

neural networks with mixed time delays[J]. Mathematical Problems in Engineering, 2014: 1-13.

[269] Qiu S B, Liu X G, Shu Y J. New approach to state estimator for discrete-time BAM neural networks with time-varying delay[J]. Advances in Difference equations, 2015, 189: 1-15.

[270] Kang W, Zhong S M, Cheng J. $H\infty$ state estimation for discrete-time neural networks with time-varying and distributed delays[J]. Advances in Difference Equations, 2015, 263: 1-15.

[271] Rakkiyappan R, Sasirekha R, Zhu Y Z, et al. $H\infty$ state estimator design for discrete-time switched neural networks with multiple missing measurements and sojourn probabilities[J]. Journal of the Franklin Institute, 2016, 353(6): 1358-1385.

[272] Liu M Q. Delayed standard neural network models for control systems[J]. IEEE Transaction on Neural Networks, 2007, 18(5): 1376-1391.

[273] Lee S Y, Lee W I, Park P. Orthogonal-polynomials-based integral inequality and its applications to systems with additive time-varying delays[J]. Journal of the Franklin Institute, 2018, 355(1): 421-435.

[274] Shao H Y, Li H H, Shao L. Improved delay-dependent stability result for neural networks with time-varying delays[J]. Applied Mathematics and Computation, 2018, 80: 35-42.

[275] Seuret A, Liu K, Gouaisbaut F. Generalized reciprocally convex combination lemmas and its application to time-delay systems[J]. Automatica, 2018, 95: 488-493.

[276] Zhang X M, Han Q L, Ge X H, et al. An overview of recent developments in Lyapunov-Krasovskii functionals and stability criteria for recurrent neural networks with time varying delays[J]. Neurocomputing, 2018, 313: 392-401.

[277] Park M J, Kwon O M, Ryu J H. Passivity and stability analysis of neural networks with time-varying delays via extended free-weighting matrices integral inequality[J]. Neural Networks, 2018, 106: 67-78.

[278] Park M J, Lee S H, Kwon O M, et al. Enhanced stability criteria of neural networks with time-varying delays via a generalized free-weighting matrix integral inequality[J]. Journal of the Franklin Institute, 2018, 355(14): 6531-6548.

[279] Hua C C, Wang Y B, Wu S S. Stability analysis of neural networks with time-varying delay using a new augmented Lyapunov-Krasovskii functional[J]. Neurocomputing, 2019, 332: 1-9.

[280] Lin W J, He Y, Zhang C K, et al. Stability analysis of neural networks with time-varying delay: Enhanced stability criteria and conservatism comparisons[J]. Communications in Nolinear Science Numerical Simulation, 2018, 54: 118-135.

[281] Lian H H, Xiao S P, Wang Z, et al. Further results on sampled-data synchronization control for chaotic neural networks with actuator saturation[J]. Neurocomputing, 2019, 346: 30-37.

[282] Song Q K, Long L Y, Zhao Z J, et al. Stability criteria of quaternion-valued neutral-type delayed neural networks[J]. Neurocomputing, 2020, 412: 287-294.

[283] C M Sharat, G Sandip, Saket R K, et al. Stability analysis of delayed neural network using new delay-product based functionals[J]. Neurocomputing, 2020, 417: 106-113.

[284] Wang J A, Wen X Y, Hou B Y. Advanced stability criteria for static neural networks with interval time-varying delays via the improved Jensen inequality[J]. Neurocomputing, 2020, 377: 49-56.

[285] Tian Y F, Wang Z S. Stability analysis for delayed neural networks based on the augmented Lyapunov-Krasovskii functional with delay-product-type and multiple integral-terms[J]. Neurocomputing, 2020, 410: 295-303.

[286] Chen J, Park J H, Xu S Y. Stability analysis for delayed neural networks with an improved general free-matrix-based integral inequality[J]. IEEE Transaction on Neural Networks and Learning Systems, 2020, 31(2): 675-684.

[287] Peng X J, He Y, Long F, et al. Global exponential stability analysis of neural networks with a time-varying delay via some state-dependent zero equations[J]. Neurocomputing, 2020, 399: 1-7.

[288] Sun L K, Tang Y Q, Wang W R, et al. Stability analysis of time-varying delay neural networks based on new integral inequalities[J]. Journal of the Franklin Institute, 2020, 357(15): 10828-10843.

[289] Wang C R, He Y, Lin W J. Stability analysis of generalized neural networks with fast-varying delay via a relaxed negative-determination quadratic function method[J]. Applied Mathematics and Computation, 2021, 391: 125631-125644.

[290] Yu H J, He Y, Wu M, et al. Delay-dependent state estimation for neural networks with time-varying delay[J]. Neurocomputing, 2018, 275: 881-887.

[291] Wang Z S, Wang J D, Wu Y M. State estimation for recurrent neural networks with unknown delays: A robust analysis approach[J]. Neurocomputing, 2017, 227: 29-36.

[292] Liang J, Li K L, Song Q K. State estimation of complex-valued neural networks with with two additive time-varying delay[J]. Neurocomputing, 2018, 309: 54-61.

[293] Zhou J, Zhao T, Wu Y M. State estimation for neural networks with two additive time-varying delay components using delay-product-type augmented Lyapunov -Krasovskii functionals[J]. Neurocomputing, 2019, 350: 155-169.

[294] Qian W, Li Y J, Chen Y G, et al. Delay-dependent $L2$-$L\infty$ state estimation for neural networks with state and measurement time-varying delays[J]. Neurocomputing, 2019,

331:434-442.

[295] Tan G Q, Wang J D, Wang Z S. A new result on $L2\text{-}L\infty$ performance state estimation of neural networks with timevarying delay[J]. Neurocomputing, 2020, 398:166-171.

[296] Manivannan R, Samidurai R, Cao J D, et al. Design of extended dissipativity state estimation for generalized neural networks with mixed time-varying delay signals[J]. Information Sciences, 2018, 424:175-203.

[297] Saravanakumar R, Mukaidani H, Muthukumar P. Extended dissipative state estimation of delayed stochastic neural networks[J]. Neurocomputing, 2020, 406:244-252.

[298] Tan G Q, Wang Z S. Extended dissipativity state estimation for generalized neural networks with time-varying delay via delay-product-type functionals and integral inequality [J]. Neurocomputing, 2021, 445:78-87.

[299] Tian Y F, Wang Z S. Extended dissipative state estimation for static neural networks via delay-product-type functional[J]. Neurocomputing, 2021, 436:39-4.

后　记

自 Hopfield 神经网络提出以来,递归神经网络动态特性的研究已经受到广泛关注.本书基于 Lyapunov 理论并且利用 Schur 补引理以及一些有用的不等式分析技巧,对几类递归神经网络的稳定性和无源性进行研究.给出了具有线性矩阵不等式形式的时滞相关判定准则.主要成果如下:

(1) 研究了中立型 Hopfield 神经网络的时滞相关稳定性问题.我们把广义模型变换的方法应用到了 Hopfield 神经网络中,并构造一类新的 Lyapunov-Krasovskii 泛函,最终获得了与不同的离散时滞和中立项时滞都相关的稳定性准则,改进了以往只与相同的离散时滞和中立项时滞相关的稳定性判据,这是本书的贡献之一.

(2) 研究了不确定中立型双向联想记忆神经网络的时滞相关稳定性问题.通过构造适当的 Lyapunov-Krasovskii 泛函,给出了具有线性矩阵不等式形式的稳定性准则.同时,自由权矩阵方法的使用避免了离散时变时滞导数小于 1 的限制条件,在一定程度上改进了现有的稳定性判据.

(3) 研究了时变时滞递归神经网络的无源性问题.首先,通过利用 Lyapunov 稳定性理论,给出了满足给定的无源性定义的无源性准则.其次,基于所得到的递归神经网络的无源性准则,将结论应用到了 Hopfield 神经网络中,进而获得了相应的 Hopfield 神经网络的无源性判据.所得到的准则均具有线性矩阵不等式的形式,便于求解.

(4) 研究了具有时变时滞和参数不确定性离散标准神经网络模型的无源性问题.大多数递归神经网络的性能分析以及神经网络模拟的非线性系统的性能分析和综合等问题,都能转化成标准神经网络模型来解决.首先,获得了离散标准神经网络模型的时滞相关无源性准则;其次,基于所得到的无源性准则,给出了保证闭环时滞标准神经网络模型鲁棒无源的判据及其稳定性准则.以往关于标准神经网络模型的研究都是时滞无关的,而得到的判据均是时滞相关的,具有较小的保守性,这是本书的又一贡献.

(5) 研究了基于标准神经网络模型的非线性系统的鲁棒无源控制问题.首先,对没有外界输入的标准神经网络模型的无源性进行分析.使用 Lyapunov-Kra-

sovskii 泛函和自由权矩阵的方法，给出了具有耗散率 η 的时滞相关无源性准则. 其次，基于给出的时滞相关无源性准则，提出了保证闭环系统鲁棒无源的控制器的存在条件和设计方法. 耗散率 η 的最大值和仿真曲线图可以分别使用 MATLAB 线性矩阵不等式控制工具箱中的 gevp 求解器和 Simulink 工具箱而得到，简单易行.

(6) 研究了时滞标准神经网络模型的状态估计问题. 为系统设计一全阶状态观测器，通过构造适当的 Lyapunov-Krasovskii 泛函，给出能够保证误差系统渐近稳定的状态反馈控制器存在的充分条件，同时获得了控制器增益的求解方法，所给出的准则具有线性矩阵不等式形式，易于求解.

(7) 研究了离散时滞标准神经网络模型的状态估计问题. 通过构造适当的 Lyapunov-Krasovskii 泛函，给出了能够保证误差系统渐近稳定的充分条件，所给出的准则具有较小的保守性，给出的数值例子验证了提出的方法有效.

本书对递归神经网络的稳定性和无源性理论进行了系统研究，取得了一些有意义的研究成果. 而本书的研究只涉及了上述几个方面，有些结论尚不完善，还有以下问题有待于进一步深入研究：

(1) 本书仅对具有离散时滞的递归神经网络稳定性进行研究. 然而，在一个有大量神经元构成的递归神经网络中，许多神经元聚成球形或层状结构并相互作用，且通过轴突叉连接成各种复杂神经通路，从而信号的传输中存在分布时滞的现象. 因此，具有分布时滞递归神经网络的稳定性分析将是需要进一步解决的问题.

(2) 本书在第 5 章和第 6 章分别对离散时滞标准神经网络模型和标准神经网络模型的无源性进行了研究. 书中提到大多数现有的递归神经网络都能通过变化转化成标准神经网络模型的形式. 但是随着新的网络模型的不断出现，如何找到一个简单有效的统一转化方法将影响到标准神经网络模型的应用. 此外，除了神经网络控制系统，可以考虑将更多的非线性系统控制模式归纳到标准神经网络模型的分析体系中去，从而来拓宽标准神经网络模型的应用范围，这些均有待进一步深入分析.

(3) 基于 Lyapunov 理论，本书获得了递归神经网络稳定性和无源性的判定准则，然而，至今人们还没有找到一种普遍适用的 Lyapunov 泛函的构造方法. 实践中只能依赖个人的经验去选取合适的 Lyapunov 泛函. 因此，有必要寻找一些新的研究方法来克服这些缺点.